新材料领域普通高等教育系列教材

功能材料基础

主编　徐　锋　徐桂舟　张士华　缪雪飞　张　骥　顾　宇

科学出版社
北　京

内 容 简 介

为了满足蓬勃发展的新材料产业对于功能材料领域专业人才在理论基础方面能力的培养需求，使读者更好地掌握功能材料中涉及的电、光、磁、热等性能的基本原理，本书以第 1 章“固体能带与电子态”为引领，分 5 章讲述了功能材料的导电、介电、磁学、光学、热学等性质。本书力求系统深入，既紧扣基础，又紧跟学科前沿。

本书既可作为高等学校材料类专业核心课程的教材，又可供从事功能材料研发、应用的科技人员及相关专业的师生参考。

图书在版编目（CIP）数据

功能材料基础 / 徐锋等主编. -- 北京 : 科学出版社, 2025. 6. (新材料领域普通高等教育系列教材). --ISBN 978-7-03-080757-1

Ⅰ. TB34

中国国家版本馆 CIP 数据核字第 2024W1L336 号

责任编辑：侯晓敏　智旭蕾 / 责任校对：杨　赛

责任印制：张　伟 / 封面设计：无极书装

科学出版社 出版

北京东黄城根北街 16 号

邮政编码：100717

http://www.sciencep.com

涿州市般润文化传播有限公司印刷

科学出版社发行　各地新华书店经销

*

2025 年 6 月第　一　版　开本：787×1092　1/16

2025 年 6 月第一次印刷　印张：15 3/4

字数：394 000

定价：68.00 元

（如有印装质量问题，我社负责调换）

“新材料领域普通高等教育系列教材”编写委员会

总主编 陈　光

副主编 徐　锋

编　委（按姓名汉语拼音排序）

陈　光　陈明哲　陈人杰　段静静　李　丽
李　强　廖文和　刘婷婷　苏岳锋　陶　立
汪尧进　谢建新　徐　勃　徐　锋　曾海波
张　静　张士华　周科朝　朱和国　朱俊武
邹友生

丛 书 序

材料是人类社会发展的里程碑和现代化的先导，见证了从石器时代到信息时代的跨越。进入新时代以来，新材料领域的发展可谓日新月异、波澜壮阔，低维、高熵、量子、拓扑、异构、超结构等新概念层出不穷，飞秒、增材、三维原子探针、双球差等加工与表征手段迅速普及，超轻、超强、高韧、轻质耐热、高温超导等高新性能不断涌现，为相关领域的科技创新注入了源源不断的活力。

在此背景下，为满足新材料领域对于立德树人的“新”要求，我们精心编撰了这套“新材料领域普通高等教育系列教材”，内容涵盖了“纳米材料”“功能材料”“新能源材料”以及“材料设计与评价”等板块，旨在为高端装备关键核心材料、信息能源功能材料领域的广大学子和材料工作者提供一套体现时代精神、融汇产学共识、凸显数字赋能的专业教材。

我们邀请了来自南京理工大学、北京理工大学、北京科技大学、中南大学、东南大学等多所高校的知名学者组成了优势教研团队，依托虚拟教研室平台，共同参与编写。他们不仅具有深厚的学术造诣、先进的教育理念，还对新材料产业的发展保持着敏锐的洞察力，在解决新材料领域“卡脖子”难题方面有着成功的经验。不同学科学者的参与，使得本系列教材融合了材料学、物理学、化学、工程学、计算科学等多个学科的理论与实践，能够为读者提供更加深厚的学科底蕴和更加宽广的学术视野。

我们希望，本系列教材能助力广大学子探索新材料领域的广阔天地，为推动我国新材料领域的研究与新材料产业的发展贡献一份力量。

陈光

2024 年 8 月于南京

前　言

21 世纪以来，得益于材料表征手段的不断进步，材料科学与工程领域取得了长足的发展进步。从成分、结构、合成制备、性能和使用效能等材料科学与工程的各个要素来看，新材料不断涌现，性能指标不断攀升。在众多的新材料中，功能材料已经占据了重要甚至主要的地位。在此背景下，为满足工程领域对于掌握功能材料设计制备和应用技术专门人才的迫切需求，材料类专业的本科人才培养，已从过去以结构材料人才培养为主，逐步向包括功能材料在内的各领域全方位人才培养转变。

功能材料，是区别于以力学性能为指标的结构材料的另一大类材料。在传统或狭义的视角中，功能材料的定义是偏物理的，表现在功能材料的性能包括热学性能、声学性能、电学性能、光学性能、磁学性能等。从广义来看，功能材料还涉及与化学、生物医学等其他学科的交叉，包括化学功能材料、生物医用材料等。

随着功能材料领域的快速发展，国内外涌现出大量相关教材，反映了这一领域的新进展。其中，大多数教材都是围绕材料本身而展开的论述。本书定位为功能材料基础。编写团队在充分讨论后，将内容定位在其核心的物理内涵上，即限定在上述的狭义视角中。一方面希望能够以有限的篇幅支撑较为系统深入的知识谱系；另一方面希望结合南京理工大学材料类本科人才培养的实际。自 2010 年开设材料物理、2011 年开设纳米材料与技术专业以来，经过多年的建设与发展，南京理工大学在功能材料领域取得了长足的进步，在光、电、磁、热功能材料方面形成了特色，为行业领域培养出一大批紧缺的高水平人才。在课程建设方面，设置了“量子力学”“固体物理”“材料物理性能”“光电半导体材料与器件”等一系列功能材料类的基础和专业课程。本书的编写正是基于这些课程建设的成果，同时也希望能够更好地服务功能材料领域的人才培养。

本书另一个定位是，希望能够体现“基础”二字的特点。为此，在知识图谱构建过程中，梳理出紧扣物理基础的理论、机理和规律，而过滤涉及材料本身，以及材料的制备与应用的论述。基于这一定位，本书集中篇幅围绕核心的物理知识进行了论述，有助于读者系统地学习和能力的培养。

本书各章作者为：徐锋、徐桂舟(第 1 章)，张士华(第 2 章)，张骥(第 3 章)，缪雪飞、徐锋(第 4 章)，顾宇(第 5 章)，徐桂舟、徐锋(第 6 章)。

本书在编写过程中，得到了丛书总主编陈光院士高屋建瓴的指导，也得到了科学出版社的大力支持，编者在此表示衷心感谢。由于编写团队经验有限，难免会有疏漏及不当之处，敬请广大读者批评指正。

编　者

2024 年 10 月于南京理工大学

目　　录

第1章 固体能带与电子态

功能材料的本征物理性能，包括电学、光学、热学、磁学等都强烈依赖于材料原子成键、晶体结构和电子能量结构与状态。其中原子成键和晶体结构为实空间的表象，而电子能量结构与状态是倒空间的表象，两者相互关联，也互为补充。深刻地理解固体电子态是理解和创新材料物理性能的基础，而固体电子态中核心的内容就是能带结构。本章从最基础的量子力学薛定谔方程出发，引入自由电子的量子理论和固体能带理论，在此基础上介绍能态密度、费米能级、表面态等固体电子态相关的基本概念，以期为能带结构与实际材料性能之间的关联提供较为直观的图像。

1.1 波粒二象性及薛定谔方程

1.1.1 电子的波动性和粒子性

量子力学认为，微观粒子同时具有波动性和粒子性，这种现象称为波粒二象性。波粒二象性的发现要从对光的性质讨论说起。

1. 光的波粒二象性

对于光的本质的认识，曾引发了科学界的巨大争论。从17世纪初开始，逐渐形成了微粒说和波动说两大对立的学派，各执一词，争执不下。19世纪末，基本确认光是一种电磁波，服从麦克斯韦电磁场理论，并利用波动性解释了光在传播中的偏振、干涉、衍射现象，但未能解释光电效应。

光电效应是当光照射到金属上时，有电子从金属中逸出。这种电子称为光电子。实验证明：只有当光的频率(ν)大于一定值时，才有光电子发射出来，如果光的频率低于这个值，则不论光的强度多大，照射时间多长，都没有光电子产生；光电子能量只与光的频率有关，而与光的强度无关，光的频率越高，光电子的能量就越大；光的强度只影响光电子的数目，强度增大，光电子的数目就增多。光电效应的这些规律是经典理论无法解释的。按照经典电磁理论，光的能量只取决于光的强度，而与光的频率无关。

20世纪初，随着量子力学的诞生，研究人员对光的本质又有了新的认识。1905年，爱因斯坦(A. Einstein)根据普朗克(M. Planck)的量子假说提出了光子理论，认为光是由一种微粒——光子组成的。对于频率为ν的光，光子的能量为

$$E = h\nu \tag{1-1}$$

式中，$h = 6.626\times10^{-34}\ \mathrm{J\cdot s}$，为普朗克常量。

根据光子理论，当光照射到金属表面时，一个光子的能量可以被金属中的自由电子吸

收。但只有当入射光的频率足够大(即每个光子的能量足够大)时，电子才可能克服逸出功 A 逸出表面，逸出电子的动能为

$$\frac{1}{2}mv^2 = h\nu - A \tag{1-2}$$

由此可以看出，存在一个临界频率 $\nu_0 = A/h$，决定了是否能观测到光电子的产生，因此成功解释了光电效应的上述现象。

1916 年，爱因斯坦又指出，光子不仅有能量，而且有动量：

$$p = \frac{h}{\lambda} \text{ 或 } p = \hbar k \tag{1-3}$$

式中，波矢 $k = 2\pi/\lambda$；$\hbar = h/2\pi$。这两个公式将标志波动性的频率 ν 和波长 λ (或波矢 k)通过一个普适常量(普朗克常量 h)与标志粒子性的能量 E 和动量 p 联系起来了，说明了光是粒子性和波动性的矛盾统一体，具有波粒二象性。

光的这种双重性质，特别是粒子性，在 1923 年的康普顿散射实验中得到了证实。该实验表明，高频率的 X 射线被轻元素中的电子散射后，波长随散射角的增大而增大。在实验中，用晶体光谱仪测定 X 射线波长，它根据的是波动的衍射现象；而散射对波长的影响又只能把 X 射线当作粒子来解释。可见，光在不同条件下表现出不同的特性，在干涉和衍射实验条件下表现出波动性，而在与物质相互作用时表现出粒子性。但是，光子不是经典意义下的粒子，其波动性也不是经典意义下的波，这在下一小节会进一步讨论。

1924 年，德布罗意(L. V. de Broglie)将光的波粒二象性推广到任何物质，提出了物质波的概念，即“任何物体伴随以波，且不可能将物体的运动和波的传播分开”。德布罗意给出了与式(1-2)和式(1-3)类似的表达式，对于一个能量为 E、动量为 p 的粒子，同时也具有波动性，其波长 λ 由动量 p 确定，频率 ν 则由能量 E 确定：

$$\lambda = \frac{h}{p} \tag{1-4}$$

$$\nu = \frac{E}{h} \tag{1-5}$$

式(1-4)和式(1-5)称为德布罗意关系。对于静止质量为 m_0、以速度 v 运动的粒子，其物质波波长 $\lambda = \frac{h}{p} = \frac{h}{mv} = \frac{h}{m_0 v}\sqrt{1 - v^2/c^2}$，$c$ 为光速，当 $v \ll c$ 时，则为

$$\lambda = \frac{h}{m_0 v} = \frac{h}{\sqrt{2m_0 E}} \tag{1-6}$$

举个例子，设一电子在电势差为 U 的电场中被加速后，能量可达 $E = \frac{1}{2}m_0 v^2 = eU$，则其物质波波长为

$$\lambda = \frac{h}{\sqrt{2m_0 E}} = \frac{h}{\sqrt{2m_0 eU}} \approx \sqrt{\frac{1.5}{U}} \tag{1-7}$$

若用 150 V 的电势差加速电子，则其物质波波长约为 1 Å，与晶体中的原子间距相当(或略小)。它比宏观线度要小得多，这也解释了为什么电子的波动性长期未被发现。

2. 电子的波动性和粒子性

电子是 1897 年由英国物理学家约瑟夫 · 汤姆孙(J. J. Thomson)在研究阴极射线时发现的，是最早发现的基本粒子。一开始对电子的研究都是将电子看作整体或者基本粒子。

对电子具有波动性的认识较晚。1927 年，美国贝尔实验室的戴维孙(C. J. Davisson)与革末(L. H. Germer)利用电子进行衍射实验，发现电子束在镍单晶表面上反射时有衍射条纹产生(图 1-1)，与 X 射线衍射图样相似，提供了电子波动性的证据，并且计算的波长与德布罗意关系式(1-4)给出的完全一致。1927 年，乔治 · 汤姆孙(G. P. Thomson)用快速电子束穿过金属箔得到了类似的衍射图样；用慢速电子也可得到此图样。这些实验验证了电子的波动性，也证实了物质波的存在。

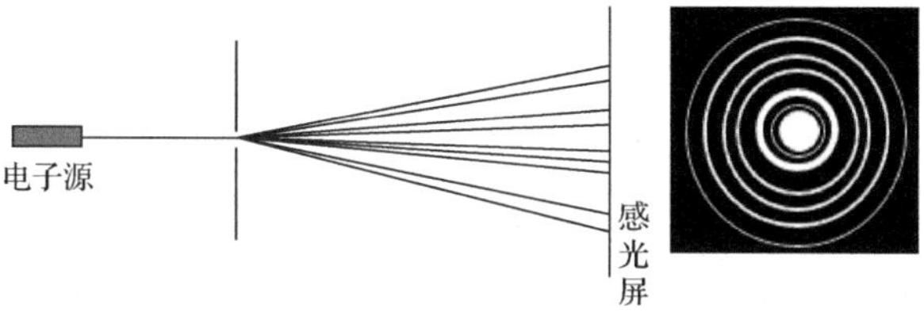

图 1-1　电子衍射实验示意图

1928 年以后的进一步实验证明，不仅电子具有波动性，其他一切微观粒子如原子、分子、质子等都具有波动性，并且波长与根据式(1-4)计算的结果相吻合，从而肯定了德布罗意物质波的假说。波粒二象性是一切物质(包括电磁场)都具有的普遍属性。

1.1.2　波函数

在经典力学中，一个质点的运动，原则上只需用空间坐标随时间变化的函数关系 $\boldsymbol{r}(t)$ 描述即可。而对于具有波粒二象性的微观粒子，其状态显然不能用上述方法描述，必须引入一个新的函数，即波函数 $\psi(\boldsymbol{r},t)$，它是位置和时间的函数。

1. 波函数的统计诠释

引入波函数后，人们自然要问它的具体含义是什么，它是如何刻画物质的波动性与粒子性之间关系的。对波函数的正确诠释是玻恩首先提出来的。他认为德布罗意波并不像经典波那样代表实际的物理量的波动，而只是刻画粒子在空间的概率分布，即波函数代表的是概率波。

为说明这个概率波的含义，需考察电子衍射实验的几个现象：①当入射电子束的强度很大，即单位时间投射到晶体表面上的电子很多时，在照相底片上很快就出现了衍射图样，显示波动性；②当电子束的强度极低，即电子逐个地射向金属箔，这时照片上出现一个一个无规分布的亮点，显示电子的粒子性；③随着时间的延长，照片上的亮点数目增多，有些地方亮点较密，有些地方则几乎没有亮点，最后在照片上形成了衍射图样，显示出电子的波动性。因此，可以看到，粒子波动性显然是大量粒子(电子)在同一实验中的统计结果，也就是说粒子的波动性是以统计概率规律形式表现出来的，这就是波函数的统计(概率)诠释。

如用波函数 $\psi(\boldsymbol{r},t)$ 表示粒子德布罗意波的振幅，类比于经典波动理论，则其强度应为 $|\psi(\boldsymbol{r},t)|^2=\psi^*(\boldsymbol{r},t)\psi(\boldsymbol{r},t)$，其中 ψ^* 为 ψ 的复共轭。这样玻恩对波函数的统计诠释即可表述为：

波函数于 t 时刻在空间中某点的强度 $|\psi(\boldsymbol{r},t)|^2$ 与该时刻在此点找到粒子的概率成正比。其确切的数学表述为 $|\psi(\boldsymbol{r},t)|^2\,\mathrm{d}x\mathrm{d}y\mathrm{d}z$，正比于 t 时刻粒子出现在该点附近体积元 $\mathrm{d}x\mathrm{d}y\mathrm{d}z$ 内的概率 $\mathrm{d}W(\boldsymbol{r},t)$，即

$$\begin{aligned}\mathrm{d}W(\boldsymbol{r},t) &= C|\psi(\boldsymbol{r},t)|^2\,\mathrm{d}x\mathrm{d}y\mathrm{d}z \\ &= C|\psi(\boldsymbol{r},t)|^2\,\mathrm{d}\boldsymbol{r}\end{aligned} \tag{1-8}$$

式中，C 为常数。由式(1-8)即可得到 t 时刻粒子在空间 $\boldsymbol{r}$ 处的概率密度：

$$\omega(\boldsymbol{r},t) = \frac{\mathrm{d}W(\boldsymbol{r},t)}{\mathrm{d}\boldsymbol{r}} = C|\psi(\boldsymbol{r},t)|^2 \tag{1-9}$$

以及在 t 时刻粒子出现在空间某一体积 V 内的概率：

$$W(t) = \int_V \omega(\boldsymbol{r},t)\mathrm{d}\boldsymbol{r} = \int_V C|\psi(\boldsymbol{r},t)|^2\,\mathrm{d}\boldsymbol{r} \tag{1-10}$$

因此，波函数 ψ 本身不能和任何可观察的物理量直接联系，但通过 $|\psi|^2$ 可得到在任意时刻 t 粒子在空间各处的概率分布。举个例子，通常所说的“电子云”实际是电子的一种概率分布。电子云的电荷密度可以直接用 $\rho = -e|\psi|^2$ 表示，在 $|\psi|^2$ 大的地方电子分布较密，$|\psi|^2$ 小的地方分布较疏。所以说电子云只是对电子运动的一种虚拟图像性描绘，实际上电子并非真的像“云”那样弥散在空间各处。但这样的图像对于讨论和处理许多具体问题，特别是对于一些定性的描述很有帮助，所以一直沿用至今。

最后应当指出，概率分布是粒子出现在空间各点的可能性，因此重要的是概率密度的相对比值。也就是说，波函数 ψ 与波函数 $C\psi$（C 为任意常数)所描述的是同一概率分布，即同一种波动状态。这是概率波与经典波的一个重要的区别。如果将经典波的振幅增加一倍，则其相应的波的能量就将变为原来的四倍。这就不是原来的状态，而是另一波动状态了。

2. *波函数的归一化*

如果把体积扩大到粒子所在的整个空间，由于粒子总要在该区域出现，在整个空间内找到粒子的概率必为 1，即

$$W = \int_\infty \mathrm{d}W = C\int_\infty |\psi(\boldsymbol{r},t)|^2\,\mathrm{d}\boldsymbol{r} = 1 \tag{1-11}$$

于是可得比例常数：

$$C = \frac{1}{\int_\infty |\psi(\boldsymbol{r},t)|^2\,\mathrm{d}\boldsymbol{r}} \tag{1-12}$$

如令 $\Phi(\boldsymbol{r},t) = \sqrt{C}\psi(\boldsymbol{r},t)$，则可得到

$$\int_\infty |\Phi(\boldsymbol{r},t)|^2\,\mathrm{d}\boldsymbol{r} = 1 \tag{1-13}$$

式中，$\Phi(\boldsymbol{r},t)$ 为归一化波函数，此过程称为波函数的归一化；$\sqrt{C}$ 为归一化因子。由上述的分析可知，波函数 ψ 和 $\sqrt{C}\psi$ 描述的是同一个概率。但由于归一化波函数描述简洁方便，在量子力学中常被采用。

1.1.3 薛定谔方程

上节对描写微观粒子状态的波函数进行了阐述。要得到不同情况下波函数的各种具体形式，需了解它所遵循的变化规律，即必须引入一个描述微观粒子运动规律的方程。1926年，薛定谔(E. Schrödinger)在德布罗意物质波概念的基础上，通过力学及波动光学的对比分析，提出了描述微观粒子运动的波动方程，现称为薛定谔方程。应当指出，他提出的这个方程是量子力学的一个基本假设，是不能从更基本的原理推导出来的。它的正确性，像经典力学的牛顿定律一样，只能靠实践检验。在此不介绍薛定谔当时类比推证的具体过程，只是先讨论描述一个自由粒子运动的平面波应满足的方程，然后加以扩充，推广到普遍的波动方程。

对于一个自由粒子，它不受外力的作用，因此其能量E和动量p均为常量。由德布罗意关系[式(1-4)和式(1-5)]可知，它的频率ν和波长λ也应该为常量，这在经典的波动光学中对应的是一个平面波。现假设这个平面波是一维的，沿x方向传播，其波动方程可以表示为

$$\psi(x,t)=A\cos\left[2\pi\left(\frac{x}{\lambda}-\nu t\right)\right] \text{或} A\sin\left[2\pi\left(\frac{x}{\lambda}-\nu t\right)\right] \tag{1-14}$$

式中，A为一常量，并将所表示的平面波初相位角设为零。根据波矢与波长的关系$k=\dfrac{2\pi}{\lambda}$、角频率$\omega=2\pi\nu$，将式(1-14)写成复数形式，可得

$$\psi(x,t)=A\mathrm{e}^{\mathrm{i}(kx-\omega t)} \tag{1-15}$$

根据德布罗意关系，将式(1-15)变为描述自由粒子的物质波的波函数：

$$\psi(x,t)=A\mathrm{e}^{\frac{\mathrm{i}}{\hbar}(px-Et)} \tag{1-16}$$

式中，p为动量。

若平面波的传播方向为空间任意方向，则可以将上述结果推广到三维空间，这时自由电子的波函数可表示为

$$\psi(\boldsymbol{r},t)=A\mathrm{e}^{\frac{\mathrm{i}}{\hbar}(\boldsymbol{pr}-Et)} \tag{1-17}$$

对上式的波函数先求时间的一阶微分为

$$\frac{\partial\psi}{\partial t}=-\mathrm{i}\frac{E}{\hbar}A\mathrm{e}^{\frac{\mathrm{i}}{\hbar}(\boldsymbol{pr}-Et)}=-\mathrm{i}\frac{E}{\hbar}\psi \tag{1-18}$$

再求坐标(x, y, z)的二阶偏微分为

$$\frac{\partial^2\psi}{\partial x^2}=\frac{\partial^2}{\partial x^2}A\mathrm{e}^{\frac{\mathrm{i}}{\hbar}(p_x x+p_y y+p_z z-Et)}=-\frac{p_x^2}{\hbar^2}\psi$$

同理，可得

$$\frac{\partial^2\psi}{\partial y^2}=-\frac{p_y^2}{\hbar^2}\psi,\quad \frac{\partial^2\psi}{\partial z^2}=-\frac{p_z^2}{\hbar^2}\psi$$

因此

$$\frac{\partial^2\psi}{\partial x^2}+\frac{\partial^2\psi}{\partial y^2}+\frac{\partial^2\psi}{\partial z^2}=-\frac{p_x^2+p_y^2+p_z^2}{\hbar^2}\psi$$

$$=-\frac{p^2}{\hbar^2}\psi \tag{1-19}$$

采用拉普拉斯算符 $\nabla^2=\frac{\partial^2}{\partial x^2}+\frac{\partial^2}{\partial y^2}+\frac{\partial^2}{\partial z^2}$，则式(1-19)可表示为

$$\nabla^2\psi=-\frac{p^2}{\hbar^2}\psi \tag{1-20}$$

利用经典自由粒子的能量和动量关系 $E=p^2/2m$ (m 为粒子质量)可得

$$-\frac{\hbar^2}{2m}\nabla^2\psi=E\psi \tag{1-21}$$

结合式(1-18)可得

$$-\frac{\hbar^2}{2m}\nabla^2\psi=\mathrm{i}\hbar\frac{\partial\psi}{\partial t} \tag{1-22}$$

式(1-22)即为自由粒子波函数所遵循的波动方程。如果粒子不是自由的，而是在确定的势场中运动，则粒子的总能量 E 应该为势能 V 和动能 $p^2/2m$ 之和，即式(1-20)中的 p^2 用关系式 $p^2=2m(E-V)$ 代入，得到

$$-\frac{\hbar^2}{2m}\nabla^2\psi+V\psi=\mathrm{i}\hbar\frac{\partial\psi}{\partial t} \tag{1-23}$$

这便是包含时间的薛定谔方程的一般形式(非相对论的)，它是描述微观粒子运动的普遍规律的方程。它在量子力学中的地位相当于经典力学中的牛顿第二定律。式中左边第一项代表动能项，第二项代表势能项，通常总的能量用哈密顿量 H 表示。因此，式(1-23)可表示为

$$H\psi=\mathrm{i}\hbar\frac{\partial\psi}{\partial t} \tag{1-24}$$

特别地，如果势场不随时间变化，即 $V(\boldsymbol{r})$ 不含时间 t，那么 $\psi(\boldsymbol{r},t)$ 可以分离变量为 $\psi(\boldsymbol{r},t)=\psi(\boldsymbol{r})f(t)$，将其代入薛定谔方程式(1-23)，可得到时间项 $f(t)$ 满足(推导详见参考文献)

$$f(t)\sim \mathrm{e}^{-\frac{\mathrm{i}}{\hbar}Et} \tag{1-25}$$

可以看到时间项的变化与自由电子波函数类似，位置项 $\psi(\boldsymbol{r})$ 满足：

$$\left[-\frac{\hbar^2}{2m}\nabla^2+V(\boldsymbol{r})\right]\psi(\boldsymbol{r})=E\psi(\boldsymbol{r}) \tag{1-26}$$

也与从自由粒子模型推导的式(1-21)相似，只是除了动能项，还加上了势能项 $V(\boldsymbol{r})$。式(1-26)用哈密顿量可简单表示为

$$H\psi(\boldsymbol{r})=E\psi(\boldsymbol{r}) \tag{1-27}$$

在量子力学中，力学量均可以用其对应的算符(加一个“^”符号)来表示，如哈密顿量可表示为哈密顿量算符 $\hat{H}$。因此，式(1-27)常写作

$$\hat{H}\psi(\boldsymbol{r}) = E\psi(\boldsymbol{r}) \tag{1-28}$$

算符之间的运算满足力学量之间的运算关系。例如，动能算符为$\hat{T} = -\dfrac{\hbar^2}{2m}\nabla^2$，动量算符$\hat{p} = -\mathrm{i}\hbar\nabla$。当一个力学量算符作用在波函数上，得到一个常量乘以波函数时，称这个方程为本征值方程，对应的波函数称为本征波函数。因此，式(1-28)也称能量的本征值方程，E称为本征能量。

固定势场$V(\boldsymbol{r})$下的波函数为$\psi(\boldsymbol{r},t) = \psi(\boldsymbol{r})\mathrm{e}^{-\frac{\mathrm{i}}{\hbar}Et}$，其对应的概率密度$|\psi(\boldsymbol{r},t)|^2 = |\psi(\boldsymbol{r})|^2$与时间无关，所得到的能量$E$也不随时间变化。这种波函数描述的状态称为定态，其对应的薛定谔方程式(1-26)称为定态薛定谔方程。本书中涉及的电子态问题都是定态问题，主要使用定态薛定谔方程。

从定态薛定谔方程可以看出，粒子的动能项是固定的，只要给出了微观粒子所处势场$V(\boldsymbol{r})$的具体形式，就可以求得一系列的ψ和E。由于有两个变量(ψ和E)，薛定谔方程的解是无限的，得到的是粒子可能处于的所有状态。每一个$\psi(\boldsymbol{r})$的解对应一个常数E，分别表示粒子运动可能有的稳定态和这种稳态下具有的能量。另外，按照波函数的统计诠释，波函数应该是单值和有限的，因为在任意点处发现粒子的概率必须是一个确定的有限值。又由于波函数满足薛定谔方程，而这个方程是一个对空间坐标的二阶偏微分方程，要使对坐标的二阶微商存在，波函数本身必须是有限和连续的，并且对坐标的一阶微商也必须是连续的。综上所述，波函数应满足三个条件：单值、有限和连续。这三个条件称为波函数的标准条件。在具体问题求解的过程中，需结合这些条件和具体的边界条件，得到合理的归一化的波函数$\psi(\boldsymbol{r})$。

1.2 金属自由电子的量子理论

对固体电子能量结构和状态的认识开始于对金属电子态的认识。人们通常把这种认识大致分为三个阶段：经典自由电子学说、量子自由电子学说、现代能带理论。

最早的是经典自由电子学说，主要代表人物是德鲁德(P. Drude)和洛伦兹(H. A. Lorenz)。德鲁德在1900年提出了一个非常简单的模型解释金属的高导电特性，其基本假设包括：①认为离子实是几乎不动的，因为其具有较大的质量；②忽略电子与离子实的相互作用，认为金属中的电子是完全自由的，将其看成自由电子气，其行为类比于理想气体；③电子与离子实的碰撞是概率事件，电子在金属中做无规运动，并且电子的热能服从经典能量均分定理，为$\dfrac{3}{2}k_0T$。利用德鲁德自由电子气模型可成功推导出欧姆定律和维德曼-弗兰兹定律(即在特定温度下，所有金属的热导率和电导率的比值是固定的)。洛伦兹利用经典热力学系统服从的麦克斯韦-玻尔兹曼分布和玻尔兹曼输运方程对自由电子气的输运行为进行了更为细致的研究，但是得到的结论与德鲁德模型相似，没有实质的进步。经典自由电子气理论虽然取得了一些成功，但在解释以下问题时遇到了困难：①实际金属电子的平均自由程比理论估计的大许多；②实际金属电子的热容比理论估计的小很多。

第二阶段是将量子力学的理论引入对金属电子状态的认识，称为量子自由电子学说，实际也就是金属的费米-索末菲自由电子理论。该理论认同价电子是完全自由的，并忽略电子与电子之间的相互作用，与经典自由电子气理论的假设一致；但电子的状态不是用经典的粒子方程来描述，而是利用量子力学的波函数描述，且其分布不服从麦克斯韦-玻尔兹曼统计规律，而是服从基于泡利不相容原理的费米-狄拉克量子统计规律。本节将较具体地介绍该理论，即利用薛定谔方程求解自由电子能量结构和状态的结果。

第三阶段是现代能带理论。由于实际晶体中原子的排列是具有周期性的，能带理论摒弃了自由电子气的假设，考虑了周期势场对电子态的影响。结合量子力学对电子的描述，成功阐明了晶体中电子运动的普遍规律，已发展为较为完善和广泛应用的电子态理论，将在1.3节进行详细论述。

1.2.1 金属自由电子的状态和能量

设在一个边长为L的立方体中，如图1-2所示，又设势阱的深度是无限的，因此在势阱外部波函数为∞。在势阱内部势能V为一常量，直接取0，即

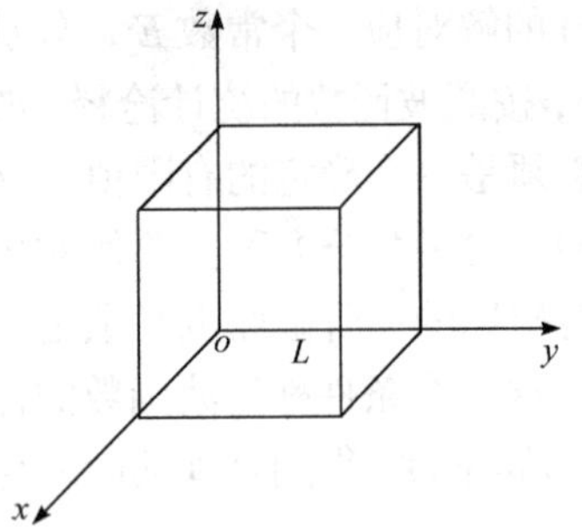

图1-2 边长为L的金属立方体

$$\begin{cases} V(x,y,z)=0 & 0<x,y,z<L \\ V(x,y,z)=\infty & x,y,z\leqslant 0,\ x,y,z\geqslant L \end{cases} \tag{1-29}$$

单个电子的运动满足定态薛定谔方程式(1-26)，在势阱内部即为

$$-\frac{\hbar^2}{2m}\nabla^2\psi(\boldsymbol{r})=E\psi(\boldsymbol{r}) \tag{1-30}$$

这与自由电子在空间运动的情形相同，得到的解应为平面波波函数，略去时间项，即为

$$\psi_k(\boldsymbol{r})=C\mathrm{e}^{\mathrm{i}\boldsymbol{k}\cdot\boldsymbol{r}} \tag{1-31}$$

式中，C为归一化常数。由归一化条件$\int_0^V|\psi|^2\mathrm{d}V=1$可求出$C=\sqrt{1/V}=1/L^{3/2}$，所以波函数可写成

$$\psi_k(\boldsymbol{r})=\frac{1}{L^{3/2}}\mathrm{e}^{\mathrm{i}\boldsymbol{k}\cdot\boldsymbol{r}} \tag{1-32}$$

对应的能量为

$$E=\frac{\hbar^2\boldsymbol{k}^2}{2m}=\frac{\hbar^2}{2m}(k_x^2+k_y^2+k_z^2) \tag{1-33}$$

式中，$\boldsymbol{k}$为电子的波矢。

由于固体存在边界，波函数的取值需受到特定边界条件的限制。边界条件的选取，一方面，要反映出电子被局限在有限大小的体积中；另一方面，要消除表面效应，得到金属的体性质，因为对于足够大的材料，表面层在总体积中所占比例很小，材料表现出的是其体性质，若考虑表面态的不同则问题会变得复杂。同时，在数学上，边界条件要易于操作。综合这些要求，研究人员广泛采用的是周期性边界条件，或称玻恩-冯卡门边界条件，即

$$\begin{cases}\psi(x,y,z)=\psi(x+L,y,z)\\ \psi(x,y,z)=\psi(x,y+L,z)\\ \psi(x,y,z)=\psi(x,y,z+L)\end{cases} \tag{1-34}$$

对于一维情形，上述边界条件简化为$\psi(x)=\psi(x+L)$。相当于长度为L的金属丝首尾相接成环，如图 1-3 所示，当电子到达金属表面(N点)时，相当于又进入了晶体中。从而既有有限的尺寸，又满足了固体的平移对称性，相当于消除了边界的存在。对于三维情形，可想象成L^3的立方体的空间向三个方向平移，填满整个空间，从而当电子到达表面时，并不会受到反射，而是进入相对表面的对应点。

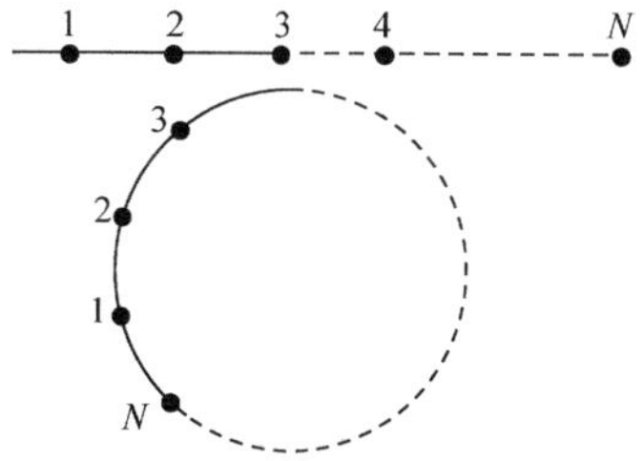

图 1-3 周期性边界条件示意图

将周期性边界条件应用到式(1-32)的波函数中，可得到

$$\exp(\mathrm{i}k_xL) = \exp(\mathrm{i}k_yL) = \exp(\mathrm{i}k_zL) = 1 \tag{1-35}$$

为此，k_x、k_y、k_z必须满足下列条件：

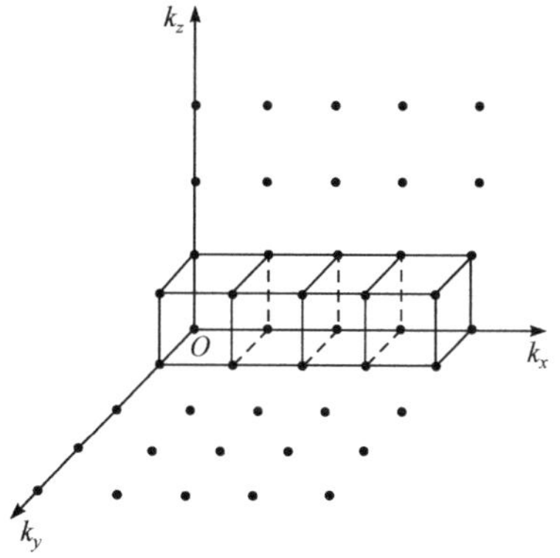

图 1-4 **k** 空间状态点分布

$$k_x=\frac{2\pi}{L}n_x;\ k_y=\frac{2\pi}{L}n_y;\ k_z=\frac{2\pi}{L}n_z \tag{1-36}$$

式中，n_x、n_y、n_z为整数。

可以看到，用波矢$\boldsymbol{k}$可建立k_x、k_y、k_z的直角坐标系(图 1-4)，由于n_x、n_y、n_z是任意整数，所以k点在空间是均匀占据的，所有k点的分布构成了一个$\boldsymbol{k}$空间(波矢空间)。由于每一个k点确定电子的一个状态(ψ,E)，也称为状态点。根据式(1-36)，每个状态点占据的体积为$(2\pi/L)^3$；相应地，波矢空间状态密度(单位体积中的状态点数)就为$(L/2\pi)^3$。

1.2.2 电子能态密度

虽然金属中自由电子的能量是量子化的，但是由于电子数N很大，能量构成准连续谱，可以采用准连续的方式计算能级的分布。引入电子的能态密度$Z(E)$来描述能级在不同能量上的分布。电子能态密度有时也简称为态密度，其定义为单位能量间隔内的电子态数目：

$$Z(E)=\lim_{\Delta E\to 0}\frac{\Delta N}{\Delta E}=\frac{\mathrm{d}N}{\mathrm{d}E} \tag{1-37}$$

式中，$\mathrm{d}N$为$E\sim E+\mathrm{d}E$能量范围内的电子态数目。

下面讨论如何方便地求出能态密度。

$\boldsymbol{k}$空间中，每个k状态点可以填充 2 个自旋相反的电子，因此在单位波矢体积中，电子能态密度为$2(L/2\pi)^3=2V_C/(2\pi)^3$。对于$\boldsymbol{k}$空间$E\sim E+\mathrm{d}E$等能面间的电子态数目$\mathrm{d}N$，既可表示为能态密度与$\mathrm{d}E$的乘积，也应等于相应等能面间的$\boldsymbol{k}$空间体积乘以相应的能态密度，即

$$dN = Z(E)dE = 2\times\frac{V_C}{(2\pi)^3}\times dk_x dk_y dk_z \tag{1-38}$$

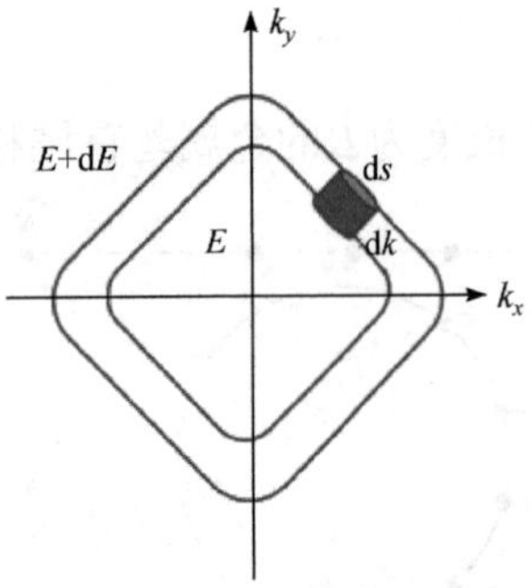

图 1-5　$\boldsymbol{k}$ 空间等能面及 dE 内体积元的示意图

式中，$dk_x dk_y dk_z$ 为 $E \sim E + dE$ 等能面间的 $\boldsymbol{k}$ 空间体积；V_C 为晶体的体积。如图 1-5 所示，$dk_x dk_y dk_z = \int_s ds dk$，d$k$ 为两等能面间的垂直距离，ds 为面积元。进一步，利用 $dE = |\nabla_k E| dk$，可将式(1-38)变为

$$dN = 2\times\frac{V_C}{(2\pi)^3}\times\int\frac{ds}{|\nabla_k E|}dE \tag{1-39}$$

因此，能态密度的一般表达式为

$$Z(E)=\frac{dN}{dE} = 2\times\frac{V_C}{(2\pi)^3}\times\int\frac{ds}{|\nabla_k E|} \tag{1-40}$$

对于金属自由电子气，由于其能量为 $E=\frac{\hbar^2 k^2}{2m}$ [式(1-33)]，只依赖于 k 的大小，在 $\boldsymbol{k}$ 空间的等能面为球面，其半径为 $k=\frac{\sqrt{2mE}}{\hbar}$，法线方向的变化率为 $|\nabla_k E| = \hbar^2 k/m$，在等能面上是一个常数，因此自由电子气的能态密度为

$$\begin{aligned} Z(E) &= 2\times\frac{V_C}{(2\pi)^3}\times\frac{4\pi k^2}{\hbar^2 k/m} \\ &= 4\pi V_C \frac{(2m)^{3/2}}{h^3} E^{1/2} = CE^{1/2} \end{aligned} \tag{1-41}$$

当然，也可直接由式(1-38)计算金属自由电子气的能态密度，其结果是一致的。这是针对三维情形，若自由电子气是二维或一维的，其推算方法是类似的，只不过对应的 $\boldsymbol{k}$ 空间变成二维或一维的，所以其对应的体积元变成了面积元 $ds_k (= 2\pi k dk)$ 或 $dk_x dk_y$。类比于式(1-37)，二维和一维的状态点密度分别为 $(L/2\pi)^2$ 和 $L/2\pi$。因此，可得到二维(2D)和一维(1D)的能态密度分别为 $Z(E)_{2D}=$ 常数和 $Z(E)_{1D} \propto E^{-1/2}$ (图 1-6)，具体过程请读者自己演算(习题 4)。

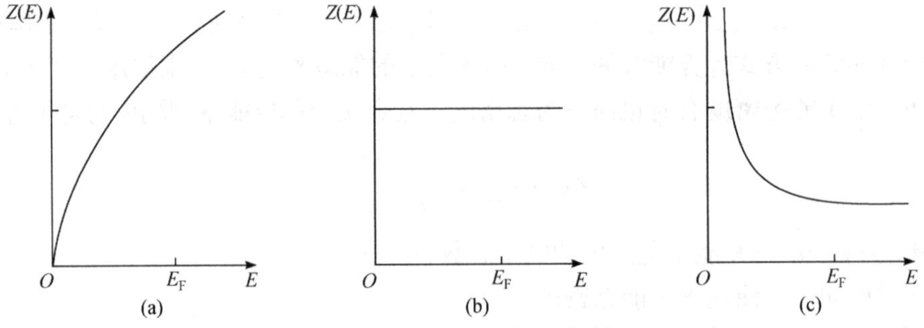

图 1-6　三维(a)、二维(b)、一维(c)金属自由电子气的能态密度随能量变化的曲线

以上讨论都是在自由电子体系中进行的，在真实晶体中的情况就变得复杂了，通常不是单调性的变化，需要根据具体材料的能带结构进行计算。

1.2.3　费米分布与费米能级

理论和实验证实，电子在不同能级上的分布服从费米-狄拉克量子统计规律，即在热平衡温度 T 下，电子占据能量为 E 的能级的概率为

$$f(E)=\frac{1}{\exp\left(\frac{E-E_F}{k_0T}\right)+1} \tag{1-42}$$

式中，E_F 为费米能级；k_0 为玻尔兹曼常量。$f(E)$ 为费米分布函数。

下面讨论费米分布的特点，分为0 K和非0 K两种情况。

当 $T=0\,\mathrm{K}$ 时，由式(1-42)得

$$f(E)=\begin{cases}1 & E\leqslant E_F\\ 0 & E>E_F\end{cases} \tag{1-43}$$

将其绘于图1-7，可以看到在0 K时，能量等于和小于 E_F 的能级占据概率为1，即全部被电子占满，能量大于 E_F 的能级全部空着。因此，费米能级表示0 K时电子所占据的最高能量。

对于非0 K的情况，即 $T>0\,\mathrm{K}$ 时，根据能量与费米能级的相对大小，$f(E)$ 的分布情况为

$$f(E)=\begin{cases}1 & E\ll E_F\\ \frac{1}{2} & E=E_F\\ 0 & E\gg E_F\end{cases} \tag{1-44}$$

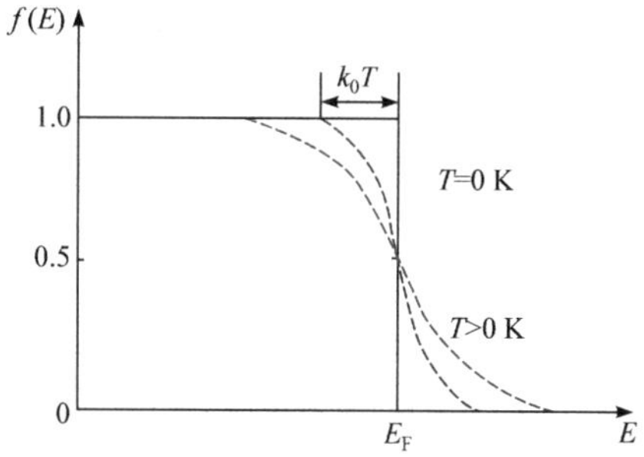

图1-7　费米分布函数图像

将 $T>0\,\mathrm{K}$ 费米分布函数的图像也绘于图1-7中，可以看到与0 K的陡峭变化不同，随着温度升高，$f(E)$ 在 E_F 附近的变化较为平缓。且根据式(1-42)，温度越高，变化越平缓。但在任何情况下，此能量范围约在 E_F 附近 k_0T 范围内。此图像具有重要意义，说明虽然金属中含有大量的自由电子，但受到热激发时只有能量在 E_F 附近 k_0T 范围内的少部分电子吸收能量，从 E_F 以下的能级跃迁至较高能级，即温度变化时，只有一小部分电子的能量受到温度的影响。由此，自由电子气的量子理论正确解释了金属电子比热容较小的原因，其值只有德鲁德理论值的百分之一。

材料的费米能级是体系电子能量的一个重要量度。下面计算0 K时自由电子体系的费米能级 E_F^0。若已知电子的能量分布函数(即费米分布)，结合能态密度 $Z(E)$，则可求出在能量 $E\sim E+\mathrm{d}E$ 分布的电子数：

$$\mathrm{d}N=Z(E)f(E)\mathrm{d}E \tag{1-45}$$

由式(1-41)可知自由电子的态密度为 $Z(E)=C\sqrt{E}$，而当 $T=0\,\mathrm{K}$ 时，由式(1-43)可知，E_F^0 以下 $f(E)=1$，令系统总的自由电子数为 N，则

$$N=\int_0^{E_F^0} C\sqrt{E}\mathrm{d}E=\frac{2}{3}C\left(E_F^0\right)^{3/2} \tag{1-46}$$

$$E_F^0=\left(\frac{3}{2}\frac{N}{C}\right)^{2/3} \tag{1-47}$$

代入C值，见式(1-41)，得

$$E_F^0=\frac{h^2}{2m}(3n/8\pi)^{2/3} \tag{1-48}$$

式中，m为电子质量；$n=\frac{N}{V}$为单位体积中的自由电子数。由此可知，金属费米能级的大小只依赖于电子密度n。由一般金属的$n\approx10^{28}\ \mathrm{m}^{-3}$，得到费米能级为几至十几电子伏特(eV)，如金属钠为3.2 eV，铝为11.7 eV，银和金都为5.5 eV。

进一步可以得到0 K时，自由电子具有的平均能量为

$$\overline{E}_0=\frac{\int_0^{\infty}EZ(E)f(E)\mathrm{d}E}{N}=\frac{\int_0^{E_F^0}CE\sqrt{E}\mathrm{d}E}{N}=\frac{3}{5}E_F^0 \tag{1-49}$$

式(1-49)说明：0 K时自由电子的平均能量不为零，而且具有与E_F相同的数量级。这与经典结果完全不同，之所以产生这种情况，是由于电子遵循费米分布的量子统计规律，也意味着电子服从量子力学的泡利不相容原理，即不能同时占据两个完全相同的能级，因此在0 K时电子不能都集中到最低能级中。所以0 K下的电子能量是量子力学效应的体现。

在温度高于0 K的条件下，对电子平均能量和E_F的近似计算表明，此时平均能量略有提高(推导略)：

$$\overline{E}=\frac{3}{5}E_F^0\left[1+\frac{5}{12}\pi^2\left(\frac{k_0T}{E_F^0}\right)^2\right] \tag{1-50}$$

而E_F值略有下降：

$$E_F=E_F^0\left[1-\frac{\pi^2}{12}\left(\frac{k_0T}{E_F^0}\right)^2\right] \tag{1-51}$$

减小值数量级为10^{-5}，故可以认为金属费米能级基本不随温度变化。

1.3 晶体能带理论基础概述

尽管索末菲的量子电子理论能够解释电子比热容和电导等问题，但是由于并未摒弃理想自由电子气思想，能够解决的问题有限。1928年，布洛赫对自由电子的模型提出质疑，认为既然晶体中的原子是周期排列的，电子应感受到一个严格的周期势，所受到的散射应该不是无规的。在此基础上，布洛赫创立了能带理论，并逐步形成了完善的理论框架。在能带理论提出时，半导体正好在技术上开始应用，能带理论提供了分析半导体理论问题的基

础，从而有力地推动了半导体技术的发展。历经近一百年的发展，能带理论的内容变得十分丰富，是目前研究固体中电子运动的主要理论基础。其不仅能定性地阐明晶体中电子运动的普遍性的特点，如固体为什么会有导体、非导体的区别，晶体中电子的平均自由程为什么会远大于原子的间距等，而且随着大型、高速计算机的发展，能够应用于复杂材料电子结构的定量计算。

要深入理解和掌握能带理论需要量子力学、固体物理和群论知识。本节只对能带理论的核心要点进行概述，以便为理解功能材料的物理本质和解决材料科学和工程中的问题打下基础。

能带理论是一个近似的理论。在固体中存在大量的电子，它们的运动是相互关联的，每个电子的运动都会受其他电子运动的牵连，求解这种多电子系统严格的解显然是不可能的。因此，能带理论包含了三个基本近似：

(1) 绝热近似，或称玻恩-奥本海默(Born-Oppenheimer)近似。在处理固体中电子的运动时，假定离子实固定在格点上不动。这与之前的理论是一致的。

(2) 单电子近似。就是把每个电子的运动看成独立地在一个等效势场中的运动。在大多数情况下，最关心的是价电子，因为内层电子的变化较小，可以把原子核和内层电子近似看成一个离子实。这样价电子的等效势场，包括离子实的势场、其他价电子的平均势场以及电子波函数反对称性带来的交换作用。这个等效势场也称平均场。因此，单电子近似有时也称平均场近似。

(3) 周期场近似。由于晶格格点具有周期性，电子感受到的等效势场是一个与晶体对称性一致的周期性势场。当然，对于一个有限的晶体，应用玻恩-冯卡门边界条件协调。

于是，能带理论的核心问题是求解在周期势场中的单电子问题，下面就对这一问题进行阐述。

1.3.1 布洛赫定理及布洛赫波矢

1. 布洛赫定理

晶体中电子所处位置的势场应该随着原子的重复排列而呈周期性的变化，即具有晶格的平移对称性，因此势能函数应表示为以下的周期性函数：

$$V(\boldsymbol{r}+\boldsymbol{R}_n)=V(\boldsymbol{r}) \tag{1-52}$$

式中，$\boldsymbol{R}_n$ 为任意的晶格矢量。

求解电子在周期势场中的运动波函数，原则上要找出 $V(\boldsymbol{r})$ 的表达式，并将 $V(\boldsymbol{r})$ 代入单电子薛定谔方程，即

$$\left[-\frac{\hbar^2}{2m}\nabla^2+V(\boldsymbol{r})\right]\psi(\boldsymbol{r})=E\psi(\boldsymbol{r}) \tag{1-53}$$

中进行求解。

在求解具体的问题之前，首先关注周期势场中波动方程的解具有什么一般性的特点。

布洛赫定理指出，当势场具有晶格周期性时，波动方程的解具有如下性质：

$$\psi(\boldsymbol{r}+\boldsymbol{R}_n)=\mathrm{e}^{\mathrm{i}\boldsymbol{k}\cdot\boldsymbol{R}_n}\psi(\boldsymbol{r}) \tag{1-54}$$

式中，$\boldsymbol{k}$ 为波矢。布洛赫定理表明当平移晶格矢量 $\boldsymbol{R}_n$ 时，波函数只增加了相位因子 $\mathrm{e}^{\mathrm{i}\boldsymbol{k}\cdot\boldsymbol{R}_n}$。

根据布洛赫定理可以将波函数写成

$$\psi_k(\boldsymbol{r})=\mathrm{e}^{\mathrm{i}\boldsymbol{k}\cdot\boldsymbol{r}}u_k(\boldsymbol{r}) \tag{1-55}$$

其中

$$u_k(\boldsymbol{r})=u_k(\boldsymbol{r}+\boldsymbol{R}_n) \tag{1-56}$$

式(1-55)表达的波函数即为布洛赫函数，可以看到它是按晶格周期性调幅的平面波。可以证明布洛赫函数是满足布洛赫定理的：

$$\psi(\boldsymbol{r}+\boldsymbol{R}_n)=\mathrm{e}^{\mathrm{i}\boldsymbol{k}\cdot(\boldsymbol{r}+\boldsymbol{R}_n)}u(\boldsymbol{r}+\boldsymbol{R}_n)=\mathrm{e}^{\mathrm{i}\boldsymbol{k}\cdot\boldsymbol{R}_n}\mathrm{e}^{\mathrm{i}\boldsymbol{k}\cdot\boldsymbol{r}}u(\boldsymbol{r})=\mathrm{e}^{\mathrm{i}\boldsymbol{k}\cdot\boldsymbol{R}_n}\psi(\boldsymbol{r}) \tag{1-57}$$

下面对布洛赫定理进行简单的证明。势场的周期性反映了晶格的平移对称性，即格点平移任意矢量 $\boldsymbol{R}_n$ 势场是不变的。定义一个平移算符 $\hat{T}_{\boldsymbol{R}_n}$，其定义是 $\hat{T}_{\boldsymbol{R}_n}$ 作用在任意函数 $f(\boldsymbol{r})$ 上，使矢量 $\boldsymbol{r}$ 平移 $\boldsymbol{R}_n$，即

$$\hat{T}_{\boldsymbol{R}_n}f(\boldsymbol{r})=f(\boldsymbol{r}+\boldsymbol{R}_n) \tag{1-58}$$

考虑微分算符与坐标原点的平移无关，以及势场的周期性，式(1-53)中哈密顿量 $\hat{H}=-\dfrac{\hbar^2}{2m}\nabla^2+V(\boldsymbol{r})$ 也具有平移对称性，即 $\hat{T}_{\boldsymbol{R}_n}\hat{H}=\hat{H}(\boldsymbol{r}+\boldsymbol{R}_n)=\hat{H}(\boldsymbol{r})$。可以证明 $\hat{H}$ 与 $\hat{T}_{\boldsymbol{R}_n}$ 对易，即

$$\hat{T}_{\boldsymbol{R}_n}\hat{H}=\hat{H}\hat{T}_{\boldsymbol{R}_n} \tag{1-59}$$

因为将式(1-59)两边作用在任一函数 $\psi(\boldsymbol{r})$ 上，有相同的结果：

$$\begin{aligned}\hat{T}_{\boldsymbol{R}_n}\hat{H}\psi(\boldsymbol{r})&=\hat{H}(\boldsymbol{r}+\boldsymbol{R}_n)\psi(\boldsymbol{r}+\boldsymbol{R}_n)\\&=\hat{H}(\boldsymbol{r})\psi(\boldsymbol{r}+\boldsymbol{R}_n)=\hat{H}\hat{T}_{\boldsymbol{R}_n}\psi(\boldsymbol{r})\end{aligned} \tag{1-60}$$

按照量子力学的一般原理，两对易算符具有共同的本征函数。因此，如果波函数 $\psi(\boldsymbol{r})$ 是 $\hat{H}$ 的本征函数，那么也一定是算符 $\hat{T}_{\boldsymbol{R}_n}$ 的本征函数，有

$$\hat{T}_{\boldsymbol{R}_n}\psi(\boldsymbol{r})=\lambda_{\boldsymbol{R}_n}\psi(\boldsymbol{r}) \tag{1-61}$$

$\lambda_{\boldsymbol{R}_n}$ 是 $\hat{T}_{\boldsymbol{R}_n}$ 的本征值。根据平移算符的定义[式(1-58)]，可得到

$$\hat{T}_{\boldsymbol{R}_n}\psi(\boldsymbol{r})=\psi(\boldsymbol{r}+\boldsymbol{R}_n)=\lambda_{\boldsymbol{R}_n}\psi(\boldsymbol{r}) \tag{1-62}$$

由波函数的归一性：

$$\int|\psi(\boldsymbol{r})|^2\mathrm{d}\boldsymbol{r}=\int|\psi(\boldsymbol{r}+\boldsymbol{R}_n)|^2\mathrm{d}\boldsymbol{r}=1 \tag{1-63}$$

可得

$$|\lambda_{\boldsymbol{R}_n}|^2=1 \tag{1-64}$$

因此，$\lambda_{\boldsymbol{R}_n}$ 可写成以下形式：

$$\lambda_{\boldsymbol{R}_n} = \mathrm{e}^{\mathrm{i}\beta_{\boldsymbol{R}_n}} \tag{1-65}$$

即$\psi(\boldsymbol{r}+\boldsymbol{R}_n)$和$\psi(\boldsymbol{r})$仅相差一相位因子。

根据平移算符的定义，进行两次相继的平移$(\boldsymbol{R}_n,\boldsymbol{R}_m)$，相当于一次平移$\boldsymbol{R}_n+\boldsymbol{R}_m$，即

$$\hat{T}_{\boldsymbol{R}_n}\hat{T}_{\boldsymbol{R}_m}\psi = \hat{T}_{\boldsymbol{R}_n+\boldsymbol{R}_m}\psi = \lambda_{\boldsymbol{R}_n+\boldsymbol{R}_m}\psi \tag{1-66}$$

又由于

$$\hat{T}_{\boldsymbol{R}_n}\hat{T}_{\boldsymbol{R}_m}\psi = \hat{T}_{\boldsymbol{R}_n}\lambda_{\boldsymbol{R}_m}\psi = \lambda_{\boldsymbol{R}_m}\lambda_{\boldsymbol{R}_n}\psi \tag{1-67}$$

因此平移算符的本征值须满足关系：

$$\lambda_{\boldsymbol{R}_n+\boldsymbol{R}_m} = \lambda_{\boldsymbol{R}_m}\lambda_{\boldsymbol{R}_n} \tag{1-68}$$

将式(1-65)代入式(1-68)，两边取对数，得

$$\beta_{\boldsymbol{R}_n+\boldsymbol{R}_m} = \beta_{\boldsymbol{R}_n} + \beta_{\boldsymbol{R}_m} \tag{1-69}$$

式(1-69)仅当β与$\boldsymbol{R}_n$之间呈线性关系才能得到满足。取$\beta_{\boldsymbol{R}_n}=\boldsymbol{k}\cdot\boldsymbol{R}_n$，则

$$\lambda_{\boldsymbol{R}_n} = \mathrm{e}^{\mathrm{i}\boldsymbol{k}\cdot\boldsymbol{R}_n} \tag{1-70}$$

因此

$$\hat{T}_{\boldsymbol{R}_n}\psi(\boldsymbol{r}) = \psi(\boldsymbol{r}+\boldsymbol{R}_n) = \lambda_{\boldsymbol{R}_n}\psi(\boldsymbol{r}) = \mathrm{e}^{\mathrm{i}\boldsymbol{k}\cdot\boldsymbol{R}_n}\psi(\boldsymbol{r}) \tag{1-71}$$

即证明了布洛赫定理。

2. 布洛赫波矢$\boldsymbol{k}$的取值与倒空间

从式(1-70)可以看到，矢量$\boldsymbol{k}$是平移算符本征值对应的量子数，标记了电子在具有平移对称性周期场中的不同状态。$\boldsymbol{k}$具有波矢的量纲，但它并不是动量所对应的量子数，因为将动量算符$\hat{\boldsymbol{p}}=-\mathrm{i}\hbar\nabla$作用在布洛赫波函数[式(1-55)]上：

$$\hat{\boldsymbol{p}}\psi_k = -\mathrm{i}\hbar\nabla\psi_k = -\mathrm{i}\hbar\nabla[\mathrm{e}^{\mathrm{i}\boldsymbol{k}\cdot\boldsymbol{r}}u_k(\boldsymbol{r})] = \hbar\boldsymbol{k}\psi_k - \mathrm{i}\hbar\mathrm{e}^{\mathrm{i}\boldsymbol{k}\cdot\boldsymbol{r}}\nabla u_k(\boldsymbol{r}) \tag{1-72}$$

并不能简单地写成一个常数乘以ψ_k，说明ψ_k不是动量算符的本征函数。因此，$\hbar\boldsymbol{k}$也不像自由电子中那样是粒子的真实动量，常称为电子在晶体中的准动量。$\boldsymbol{k}$因此称为简约波矢，或布洛赫波矢。

对于一个有限的晶体，与 1.2 节相同，需采用玻恩-冯卡门周期性边界条件来确定$\boldsymbol{k}$的取值。对于基矢为$\boldsymbol{a}_1$、$\boldsymbol{a}_2$、$\boldsymbol{a}_3$的布拉维格子，其周期性边界条件表示为

$$\begin{cases}\psi(\boldsymbol{r})=\psi(\boldsymbol{r}+N_1\boldsymbol{a}_1)\\ \psi(\boldsymbol{r})=\psi(\boldsymbol{r}+N_2\boldsymbol{a}_2)\\ \psi(\boldsymbol{r})=\psi(\boldsymbol{r}+N_3\boldsymbol{a}_3)\end{cases} \tag{1-73}$$

式中，$N=N_1N_2N_3$为晶体中的原胞总数。将布洛赫定理应用于上式，得

$$\psi(\boldsymbol{r}+N_i\boldsymbol{a}_i) = \mathrm{e}^{\mathrm{i}N_i\boldsymbol{k}\cdot\boldsymbol{a}_i}\psi(\boldsymbol{r}) = \psi(\boldsymbol{r}) \qquad (i=1,2,3) \tag{1-74}$$

这就要求：

$$\begin{cases} N_1\boldsymbol{k}\cdot\boldsymbol{a}_1=2\pi l_1 \\ N_2\boldsymbol{k}\cdot\boldsymbol{a}_2=2\pi l_2 \quad (l_1,l_2,l_3\text{为整数}) \\ N_3\boldsymbol{k}\cdot\boldsymbol{a}_3=2\pi l_3 \end{cases} \tag{1-75}$$

式(1-75)表明，波矢 $\boldsymbol{k}$ 处于倒空间中，可以用倒格子基矢来表示。鉴于倒格子在固体电子态理论中的重要性，在此对其进行单独的介绍。

众所周知，晶体结构可以由正空间的点阵(即正格子)描述，正格子中的任意一个格点用前述的格矢 $\boldsymbol{R}_n$ 表示，可展开为

$$\boldsymbol{R}_n = n_1\boldsymbol{a}_1 + n_2\boldsymbol{a}_2 + n_3\boldsymbol{a}_3 \qquad (n_1,n_2,n_3\text{为整数}) \tag{1-76}$$

式中，$\boldsymbol{a}_1$、$\boldsymbol{a}_2$、$\boldsymbol{a}_3$ 为布拉维格子的基矢。根据基矢可以定义三个新的矢量：

$$\begin{cases} \boldsymbol{b}_1=2\pi\dfrac{\boldsymbol{a}_2\times\boldsymbol{a}_3}{\boldsymbol{a}_1\cdot(\boldsymbol{a}_2\times\boldsymbol{a}_3)} \\ \boldsymbol{b}_2=2\pi\dfrac{\boldsymbol{a}_3\times\boldsymbol{a}_1}{\boldsymbol{a}_1\cdot(\boldsymbol{a}_2\times\boldsymbol{a}_3)} \\ \boldsymbol{b}_3=2\pi\dfrac{\boldsymbol{a}_1\times\boldsymbol{a}_2}{\boldsymbol{a}_1\cdot(\boldsymbol{a}_2\times\boldsymbol{a}_3)} \end{cases} \tag{1-77}$$

式中，$\boldsymbol{a}_1\cdot(\boldsymbol{a}_2\times\boldsymbol{a}_3)$ 即为正格子原胞体积；$\boldsymbol{b}_1$、$\boldsymbol{b}_2$、$\boldsymbol{b}_3$ 称为倒格子基矢。由这三个矢量在空间的无限平移，与 $\boldsymbol{a}_1$、$\boldsymbol{a}_2$、$\boldsymbol{a}_3$ 一样，可以构建一个布拉维格子，称为倒格子。倒格子中每个点的位置由倒格矢 $\boldsymbol{G}_h$ 表示：

$$\boldsymbol{G}_h = h_1\boldsymbol{b}_1 + h_2\boldsymbol{b}_2 + h_3\boldsymbol{b}_3 \qquad (h_1,h_2,h_3\text{为整数}) \tag{1-78}$$

由倒格子基矢定义，易于证明：

$$\boldsymbol{a}_i\cdot\boldsymbol{b}_j = 2\pi\delta_{ij} = \begin{cases} 2\pi & i=j \\ 0 & i\neq j \end{cases} \quad (i,j=1,2,3) \tag{1-79}$$

及

$$\boldsymbol{G}_h\cdot\boldsymbol{R}_n = 2\pi m \qquad (m\text{为整数}) \tag{1-80}$$

根据式(1-80)可以证明(略，见参考文献)，对于作用在具有周期性的晶体上的任意函数 $F(\boldsymbol{r})$，对其做傅里叶级数展开时，只有波矢等于倒格矢时，傅里叶分量不为 0，即

$$F(\boldsymbol{r}) = \sum_{\boldsymbol{G}_h} A(\boldsymbol{G}_h)\mathrm{e}^{\mathrm{i}\boldsymbol{G}_h\cdot\boldsymbol{R}_n} \tag{1-81}$$

在晶体性质的微观理论中，式(1-81)至关重要，如下一小节将要讨论的近自由电子近似的模型。

结合式(1-75)和式(1-79)，可以看到波矢 $\boldsymbol{k}$ 能用相应的倒格子基矢来表示：

$$\boldsymbol{k} = \frac{l_1}{N_1}\boldsymbol{b}_1 + \frac{l_2}{N_2}\boldsymbol{b}_2 + \frac{l_3}{N_3}\boldsymbol{b}_3 \tag{1-82}$$

因此，布洛赫波矢 $\boldsymbol{k}$ 可看成在倒格子空间中均匀分布的点，这些点形成了以 $\boldsymbol{b}_i/N_i$ 为基矢的布拉维格子。每个 k 点所占据的体积为

$$\frac{\boldsymbol{b}_1}{N_1}\cdot\left(\frac{\boldsymbol{b}_2}{N_2}\times\frac{\boldsymbol{b}_3}{N_3}\right)=\frac{\boldsymbol{b}_1\cdot(\boldsymbol{b}_2\times\boldsymbol{b}_3)}{N}=\frac{\Omega_{\mathrm{d}}}{N} \tag{1-83}$$

式中，Ω_{d}为倒格子原胞的体积。因此，在倒空间中一个原胞内的k点数目等于实空间中总的原胞数N。进一步，利用正格子的原胞体积Ω与倒格子原胞体积Ω_{d}之间的关系$\Omega=(2\pi)^3/\Omega_{\mathrm{d}}$，也可得到$\boldsymbol{k}$空间中的$k$点(状态)密度：

$$\frac{N}{\Omega_{\mathrm{d}}}=\frac{N\Omega}{(2\pi)^3}=\frac{V}{(2\pi)^3} \tag{1-84}$$

式中，V为晶体的体积。结果与自由电子的状态密度$[(L/2\pi)^3]$是类似的。因此，在涉及$\boldsymbol{k}$的积分计算中，如能态密度的计算，过程是类似的。

1.3.2 近自由电子近似和能带

本节讨论近自由电子(弱周期势)的情形，一方面，可显示对于自由电子气体，引入周期势场后电子本征态的变化；另一方面，对于相当多的价电子为s电子和p电子的金属，这是很好的近似。具体的过程为，先从一维情形出发，将弱周期势场看作微扰，用量子力学中标准的微扰论方法处理，再将结论推广到三维情形。

1. 模型和零级近似

对于一长度$L=Na$的一维晶体，N为原胞数目，a为晶格常数(原子间距)，其具有的周期势场为$V(x)=V(x+na)$。现采用近自由电子近似，即假设$V(x)$的起伏较小，作为零级近似，可以用势场的平均值$\bar{V}$代替$V(x)$，而把周期起伏$V(x)-\bar{V}$作为微扰处理。为简便，直接取$\bar{V}=0$。因此，系统总的哈密顿量可表示为

$$\hat{H}=\hat{H}_0+\hat{H}'=\hat{H}_0+V(x) \tag{1-85}$$

式中，$\hat{H}_0$为自由电子的哈密顿量。零级近似下，波动方程为

$$\hat{H}_0\psi_k^{(0)}=-\frac{\hbar^2}{2m}\frac{\mathrm{d}^2}{\mathrm{d}x^2}\psi_k^{(0)}=E_k^{(0)}\psi_k^{(0)} \tag{1-86}$$

它的解便是自由粒子的解，参照1.2.1节，相应的本征波函数和本征能量为

$$\psi_k^{(0)}(x)=\frac{1}{\sqrt{L}}\mathrm{e}^{\mathrm{i}kx} \tag{1-87}$$

$$E_k^{(0)}=\frac{\hbar^2k^2}{2m} \tag{1-88}$$

引入周期性边界条件，由式(1-75)可知k的取值为

$$k=\frac{2\pi}{Na}l=\frac{2\pi}{L}l\quad(l\text{为整数}) \tag{1-89}$$

容易证明，零级波函数满足正交归一的条件：

$$\langle k|k'\rangle=\int\psi_k^{(0)*}(x)\psi_{k'}^{(0)}(x)\mathrm{d}x=\delta_{k,k'} \tag{1-90}$$

式中，$\langle k|k'\rangle$ 为不同状态波函数的内积，是量子力学中一种常见的表达形式。

2. 非简并微扰

按照一般微扰理论的结果，波函数的一级修正为

$$\psi_k^{(1)}(x)=\sum_n{}'\frac{H'_{kk'}}{E_k^{(0)}-E_{k'}^{(0)}}\psi_{k'}^{(0)}(x) \tag{1-91}$$

式中，$H'_{kk'}$ 为微扰哈密顿量 $H'[V(x)]$ 在 $\boldsymbol{k}$ 空间的矩阵元：

$$H'_{kk'}=\langle k'|V(x)|k\rangle=\frac{1}{L}\int_0^L \mathrm{e}^{-\mathrm{i}(k'-k)x}V(x)\mathrm{d}x \tag{1-92}$$

能量本征值的一级和二级修正为

$$E_k^{(1)}=H'_{kk} \tag{1-93}$$

$$E_k^{(2)}=\sum_{k'}{}'\frac{\left|H'_{kk'}\right|^2}{E_k^{(0)}-E_{k'}^{(0)}} \tag{1-94}$$

根据式(1-92)，能量的一级修正：

$$E_k^{(1)}=H'_{kk}=\frac{1}{L}\int_0^L V(x)\mathrm{d}x \tag{1-95}$$

等于势场的平均值 $\bar{V}$ ，取 0。因此，近自由电子对本征能量的影响，要计算到二级修正，才可看出。其中的关键是微扰哈密顿矩阵元 $H'_{kk'}$ 的计算。

由于 $V(x)$ 是周期函数，根据式(1-81)，可做傅里叶展开：

$$\hat{H}'=V(x)=\sum_n{}'V_n\mathrm{e}^{\mathrm{i}G_nx}=\sum_n{}'V_n\mathrm{e}^{\mathrm{i}2\pi\frac{n}{a}x} \tag{1-96}$$

展开式中 G_n 为倒格矢；求和号加撇表示去除了 $n=0$ 代表的平均势能项($\bar{V}=0$)。

将式(1-96)代入式(1-92)，可得

$$\begin{aligned}\langle k'|V(x)|k\rangle&=\frac{1}{L}\int_0^L \mathrm{e}^{-\mathrm{i}(k'-k)x}\sum_n{}'V_n\mathrm{e}^{\mathrm{i}2\pi\frac{n}{a}x}\mathrm{d}x\\&=\frac{1}{L}\sum_n{}'V_n\int_0^L \mathrm{e}^{-\mathrm{i}\left[(k'-k)-2\pi\frac{n}{a}\right]x}\mathrm{d}x\end{aligned} \tag{1-97}$$

由式(1-89)，$k'-k=\dfrac{2\pi}{L}l'$(l'为整数)，可推得 $\dfrac{1}{L}\int_0^L \mathrm{e}^{-\mathrm{i}\left[(k'-k)-2\pi\frac{n}{a}\right]x}\mathrm{d}x=\delta_{k',k+\frac{2\pi}{a}n}$ ，因此得到

$$H'_{kk'}=\langle k'|V(x)|k\rangle=\begin{cases}V_n & k'-k=\dfrac{2\pi}{a}n\\0 & \text{其他情况}\end{cases} \tag{1-98}$$

根据这一结果，结合式(1-87)和式(1-91)，得到包含一级修正的波函数为

$$
\begin{aligned}
\psi_k(x) &= \psi_k^{(0)}(x) + \psi_k^{(1)}(x) \\
&= \frac{1}{\sqrt{L}} e^{ikx} + \sum_n{}' \frac{V_n}{\dfrac{\hbar^2}{2m}\left[k^2 - \left(k + \dfrac{2\pi}{a}n\right)^2\right]} \frac{1}{\sqrt{L}} e^{i\left(k+\frac{2\pi}{a}n\right)x} \\
&= \frac{1}{\sqrt{L}} e^{ikx} \left\{ 1 + \sum_n{}' \frac{V_n}{\dfrac{\hbar^2}{2m}\left[k^2 - \left(k + \dfrac{2\pi}{a}n\right)^2\right]} e^{i\frac{2\pi}{a}nx} \right\}
\end{aligned}
\tag{1-99}
$$

由于求和号内的指数函数在 x 改变 a 的任意整数倍时都不改变，说明花括弧内是具有晶格平移对称性的周期函数，所以式(1-99)也可写成布洛赫函数的形式：

$$
\psi_k(x) = \frac{1}{\sqrt{L}} e^{ikx} u_k(x) \tag{1-100}
$$

这样，考虑了近自由电子的一级微扰后，波函数从自由电子的平面波转变为反映晶格周期性的布洛赫波。

包含二级修正的能量为

$$
\begin{aligned}
E_k &= E_k^{(0)} + E_k^{(2)} = E_k^{(0)} + \sum_{k'}{}' \frac{\left|H'_{kk'}\right|^2}{E_k^{(0)} - E_{k'}^{(0)}} \\
&= \frac{\hbar^2 k^2}{2m} + \sum_n{}' \frac{\left|V_n\right|^2}{\dfrac{\hbar^2}{2m}\left[k^2 - \left(k + \dfrac{2\pi}{a}n\right)^2\right]}
\end{aligned}
\tag{1-101}
$$

对于一般的 k 值，即 k 不在 $-\dfrac{\pi}{a}n$ 附近时，$k^2 \neq \left(k + \dfrac{2\pi}{a}\right)^2$，$k$ 与 $k' = k + \dfrac{2\pi}{a}n$ 态的能量相差较大，而周期势 V_n 又较弱，满足：

$$
\left|E_k^{(0)} - E_{k'}^{(0)}\right| \gg \left|V_n\right| \tag{1-102}
$$

此时二级修正的能量较小，周期势场的效应几乎可忽略。

但当 k 在 $-\dfrac{\pi}{a}n$ 附近时，

$$
k^2 \approx \left(k + \frac{2\pi}{a}n\right)^2 \tag{1-103}
$$

即

$$
E_k^{(0)} \approx E_{k'}^{(0)} \tag{1-104}
$$

根据式(1-101)，二级修正的能量 $E_k^{(2)}$ 发散。很显然，该结果是没有意义的。这是因为当两个 k 态的零级能量接近时，非简并的条件不再满足，需改用简并微扰的方法。

3. 简并微扰

当满足式(1-103)时，需采用简并微扰的处理方法，即在原有零级波函数$\psi_k^{(0)}(x)$中，掺入与它能量接近(简并)的其他零级波函数$\psi_{k'}^{(0)}(x)$：

$$\psi(x)=a\psi_k^{(0)}(x)+b\psi_{k'}^{(0)}(x) \tag{1-105}$$

代入总的薛定谔方程：

$$\hat{H}\psi=E\psi \tag{1-106}$$

得到

$$\left[-\frac{\hbar^2}{2m}\frac{\mathrm{d}^2}{\mathrm{d}x^2}+V(x)\right]\left[a\psi_k^{(0)}(x)+b\psi_{k'}^{(0)}(x)\right]=E\left[a\psi_k^{(0)}(x)+b\psi_{k'}^{(0)}(x)\right] \tag{1-107}$$

由于$-\frac{\hbar^2}{2m}\frac{\mathrm{d}^2}{\mathrm{d}x^2}\psi_k^{(0)}(x)=E_k^{(0)}\psi_k^{(0)}(x)$，$-\frac{\hbar^2}{2m}\frac{\mathrm{d}^2}{\mathrm{d}x^2}\psi_{k'}^{(0)}(x)=E_{k'}^{(0)}\psi_{k'}^{(0)}(x)$，因此可得

$$a\left[E_k^{(0)}-E+V(x)\right]\psi_k^{(0)}(x)+b\left[E_{k'}^{(0)}-E+V(x)\right]\psi_{k'}^{(0)}(x)=0 \tag{1-108}$$

将式(1-108)分别左乘$\psi_k^{(0)*}(x)$和$\psi_{k'}^{(0)*}(x)$并积分，结合式(1-90)和式(1-98)，可得a、b满足的关系式：

$$\begin{cases}\left[E_k^{(0)}-E\right]a+V_n^*b=0\\ V_na+\left[E_{k'}^{(0)}-E\right]b=0\end{cases} \tag{1-109}$$

a、b有非零解的条件为

$$\begin{vmatrix}E_k^{(0)}-E & V_n^*\\ V_n & E_{k'}^{(0)}-E\end{vmatrix}=0 \tag{1-110}$$

由此得

$$E_{\pm}=\frac{1}{2}\left\{\left(E_k^{(0)}+E_{k'}^{(0)}\right)\pm\left[\left(E_k^{(0)}-E_{k'}^{(0)}\right)^2+4\left|V_n\right|^2\right]^{\frac{1}{2}}\right\} \tag{1-111}$$

当$k=-n\pi/a$，$k'=n\pi/a$时，得

$$E_{\pm}=\frac{\hbar^2k^2}{2m}\pm\left|V_n\right| \tag{1-112}$$

这样，两个能量简并的状态简并消除，能量发生突变。

因此，弱周期势使自由电子具有抛物线形式的$E_k^{(0)}$在波矢$k=\frac{1}{2}G_n=\frac{\pi}{a}n$处断开，如图1-8所示。这种断开使准连续的电子能谱出现能隙，能隙大小由式(1-96)中的傅里叶系数V_n决定，为$2\left|V_n\right|$。在能隙范围内没有许可的电子态，形成禁带，电子能级分裂成一系列的能带。

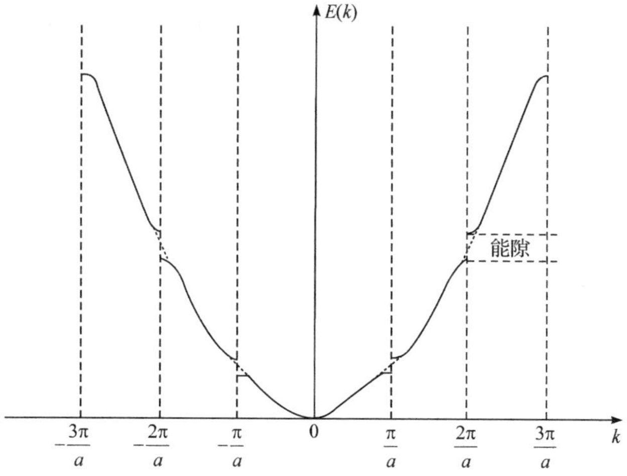

图 1-8　一维情形下自由电子(虚线)和近自由电子近似下的能带，在 $k=\frac{n\pi}{a}$ 处出现能隙

4. 布里渊区与能带

在一维情形中，可以看到能量突变对应的波矢为 $k=\frac{\pi}{a}n=\frac{1}{2}G_n$ ($G_n=\frac{2\pi}{a}n$，为一维晶格的倒格矢)，实际是在倒格矢的垂直平分线处，因此导致发散的条件式(1-103)也可写成

$$k^2=(k+G_n)^2 \tag{1-113}$$

这一条件可以直接推广到三维情形，即

$$\boldsymbol{k}^2=(\boldsymbol{k}+\boldsymbol{G}_n)^2 \tag{1-114}$$

或

$$\boldsymbol{G}_n\cdot\left(\boldsymbol{k}+\frac{1}{2}\boldsymbol{G}_n\right)=0 \tag{1-115}$$

满足上述方程的 $\boldsymbol{k}$ 矢量的端点，在 $\boldsymbol{k}$ 空间确定了一系列平面，这些平面就是倒格矢 $\boldsymbol{G}_n$ 的垂直平分面(图 1-9)。

这些垂直平分面把 $\boldsymbol{k}$ 空间分割成许多区域，在每个区域内 $E(\boldsymbol{k})$ 是连续变化的，而在这些区域的边界处 $E(\boldsymbol{k})$ 函数发生突变。这些区域常称为布里渊区。其中包含原点的最小闭合空间称为第一布里渊区，完全包围第一布里渊区的若干小区域整体称为第二布里渊区……依此类推。每个布里渊区的体积恰好等于倒格子原胞的体积。图 1-10 显示了二维正方晶格的第一、第二和第三布里渊区。其中第二布里渊区被分割成 4 块，第三布里渊区被分割成 8 块。每个区的各个部分经过适当地平移倒格矢都可以与第一布里渊区重合。

有了布里渊区的概念，那么前面的能带图像可以表述成，在布里渊区的界面及其附近的 $\boldsymbol{k}$，前述非简并微扰是不适用的，应采用简并微扰，从而打开能隙。这适用于一维情形，也适用于二维和三维情形。但与一维中能隙和禁带一一对应的情况不同，对于二维和三维情况，可能出现不同 $\boldsymbol{k}$ 方向能带的重叠，能隙和禁带可能不一一对应。这是因为在 $\boldsymbol{k}$ 不同方向趋近布里渊区边界时，电子能量的取值不同，这样可能会发生能量的交叠。图 1-11 定性地显示了这种情况。

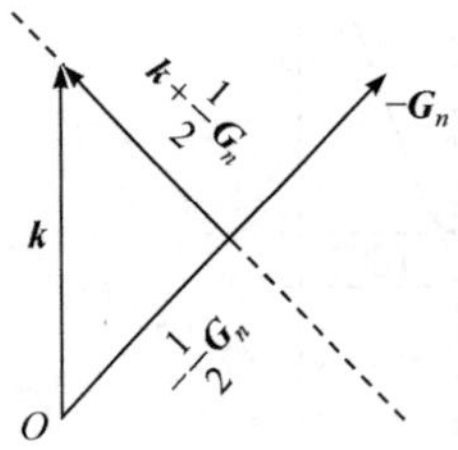

图 1-9　三维情形下导致能量突变的 k 点条件

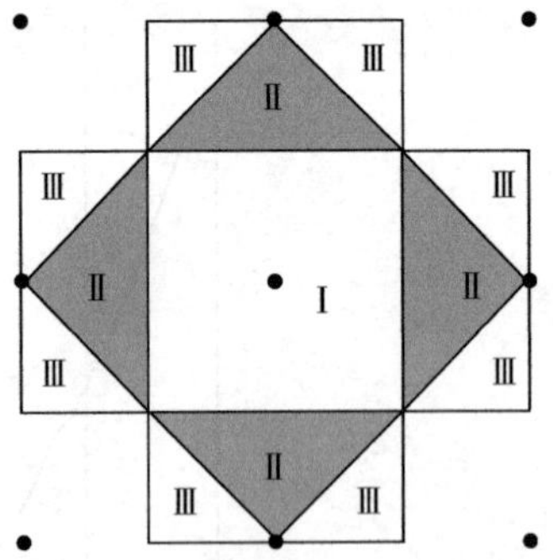

图 1-10　二维正方格子的布里渊区

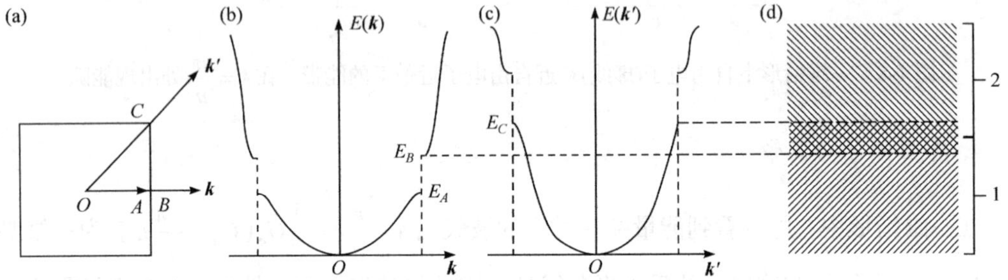

图 1-11　不同 $\boldsymbol{k}$ 方向上的能带交叠

如图 1-8 所示的能带画法是将不同的能带对应于不同的布里渊区，$\boldsymbol{k}$ 的取值可遍及整个 $\boldsymbol{k}$ 空间，$E(\boldsymbol{k})$ 是 $\boldsymbol{k}$ 的单值函数，这种表示方法称为扩展能区图式，也称扩展布里渊区图像。

下面首先证明，根据布洛赫定理，可以得到布洛赫波谱存在以下两个特征。

(1) 对于一个确定的 $\boldsymbol{k}$，有无穷多个分立的能量本征值 $E_n(\boldsymbol{k})$ 和相应的本征函数 $\psi_{nk}(\boldsymbol{r})$，$n=1,2,\cdots,\infty$。

将布洛赫函数 $\psi_k(\boldsymbol{r})=\mathrm{e}^{\mathrm{i}\boldsymbol{k}\cdot\boldsymbol{r}}u_k(\boldsymbol{r})$ 代入单电子薛定谔方程(1-53)，有

$$\left[-\frac{\hbar^2}{2m}\nabla^2+V(\boldsymbol{r})\right]\mathrm{e}^{\mathrm{i}\boldsymbol{k}\cdot\boldsymbol{r}}u_k(\boldsymbol{r})=E(\boldsymbol{k})\mathrm{e}^{\mathrm{i}\boldsymbol{k}\cdot\boldsymbol{r}}u_k(\boldsymbol{r}) \tag{1-116}$$

用 $\mathrm{e}^{-\mathrm{i}\boldsymbol{k}\cdot\boldsymbol{r}}$ 乘以式(1-116)两边，得到 $u_k(\boldsymbol{r})$ 满足的方程：

$$\hat{H}_k u_k(\boldsymbol{r})=E(\boldsymbol{k})u_k(\boldsymbol{r}) \tag{1-117}$$

其中

$$\hat{H}_k=\mathrm{e}^{-\mathrm{i}\boldsymbol{k}\cdot\boldsymbol{r}}\hat{H}\mathrm{e}^{\mathrm{i}\boldsymbol{k}\cdot\boldsymbol{r}}=\hat{H}+\frac{\hbar^2}{2m}\boldsymbol{k}^2-\frac{\mathrm{i}\hbar^2}{m}\boldsymbol{k}\cdot\nabla \tag{1-118}$$

由于 $u_k(\boldsymbol{r})=u_k(\boldsymbol{r}+\boldsymbol{R}_n)$，可将式(1-116)限制在一个正格子原胞内求解，属于有限区域的厄米本征值问题(因为 $\hat{H}_k$ 是厄米算符，证明略)。对于 $\hat{H}_k$ 的每一个参数 $\boldsymbol{k}$，应有无穷多个分立的本征值 $E_n(\boldsymbol{k})$ 和本征函数 $u_k^n(\boldsymbol{r})$。因此，布洛赫电子状态的标记，除用波矢 $\boldsymbol{k}$ 外，还要附加一量子数 n，相应的能量和波函数应写为 $E_n(\boldsymbol{k})$ 和 $\psi_{nk}(\boldsymbol{r})$。

(2) 对于一个确定的 n，$\boldsymbol{k}$ 和 $\boldsymbol{k}+\boldsymbol{G}_m$ 所代表的态是一样的，$E_n(\boldsymbol{k})$ 是 $\boldsymbol{k}$ 的周期函数。

对于周期性的晶体，根据倒格矢 $\boldsymbol{G}_m$ 与正格矢 $\boldsymbol{R}_n$ 之间的关系：$\boldsymbol{G}_m \cdot \boldsymbol{R}_n = 2\pi l$ (l 为整数) [式(1-80)]，即 $e^{i\boldsymbol{G}_m\cdot\boldsymbol{R}_n}=1$，因此当 $\boldsymbol{k}$ 改变任意倒格矢 $\boldsymbol{G}_m$ 时，平移对称算符的本征值 $\lambda_{\boldsymbol{R}_n} = e^{i(\boldsymbol{k}+\boldsymbol{G}_m)\cdot\boldsymbol{R}_n} = e^{i\boldsymbol{k}\cdot\boldsymbol{R}_n}$ [式(1-70)]是相同的，即认为 $\boldsymbol{k}'=\boldsymbol{k}+\boldsymbol{G}_m$ 与 $\boldsymbol{k}$ 是等效的，它们描写的是同一状态，即

$$\psi_{n\boldsymbol{k}}(\boldsymbol{r}) = \psi_{n,\boldsymbol{k}+\boldsymbol{G}_m}(\boldsymbol{r}) \tag{1-119}$$

相应地有

$$E_n(\boldsymbol{k}) = E_n(\boldsymbol{k}+\boldsymbol{G}_m) \tag{1-120}$$

既然对于确定的 n，$E_n(\boldsymbol{k})$ 是 $\boldsymbol{k}$ 的周期函数，则 $E_n(\boldsymbol{k})$ 必然在一定范围内变化，有能量的上下界，从而构成能带，如图 1-12 所示。不同的 n 代表不同的能带，因此 n 可以称为带指标。由于 $\boldsymbol{k}$ 空间中的任意波矢 $\boldsymbol{k}'$ 总可通过改变倒格矢 $\boldsymbol{G}_m$ 而落在第一布里渊区内，相应的能带也随之移入第一布里渊区，这样可以把所有的能带都绘制于第一布里渊区，这种表示方法称为约化区图式，如图 1-12(a)所示。第一布里渊区也常称为简约布里渊区，对应的波矢 $\boldsymbol{k}$ 常称为简约波矢。在约化区图式中，为了能明确标志一个能量状态，除需要标出波矢 $\boldsymbol{k}$ 外，还需标明是属于哪一个能带的，即带指标 n。由于 $E_n(\boldsymbol{k})$ 的周期性，也可允许 $\boldsymbol{k}$ 的取值遍布全空间，有时这样做对问题的处理更方便，这种表示方法称为周期图式，如图 1-12(b)所示。

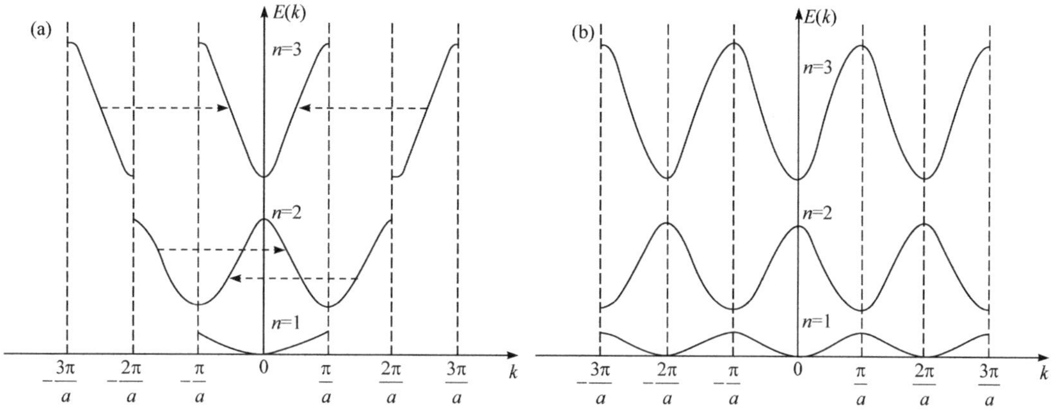

图 1-12　一维晶体能带的(a)约化区图式和(b)周期图式

根据上述分析可知，一个布里渊区内形成一条能带。由于 $\boldsymbol{k}$ 空间中，电子的状态代表点是均匀分布的，密度为式(1-84)：$\dfrac{N}{\Omega_d}=\dfrac{V}{(2\pi)^3}$，而每个布里渊区的体积又等于倒格子原胞的体积 Ω_d，因此每一个布里渊区(每一条能带)都包含 N 个电子态。如果考虑到每个量子态可以同时容纳自旋相反的两个电子，那么，每条能带可以填充 $2N$ 个电子，其中 N 是晶体的原胞数。这一性质对于理解具体体系的电子是如何填充能带的具有重要作用，具体见 1.3.4 节。

1.3.3　能带与原子能级的关系

前面能带的概念是从假设电子是自由的观点出发，将弱周期势看成微扰，布里渊区界

面处 **k** 点能量简并(或不同 **k** 态之间的相互作用)导致了能隙产生，从而将准连续的能谱分割成能带。如果从相反的角度考虑，即先假设电子完全被原子核(或离子实)束缚，然后再考虑近似束缚的情况，是否也可以得到能带概念呢？结论是肯定的。这种方法称为紧束缚近似。为简便起见，这里不讨论数学解法，只是唯象地讨论其基本模型和主要的结论，目的是了解原子能级与固体能带间的联系。

对于空间无相互作用的孤立原子 $(r \to \infty)$，其电子都处在相应原子能级上，如 1s、2p 等。以锂(Li)原子为例，其电子占据的能级为 $1s^22s$。如图 1-13(a)所示，如果两个 Li 原子互相靠近，其外层轨道 2s 的电子云会首先发生重叠，由于泡利不相容原理，原来的能级会发生劈裂，两个 2s 轨道的电子自旋反向排列结合成一个电子对，占据能量较低的轨道，使系统能量下降。现在将 N 个 Li 原子都聚集在一起，并排列成具有一定原子间距(a)的晶体。如图 1-13(b)所示，此时原子能级分裂成很多亚能级，并导致系统能量降低，电子依次占据较低的能级。由于这些亚能级彼此非常接近，称它们为能带。一条能带能够提供的电子态数目等于 $2N$(系数 2 是因为一个状态可以占据自旋相反的两个电子)。当原子间距进一步缩小时，电子云的重叠范围更加扩大，能带的宽度也随之增加。能级的分裂和展宽总是从价电子开始的。因为价电子位于原子的最外层，最先发生相互作用。内层电子的能级只有在原子非常接近时才开始分裂。

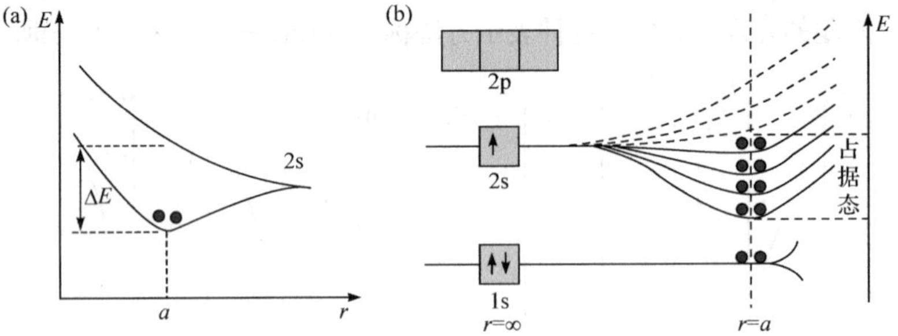

图 1-13 (a)两个及(b)N 个原子形成晶格时能级的劈裂情况

将上面的能带图像简化成图 1-14，这是最简单的情况，原子的一个能级对应一条能带，不同的能级将产生一系列相应的能带。能量越低的能带越窄、能量越高的能带越宽。这是由于能量最低的能带对应最内层的电子，它们的电子轨道能量很小，在不同原子间很少相互重叠，因此能带较窄。能量较高的外层电子轨道，在不同的原子间将有较多的重叠，从而形成较宽的能带。在这种简单情况下，原子能级与能带之间有简单的对应关系，这时相应的能带可以称为 ns 带、np 带、nd 带等。由于 p 态是三重简并的，对应的三个能带是相互交叠的，d 态也有类似的情况。

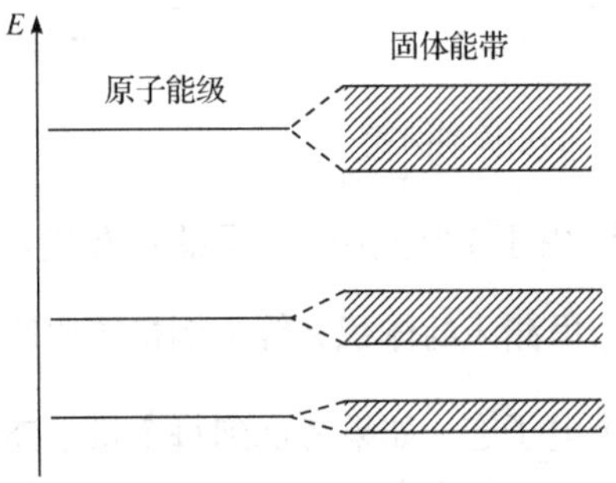

图 1-14 原子能级与固体能带的对应关系

有时，原子能级与能带之间并不存在上述简单的一一对应关系。在形成晶体的过程中，不同原子态之间有可能相互混合。在上面的讨论中只考虑了不同格点、相同原子态之间的相互作用，而略去了不同原子态之间的相互作用。这是一种近似，成立的条件是要求微扰作用远小于原子能级之间的能量差。通常可以用能带宽度反映微扰作用。对于内层电子，能带宽度较小，能级与能带之间有简单的一一对应关系；外层电子，能带较宽，能级与能带之间的对应变得比较复杂。这时可以认为主要是由几个能级相近的原子态杂化形成能带。因此，能带的轨道分析，有时要结合分波(s，p，d…)态密度和轨道杂化的具体情况而定。

以上只是定性地对紧束缚近似的模型和结果进行了说明，严格地用薛定谔方程对紧束缚近似模型进行求解可以得出和近自由电子近似理论一致的结果，两种方法在实际的能带计算中是互相补充的。当元素的电子比较紧密地束缚于原来所属的原子时，如过渡族金属的d电子或其他晶体的电子，应用紧束缚近似方法更合适。

1.3.4 金属、半导体、绝缘体的能带理论解释

所有的固体都包含大量电子，但有的具有很好的导电性，有的却几乎不导电。这一基本事实长期得不到解释。在能带理论的基础上，首次对金属、半导体和绝缘体的区分提出了理论上的说明，这是能带理论发展初期的一个重大成就。也正是以此为起点，逐步发展了有关导电性质的现代理论。

1. 晶体电子的准经典运动

导电性质实际是电子在电场下的运动。晶体的电子要用布洛赫波描述，也称布洛赫电子。本节只针对恒定电场下布洛赫电子的运动进行描述，从能带结构讨论导电性问题，而不求对布洛赫电子准经典运动进行全面的阐述。

首先，证明处在布洛赫态：

$$\psi_k(\boldsymbol{r}) = e^{i\boldsymbol{k}\cdot\boldsymbol{r}} u_k(\boldsymbol{r}) \tag{1-121}$$

的电子的平均速度，或速度的期待值为

$$v(\boldsymbol{k}) = \frac{1}{\hbar}\nabla_k E(\boldsymbol{k}) \tag{1-122}$$

按速度期待值的定义，将式(1-121)代入

$$v(\boldsymbol{k}) = \frac{1}{m}\langle \psi_k(\boldsymbol{r}) | \hat{\boldsymbol{p}} | \psi_k(\boldsymbol{r}) \rangle = \frac{1}{m}\int u_k^*(\boldsymbol{r})(\hat{\boldsymbol{p}} + \hbar\boldsymbol{k}) u_k(\boldsymbol{r}) d\boldsymbol{r} \tag{1-123}$$

式中，$\hat{\boldsymbol{p}}$ 为动量算符，$\hat{\boldsymbol{p}} = -i\hbar\nabla$ 。

由式(1-117)可知

$$\hat{H}_k u_k(\boldsymbol{r}) = E(\boldsymbol{k}) u_k(\boldsymbol{r}) \tag{1-124}$$

式中，$\hat{H}_k = \hat{H} + \frac{\hbar^2}{2m}\boldsymbol{k}^2 - \frac{i\hbar^2}{m}\boldsymbol{k}\cdot\nabla = \frac{(\hat{\boldsymbol{p}} + \hbar\boldsymbol{k})^2}{2m} + V(\boldsymbol{r})$ 。

由于 $\boldsymbol{k}$ 有准连续的取值，对式(1-124)两边同时取 $\nabla_k \equiv \partial/\partial\boldsymbol{k}$ ，得

$$\frac{\hbar}{m}(\hat{\boldsymbol{p}} + \hbar\boldsymbol{k}) u_k(\boldsymbol{r}) + \hat{H}_k \nabla_k u_k(\boldsymbol{r}) = [\nabla_k E(\boldsymbol{k})] u_k(\boldsymbol{r}) + E(\boldsymbol{k}) \nabla_k u_k(\boldsymbol{r}) \tag{1-125}$$

对式(1-125)左乘 $u_k^*(\boldsymbol{r})$，并对 $\boldsymbol{r}$ 进行积分：

$$\frac{\hbar}{m}\int u_k^*(\boldsymbol{r})(\hat{\boldsymbol{p}}+\hbar\boldsymbol{k})u_k(\boldsymbol{r})\mathrm{d}\boldsymbol{r}+\int u_k^*(\boldsymbol{r})\hat{H}_k\nabla_k u_k(\boldsymbol{r})\mathrm{d}\boldsymbol{r} \\ =\left[\nabla_k E(\boldsymbol{k})\right]\int u_k^*(\boldsymbol{r})u_k(\boldsymbol{r})\mathrm{d}\boldsymbol{r}+E(\boldsymbol{k})\int u_k^*(\boldsymbol{r})\nabla_k u_k(\boldsymbol{r})\mathrm{d}\boldsymbol{r} \tag{1-126}$$

由于算符 $\hat{H}_k$ 的厄米性，即 $\int u_k^*(\boldsymbol{r})\hat{H}_k\nabla_k u_k(\boldsymbol{r})\mathrm{d}\boldsymbol{r}=\int[\hat{H}_k u_k(\boldsymbol{r})]^*\nabla_k u_k(\boldsymbol{r})\mathrm{d}\boldsymbol{r}$，上式左边可化为

$$\frac{\hbar}{m}\int u_k^*(\boldsymbol{r})(\hat{\boldsymbol{p}}+\hbar\boldsymbol{k})u_k(\boldsymbol{r})\mathrm{d}\boldsymbol{r}+\int[\hat{H}_k u_k(\boldsymbol{r})]^*\nabla_k u_k(\boldsymbol{r})\mathrm{d}\boldsymbol{r} \\ =\hbar v(\boldsymbol{k})+E(\boldsymbol{k})\int u_k^*(\boldsymbol{r})\nabla_k u_k(\boldsymbol{r})\mathrm{d}\boldsymbol{r} \tag{1-127}$$

式(1-127)利用了能量是实数的条件，即 $E^*(\boldsymbol{k})=E(\boldsymbol{k})$。由于 $u_k(\boldsymbol{r})$ 也满足归一化条件，即 $\int u_k^*(\boldsymbol{r})u_k(\boldsymbol{r})\mathrm{d}\boldsymbol{r}=1$，可得 $v(\boldsymbol{k})=\frac{1}{\hbar}\nabla_k E(\boldsymbol{k})$。

在准经典模型中，实际 $v(\boldsymbol{k})$ 对应的是电子波包 $(\boldsymbol{k}+\delta\boldsymbol{k})$ 的中心运动。可以证明(略)对于波包的每一个分量，当施加外场时，波矢 $\boldsymbol{k}$ 均以一个恒定的速率改变，即

$$\boldsymbol{F}=\frac{\mathrm{d}}{\mathrm{d}t}(\hbar\boldsymbol{k}) \tag{1-128}$$

这就是外力作用下电子运动状态变化的基本方程。类比于牛顿方程，可知 $\hbar\boldsymbol{k}$ 类似于经典的动量。但是 1.3.1 节中提到过 $\hbar\boldsymbol{k}$ 并不等于确定的动量(不是动量的本征值)，也不是动量算符的平均值。因此，$\hbar\boldsymbol{k}$ 常称为布洛赫电子的准动量或晶体动量。这是因为电子不仅受外力的作用，还受晶格的作用。准经典模型的处理方法就是将外力用经典的方式处理，而晶格周期场的作用则体现在能带结构中，这样使能带结构与输运性质联系起来。

2. 满带电子不导电

前面已经证明，每条能带可以占据 $2N$ 个电子，N 为原胞数。现在讨论能带被完全占满的情况。

首先可以证明一般能带具有这种对称性：$E_n(\boldsymbol{k})=E_n(-\boldsymbol{k})$。这是因为哈密顿量 $\hat{H}=-\frac{\hbar^2}{2m}\nabla^2+V(\boldsymbol{r})$ 是实的，若 $\psi_k(\boldsymbol{r})$ 是薛定谔方程的解，那么 $\psi_k^*(\boldsymbol{r})$ 也是，且对应的本征值相同，即

$$\hat{H}\psi_{nk}(\boldsymbol{r})=E_n\psi_{nk}(\boldsymbol{r}),\ \ \hat{H}\psi_{nk}^*(\boldsymbol{r})=E_n\psi_{nk}^*(\boldsymbol{r}) \tag{1-129}$$

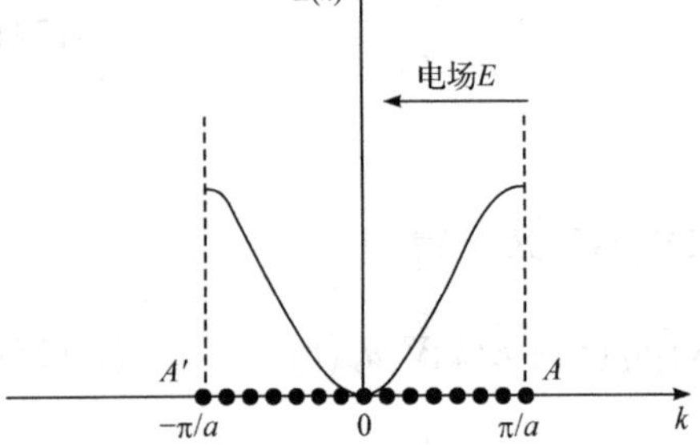

图 1-15 满带电子在 $\boldsymbol{k}$ 空间的运动

由于布洛赫函数 $\psi_{nk}^*(\boldsymbol{r})=\mathrm{e}^{-\mathrm{i}\boldsymbol{k}\cdot\boldsymbol{r}}u_k(\boldsymbol{r})=\psi_{n,-k}(\boldsymbol{r})$，所以 $\psi_{n,-k}(\boldsymbol{r})$ 与 $\psi_{nk}(\boldsymbol{r})$ 是简并态，对应的能量相等，即证。

当无外电场时，由于 $E_n(\boldsymbol{k})=E_n(-\boldsymbol{k})$，电子占据 $\boldsymbol{k}$ 态的概率与占据 $-\boldsymbol{k}$ 态的概率是一样的，如图 1-15 所示。又根据式(1-122)，电子速度 $v(\boldsymbol{k})=-v(-\boldsymbol{k})$，所以 $\boldsymbol{k}$ 态电子的电流 $-ev(\boldsymbol{k})$ 与 $-\boldsymbol{k}$ 态电子的电流 $-ev(-\boldsymbol{k})=ev(\boldsymbol{k})$ 正好抵消。因此，晶体总的

电流为零。

当存在外电场 E 时，情况是类似的。以一维能带为例，如图 1-15 所示，当电子受到电场作用力 $F=-eE$，由于 $\hbar\dfrac{\mathrm{d}k}{\mathrm{d}t}=F$，所有的 k 点是同步移动的。这样，一部分 k 点就会通过第一布里渊区的边界而到达第二布里渊区内，由于能带的平移对称性[式(1-120)] $E_n(k)=E_n(k+G_m)$，从第一布里渊区边界出去的状态点(A)，实际上又从另一方的边界返回到第一布里渊区内(A')，使电子态的分布不发生变化。因此，晶体的总电流还是零。电子完全填充的能带不导电，通常称为价带。

3. 不满带电子导电

对于电子未完全填充能带的情况，如图 1-16 所示，没有外电场时，电子从最低能级开始填充，由于 k 态和 $-k$ 态的能量相同，因此是等价的填充，总电流为零。有外电场时，整个电子分布将向电场反方向移动，由于电子受到声子或晶格不完整性的散射作用，电子的状态代表点不会无限地移动下去，只是稍稍偏离原来的分布，当电子分布偏离中心对称状况时，各电子载荷的电流中将只有部分被抵消，因而总电流不为零。外加电场增强，电子分布更加偏离中心对称分布，未被抵消的电子电流就越大，晶体总电流也就越大。由于未满带电子可以导电，因而也称为导带。

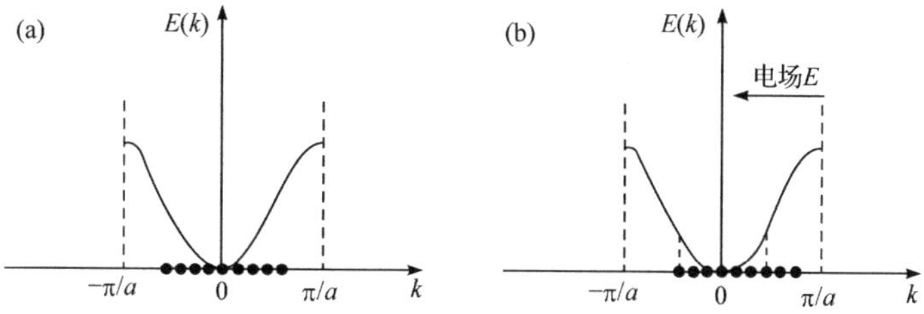

图 1-16 (a)未满带电子的填充和(b)在外加电场下电子分布的变化

4. 导体、绝缘体与半导体的能带模型

根据上面的讨论，可以通过考察晶体电子填充能带的状况判断晶体的导电性能。如果晶体电子恰好填满了最低的一系列能带，能量再高的能带都是空的，而且最高的满带与最低的空带之间存在一个很宽的禁带(如 $E_\mathrm{g}\geqslant 5\ \mathrm{eV}$)，那么，这种晶体就是绝缘体。如果能带的填充除了满带外，还有不满带，那么这种晶体就是金属。半导体电子填充能带的状况与绝缘体没有本质的不同，只是禁带宽度较窄(E_g 为1～3 eV)。因此，$T=0\ \mathrm{K}$ 时晶体是不导电的；当 $T\neq 0\ \mathrm{K}$ 时，有部分电子从满带顶部被激发到空带的底部，使原来的满带和空带都变成部分填充电子的不满带，因而具有一定的导电能力。图 1-17 展示出了导体、绝缘体及半导体电子填充能带的模型。

举几个具体的例子。碱金属(如锂、钠、钾等)及贵金属(如金、银等)的每个原胞只含 1 个价电子。当 N 个这类原子结合成晶体时，N 个电子就占据能带中 N 个最低的量子态，其余 N 个能量较高的量子态则是空的，即能带是半满的(每个能带可容纳 $2N$ 个电子)。因此，所有碱金属、贵金属都是导体。惰性气体原子的电子壳层是闭合的，电子数是偶数，所以，总是将最低能带填满而较高的能带空着，形成绝缘体。但对于偶数个电子填充的情况，需注

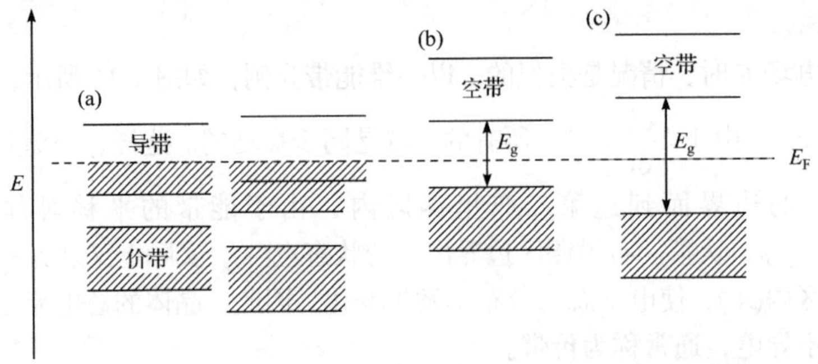

图 1-17 (a)导体(左：无能带交叠；右：有能带交叠)、(b)半导体和(c)绝缘体的能带模型
E_g 为能隙

意能带交叠的可能性。例如，碱土金属(如钙、锶、钡等)的每个原胞含有两个 s 电子，正好填满 s 能带，理论上似乎应该是绝缘体，实际上碱土金属却是良导体。原因在于 s 带与上面的能带发生交叠[图 1-17(a)右]，$2N$ 个 s 电子在未完全填满 s 带时，就开始填充上面那个能带，造成两个不满带。因此，碱土金属晶体是导体。

1.4 表面电子态

完整的晶格周期性使研究人员较容易研究其中电子的运动行为。但是实际晶体总是不完整的，如存在表面和杂质。在前面关于体性质的讨论中，忽略了表面的影响，这是因为对于宏观样品，表面原子的数目与整个晶体中原子数目的比很小，大约在 $1/10^8$ 量级。因此，除了非常小的样品外，表面能级对体特性的贡献可以忽略不计。然而，随着微电子技术和器件的发展，表面态或界面态对半导体微电子、光电材料及器件的影响日益凸显。同时表面态是分析表面或界面发生的各种物理和化学现象的重要基础，如与表面相关的电子发射和吸收特性、化学活性和催化特性等。因此，对表面态的研究变得重要。

理想情况下，认为平行于表面的方向上平移对称性仍然保持，而在垂直于表面的方向上周期性被破坏。因此，实际的电子行为将出现一些与上一节描述不同的特性。对于微弱的不完整性，能带模型仍然有效，只是要做一些细微的修正。在这一节中，将在能带模型的框架下讨论表面对电子态的影响。一般地，固体表面的实际结构是比较复杂的，包括原子结构的重构以及化学成分的偏析等。作为简单的讨论，将考虑一个理想的表面模型，以说明表面将带来什么显著效应。

1.4.1 表面电子态的产生及模型

为了定性地理解这些表面能级是如何产生的，需对布洛赫定理进行重新考量。如 1.3.1 节所述，在三维无限晶体中运动的电子由布洛赫波描述。这时，电子“属于”整个晶体，在各个原子附近电子波函数有相同的行为(单电子近似)，即

$$\psi_k(\boldsymbol{r}) = \mathrm{e}^{\mathrm{i}\boldsymbol{k}\cdot\boldsymbol{r}} u_k(\boldsymbol{r}) \tag{1-130}$$

其中

$$u_k(\boldsymbol{r})=u_k(\boldsymbol{r}+\boldsymbol{R}_n) \tag{1-131}$$

在三维周期性边界条件的约束下，电子在每个原胞中相同位置上出现的概率，即 $|\psi_k(\boldsymbol{r})|^2$，应该相等，这就要求波矢 $\boldsymbol{k}$ 的各个分量必须都是实数。对应 $\boldsymbol{k}$ 是实数的能量 E，是电子允许具有的能量，它们构成允带；而对应复数 $\boldsymbol{k}$ 的能量 E 是电子不能具有的，它们构成禁带。

当晶体存在表面时，在垂直表面的方向上晶格的平移周期性中断。此时，属于原有能带的布洛赫波在表面发生反射，垂直表面向外的一侧布洛赫波迅速衰减。同时，还可能出现局域的表面态，即在平行于表面的方向上波矢 $\boldsymbol{k}_{//}$ 为实数，而在垂直于表面的方向上波矢分量 $\boldsymbol{k}_{\perp}$ 为复数，总体是向体内衰减的布洛赫波。处在这种状态的电子将局限在表面几个原子层内，称为表面电子态。由于总的波矢 $\boldsymbol{k}$ 为复数，其对应的能量将出现在体内能带的禁带中。

下面从分析一个具体的表面模型入手，考虑一种理想的情况，即截断的一维单原子线形链(半无限链)，采用近自由电子近似求解表面电子的能态。

如图 1-18 所示，设晶体表面处为 $z=0$，$z<0$ 的区域是具有周期性势场的晶体；$z>0$ 的区域是真空，有一恒定势 V_0，即

$$V(z)=\begin{cases} V(z+la) & z\leqslant 0 \\ V_0 & z>0 \end{cases} \tag{1-132}$$

式中，a 为晶格常数；l 为整数。在表面发生周期性势场和真空之间的突变(这显然是理想化了)。

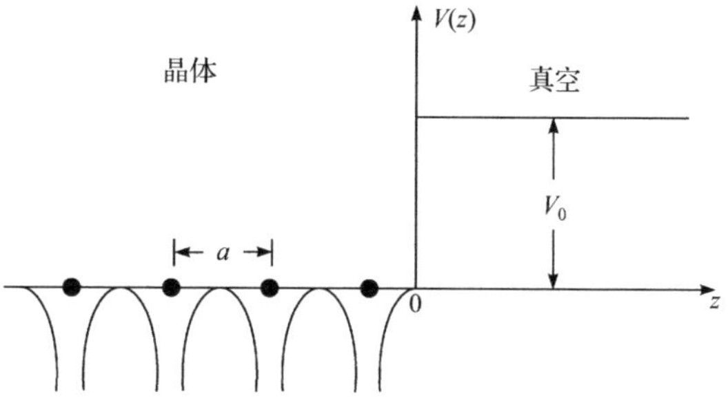

图 1-18　一维半无限晶格电子势能的示意图

需要分别在 $z\leqslant 0$ 和 $z>0$ 的区域求解波动方程：

$$\left[-\frac{\hbar^2}{2m}\frac{\mathrm{d}^2}{\mathrm{d}z^2}+V(z)\right]\psi(z)=E\psi(z) \tag{1-133}$$

求出的解应该分为两部分：对于真空部分($z>0$)，相当于电子进入势垒，波函数做指数衰减(隧道效应)：

$$\psi(z)_{\mathrm{I}}=A\mathrm{e}^{-\alpha z} \tag{1-134}$$

衰减系数：

$$\alpha=\sqrt{\frac{2m}{\hbar^2}(V_0-E)} \tag{1-135}$$

对于晶体部分($z<0$)，进一步假定周期势场的起伏很小，采用近自由电子近似。因此，方程(1-133)的一般解应为形如式(1-130)的布洛赫波函数。当然，由于此处的晶体存在边界，在晶体内部传播的波函数沿 $\pm z$ 方向的振幅不一样，因此表示为如下的通解：

$$\psi(z)_{\text{II}} = Bu_k \mathrm{e}^{\mathrm{i}kz} + Cu_{-k}\mathrm{e}^{-\mathrm{i}kz} \tag{1-136}$$

式中，$u_{\pm k}$ 为晶格的周期函数。B、C 为常数，与式(1-134)中的常数 A 都由如下的边界条件确定：在 $z=0$ 处，两个区域的波函数相互匹配，即波函数本身和一级微商连续。

下面分两种情况讨论 $\psi(z)_{\text{II}}$。

(1) k 是实数。与三维情况类似，得到的解就是垂直表面的一维无限周期场中的允许状态，而平行于表面的周期场也是无限的，所以对应的能量就是体能带中的允带。结合式(1-134)，说明可能的表面解是晶体内部在真空层指数衰减[图 1-19(a)]的布洛赫驻波。相对于无限大周期晶格的波函数只是做了微小的修正。因此，体电子能带结构可以出现在微小改变的晶体浅表面，也称体能带的扩展态。

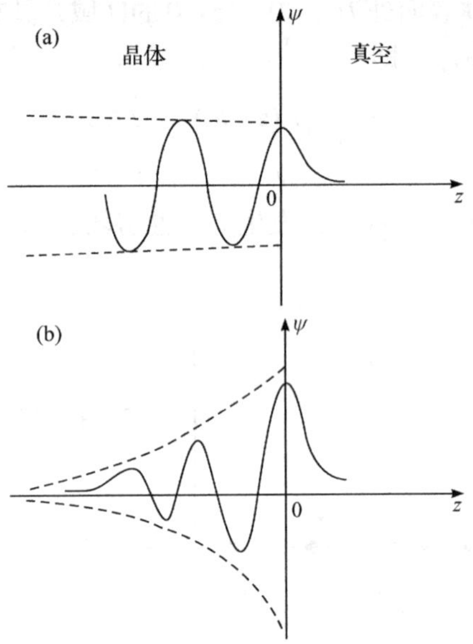

图 1-19 (a)晶体内部为布洛赫驻波的扩展表面态和(b)晶体内部为衰减函数的定域表面态

(2) k 是复数。因为现在是 $z<0$ 半无限空间的解，k 可以取复数。令

$$k = k' + \mathrm{i}k'' \tag{1-137}$$

式中，k' 和 k'' 是实数，将其代入式(1-136)的波函数，得

$$\psi(z)_{\text{II}} = B'u_k \mathrm{e}^{\mathrm{i}k'z}\mathrm{e}^{-k''z} + C'u_{-k}\mathrm{e}^{-\mathrm{i}k'z}\mathrm{e}^{k''z} \tag{1-138}$$

若 $k''>0$，当 $z\to-\infty$ 时，$\psi(z)$ 要保持有限或趋于 0，需 $B'=0$。根据 $z=0$ 处的波函数及其一级微商连续的条件，有

$$\begin{cases} C'u_{-k}(0)=A \\ C'\left[-\mathrm{i}ku_{-k}(0)+u'_{-k}(0)\right]=-\alpha A \end{cases} \tag{1-139}$$

存在非零的 C' 和 A 的条件是其对应的行列式为 0，即

$$\begin{vmatrix} u_{-k}(0) & -1 \\ -\mathrm{i}ku_{-k}(0)+u'_{-k}(0) & \alpha \end{vmatrix} = 0 \tag{1-140}$$

结合式(1-135)，得到表面态能级：

$$E = V_0 - \frac{\hbar^2}{2m}\left[\frac{u'_{-k}(0)}{u_{-k}(0)} + \mathrm{i}k\right]^2 \tag{1-141}$$

电子的能量值E必须取实数值，因式中$\dfrac{u'_{-k}(0)}{u_{-k}(0)}$一般为复数，故其虚数部分应与i$k$的虚数相抵消。这对表面态的波函数和复波矢$k$提出了限制，不是所有复波矢$k$对应的状态都可能存在，只有符合一定条件的复波矢的能态才是合理的[具体推导见《固体物理学》(黄昆和韩汝琦，1988)]。

以上证明了在一维半无限周期场情形，存在k取复数值的电子状态，其能量由式(1-141)表示，其波函数分别由式(1-134)(在$z>0$区)和式(1-138)(在$z<0$区)表示。可以看出，在$z=0$处两边，波函数都是按指数关系衰减，如图1-19(b)所示。这表明电子的分布主要集中在$z=0$处，即电子被定域在表面的窄区域内。因此，这种电子状态也称定域表面态，对应的能级称为表面能级。表面能级对应的波矢既然是复数，这个能级不可能在无限晶体的许可能带中，只可能位于能隙中。

现在考虑三维情况，可以认为上述一维模型表示的是垂直于表面的$\boldsymbol{k}$分量($\boldsymbol{k}_\perp$)特性。由于在平行于表面的方向上仍具有周期性，其波函数为布洛赫波，因此总的波函数可写成如下形式：

$$\psi_k(\boldsymbol{x},z) = u_k(\boldsymbol{x})\mathrm{e}^{\mathrm{i}\boldsymbol{k}_{/\!/}\cdot\boldsymbol{x}}\mathrm{e}^{\mathrm{i}\boldsymbol{k}_\perp\cdot z} \tag{1-142}$$

式中，$\boldsymbol{x}$为电子在表面层内的位矢量；z为垂直表面的距离；$\boldsymbol{k}_{/\!/}$为平行于表面的$\boldsymbol{k}$分量；$u_{\boldsymbol{k}}(\boldsymbol{x})$为具有平面二维周期性的函数，根据上述分析，$\boldsymbol{k}_{/\!/}$为实数，$\boldsymbol{k}_\perp$为复数。与一维情况类似，沿$z$方向，波函数是向体内衰减的解，对应的能级在“能隙”中(这里所说的能隙是针对确定的$\boldsymbol{k}_{/\!/}$，沿垂直表面的$\boldsymbol{k}$方向，在布里渊区边界处的能量突变)。但对于不同的$\boldsymbol{k}_{/\!/}$分量，相应表面态能级位置可能是不同的。因此，在三维情况下表面态不再是一个分立的能级，而成为表面能带。

以上是理想化模型，实际表面是比较复杂的。例如，表面层原子受力情况与体内不同，引起晶格常数的改变；表面层原子价键结合方式与体内不同，引起表面的“再构”；表面可能覆盖有吸附层等。这些都将影响表面能带的位置和态密度，但不会消除出现表面能带的可能性。

1.4.2 金属和半导体表面态

金属、绝缘体和半导体都有自由表面，从原则上讲，它们都有表面态。但是历史上观测到金属上的电子表面态要比半导体表面晚很久。这是因为金属没有禁带，体电子在费米能级处的能态密度很高，因此金属的表面态很难与体态区分开。在半导体中，相对禁带是存在的，位于能隙的表面态对表面电子性质有较大影响，因此在实验上容易探测到。随着角分辨紫外光电子能谱(ARUPS)技术的发展，逐渐能够探测电子的占据态，从而实现对金属表面态的实验探测。目前对材料表面态的研究已形成专门的领域，本小节只做简单的介绍。

研究表明，多数简单金属的表面态类似于自由电子能带，呈抛物线形状，是体能带的微小修正版本，或称为体能带的扩展态。例如，Na、Mg 和 Al 等，它们的电子能带结构与自由电子气体模型非常相似。源于原子的 s 和 p 态的体能带具有近似抛物线的形状。在布里渊区边界和其他自由电子抛物线交叉点附近，带隙产生。因此，基于自由电子模型可以提供表面态理论最简单的形式(或微小修正版本)。图 1-20 显示出了计算出的 Al 的 sp 体能带在(100)平面的投影结构和通过 ARUPS 测量获得的 Al(100)表面能带数据。可以清楚地看到表面能级落入具有抛物线形的近自由电子体态的间隙。表面能带也为抛物线形状，与体态的形状类似，表明其来源于类自由电子态，可以看作从相应的体能带中分裂出来的。

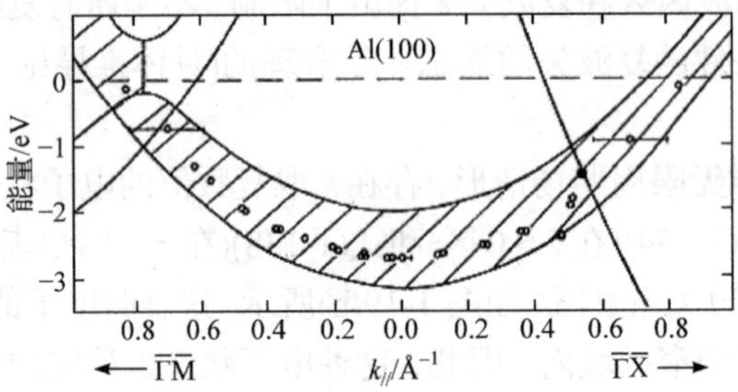

图 1-20 由 ARUPS 获得的 Al(100)面 sp 衍生表面态能带(空心点)，其落入计算的投影体能带(实线)的间隙中(阴影部分)

$\overline{\Gamma}\overline{M}$ 和 $\overline{\Gamma}\overline{X}$ 为波矢路径

对于半导体，由于存在禁带，根据上述的理论模型，其表面能带多处于禁带中。目前的半导体制备技术已经能制备纯度和完整性非常高的材料，只有极少量的体内陷阱，因此半导体的表面态很容易检测。但很多半导体的表面都是重构的，这给研究带来复杂性。半导体 Si 和Ⅲ～Ⅴ族化合物表面电子结构是目前被了解得最清楚的。下面以 Si 为例进行介绍。

对于未重构的 Si(111)理想面，由于表面原子都是等价的，每个表面单胞中只有一个原子，因此其表面能带形成单态。研究结果表明，对于弛豫的(111)面，形成表面时，sp^3 键断裂形成的悬挂键伸出表面，可以在体禁带内出现较大的表面态能带，带宽为 0.6～0.8 eV，在体价带及价带以下的能量区无表面态能带。由于键的断裂，能带只有一半被填满，因为断裂键的每一端可以接收未断共价键中两个电子中的一个，因此表面呈现金属性。实际上，Si(111)面远不是理想的表面，而是存在多种重构，现在对其中的 (2×1) 重构进行讨论。重构后表面单胞存在两个原子，其中一个推向外，另一个拉向里，使表面弯曲。因此，原来的悬挂键表面态单峰分裂成两个，如图 1-21 所示，其中一个在价带顶(E_v)附近，宽约 0.2 eV，另

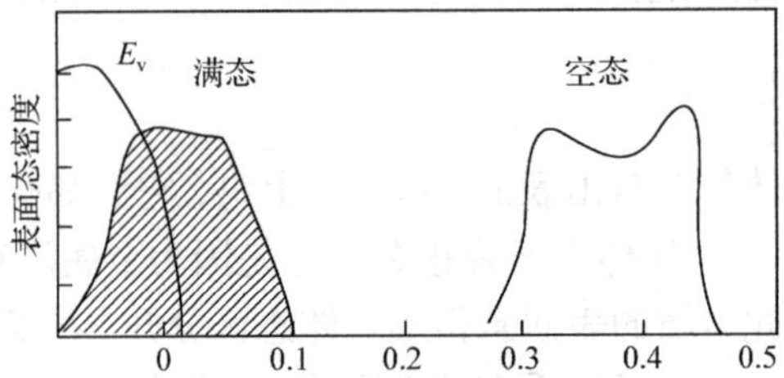

图 1-21 Si(111) 2×1重构表面上分裂后的悬挂键表面态密度，分裂为图中的满态和空态

E_v 为 Si 的体价带

一个在禁带中，宽约 0.2 eV。推向外的 Si 原子具有被占据的悬挂键表面态(图中的满态)，拉向里的 Si 原子具有空的悬挂键表面态(图中的空态)，因此使理想情况下的单条能带分裂成间隙很小的满带和空带，使 Si 表面具有半导体特性。

1.4.3 拓扑材料的表面态

目前为止，在电子表面状态的讨论中，忽略了电子自旋效应。对于大部分原子序数足够低的半导体和金属，这种描述是恰当的。在那些情况中，自旋轨道耦合作用是足够弱的，以至于表面能带结构的影响可以忽略。但是对于具有较强自旋轨道耦合的材料，表面态可能呈现出独有的特征，并对电子态产生重要的影响。其中一个典型的例子就是拓扑电子材料的表面态。拓扑电子材料是最近十几年根据能带的拓扑序产生的新物质，最早可以追溯到整数量子霍尔效应的研究。第一个拓扑电子的材料体系是 2006 年由伯纳维格(B. A. Bernevig)等在 HgTe/CdTe 量子阱中预言的二维拓扑绝缘体，2007 年由实验观测证实。随后扩展到三维拓扑绝缘体，典型的材料体系包括 Bi_2Se_3、Bi_2Te_3 和 Sb_2Te_3 等。它们的典型特征就是具有受到拓扑保护的特殊表面态，而这些表面态产生的根源就是强的自旋轨道耦合。下面以拓扑绝缘体为例对这种表面态进行简要说明。

拓扑绝缘体(TI)是一类体态绝缘，但其表面为导电性的体系或材料。如图 1-22 所示，在拓扑绝缘体的内部，电子能带结构和常规的绝缘体相似，其费米能级位于导带和价带之间。在拓扑绝缘体的边界或是表面存在一些特殊的量子态，这些量子态位于块体能带结构的带隙中，从而允许导电。需要指出的是，拓扑绝缘体的表面金属态是由体相的拓扑性质决定的，不受表面杂质(非磁性)、无序及表面形貌的影响，是一种稳定的表面态，且这些表面态具有自旋分辨的特点(螺旋性)，不同自旋方向电子有独有的传输路径。所以在能带结构图中存在成对的金属性边缘态。

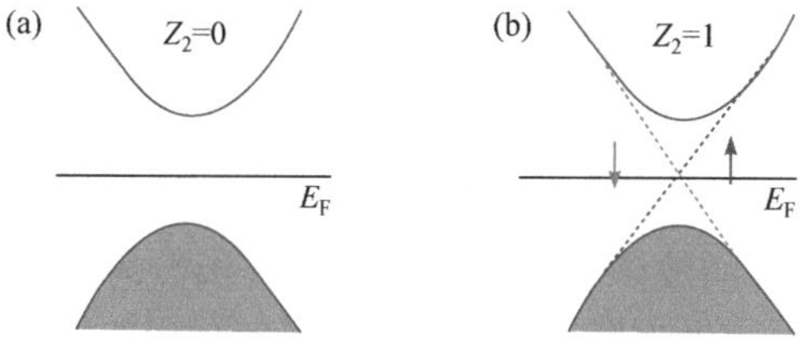

图 1-22 (a)传统绝缘体和(b)拓扑绝缘体的能带示意图

研究表明，体能带拓扑性的根源是强的自旋轨道耦合导致的能带翻转。通常判定体系的拓扑性质，严格意义上需要从能带结构上计算拓扑不变量 Z_2。对于普通的绝缘体，$Z_2=0$，对于拓扑绝缘体，$Z_2=1$。不过在实际研究过程中，能带翻转图像是一种使用更频繁，也更有效和直接的判断方法。

下面以一种典型的拓扑绝缘体材料 Bi_2Se_3 为例，说明其能带的拓扑性是如何形成的，以进一步理解其不寻常的表面态性质。如图 1-23(a)所示，Bi_2Se_3 具有三角对称性的晶格，空间群类型为 D_{3d}^5 ($R\bar{3}m$)，其费米面处的能带主要是 Bi($6s^26p^3$)和 Se($4s^24p^4$)的原子 p 轨道贡献。这是因为 s 能级的能量比 p 能级低很多，能够与 p 轨道很好地分离开。图 1-23(b)定性地给出了以晶体原子 p 能级为代表的能带演变过程。图中(Ⅰ)、(Ⅱ)、(Ⅲ)表示依次将化学成键、晶体场和自旋轨道耦合考虑进来。未考虑晶体场时，Bi 和 Se 原子的 p 能级相互杂化形成相应的成键态(“+”号表示)和反键态(“−”号表示)，二者分别具有偶宇称和奇宇称。这里的轨道宇称指的是波函数的对称性，如果相对于晶体反演中心，波函数是偶对称的，那么称为偶宇称，反之称为奇宇称。由于成键态是两个原子的波函数的相加，所以具有偶宇称，而反键态具有奇宇称。接着考虑三角晶格晶体场的作用，相当于在体系中引入了各向异性，$p_{x,y,z}$ 轨道劈裂为 $p_{x,y}$ 和 p_z，并且两对 p_z 轨道更加靠近费米能级，注意此时并没有发生能带序的变化。此时考虑加入自旋轨道耦合的作用，将引起 $p_{x,y}$ 和 p_z 轨道的强烈排斥，当这种排斥作用足够强时，两个原子的 p_z 的能级就会发生翻转。值得注意的是，两个 p_z 轨道具有相反的宇称，这样系统能带的拓扑序将会发生改变。

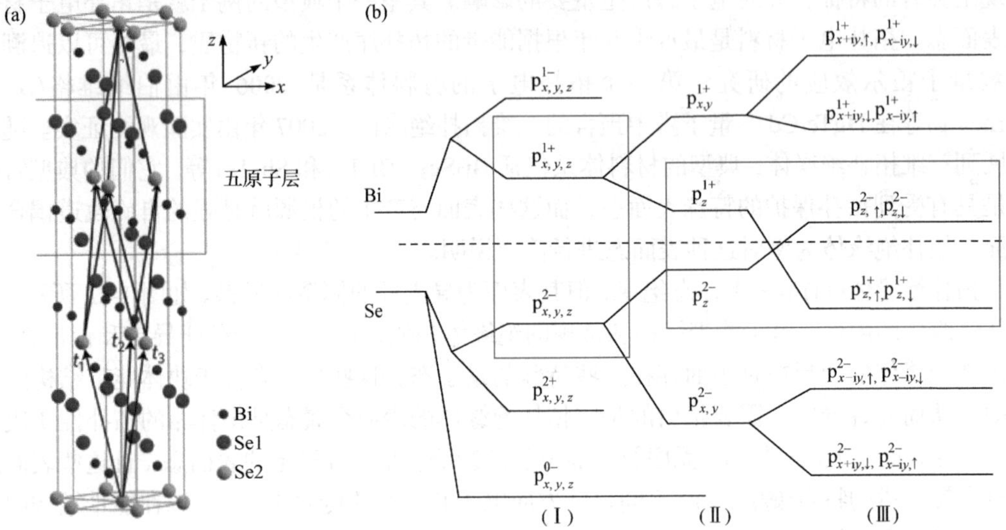

图 1-23　(a) 拓扑绝缘体 Bi_2Se_3 的三角晶格结构，方框标出了一个五原子层的单元，邻近的五原子层是由范德瓦耳斯键连接的；(b) Bi_2Se_3 在布里渊区原点处的能级演化过程，(Ⅰ)、(Ⅱ)、(Ⅲ)分别表示考虑了化学成键、晶体场和自旋轨道耦合作用下的能级杂化

现在考虑拓扑绝缘体(Bi_2Se_3)与真空的界面。界面两侧的波函数必须匹配。这种匹配唯一的可能是具有相同奇偶性的波函数，否则会导致波函数的正数区域和负数区域抵消。因此，在拓扑绝缘体材料中，p 波函数(倒置奇偶性)必须与指数衰减到真空并且自旋简并的波函数匹配。由于在真空中没有自旋轨道耦合作用，因此轨道必须在表面附近再次翻转它们的轨道特性和能量顺序。结果在两个相反自旋方向上产生两个表面态能带，其连接体导带和体价带态，如图 1-22(b)所示。除了真空和标准半导体，几乎所有自旋轨道耦合作用比拓扑绝缘体低得多的材料，与拓扑绝缘体形成界面时，如作为吸附物，都或多或少要求界面处电子波函数符合上述的匹配条件以及界面上 p_z^{2-} 和 p_z^{1+} 能级的交叉。因此，相反自旋方向的这两个表面(界面)态能带(连接体导带和体价带)的形成是拓扑绝缘体表面的普遍性质。

继二维和三维拓扑绝缘体发现之后，拓扑狄拉克半金属和外尔半金属等拓扑电子材料也被预言和实验证实，是当前凝聚态材料和物理领域重要的前沿课题。拓扑材料的表面态性质与前述的半导体和金属表面是不同的。半导体和金属的表面态是由晶体平移对称性的破坏、缺陷或吸附外来原子产生的。它们对原子在表面的排列，即重构、面取向、缺陷和吸附是非常敏感的。而拓扑绝缘体的表面态来源于内禀的自旋轨道耦合作用的影响，它们的存在是受电子能带结构拓扑保护的，对缺陷和杂质散射不敏感。另外利用量子力学的理论可以证明(略)，这种表面态具有狄拉克型线性色散关系，并且自旋与动量是锁定的，时间反演对称性保证了 $\boldsymbol{k}$ 到 $-\boldsymbol{k}$ 的背向散射不会发生，这使强拓扑绝缘体表面金属态非常稳定，不会被非磁杂质散射而导致局域化，可以实现无耗散的自旋流输运，在自旋电子学中有潜在的应用。并且由于表面态的近邻效应，当拓扑绝缘体与某些磁性和超导材料形成界面时，表面会出现一些两者单独存在时不能存在的奇异物质，如马约拉纳(Majorana)费米子，在量子计算机中有潜在应用。

本章小结

功能材料的能带结构和电子态是深刻理解其特殊电学、热学、光学、磁学甚至力学等物理性能的基础，对能带结构和电子态的正确认识还有助于指导新材料的研发和创新材料性能。现代的电子理论与表征手段，已经在探索前沿新材料方面取得了巨大成功，如应用于拓扑绝缘体、外尔半金属等新型拓扑电子材料的探索研究。本章从最基础的量子力学波函数和薛定谔方程出发，重点介绍了金属自由电子的量子理论和固体能带理论，阐述了材料能带的由来和特点，并简述了其在理解材料电性能中的应用。在此基础上，延伸介绍了表面电子态，并融入了关于拓扑电子态的科技前沿话题。

习　题

1. 氦原子的动能是 $E=\dfrac{3}{2}k_0T$（k_0 为玻尔兹曼常量），求 $T=2\,\text{K}$ 时氦原子的德布罗意波长。
2. 试比较使用经典自由电子论、量子自由电子论和能带理论对电子模型进行处理时的相似及不同之处。
3. 波矢空间与倒空间有何关系?为什么说波矢空间内的状态点是准连续的?
4. 试计算一维和二维自由电子的态密度。
5. 根据布洛赫定理得到的能带具有哪些特征?
6. 能带理论的近自由电子近似中，当波矢处于布里渊区中心和边界处，能量和波函数分别具有什么特点?
7. 电子周期场的势能函数为

$$V(x)=\begin{cases}\dfrac{1}{2}mw^2[b^2-(x-na)^2] & na-b\leqslant x\leqslant na+b\\ 0 & (n-1)a+b\leqslant x\leqslant na-b\end{cases}$$

式中，$a=4b$；w 为常数。

(1) 试画出此势能曲线，并求其平均值。

(2) 用近自由电子近似模型，求出晶体的第一及第二个禁带的宽度。

(3) 如果每个原胞中含有4个电子，该晶体是金属还是非金属?

(4) 求出价带顶及导带底处的电子平均速度。

8. 简述表面态的起源和其与体态的关系。
9. 简述密度泛函理论中是如何将多电子问题转换为可求解的单电子问题。

参考文献

冯端，金国钧. 2003. 凝聚态物理学(上卷)[M]. 北京：高等教育出版社.

胡安, 章维益. 2005. 固体物理学[M]. 北京: 高等教育出版社.
黄昆, 韩汝琦. 1988. 固体物理学[M]. 北京: 高等教育出版社.
李小武, 颜莹, 于宁, 等. 2020. 金属材料的界面及其性质[M]. 沈阳: 东北大学出版社.
田莳, 王敬民, 王瑶, 等. 2022. 材料物理性能[M]. 2 版. 北京: 北京航空航天大学出版社.
吴锵, 黄洁雯, 唐国栋. 2014. 材料物理基础[M]. 北京: 国防工业出版社.
谢希德, 陆栋. 1998. 固体能带理论[M]. 上海: 复旦大学出版社.
熊家炯. 2000. 材料设计[M]. 天津: 天津大学出版社.
闫守胜. 2011. 固体物理基础[M]. 3 版. 北京: 北京大学出版社.
叶飞, 苏刚. 2010. 拓扑绝缘体及其研究进展[J]. 物理, 39: 564-569.
曾谨言. 2024. 量子力学导论[M]. 2 版. 北京: 北京大学出版社.
张会生. 2022. 低维纳米材料拓扑电子态及热输运性质的理论研究[M]. 北京: 中国原子能出版社.
周健, 梁奇峰. 2019. 第一性原理材料计算基础[M]. 北京: 科学出版社.
周凌云. 1989. 固体物理中的量子力学基础[M]. 重庆: 重庆大学出版社.
周世勋, 陈灏. 2009. 量子力学教程[M]. 2 版. 北京: 高等教育出版社.
Hans L. 2019. 固体表面、界面与薄膜[M]. 6 版. 王聪, 孙莹, 王蕾, 译. 北京: 高等教育出版社.
Quinn J J, Yi K S. 2018. Solid State Physics-Principles and Modern Applications[M]. 2nd ed. Switzerland: Springer International Publishing AG.
Zhang H, Liu C X, Qi X L, et al. 2009. Topological insulators in Bi_2Se_3, Bi_2Te_3 and Sb_2Te_3 with a single Dirac cone on the surface[J]. Nature Physics, 5: 438-442.

第2章 材料的导电行为

材料的导电性是指在电场作用下，材料中的带电粒子发生定向移动从而产生宏观电流的性质，属于材料的电荷输运特性。根据材料导电机理并参考导电性的强弱，习惯上将材料分为导体、半导体和绝缘体。这些材料在电力工业和电子工业中都具有非常重要的应用。导体广泛用作电能的输送导线；半导体材料在微电子电路和半导体光学技术领域发挥重要作用；陶瓷和高分子类绝缘体同样在电力、电子工业中必不可少。了解这一系列功能材料导电性的规律、微观机理及其影响因素，对于控制材料的导电性使其满足各种具体的实际需求，以及开发新的电性功能材料都是十分必要的。本章主要介绍功能材料导电性能的基本概念及影响因素，重点介绍金属、半导体、离子晶体的导电行为。

2.1 材料的导电性

2.1.1 载流子

材料中参与传导电流的带电粒子称为载流子，即电荷的载体。材料中可能的载流子有电子、空穴，也可以是正、负离子。一种材料中载流子可能是一种，也可能是几种，如金属中的自由电子，半导体材料中的电子和空穴，离子晶体中的正、负离子。载流子是电子的导电称为电子导电，载流子是离子的导电称为离子导电。电子导电的特征是霍尔效应，可以利用霍尔效应检验材料是否存在电子导电；离子导电的特征是电解效应，可以利用电解效应检验材料中是否存在离子导电并判断载流子是正离子还是负离子。

金属材料的载流子为电子。只有处于共有化状态的非定域自由电子才能作为载流子参与导电。在通常电场作用下，金属中只有费米面附近的电子参与导电行为，绝大部分电子处于储备状态。

半导体材料的载流子包括导带中的电子和价带中的空穴。通常掺杂半导体以其中之一为主。例如，n 型半导体中，导带中电子的体积密度远大于价带中空穴的体积密度，电子是占主导地位的载流子；而p型半导体中数量占优势的载流子为价带中的空穴。习惯上将数量占优势的载流子称为多数载流子，简称多子；数量上较少的载流子称为少数载流子，简称少子。

陶瓷材料中载流子情况较为复杂。有些类似于金属材料，依靠核外未满的次外层上的电子参与导电；有些表现出半导体特性，依靠价带空穴和导带电子导电。陶瓷材料中特有的导电现象还包括离子导电，其电流通过各种正、负离子响应电场作用产生净定向扩散而传导；离子键结合的陶瓷材料通常显示出这种特性，此时电子导电必须非常弱，否则较强的电子导电就会将离子导电掩盖。

高分子材料一般具有非常好的绝缘性，原因是其中缺乏高体积密度的载流子。但是，近年来发现某些高分子材料具有良好的导电性，原因是特殊形态的结合键中电子参与了导电。

2.1.2 电阻率和电导率

材料的导电性，可以通过电阻率(ρ)或电导率(σ，电阻率的倒数)表述。

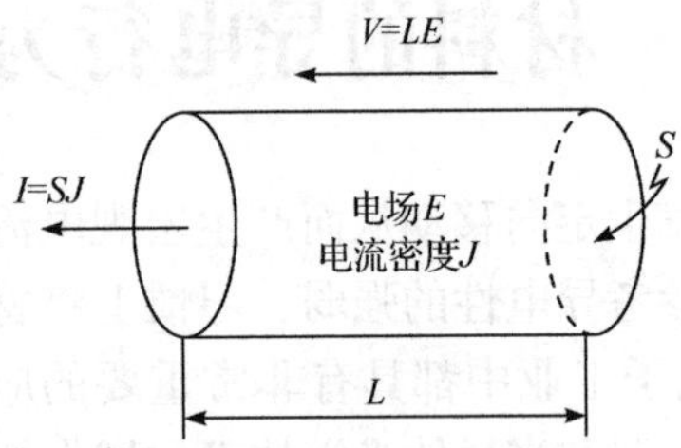

图 2-1 欧姆定律示意图

设一个长为L、横截面积为S的均匀导体，两端加电压V，电流密度为J，电场强度为E，如图 2-1 所示。根据欧姆定律，$I = V/R$，同时$I = SJ$，$V = LE$，可得

$$J = \frac{L}{SR}E = \frac{1}{\rho}E \tag{2-1}$$

式中，$\rho = SR/L$ 为材料的电阻率，单位$\Omega \cdot \text{m}$。电阻率只与材料的本征特性有关，而与几何尺寸无关。电阻率的倒数为电导率σ，即$\sigma = 1/\rho$，单位是$\text{S} \cdot \text{m}^{-1}$，也常用$(\Omega \cdot \text{m})^{-1}$表示。式(2-1)还可写为

$$J = \sigma E \tag{2-2}$$

式(2-2)可以视作欧姆定律的微分形式。

材料的导电现象本质上是载流子在电场作用下的定向迁移。设在一横截面积为单位面积的圆柱体中，材料的载流子浓度为n，每个载流子的电荷量为q，在外电场E作用下，每个载流子沿电场方向发生迁移，其平均漂移速度为$\bar{v}$，则单位时间内流过单位截面积的电荷量，即电流密度为

$$J = nq\bar{v} \tag{2-3}$$

由欧姆定律的微分形式可得电导率为

$$\sigma = \frac{nq\bar{v}}{E} \tag{2-4}$$

定义$\mu = \bar{v}/E$，为载流子的迁移率，表征载流子在单位电场中的平均漂移速度，则式(2-4)可写成

$$\sigma = nq\mu \tag{2-5}$$

若材料中有多种载流子参与导电过程，则总电导率为

$$\sigma = \sum_i \sigma_i = \sum_i n_i q_i \mu_i \tag{2-6}$$

式中，下标i为载流子的类型。

表 2-1 中给出了一些常见材料在室温下的电导率。不同材料电导率σ的大致范围分别为：超导体$\sigma \geqslant 10^{15}\ \text{S} \cdot \text{m}^{-1}$、导体$\sigma$为$10^4 \sim 10^8\ \text{S} \cdot \text{m}^{-1}$、半导体$\sigma$为$10^{-4} \sim 10^6\ \text{S} \cdot \text{m}^{-1}$和绝缘体$\sigma \leqslant 10^{-8}\ \text{S} \cdot \text{m}^{-1}$。这一导电性之间的界限是人为划分的，不同类别的材料之间有交叉重叠，不同资料中给出的界限范围也不完全一致。

表 2-1 常见材料在室温下的电导率 单位：$\text{S} \cdot \text{m}^{-1}$

材料	电导率	材料	电导率	材料	电导率
Ag	6.3×10^7	CrO_2	3.3×10^6	Si	4.3×10^{-4}

续表

材料	电导率	材料	电导率	材料	电导率
Cu	6.0×10^{7}	Fe_3O_4	1.0×10^{4}	Ge	2.2
Au	4.3×10^{7}	SiC	10	聚乙烯	$<10^{-14}$
Al	3.8×10^{7}	MgO	$<10^{-12}$	聚丙烯	$<10^{-13}$
Fe	1.0×10^{7}	Al_2O_3	$<10^{-12}$	聚苯乙烯	$<10^{-14}$
70Cu-30Zn	1.6×10^{7}	Si_3N_4	$<10^{-12}$	聚四氟乙烯	$<10^{-16}$
普通钢	6.0×10^{6}	SiO_2	$<10^{-12}$	尼龙	$10^{-13}\sim10^{-10}$
不锈钢(304)	1.4×10^{6}	滑石	$<10^{-12}$	聚氯乙烯	$10^{-14}\sim10^{-10}$
TiB_2	1.7×10^{7}	耐火砖	$<10^{-6}$	酚醛树脂	10^{-11}
TiN	4.0×10^{6}	普通电瓷	$<10^{-12}$	铁氟龙	10^{-14}
$MoSi_2$	$(2.2\sim2.3)\times10^{6}$	熔融石英	$<10^{-18}$	硫化橡胶	10^{-12}
ReO_3	5.0×10^{7}	石墨	$3\times10^{4}\sim2\times10^{5}$	聚乙炔(拉伸态)	1.6×10^{7}

2.2　金属的导电性

2.2.1　金属的导电机理

1. 经典自由电子理论

经典自由电子理论认为，在金属晶体中，原子失去价电子成为带正电的离子实，离子实构成了晶格点阵，并形成一个均匀的电场；价电子是完全自由的，可在整个金属中自由运动，就像气体分子能在一个容器内自由运动一样，可以看成“电子气”，它们的运动遵循经典力学气体分子的运动规律(机械碰撞)，服从麦克斯韦-玻尔兹曼(Maxwell-Boltzmann)方程。在无外电场作用时，金属中的自由电子沿各个方向随机运动，因此不产生电流；当对金属施加外电场时，电子将沿电场的反方向运动，从而形成电流。在自由电子做定向运动的过程中，不断与离子实、杂质、晶体缺陷发生碰撞，阻碍电子继续加速，从而形成电阻。

根据经典自由电子理论，设电场强度为E，电子密度为n_e，电子电量为e，电子质量为m_e，电子连续两次碰撞之间运动的平均自由程为l，平均自由时间为τ，电子的平均漂移速度为$\overline{v}_d$，则电子受到的作用力为

$$F = m_e \frac{2\overline{v}_d}{\tau} = -eE \tag{2-7}$$

由此可得

$$\overline{v}_d = \frac{-e\tau E}{2m_e} \tag{2-8}$$

联立电流密度的表达式可得出金属电导率表达式为

$$\sigma = \frac{n_e e^2 \tau}{2m_e} = \frac{n_e e^2 l}{2m_e \overline{v}_d} \tag{2-9}$$

式(2-9)是以热运动速度运动的全部自由电子都参与了导电而推导出来的，可见自由电子数量越多，导电性能越好。经典自由电子理论成功地解释了欧姆(Ohm)定律、维德曼-弗兰兹(Wiedemann-Franz)定律、焦耳-楞次(Joule-Lenz)定律等，但无法解释二、三价金属的导电性劣于一价金属的事实，以及实际测得的金属电子比热容比理论计算值小得多的问题。经典自由电子理论的问题在于，它忽略了电子之间的排斥作用和正离子实点阵的周期性势场作用，是立足于牛顿力学的宏观运动，事实上对于微观粒子的运动问题分析需要利用量子力学的概念解决。

2. 量子自由电子理论

量子自由电子理论表明，并非所有自由电子都对金属电导率有贡献，对金属导电有贡献的仅仅是能量比较高、在费米面附近能级的自由电子。这些电子可以在外电场作用下进入能量较高的空能级；而能量比费米能级低得多的电子，其附近的状态已经被电子占据，没有空的状态，并不能从电场中获得能量改变状态，所以这些电子并不参与导电。因此，根据量子自由电子理论，导出金属电导率的表达式为

$$\sigma = \frac{n_{eff} e^2 \tau}{2m_e} = \frac{n_{eff} e^2 l_F}{2m_e \overline{v}_F} \tag{2-10}$$

式中，n_{eff} 为单位体积内实际参加传导过程的电子数，称为有效自由电子数；l_F 和 $\overline{v}_F$ 分别为费米面附近传导电子的平均自由程和平均漂移速度。

不同材料的 n_{eff} 不同，一价金属的 n_{eff} 比二、三价金属大，因此一价金属比二、三价金属的导电性好。另外，对于金属，温度升高，原子热振动振幅增大，电子散射增加，因此可认为平均自由时间与温度成反比，则电导率就与温度成反比，这就是金属导电性随温度升高而降低的原因。由于热激发的电子数量远少于总的价电子数，所以用量子自由电子理论推导出来的比热容也可以解释实验结果。

量子自由电子理论假定金属中离子实产生的势场是均匀分布的，因此还是不能很好地解释铁磁性、相结构以及结合力等问题。能带理论在量子自由电子理论的基础上，考虑了离子实造成的周期性势场的存在，从而推导出：

$$\sigma = \frac{n_{eff} e^2 \tau}{2m_e^*} = \frac{n_{eff} e^2 l_F}{2m_e^* \overline{v}_F} \tag{2-11}$$

式中，m_e^* 为电子的有效质量，它考虑了晶体点阵对电场作用的结果。式(2-11)不仅适用于金属，也适用于非金属，它能完整地反映晶体导电的物理本质。

3. 金属的电阻率

在温度趋近于 0 K 时，金属晶体可近似为具有理想点阵结构。此时，电子以波的形式通过金属晶体的理想点阵，几乎不受晶格振动的散射而无阻碍地传播，可近似认为 $\rho = 0$，σ 为无穷大，因此可以视作理想导体。只有在晶体点阵完整性遭到破坏的地方，电子波才受到散射(不相干散射)，这就是金属产生电阻的根本原因。由温度引起的热振

动，以及晶体中异类原子、位错、点缺陷等都会使理想晶体点阵的周期性遭到破坏。这样，电子的德布罗意波在这些地方发生散射而产生电阻，导电性降低。

金属的总电阻包括金属的基本电阻和溶质(杂质)浓度引起的电阻。这就是有名的马西森(Matthiessen)定律，公式表示为

$$\rho = \rho' + \rho(T) \tag{2-12}$$

式中，$\rho(T)$为与温度有关的金属基本电阻率；ρ'为与杂质浓度、点缺陷、位错等化学缺陷和物理缺陷有关的残余电阻率。化学缺陷包括杂质原子以及人工加入的合金元素原子，物理缺陷包括空位、间隙原子、位错以及它们的复合体。对于给定的金属或合金，其杂质原子的数量是一定的，但是空位或晶界的数量会经过不同的热处理而发生变化。例如，淬火后的金属的室温电阻率由于淬火空位的增加而显著增加，通过室温时效或者在稍高于室温的温度回火，其电阻可以恢复到淬火前金属的电阻值。同样地，再结晶、晶粒长大以及一些其他冶金工艺都能改变金属的电阻率。研究晶体缺陷对电阻率的影响，对于估计晶体结构的完整性有重要意义。利用缺陷对电阻的影响，也可以研制具有一定电阻值的金属。

遵循马西森定律的金属材料包括多种金属及合金。不难看出，高温时金属的电阻主要由$\rho(T)$项起主导作用；低温时ρ'是主要的。在极低温度(一般选取为 4.2 K)下测得的金属电阻率称为金属剩余电阻率，它或相对电阻率$\rho_{300\,\mathrm{K}}/\rho_{4.2\,\mathrm{K}}$可作为衡量金属纯度的重要指标。

金属材料的电阻率受温度的影响，同时受合金元素、杂质及晶体缺陷的影响。从材料的微观结构上看，与导电电子发生碰撞的离子实，是晶体中被破坏了晶格库仑势场(或晶格场)周期性的“异常”离子实。宏观上金属材料的导电性，取决于晶格场中相邻不规则点之间的平均距离，因为它决定了导电电子的平均自由程。

金属材料晶格场周期性的异常点可以分成两种：势场空间位置的周期性偏离点和势场强度的非周期点。其中，温度通过晶格中的原子热振动施加其影响，如图 2-2(a)所示。晶格热振动形成的格波在振动传播到达的区域中使离子实的位置偏离理想的周期位置，因此会与恰好运动到该区域中的导电电子发生碰撞；这种离子实位置的偏离是暂时的，随着格波的继续传播离子实会离开此位置。图 2-2(b)给出尺寸不同的异类原子和空位造成的晶体中局部离子实偏离周期性位置的情况，这对晶格场造成的周期性的破坏显而易见。

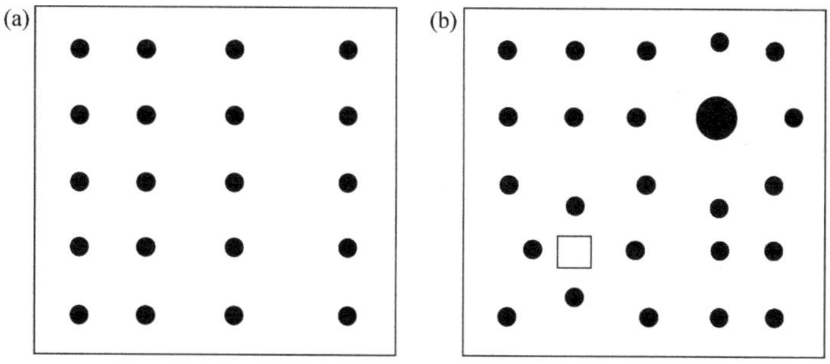

图 2-2 晶体中原子偏离理想周期位置的情况示意图
(a) 晶格热振动导致的暂时偏离；(b) 异类原子及空位导致的恒定偏离

除了因为离子实位置改变而破坏晶格场的周期性外，金属中的异类原子还可能因为离子的不同而造成另一种破坏——晶格场强度的周期性受到破坏。例如，向一价金属的晶格

中引入二价离子实后，会使其晶格库仑势场产生变化。

晶格场的不规则点构成了与导电电子发生碰撞的碰撞点。从电子的波动观点出发，将碰撞对电子运动的影响称为对电子波的散射，相应地将碰撞点称为散射中心。温度造成的晶格振动以及合金化和晶体缺陷的影响，都缩短了导电电子的平均自由程和平均自由时间，从而导致金属材料的导电性降低、电阻率增高。一般来讲，金属材料中对导电电子在电场中的定向移动产生阻碍作用的散射中心或者碰撞点不只是一类。如果不同类型的散射中心之间的相邻平均距离以及决定的电子平均自由时间为 τ_i，那么，金属材料整体导电性对应的电子平均自由时间 τ 为

$$\frac{1}{\tau}=\sum_i \frac{1}{\tau_i} \tag{2-13}$$

也就是相当于各种类型形成的散射中心对导电电子的阻碍作用按照电阻串联的方式共同发挥作用。

2.2.2 影响金属导电性的因素

1. 温度

一般来说，金属电阻率随温度升高而增大。虽然温度对有效电子数和电子平均漂移速度几乎没有影响，但是温度升高会使离子实振动加剧，热振动振幅加大，原子的无序度增加，周期势场的涨落也加大。这些因素都使电子运动的自由程减短，散射概率增加而导致电阻率增大。

格林艾森(Grüneisen)从理论上定量地分析了温度对金属材料导电性的影响。其中，用量子理论分析了晶格热振动情况，得出了晶体中声子密度随温度的变化规律，由此得出导电电子的平均自由程及电阻率随温度的变化。得到的金属电阻率随温度变化的规律称为格林艾森定律，表达式为

$$\rho=\frac{AT^5}{M\theta_D^6}\int_0^{\frac{\theta_D}{T}}\frac{x^5}{\left(e^x-1\right)\left(1-e^x\right)}dx \tag{2-14}$$

式中，A 为金属的特征参数；M 为金属原子的质量；θ_D 为德拜温度；$x=\dfrac{\hbar\omega}{k_B T}$ 为积分变数，其中 ω 为原子振动角频率。

在以德拜温度划分的不同温度区域内，电子的散射机制存在本质区别，这导致电阻率在不同温度范围内的变化规律不同，如图 2-3 所示。

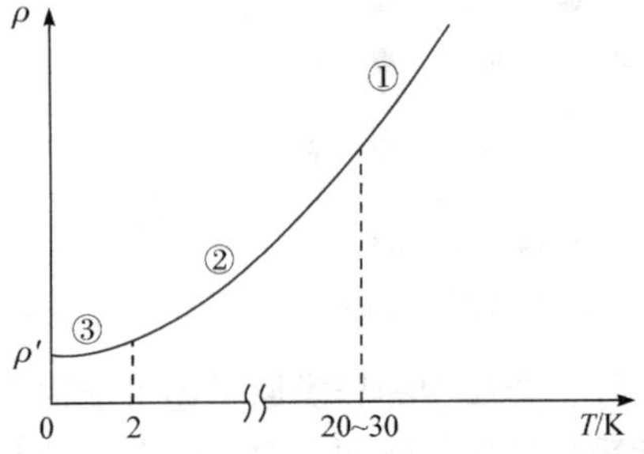

图 2-3 普通非过渡金属的电阻率与温度曲线

① 当 $T>\frac{2}{3}\theta_D$ 时，$\rho(T)\approx\dfrac{AT}{4M\theta_D^2}$，金属在高温下的电阻率与温度成正比，$\rho(T)\propto T$ 或 $\rho(T)=\alpha T$。

② 当 $T\ll\theta_D$ 时，$\rho(T)\approx 124.4\dfrac{AT^5}{M\theta_D^6}$，电阻率与温度的 5 次方成正比，即 $\rho(T)\propto T^5$。

③ 当在极低温度(如 $T=2\text{ K}$)时，$\rho(T)\propto T^2$，此时原子热振动非常微弱，电阻主要是电子和电子发生散射的结果。

若以 ρ_0 和 ρ_T 表示金属在 0 K 和 T 温度下的电阻率，则电阻率与温度的关系可表示为

$$\rho_T=\rho_0(1+\alpha T) \tag{2-15}$$

平均电阻温度系数的表达式为

$$\bar{\alpha}=\frac{\rho_T-\rho_0}{\rho_0 T} \tag{2-16}$$

温度为 T 时的电阻温度系数为

$$\alpha_T=\frac{\mathrm{d}\rho}{\mathrm{d}T}\frac{1}{\rho_T} \tag{2-17}$$

对于大多数非过渡金属，纯金属的电阻温度系数近似为 $4\times10^{-3}\text{ K}^{-1}$；过渡金属，特别是铁磁性金属具有较高的 α 值，如铁为 $6\times10^{-3}\text{ K}^{-1}$、钴为 $6.6\times10^{-3}\text{ K}^{-1}$、镍为 $6.2\times10^{-3}\text{ K}^{-1}$。按照能带理论，过渡金属的电导率主要由 4s 能带中的电子贡献，3d 能带是未填满的，而且 3d 能带和 4s 能带有交叠现象，4s 能带电子有跃迁入 3d 能带的概率，促使 4s 能带电子的散射概率增加，致使过渡金属的电阻率较大。

应该指出的是，过渡金属的电阻率与温度的关系经常出现反常，特别是具有铁磁性的金属在发生磁性转变时，电阻率出现反常[图 2-4(a)]。一般金属的电阻率与温度是一次方关系，对于铁磁性金属在居里点以下温度不适用。镍的电阻随温度的变化如图 2-4(b)所示，在居里点以下温度偏离线性关系。研究表明，在接近居里点时，铁磁金属或合金的电阻率反常降低量 $\Delta\rho$ 与其自发磁化强度 M_s 的平方成正比，即

$$\Delta\rho=\alpha M_\mathrm{s}^2 \tag{2-18}$$

式中，α 为比例系数。铁磁性金属电阻率随温度变化的特殊性是铁磁性金属内 d 及 s 壳层电子云相互作用的特点引起的。当温度高于居里温度 T_c 时，镍处于磁无序状态，无自发磁化，d 能带中的电子有半数自旋向上，另外半数自旋向下，s 能带中的电子散射到自旋向上和自旋向下的能带的概率相等，散射概率较大，因此电阻率较高。当温度低于 T_c 时，镍具有铁磁性，由于自发磁化，d 能带中自旋磁矩方向与自发磁化方向平行的状态已被电子填满，只有自旋磁矩和自发磁化方向相反的能态可以供给 s 能带电子跃迁到 d 能带，此时 s 能带电子的散射概率降低，因此电阻率较小。

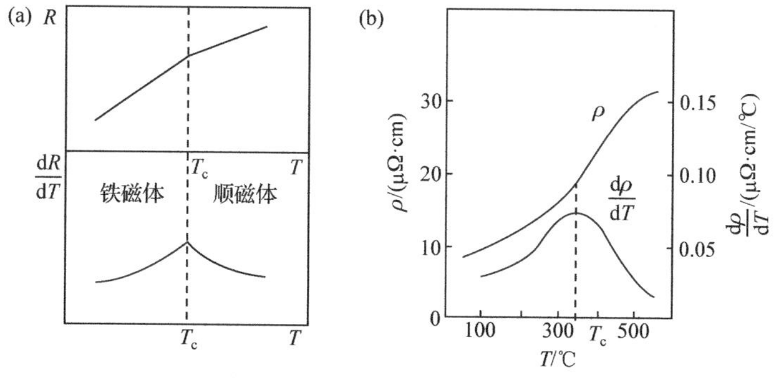

图 2-4　金属磁性转变对电阻的影响

(a) 铁磁性金属；(b) 金属镍电阻温度系数在居里点附近的变化

2. 应力

1) 拉应力

弹性应力范围内的单向拉应力能提高金属的电阻率，金属电阻率与拉应力的关系式为

$$\rho=\rho_0(1+\beta\sigma) \tag{2-19}$$

式中，ρ_0 为未加载荷时的电阻率；β 为应力系数；σ 为拉应力，单位为 Pa。拉应力增大会使电阻增加，是因为单向拉应力使原子间的距离增大，点阵畸变增大，对电子的散射增强，导致金属的电阻率增大。

2) 压应力

压应力对大多数金属电阻的影响与拉应力相反。在流体静态压缩时(高达 1.2 GPa)，大多数金属的电阻率下降。这是因为在巨大的流体静压条件下，金属原子间距缩小，内部缺陷形态、电子结构、费米能和能带结构都将发生变化，这必然会影响金属的导电性能。尤其是对于过渡金属，由于其内部存在能量差别不大的未填满电子的壳层，在压力作用下外壳层电子有可能转移到未填满的内壳层，这必然表现出电性能的变化。

在流体静压下金属的电阻率 ρ_p 可用下式计算：

$$\rho_p=\rho_0(1+\varphi p) \tag{2-20}$$

式中，ρ_0 为真空条件下的电阻率；p 为压应力；φ 为压力系数(为负值，范围 -10^{-5} ～ -10^{-6})。

按压力对金属导电性的影响特性，可以将金属分为两种：正常金属和反常金属。正常金属是指随着压力的增大电阻率下降的金属，如铁、钴、镍、钯、铂、铱、铜、银、金、锆、铪等均为正常金属(表 2-2)。反之则为反常金属，碱金属、碱土金属和稀土金属大部分属于反常金属，VA 族的半金属，如钙、锶、锑、铋等，也属于反常金属。

表 2-2　一些金属在 0℃时的电阻压力系数 $\left(\frac{1}{\rho}\frac{d\rho}{dp}\right)$　单位：$10^{-6}\ cm^2\cdot kg^{-1}$

金属	电阻压力系数	金属	电阻压力系数
Pb	−12.99	Fe	−2.34
Mg	−4.39	Pd	−2.13
Al	−4.28	Pt	−1.93
Ag	−3.45	Rh	−1.64
Cu	−2.88	Mo	−1.30
Au	−2.94	Ta	−1.45
Ni	−1.85	W	−1.37

3. 冷加工和缺陷

1) 冷加工

经测得，室温下纯金属(如 Au、Ag、Fe)经相当大的冷加工变形后，电阻比未经变形的有不同程度的增加(图 2-5)。一般单相固溶体经冷加工后，电阻率可增加 10%～20%；有序

固溶体经冷加工后电阻率增加 100%，甚至更高。也有相反的情况，如镍-铬、镍-铜-锌、铁-铬-铝等不均匀固溶体，冷加工变形会使合金电阻率下降。冷加工引起金属电阻率变化，被认为与冷加工变形引起晶格畸变(空位、位错)有关。晶格发生畸变，晶体缺陷增加，特别是空位浓度增加，造成周期性势场不均匀，增加电子散射概率，同时也会引起金属晶体原子间的键合改变，使原子间距改变，从而对电阻率产生影响。

当温度降到 0 K 时，未经冷加工变形的纯金属电阻率将趋于零，而冷加工的金属在任何温度下都保留高于退火态金属的电阻率。根据马西森定律，冷加工金属的电阻率可写成

$$\rho = \rho' + \rho_M \tag{2-21}$$

式中，ρ_M 为与温度有关的电阻率。剩余电阻率 ρ' 与温度无关，意味着 $d\rho/dT$ 与冷加工程度无关。总电阻率越小，ρ'/ρ 值越大，且随温度的降低而增高。因此，低温时用电阻法研究金属冷加工更为合适。冷加工金属的退火可使电阻恢复到冷加工前金属的电阻值(图 2-6)。

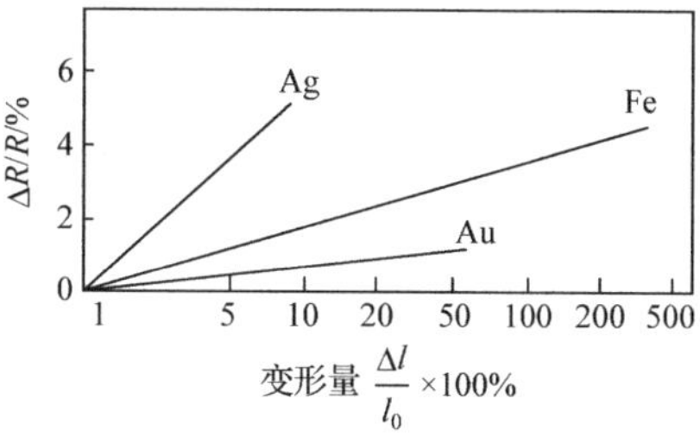

图 2-5　变形量对金属电阻的影响

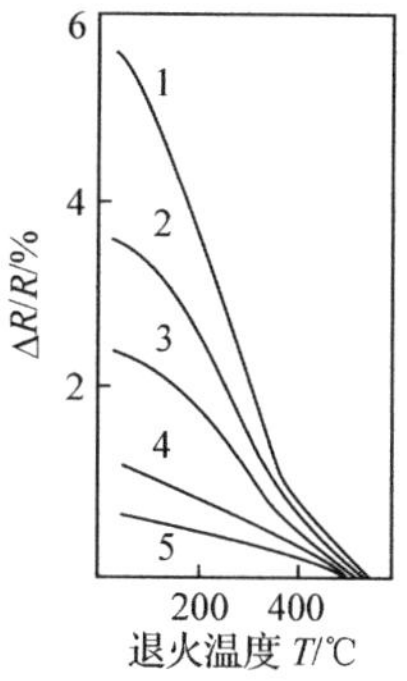

图 2-6　冷加工变形铁的电阻在退火时的压力变化对金属导电性的影响

1. 变形量 99.8%；2. 变形量 97.8%；3. 变形量 93.5%；4. 变形量 80.0%；5. 变形量 44.0%

2) 缺陷

实际金属中存在空位、间隙原子，以及位错、晶界等晶体缺陷，这些材料缺陷作为电子的散射中心，其密度增加导致电子的平均自由程减小，使金属电阻率提高，导电性降低。根据马西森定律，在极低温度下，纯金属电阻率主要由其内部缺陷(包括杂质原子)决定，即由剩余电阻率决定。因此，研究晶体缺陷对电阻率的影响，对估计单晶体结构完整性具有重要意义。依据缺陷对电阻的影响，可以研制出具有一定电阻值的金属。半导体单晶体的电阻值就是根据这个原则进行人为控制的。

不同类型的晶体缺陷对金属电阻率影响程度不同。通常，分别用 1%原子空位浓度或 1%原子间隙原子、单位体积中位错线的单位长度、单位体积中晶界的单位面积引起的电阻率变化来表征点缺陷、线缺陷、面缺陷对金属电阻率的影响，它们相应的单位分别为 $(\Omega\cdot cm)/$原子%、$(\Omega\cdot cm)/(cm^{-2})$、$(\Omega\cdot cm)/(cm^{-1})$。表 2-3 列出了几种常见金属中空位和位错对材料电阻率的影响。可以看出，点缺陷(空位)引起的电阻率变化远比线缺陷(位

错)引起的大，空位和间隙原子对剩余电阻率的影响和金属中杂质原子的影响相似，影响大小在同一数量级(表 2-4)。

表 2-3 空位、位错对一些金属电阻率的影响

金属	$(\Delta\rho_{位错}/\Delta N_{位错})/(10^{-19}\Omega\cdot cm\cdot cm^{-2})$	$(\Delta\rho_{位错}/c_{空位})/[(10^{-6}\Omega\cdot cm)/原子\%]$	金属	$(\Delta\rho_{位错}/\Delta N_{位错})/(10^{-19}\Omega\cdot cm\cdot cm^{-2})$	$(\Delta\rho_{位错}/c_{空位})/[(10^{-6}\Omega\cdot cm)/原子\%]$
Cu	1.3	2.3，1.7	Pt	1.0	9.0
Ag	1.5	1.9	Fe	—	2.0
Au	1.5	2.6	W	—	29.0
Al	3.4	3.3	Zr	—	100.0
Ni	—	9.4	Mo	11.0	—

表 2-4 低浓度碱金属的剩余电阻率

金属基	杂质 1%(原子百分数)	$\rho/(\mu\Omega\cdot cm)$		金属基	杂质 1%(原子百分数)	$\rho/(\mu\Omega\cdot cm)$	
		实验	计算			实验	计算
K	空位	—	0.975	Rh	Na	—	2.166
	Na	0.560	1.272		K	0.040，0.130	0.134
	Li	—	2.914		—	—	1.050

对于大多数金属，当变形量不大时，位错引起的电阻率变化$\Delta\rho_{位错}$与位错密度$\Delta N_{位错}$之间呈线性关系，如图 2-7 所示，实验表明，在 4.2 K 时，对于钼有$\Delta\rho_{位错}\approx 5\times10^{-16}\Delta N_{位错}$。一般金属在变形量为 8%时，位错密度$\Delta N_{位错}\approx 10^5\sim10^8\ cm^{-2}$，位错影响的电阻率增加值很小，$\Delta\rho_{位错}\approx 10^{-11}\sim 10^{-8}\ \Omega\cdot cm$。当退火温度接近再结晶温度时，位错对电阻率的影响可忽略不计。

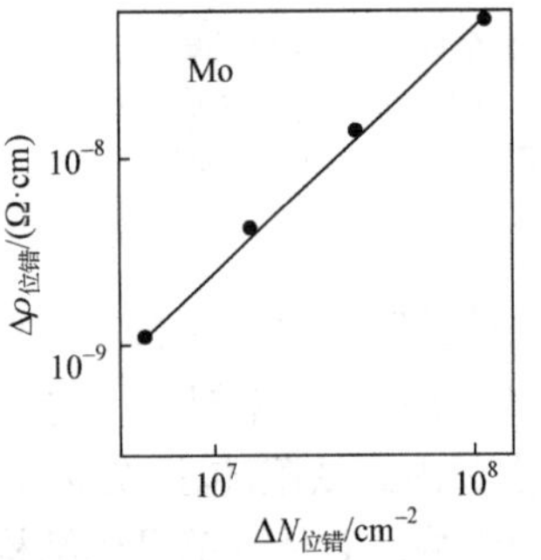

图 2-7 4.2 K 时位错密度对金属电阻率变化的影响

在塑性变形和高能粒子辐射过程中，金属内部将产生大量缺陷。此外，高温淬火和极冷也会使金属内部形成远远超过平衡状态浓度的缺陷。当温度接近熔点时，极速淬火，会冻结掉大量空位。金属中的空位浓度主要由淬火温度 T 决定，其形成能一般低于其他缺陷，因此金属点缺陷中空位的浓度高，对电阻率的影响也最大。金属中空位的浓度与温度的关系式为

$$c_h = C_0 e^{-E_h/k_B T} \tag{2-22}$$

式中，E_h 为空位形成能，与原子结合力的强弱有关；T 为淬火温度；C_0 为常数。可见，E_h 和 T 均影响空位浓度 c_h。难熔金属的 c_h 远低于低熔点金属。

实际造成金属材料缺陷的原因有很多，如辐照、热处理、冷热加工、各种工艺过程以及使用过程。如果认为塑性变形引起的电阻率增加是晶格畸变、晶体缺陷所致，则电阻率增加值为

$$\Delta\rho = \Delta\rho_{空位} + \Delta\rho_{位错} \tag{2-23}$$

式中，$\Delta\rho_{空位}$为电子在空位处散射引起的电阻率，当退火温度足以使空位扩散时，这部分电阻率将消失；$\Delta\rho_{位错}$为电子在位错处的散射引起的电阻率，这部分电阻率保留到再结晶温度。

范比伦(van Beuren)给出了电阻率随变形ε变化的表达式：

$$\Delta\rho = C\varepsilon^n \tag{2-24}$$

式中，C为比例常数；n与金属纯度有关，在 0～2 变化。考虑到空位、位错的影响，将式(2-19)写成

$$\Delta\rho = A\varepsilon^n + B\varepsilon^m \tag{2-25}$$

式中，A、B为常数；n、m在 0～2 变化。式(2-18)对于许多面心立方金属和体心立方的过渡金属都是成立的，如金属铂$n=1.9$、$m=1.3$，金属钨$n=1.73$、$m=1.2$。

4. 电阻率的尺寸效应

在某些情况下，金属的几何尺寸也会影响其导电性。从金属导电的机理可知，当导电电子的自由程与金属样品的尺寸接近时，金属的电阻率将依赖于样品的尺寸和形状，这种现象称为电阻率的尺寸效应。这一影响关系对于研究和测试金属薄膜和细丝材料(厚度约10～1000 nm)的电阻十分重要。

通常在低温条件下，随着金属纯度的提高，试样几何尺寸对材料导电性的影响越发显著，因为此时导电电子自由程加大了。室温下，电子的平均自由程一般为$10^{-9}\sim10^{-6}\,\text{m}$，而在 4.2 K 时，极纯金属的电子平均自由程可达几毫米。当样品厚度d小于电子平均自由程l时，电子在样品内部及表面均遭到散射，导致电子平均自由程减短，电阻率增大。电子在试样表面的散射构成了新的附加电阻，试样的有效散射系数可写成

$$1/l_{\text{eff}} = 1/l + 1/l_{\text{d}} \tag{2-26}$$

式中，l和l_{d}分别为电子在试样中和表面的散射自由程。将式(2-26)代入电阻率表达式，并令$l_{\text{d}} = d$ (薄膜厚度)，则薄膜试样的电阻率等于

$$\rho_{\text{d}} = \rho_\infty(1 + l/d) \tag{2-27}$$

式中，ρ_∞为大尺寸试样的电阻率。

电阻的尺寸效应在超纯单晶体和多晶体中发现得最多。图 2-8 给出了钼和钨单晶体厚度对电阻的影响。由图可见，4.2 K 条件下，随着钼、钨单晶体厚度变小，晶体电阻增大。

5. 电阻率的各向异性

一般在立方晶系晶体中金属的电阻率表现为各向同性，而在对称性较差的六方晶系、

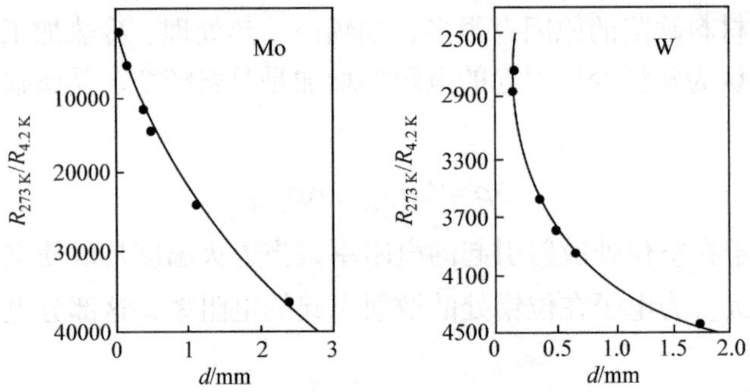

图 2-8　单晶体厚度对金属电阻的影响

四方晶系、斜方晶系和菱面体中，金属的电阻率表现为各向异性。对于六方晶系，$\rho_{\perp}$为垂直六方晶轴方向测得的电阻率，$\rho_{//}$为平行六方晶轴方向的电阻率，金属电阻率各向异性系数定义为$\rho_{\perp}/\rho_{//}$。不同金属在不同温度下的电阻率各向异性系数是不相同的。常温下某些金属电阻率的各向异性系数见表 2-5。温度对各向异性系数的影响规律尚不清楚。多晶材料的电阻率可通过晶体不同方向的电阻率表达为

$$\rho_{多晶}=\frac{1}{3}\left(2\rho_{\perp}+\rho_{//}\right) \tag{2-28}$$

表 2-5　常温下某些金属电阻的各向异性系数

金属	晶格类型	ρ		
		$\rho_{\perp}/(\mu\Omega\cdot cm)$	$\rho_{//}/(\mu\Omega\cdot cm)$	$\rho_{\perp}/\rho_{//}$
Be	六方密排	4.22	3.83	1.10
Y	六方密排	72.00	35.00	2.06
Mg	六方密排	4.48	3.74	1.20
Zn	六方密排	5.83	6.15	0.95
Se	六方密排	68.00	30.00	2.27
Cd	六方密排	6.54	7.79	0.84
Bi	菱面体	100.00	127.00	0.79
Hg	菱面体	2.35	1.78	1.32
Ga	斜方	54.00(轴 *c*)	8.00(轴 *b*)	6.75
Sn	四方晶系	9.05	13.30	0.68

2.2.3　固溶体的电阻率

金属材料多为合金，合金的导电性较为复杂。合金通常是固溶体，它的一种组元为溶剂，另一种较少组元为溶质。金属之间形成固溶体时，电导率降低。这是因为溶质原子溶入溶剂晶格时，溶剂的晶格发生扭曲畸变，破坏了晶格势场的周期性，电子受到散射的概

率增加，因而电阻率增高。但晶格畸变不是电阻率发生改变的唯一因素，固溶体电性能还取决于固溶体组元的化学相互作用(能带、电子云分布等)。

1. 无序固溶体

在连续固溶体中，合金成分偏离组元越远，电阻率也越高，在二元合金中最大电阻率常在 50%原子浓度处，而且可能比组元电阻率高几倍(图 2-9)。铁磁性及强顺磁性金属组成的固溶体情况不同，它们的电阻率一般不在 50%原子浓度处(图 2-10)。这是因为合金中的一部分价电子可能转移到过渡金属内未被填满的 d 或者 f 壳层中，造成导电电子数目减少，电阻率增大。

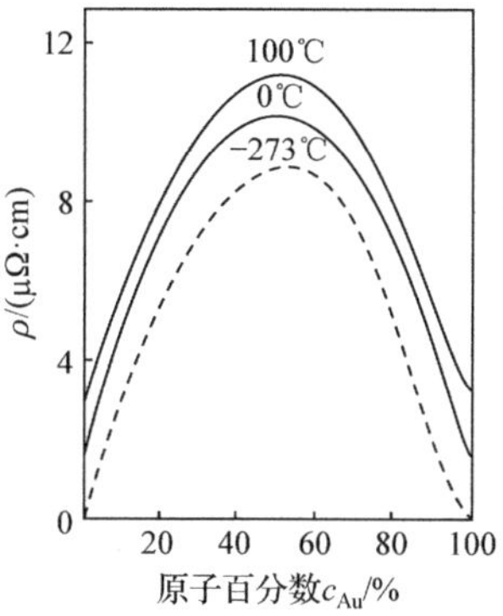

图 2-9　银-金合金电阻率与组元浓度的关系

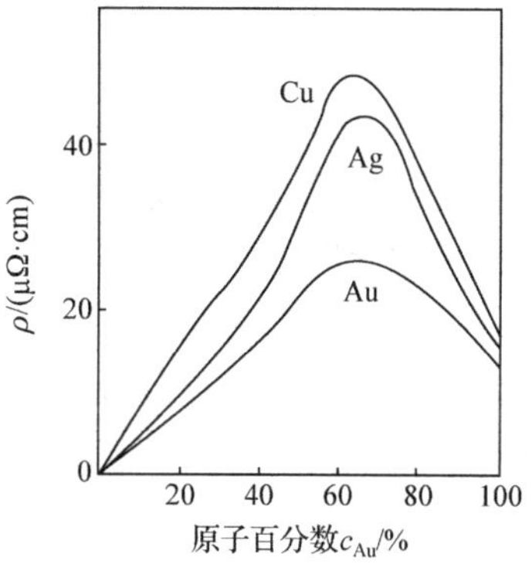

图 2-10　铜、银、金与钯组成的合金电阻率与组元浓度的关系

根据马西森定律，低浓度固溶体电阻率表达式为

$$\rho = \rho_0 + \rho' \tag{2-29}$$

式中，ρ_0 为固溶体溶剂组元的电阻率；剩余电阻率 $\rho' = c\Delta\rho$，此处 c 为杂质原子含量，$\Delta\rho$ 为 1%原子杂质引起的附加电阻率。

马西森定律早在 1864 年就已被提出。实验发现不少低浓度固溶体(非铁磁性)偏离这一定律。因此，将固溶体电阻率写成三部分：

$$\rho = \rho_0 + \rho' + \Delta \tag{2-30}$$

式中，Δ 为偏离马西森定律的值，它与温度和溶质浓度有关。溶质浓度越大，偏离越严重。

实验证明，除过渡金属外，在同一溶剂中溶入 1%(原子百分数)溶质金属引起的电阻率增加，由溶剂和溶质金属的价数而定，它们的价数差越大，增加的电阻率越大，这就是诺伯里-林德(Norbury-Lide)法则，其数学表达式为

$$\Delta\rho = a + b\left(\Delta Z\right)^2 \tag{2-31}$$

式中，a 和 b 为常数；ΔZ 为低浓度合金溶剂和溶质间的价数差。某些金属杂质原子对某些金属电阻率的影响见表 2-6。

表 2-6 金属杂质(原子百分数为 1%)对金属电阻率的影响 单位：(μΩ · cm)/原子%

溶剂	金属杂质(溶质)																
	Zn	Cd	Hg	In	Tl	Sn	Pb	Bi	Co	V	Fe	Ti	Mn	Cr	Al	Cu	Au
Al	0.35	0.60	—	—	—	0.90	1.00	1.30	—	—	—	—	—	—	—	—	—
Cu	0.30	0.30	1.00	1.10	—	3.10	3.30	—	—	—	—	—	—	—	—	—	—
Cd	0.08	—	0.24	0.54	1.30	1.99	4.17	—	—	—	—	—	—	—	—	—	—
Ni	—	—	—	—	—	—	—	—	0.22	4.30	0.47	3.40	0.72	4.80	2.10	0.98	0.39

2. 有序固溶体

当固溶体有序化后，电阻率受两种相反作用的影响。一方面，当合金有序化后，其合金组元化学作用加强，电子的结合比在无序状态更强，从而使导电电子数减少，因而合金的剩余电阻率增加；另一方面，晶体离子势场在有序化时更对称，这就使电子散射概率大大降低，因而有序合金的剩余电阻率减小。通常情况下，上述第二个方面的作用占优势，因而当合金有序化时，电阻率降低。

图 2-11、图 2-12 为铜-金合金在有序化和无序化时的电阻率随温度以及组元的变化曲线。图中曲线 1 表明，无序合金(淬火态)与一般合金电阻率变化规律相似；曲线 2 表明，有序合金(退火态)的电阻率比无序合金(淬火态)低得多。当温度高于转变点时，合金的有序态被破坏，转变为无序态，电阻率明显上升。斯米尔诺夫(Sergei Smirnov)根据合金成分及远程有序度从理论上计算了有序合金剩余电阻率，并假定完全有序合金在 0 K 时和纯金属一样不具有电阻，只有当原子有序排列被破坏时才有电阻率，这样有序合金的剩余电阻率可写成

$$\rho' = A\left[c(1-c) - \frac{\nu}{1-\nu}(q-c)^2\eta^2\right] \tag{2-32}$$

式中，ρ' 为在 0 K 时合金的电阻率；c 为合金中第一组元的相对原子浓度；ν 为第一类结点(第一组无占据的)相对浓度；q 为第一类结点被相应原子占据的可能性；A 为与组元性质有关的参数；η 为远程有序度。图 2-13 为不同远程有序度对剩余电阻率的影响曲线。

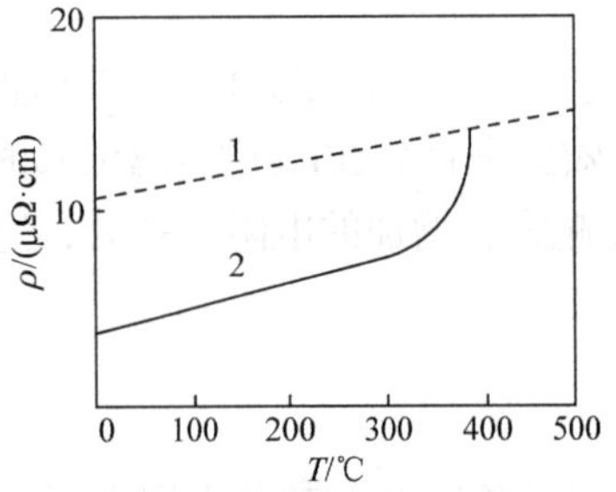

图 2-11 铜-金合金无序化和有序化时电阻率随温度变化曲线

1. 无序(淬火态)；2. 有序(退火态)

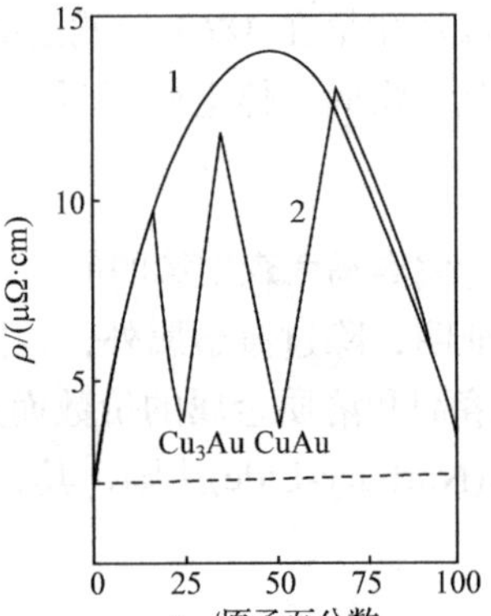

图 2-12 铜-金合金无序化和有序化时电阻率随组元变化曲线

1. 无序(淬火态)；2. 有序(退火态)

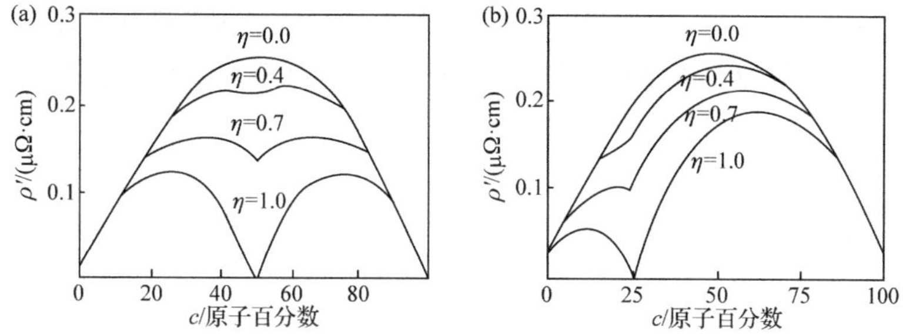

图 2-13　远程有序度对剩余电阻率的影响曲线

(a) AB 型超点阵；(b) A_3B 型超点阵

3. 不均匀固溶体

在合金元素中含有过渡金属的，如镍-铬、镍-铜-锌、铁-镍-钼、铁-铬-铝、银-锰等合金，X 射线和电子显微镜分析认为是单相的，但在回火过程中发现合金的电阻反常升高(其他物理性能，如热膨胀系数、比热容等也有明显变化)。冷加工时发现合金的电阻率明显降低。托马斯(Thomas)最早发现这一现象，并把这一组织状态称为 K 状态。X 射线分析表明，固溶体中原子间距显著地波动，其波动正是组元原子在晶体中不均匀分布的结果，所以也将 K 状态的固溶体称为不均匀固溶体。可见，固溶体的不均匀组织是相内分解的结果。这种分解不析出任何具有本身固有点阵的晶体。当形成不均匀固溶体时，在固溶体点阵中只形成原子的聚集，其成分与固溶体的平均成分不同，这些聚集包含大约 1000 个原子，即原子的聚集区域几何尺寸大致与电子自由程为同一数量级，明显增加了电子散射概率，提高了合金的电阻率(图 2-14)。由图可见，当回火温度超过 550℃时，反常升高的电阻率又开始降低，这可解释为原子聚集在高温下将消散，于是固溶体渐渐地成为普通无序的、统计均匀的固溶体。冷加工在很大程度上促使固溶体不均匀组织被破坏并获得普通无序的固溶体，因此合金电阻率明显降低(图 2-15)。

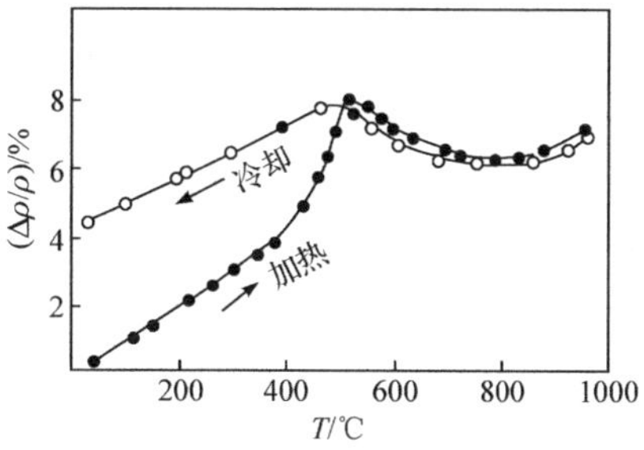

图 2-14　80Ni20Cr 合金加热、冷却电阻变化曲线

原始态：高温淬火

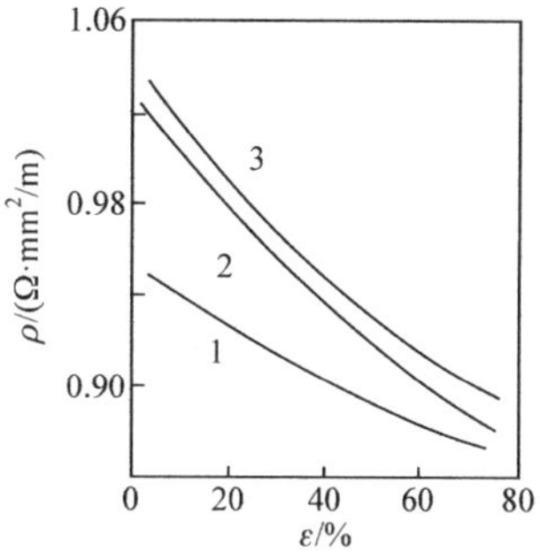

图 2-15　80Ni20Cr 合金电阻率与冷加工形变的关系

1. 800℃水淬+400℃回火；2，3. 形变+400℃回火

2.3　半导体的导电性

2.3.1　半导体的晶体结构与电子态

1. 晶体结构

半导体材料的晶体结构主要有四种：金刚石型、闪锌矿型、纤锌矿型和氯化钠型晶体

结构，如图 2-16 所示。一些重要的半导体单晶材料的晶体结构类型列于表 2-7 中。可见有些半导体晶体具有两种或多种结构类型；同一种半导体材料因结晶形态的不同，其性质会有很大差别。

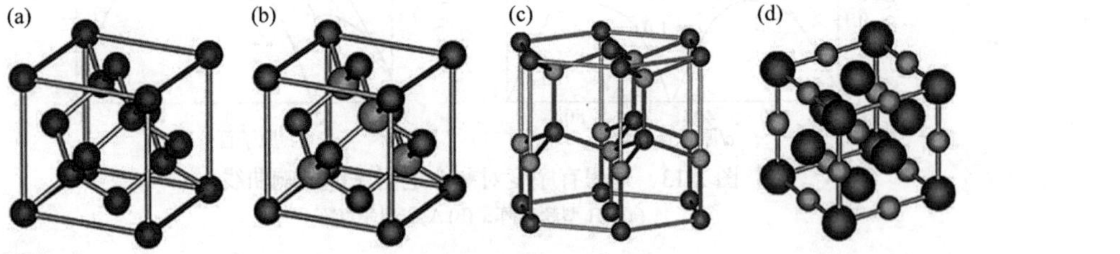

图 2-16　半导体材料的晶体结构

(a) 金刚石型结构；(b) 闪锌矿型结构；(c) 纤锌矿型结构；(d) 氯化钠型结构

表 2-7　一些重要的半导体单晶材料的晶体结构

结构类型	半导体材料
金刚石型	金刚石，Si，Ge
闪锌矿型	GaAs，GaP，GaN，InP，InAs，BN，ZnS，ZnO，CdS，CdTe，SiC
纤锌矿型	GaN，BN，InN，AlN，ZnS，CdS，CdSe，SiC
氯化钠型	PbS，PbSe，PbTe，CdO

2. 能带结构

半导体的价带往往为满带。例如，半导体硅，虽然 p 带电子远未填满，但是由于共价键结合过程中存在轨道杂化，结果形成 2 个 sp^3 杂化能带，每个能带包含 $4N$ 个电子，从而价带被完全填满。半导体的价带和导带之间存在禁带。在 0 K 时半导体的导带中没有电子，而价带中的电子得不到能量无法跃迁到导带上进行导电。当温度升高或有光照时，价带中的少量电子有可能被激发到空的导带，使导带底出现少量电子，这些电子在外电场作用下将参与导电；同时，满带的价带中由于少了电子，在价带顶出现一些空的量子态，价带变成部分占满的能带，在外电场作用下价带中电子也能够参与导电；通常把价带中这些电子的导电作用等效于带正电的空的量子态的导电作用，并称其为空穴。所以在半导体中，导带的电子和价带的空穴共同参与导电，称为半导体的载流子。半导体的禁带宽度通常在 1～3 eV，不太大的能量即可将电子由价带激发进入导带，形成导电电子，实现导电作用。室温下半导体硅禁带宽度为 1.12 eV、锗为 0.67 eV、砷化镓为 1.43 eV。绝缘体的价带也为满带，但导带和价带之间的禁带宽度较大，通常在 5 eV 以上，在通常温度下，能激发到导带的电子很少，所以导电性很差。图 2-17 给出了导体、半导体和绝缘体的能带结构示意图。

3. 有效质量

对于半导体，对导电起作用的常常是接近能带底部或能带顶部的电子。因此，用泰勒(Taylor)级数展开可以近似求出极值附近的 $E(k)$ 与 k 的关系。以一维情况为例，将 $E(k)$ 在 $k=0$ 附近按泰勒级数展开，取 k^2 项，得到

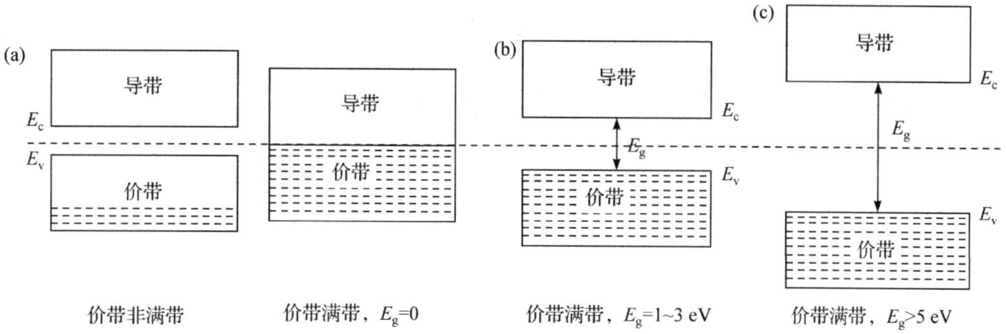

图 2-17　导体、半导体和绝缘体的能带结构示意图
(a) 导体；(b) 半导体；(c) 绝缘体

$$E(k)=E(0)+\left(\frac{\mathrm{d}E}{\mathrm{d}k}\right)_{k=0}k+\frac{1}{2}\left(\frac{\mathrm{d}^2E}{\mathrm{d}k^2}\right)_{k=0}k^2+\cdots \tag{2-33}$$

式中，$(\mathrm{d}E/\mathrm{d}k)_{k=0}=0$，则

$$E(k)-E(0)=\frac{1}{2}\left(\frac{\mathrm{d}^2E}{\mathrm{d}k^2}\right)_{k=0}k^2 \tag{2-34}$$

式中，$E(0)$为能带底能量。对于给定半导体，令

$$\frac{1}{\hbar^2}\left(\frac{\mathrm{d}^2E}{\mathrm{d}k^2}\right)_{k=0}=\frac{1}{m_n^*} \tag{2-35}$$

从而得到能带底附近$E(k)$为

$$E(k)-E(0)=\frac{\hbar^2k^2}{2m_n^*} \tag{2-36}$$

式中，m_n^*为能带底电子的有效质量。

由半导体中电子的速度与能量的关系式：

$$v=\frac{1}{\hbar}\frac{\mathrm{d}E}{\mathrm{d}k} \tag{2-37}$$

得出能带极值附近电子的速度为

$$v=\frac{\hbar k}{m_n^*} \tag{2-38}$$

因为能带底附近$E(k)>E(0)$，所以能带底电子的有效质量是正值，而能带顶附近$E(k)<E(0)$，所以能带顶电子的有效质量是负值。

当外加电场时，电子受到电场力f作用，$\mathrm{d}t$时间内电子位移$\mathrm{d}s$，外力对电子做功等于能量的变化，即

$$\mathrm{d}E=f\mathrm{d}s=fv\mathrm{d}t \tag{2-39}$$

代入$v=\frac{1}{\hbar}\frac{\mathrm{d}E}{\mathrm{d}k}$，可得

$$f = \hbar \frac{\mathrm{d}k}{\mathrm{d}t} \tag{2-40}$$

说明在外力作用下，电子波矢不断变化，其变化率与外力成正比。

而电子运动的加速度 a 为

$$a = \frac{\mathrm{d}v}{\mathrm{d}t} = \frac{1}{\hbar}\frac{\mathrm{d}}{\mathrm{d}t}\left(\frac{\mathrm{d}E}{\mathrm{d}k}\right) = \frac{1}{\hbar}\frac{\mathrm{d}^2E}{\mathrm{d}k^2}\frac{\mathrm{d}k}{\mathrm{d}t} = \frac{f}{\hbar^2}\frac{\mathrm{d}^2E}{\mathrm{d}k^2} \tag{2-41}$$

其中，

$$\frac{1}{\hbar^2}\left(\frac{\mathrm{d}^2E}{\mathrm{d}k^2}\right)_{k=0} = \frac{1}{m_\mathrm{n}^*} \tag{2-42}$$

代入可得

$$a = \frac{f}{m_\mathrm{n}^*} \tag{2-43}$$

由此可见，引入电子有效质量后，半导体中电子所受的外力与加速度的关系和牛顿第二定律类似。

当电子在外力作用下运动时，它一方面受到外电场力的作用，另一方面还和半导体内部原子、电子相互作用，电子的加速度是半导体内部势场和外电场作用的综合效果。但是，要找出内部势场的具体形式并且求得加速度有一定的困难，引进有效质量后可使问题变得简单，直接把外力和电子的加速度联系起来，而内部势场的作用则由有效质量加以概括。因此，引进有效质量的意义在于它概括了半导体内部势场的作用，使在解决半导体中电子在外力作用下的运动规律时，可以不涉及半导体内部势场的作用。有效质量可通过回旋共振实验测定。

4. 空穴

如图 2-18 所示，价带电子激发，共价键上缺少一个电子而出现一个空穴，同时在晶格间隙出现一个导电电子。空穴的出现等效于产生了 $+q$ 电荷，破坏了局域电中性，但整个半导体仍然保持电中性。

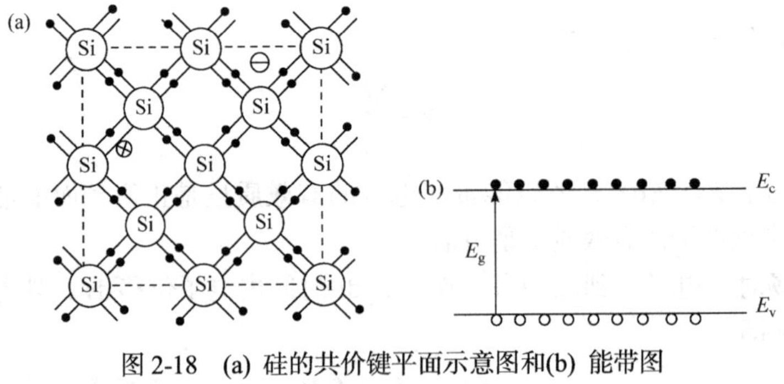

图 2-18 (a) 硅的共价键平面示意图和(b) 能带图

图 2-19 为一维 k 空间空穴的运动示意图。从能量 E 与波矢 k 的关系来看，设空穴出现在能带顶部 A 点，这时除 A 点外，所有 k 状态均被电子占据。当外加电场作用时，所有代表点

都以相同速率向反电场方向运动，B 电子移动到 C 位置，C 电子移动到 D 位置，$Z \to Y$，$Y \to X$。X 电子位于布里渊区边界，其状态和 A 点状态相同，也就是说，电子从左端离开布里渊区，同时从右端填补进来。因为价带有一个空穴，所以在这一过程中有电流，设电流密度为 J。设想以一个电子填充到空的 k 状态，这个电子的电流密度为 $(-q)v(k)$，填入这个电子之后，价带为满带，总电流为零，即

$$J+(-q)v(k)=0 \tag{2-44}$$

可得出

$$J=(+q)v(k) \tag{2-45}$$

这就是说，当价带中 k 状态空出时，价带中所有其他电子的总电流就如同一个带正电荷的粒子以 k 状态电子速度 $v(k)$ 运动时产生的电流。因此，空穴就是价带中带 $+q$ 电荷的空的状态的等效粒子。

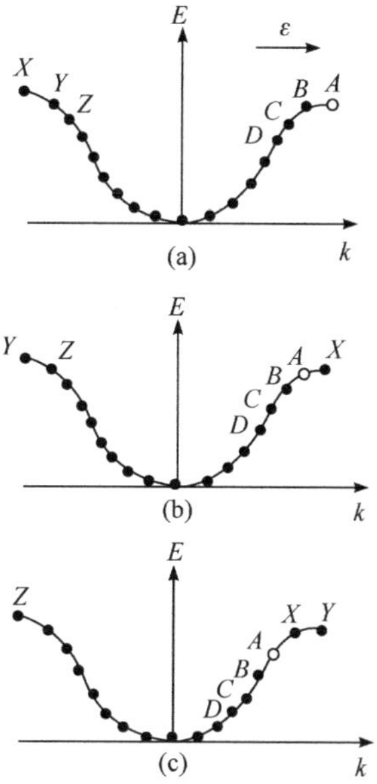

图 2-19 一维 k 空间空穴的运动示意图

空穴不仅带有正电荷，还具有正的有效质量。价带顶空穴的有效质量为

$$m_{\mathrm{p}}^{*}=-m_{\mathrm{n}}^{*} \tag{2-46}$$

因为价带顶附近电子的有效质量为负值，所以价带顶空穴的有效质量为正值。空穴的加速度为

$$a=\frac{\mathrm{d}v(k)}{\mathrm{d}t}=\frac{qE}{m_{\mathrm{p}}^{*}} \tag{2-47}$$

这正是一个带正电荷具有正有效质量的粒子在外电场作用下的加速度，也表示为正值。

由此可见，当价带中缺少一些电子而空出一些 k 状态后，这些 k 状态被空穴占据，空穴可以看作一个具有正电荷 $+q$ 和正有效质量 m_{p}^{*} 的粒子。在 k 状态的空穴速度就等于该状

态的电子速度$v(k)$。引进空穴概念后，就可以将价带中大量电子对电流的贡献用少量的空穴表达出来。所以，半导体中除了导带上电子的导电作用外，价带中还有空穴的导电作用。对于本征半导体，导带中出现多少电子，价带中相应地就出现多少空穴，导带上电子和价带上空穴共同参与导电，这就是本征半导体的导电机制。这一点也是半导体与金属的最大差异，金属中只有电子一种载流子，而半导体中有电子和空穴两种载流子。正是由于这两种载流子的作用，半导体表现出许多奇异的特性，可用来制造各种器件。

2.3.2 半导体中的杂质和缺陷

1. 杂质

绝大多数实用的半导体材料都是在背景纯度很高的半导体中掺入适当杂质的杂质半导体。往往只要掺入少量杂质就能明显地改变半导体的载流子数量，从而显著地影响半导体的导电性。影响半导体材料性质的杂质种类很多。按杂质原子在半导体晶格中所处位置可分为间隙原子杂质和替位式杂质；按杂质在禁带中所形成能级的位置(即杂质电离能的大小)，可分为浅能级杂质和深能级杂质，其中浅能级杂质包括能级位于导带底附近的施主杂质和能级位于价带顶附近的受主杂质，深能级杂质的能级一般位于禁带中部附近；按杂质对半导体导电性质的影响，可分为电活性杂质和电中性杂质。

1) 间隙式杂质和替位式杂质

以半导体硅为例，其晶体结构为金刚石型结构。按照硬球模型，一个晶胞内原子体积只占晶胞体积的 34%，余下 66%是空隙。杂质原子进入半导体材料后，往往以两种方式存在。如果杂质原子位于硅原子的间隙位置，称为间隙式杂质；如果杂质原子取代硅原子而位于晶格格点上，称为替位式杂质(图 2-20)。通常间隙式杂质原子半径比较小，如 Li，半径 0.068 nm，在硅、锗中易形成间隙式杂质；形成替位式杂质的杂质原子大小与被取代的晶格原子大小接近，同时价电子的壳层结构也相近，如ⅢA 族、ⅤA 族元素，在硅、锗中易形成替位式杂质。

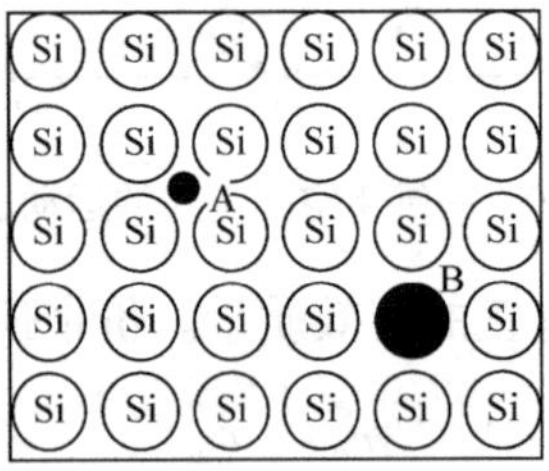

图 2-20 硅中的间隙式杂质 A 和替位式杂质 B

2) 施主杂质和受主杂质

以硅中掺入磷(P)为例分析施主杂质及其作用。当硅中掺入ⅤA 族元素磷时，一个磷原子占据一个硅原子位置；磷原子外层有 5 个价电子，其中 4 个价电子与周围 4 个硅原子形成共价键结合，剩余 1 个价电子没有成键。剩余的这个电子仅被磷原子微弱地束缚着，只需要很小的能量激发就能够挣脱束缚进入导带，成为自由运动的导电电子；与此同时磷原子失去一个电子而成为正电中心(P^+)。电子脱离杂质原子束缚成为导电电子的过程称为杂质电离，杂质电离过程所需要的能量称为杂质电离能。因此，ⅤA 族杂质原子替代硅原子后，能够释放电子而产生导电电子，并形成正电中心，通常将这种杂质称为施主杂质。

施主杂质原子在禁带中引入的能量位置称为施主能级 E_D，施主能级往往靠近导带底，杂质电离能 $\Delta E_D = E_c - E_D$；ⅤA 族杂质元素 P、As、Sb 等的电离能很低，在硅中为 0.04～0.05 eV，在锗中约为 0.01 eV，比硅和锗的禁带宽度都小得多。掺有施主杂质的半导体主要依靠施主提供的电子导电，这种杂质半导体称为施主半导体或者 n 型半导体(图 2-21)。

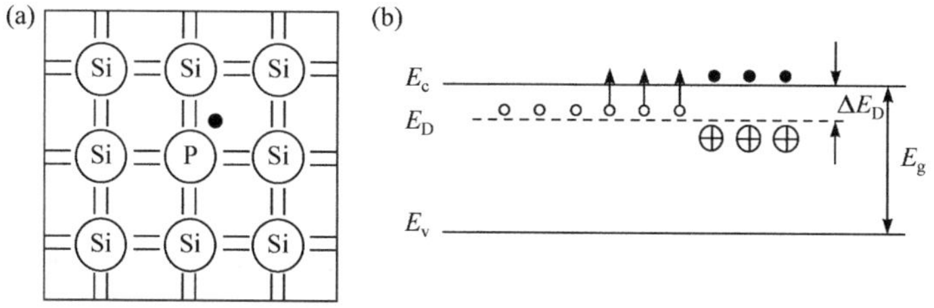

图 2-21　(a) 硅中的施主杂质和(b) 施主电离示意图

以硅中掺入硼(B)为例分析受主杂质及其作用。当硅中掺入ⅢA 族元素硼时，一个硼原子占据一个硅原子位置；硼原子外层有 3 个价电子，当它与周围硅原子形成共价键时还缺少 1 个电子，于是在硅晶体中产生一个空穴，硼原子对这个空穴的束缚也是很弱的，只需要很小的能量就可以使空穴挣脱束缚进入价带，成为自由运动的导电空穴；与此同时硼原子接受一个电子而成为负电中心(B^-)。因此，ⅢA 族杂质原子替代硅原子后，能够接受电子而产生导电空穴，并形成负电中心，通常把这种杂质称为受主杂质。与施主情况相似，受主杂质原子在禁带中引入的能量位置称为受主能级 E_A，受主能级往往靠近价带顶，杂质电离能 $\Delta E_A = E_A - E_v$；ⅢA 族杂质元素 B、Al、Ga 等电离能也很低，在硅中为 0.045～0.065 eV，在锗中约为 0.01 eV。掺有受主杂质的半导体主要依靠受主提供的空穴导电，这种杂质半导体称为受主半导体或者 p 型半导体(图 2-22)。

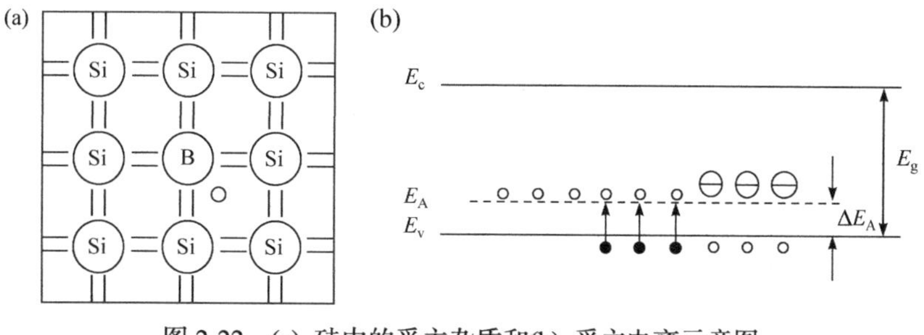

图 2-22　(a) 硅中的受主杂质和(b) 受主电离示意图

浅能级杂质的电离能很低，电子或空穴受到的正电中心或负电中心的束缚很微弱，可以利用类氢模型估算杂质电离的能量。已知氢原子基态电子的电离能 E_0 为

$$E_0 = \frac{m_0 q^4}{8\varepsilon_0^2 h^2} = 13.6\ \text{eV} \tag{2-48}$$

式中，m_0 为电子惯性质量；q 为电子电荷；ε_0 为真空介电常数；h 为普朗克常量。考虑到杂质原子的过剩电子是由杂质原子核的正电荷控制的，那么计算杂质电子的能量与计算氢

原子中电子能量的差别体现在两点：①自由空间的介电常数换成材料的介电常数 $\varepsilon = \varepsilon_0 \varepsilon_r$，则电子受正电中心的引力将减弱至 $\frac{1}{\varepsilon_r}$；②半导体中的电子不是在自由空间运动，而是在晶格周期性势场中运动，因此自由电子的惯性质量需要用导带底部电子的有效质量 m_n^* 代替。因此，施主杂质和受主杂质的电离能可表示为

$$\Delta E_D = \frac{m_n^*}{m_0} \frac{E_0}{\varepsilon_r^2} \tag{2-49}$$

$$\Delta E_A = \frac{m_p^*}{m_0} \frac{E_0}{\varepsilon_r^2} \tag{2-50}$$

式中，ΔE_D 和 ΔE_A 分别为施主电离能和受主电离能；m_n^* 和 m_p^* 分别为电子和空穴的有效质量；ε_r 为半导体的相对介电常数，$\varepsilon_r(\text{Si}) = 12$，$\varepsilon_r(\text{Ge}) = 16$。由公式计算出的施主电离能和受主电离能往往都很小，与实验测得的结果是一致的。因为计算中没有反映杂质原子的影响，所以类氢模型只是实际情况的一种近似。

假如在半导体中同时存在施主和受主杂质，则施主和受主杂质将产生相互抵消，而使载流子浓度降低的作用，称为杂质的补偿作用。在杂质全部电离的条件下，若施主杂质浓度 N_D 高于受主杂质浓度 N_A，则补偿后的半导体为 n 型半导体，$N_D - N_A$ 为有效施主浓度；反之为 p 型半导体，$N_A - N_D$ 为有效受主浓度(图 2-23)。利用杂质补偿作用可根据需要用扩散或者离子注入方式改变半导体中某一区域的导电类型，以制成各种器件。当出现 $N_D \approx N_A$ 现象时，此时虽然杂质很多，但不能向导带和价带提供电子和空穴，这种现象称为杂质的高度补偿。这种材料往往被误认为是高纯半导体，实际上含杂质很多，性能很差，不能用于制造半导体器件。

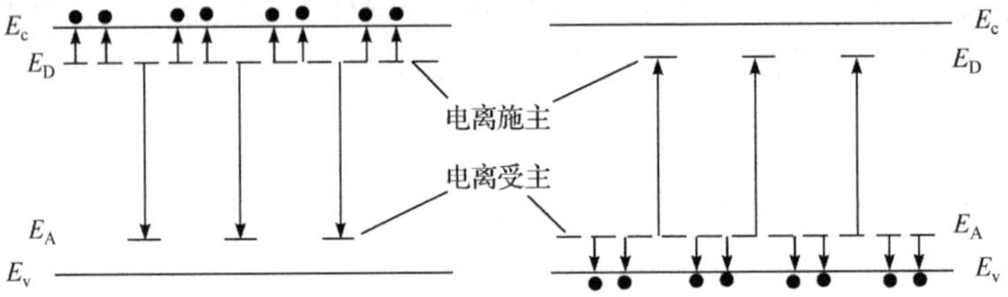

图 2-23　杂质的补偿作用

3) 深能级杂质

对于非ⅢA 族和ⅤA 族杂质，在硅、锗的禁带中产生的施主能级往往距离导带底较远，产生的受主能级距离价带顶也较远，这种能级称为深能级，对应的杂质称为深能级杂质。深能级杂质一般情况下含量较少，而且能级较深，它们对半导体中的载流子浓度和导电类型的影响没有浅能级杂质显著，但是对载流子的复合作用效果明显，故这些杂质又称复合中心。金在硅中易形成深能级 E_D、E_{A1}、E_{A2}、E_{A3}(图 2-24)，是一种典型的复合中心，在制造高速开关器件时，掺金工艺已成为缩短载流子寿命的有效手段而被广泛应用。

2. 缺陷

1) 点缺陷

缺陷对半导体材料和器件的性能会产生严重影响。半导体材料中缺陷的形式多样。一

图 2-24　金在锗中的深能级

般来讲，半导体缺陷从空间尺度上可分为：①空位、间隙原子、反位原子等点缺陷；②位错等线缺陷；③晶界、堆垛层错等面缺陷；④孔洞、夹杂、沉淀等体缺陷；⑤在选择性化学腐蚀后表面出现的以高密度浅坑和小丘为腐蚀特征的微缺陷。工程上将缺陷分为原生缺陷和二次缺陷，前者是晶体生长过程中形成的缺陷，后者是器件加工工程中形成的缺陷。

当元素半导体硅、锗中存在空位时，空位最邻近四个原子形成不饱和共价键，这些键倾向于接受电子，因此空位表现出受主作用；而当存在间隙原子时，则每个间隙原子有四个未形成共价键的电子可以失去，往往表现出施主作用。

在化合物半导体中空位或间隙原子等缺陷起施主还是受主作用的情况变得复杂。在Ⅲ～ⅤA族化合物中，除了因热振动形成空位和间隙原子外，成分偏离正常化学计量比，也会形成点缺陷。例如，在砷化镓中，热振动可以使镓原子离开晶格点形成镓空位和镓间隙原子；也可以使砷原子离开晶格点形成砷空位和砷间隙原子；另外砷化镓中镓偏多或砷偏多，会形成砷空位或镓空位(图 2-25)。这些缺陷是起施主还是受主作用，目前仍无定论，需由实验决定。实验测得砷空位产生的受主能级为 $E_v + 0.12\,\mathrm{eV}$，镓空位的两个受主能级为 $E_v + 0.01\,\mathrm{eV}$ 及 $E_v + 0.18\,\mathrm{eV}$，所以砷化镓中的砷空位和镓空位均表现为受主作用。在化合物半导体中还存在另一种点缺陷，称为反位原子。例如，在砷化镓中，当砷取代了镓，有多余的价电子释放给导带的趋势，则起施主作用；而当镓取代了砷，则有接受电子的倾向，起受主作用。

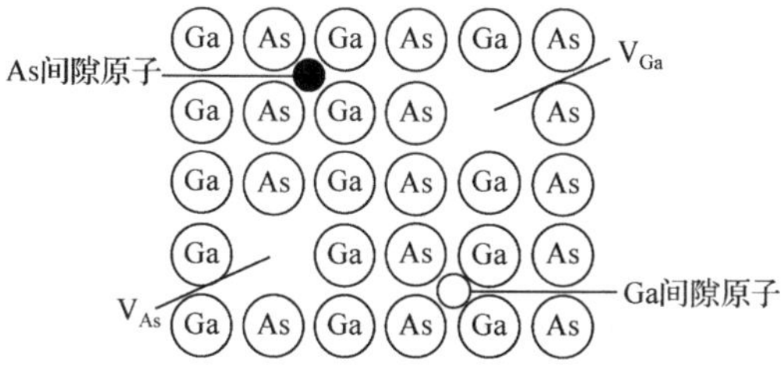

图 2-25　砷化镓中的点缺陷示意图

硫化物、硒化物、碲化物、氧化物等化合物半导体，属于离子晶体，它们在偏离正常的化学计量比时产生点缺陷，因此可以通过调控成分实现不同的导电类型。例如，在硫分压大的气体中处理硫化铅，则可伴随产生铅空位而获得 p 型硫化铅；在铅分压大的气体中处理，则可伴随产生硫空位而获得 n 型硫化铅。对于氧化物，在真空中进行脱氧处理可产生氧空位而获得 n 型材料。

2) 位错

硅、锗晶体中的位错情况很复杂，其中最简单的位错实例如图 2-26 所示。图 2-26(a)是一个棱位错，位错线在(111)面内的[101]方向，滑移[110]方向，位错线和滑移方向之间的夹角是 60°。在位错所在处，原子 E 只与周围三个原子形成共价键，还有一个不成对的电子形成不饱和的共价键，此时原子 E 为中性[图 2-26(c)]。当这个不饱和键捕获一个电子后，原子 E 成为负电中心，起受主作用[图 2-26(d)]，那么整个位错相当于一串受主；当原子 E 失去不成对的价电子后成为正电中心，则起施主作用[图 2-26(e)]，此时位错相当于一串施主。实验证明，锗中位错具有受主及施主作用。

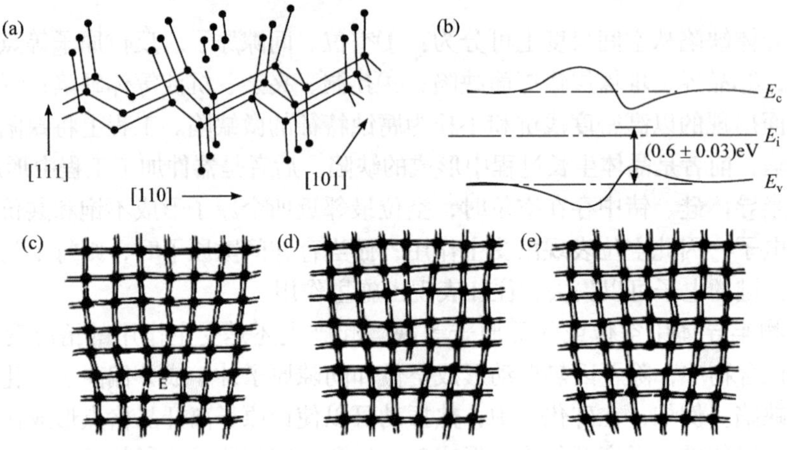

图 2-26 金刚石结构中的位错

(a) 60°棱位错；(b) 棱位错能级及能带图；(c) 中性情况；(d) 受主情况；(e) 施主情况

在棱位错周围，晶格发生畸变。理论指出，有体积形变时导带底和价带顶发生改变，在晶格伸张区禁带宽度减小，在压缩区禁带宽度变大。根据实验测得硅中位错引入的能级为 $E_v + (0.06 \pm 0.03)\text{eV}$，锗中位错引入的能级为 $E_c - (0.2\sim0.35)\text{eV}$。当位错密度较高时，它和杂质间的补偿作用能使含有浅施主杂质的 n 型半导体的载流子浓度降低，而对 p 型却没有这种影响。

2.3.3 半导体中的载流子浓度

1. 状态密度

在半导体的导带和价带中有很多能级存在。相邻能级间隔很小，约为 10^{-22} eV 数量级，可以近似认为能级是连续的。将能带分为能量很小的间隔来看，假定在能带中 $E\sim(E+\mathrm{d}E)$ 无限小的能量间隔内有 dZ 个量子态，则状态密度 $g(E)$ 为

$$g(E)=\frac{\mathrm{d}Z}{\mathrm{d}E} \tag{2-51}$$

也就是说，状态密度 $g(E)$ 就是能带中能量 E 附近每单位能量间隔内的量子态数。

导带底附近单位能量间隔内的量子态数，即导带底附近状态密度 $g_c(E)$ 为

$$g_c(E)=\frac{\mathrm{d}Z}{\mathrm{d}E}=\frac{V}{2\pi^2}\frac{(2m_n^*)^{3/2}}{\hbar^3}[E(\boldsymbol{k})-E_c]^{1/2} \tag{2-52}$$

式中，m_n^*为导带底电子的有效质量；E_c为导带底能量；V为晶体的体积；$E(\boldsymbol{k})$为电子的能量。可见，导带底附近单位能量间隔内的量子态数目，随着电子能量增加按抛物线关系增大。价带顶附近单位能量间隔内的量子态数，即价带顶附近状态密度$g_v(E)$为

$$g_v(E)=\frac{dZ}{dE}=\frac{V}{2\pi^2}\frac{(2m_p^*)^{3/2}}{\hbar^3}[E_v-E(\boldsymbol{k})]^{1/2} \tag{2-53}$$

式中，m_p^*为价带顶空穴的有效质量；E_v为价带顶能量。图 2-27 给出了导带底附近电子和价带顶附近空穴的状态密度与能量的关系曲线。

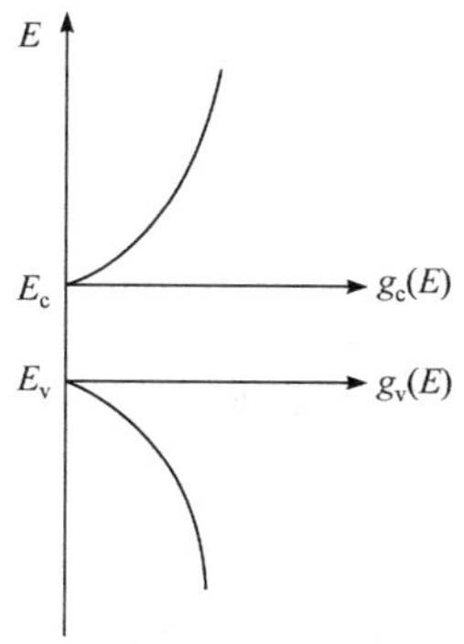

图 2-27 状态密度与能量的关系曲线

2. 费米分布和玻尔兹曼分布

1) 费米(Fermi)分布

在热平衡状态下，根据量子统计理论，服从泡利(Pauli)不相容原理的电子遵循费米分布。能量为E的一个量子态被一个电子占据的概率$f(E)$为

$$f(E)=\frac{1}{1+\exp\left(\frac{E-E_F}{k_0T}\right)} \tag{2-54}$$

式中，$f(E)$为电子的费米分布函数，它是描写热平衡状态下，电子在允许的量子态上如何分布的统计分布函数；k_0为玻尔兹曼常量；T为热力学温度；E_F为费米能级，它和温度、半导体材料的导电类型、杂质含量以及能量零点的选取有关。只要确定了E_F的数值，在一定温度下，电子在各量子态上的统计分布就可以完全确定。

当温度$T=0$时，若$E<E_F$，则$f(E)=1$；若$E>E_F$，则$f(E)=0$。当温度$T>0$时，若$E<E_F$，则$f(E)>1/2$；若$E=E_F$，则$f(E)=1/2$；若$E>E_F$，则$f(E)<1/2$。一般认为，在温度不是很高时，能量大于费米能级的量子态基本上没有被电子占据，而能量小于费米能级的量子态基本上被电子占据，电子占据费米能级的概率在各种温度下总是 1/2，所以费米能级的位置比较直观地标志了电子占据量子态的情况，通常认为费米能级标志了电子填充能级的水平，费米能级位置较高，说明有较多的能量较高的量子态上有电子。

$f(E)$表示能量为E的量子态被电子占据的概率，因而$1-f(E)$就是能量为E的量子态不被电子占据的概率，也就是量子态被空穴占据的概率，则

$$1-f(E)=\frac{1}{1+\exp\left(\frac{E_F-E}{k_0T}\right)} \tag{2-55}$$

式中，$1-f(E)$即为空穴的费米分布函数。

2) 玻尔兹曼分布

当$E-E_F\gg k_0T$时，式(2-55)可以转化为

$$f_B(E)=\exp\left(-\frac{E-E_F}{k_0T}\right)=A\exp\left(-\frac{E}{k_0T}\right) \tag{2-56}$$

式中，$f_B(E)$为电子的玻尔兹曼分布函数。上式表明，在一定温度下，电子占据能量为E的量子态的概率由指数因子$\exp\left(-\frac{E}{k_0T}\right)$决定。当$E$增大时，$f_B(E)$减小，导带中的绝大多数电子分布在导带底附近。在室温下，$k_0T=0.026\ \text{eV}$，$E-E_F \gg k_0T$时，费米分布函数近似可用玻尔兹曼分布函数替代，即量子态被电子占据的概率很小时，泡利不相容原理已失去作用，两种统计分布结果一样。

当$E_F-E \gg k_0T$时，式(2-55)可以转化为

$$1-f_B(E)=B\exp\left(\frac{E}{k_0T}\right) \tag{2-57}$$

式中，$1-f_B(E)$即为空穴的玻尔兹曼分布函数。它表明当E远低于E_F时，空穴占据能量为E的量子态的概率很小，即这些量子态几乎都被电子占据。

在半导体中，通常费米能级E_F位于禁带内，而且与导带底或价带顶的距离远大于k_0T，所以对于导带中的所有量子态，被电子占据的概率一般都满足$f(E) \ll 1$，故半导体导带中的电子分布可以用电子的玻尔兹曼分布函数描述，随着能量E的增大，$f(E)$迅速减小，所以导带中绝大多数电子分布在导带底附近。同理，对于半导体价带中的所有量子态，被空穴占据的概率一般都满足$1-f(E) \ll 1$，故价带中的空穴分布服从空穴的玻尔兹曼分布函数，随着能量E的增大，$1-f(E)$迅速增大，所以价带中绝大多数空穴分布在价带顶附近。通常把服从玻尔兹曼分布的电子系统称为非简并系统，而服从费米分布的电子系统称为简并系统。

3. 电子浓度和空穴浓度

能带中的能级是连续分布的。将导带分为无限多且无限小的能量间隔，则在能量$E \sim E(\boldsymbol{k})$有$dZ=g_c(E)dE$个量子态，而电子占据能量为E的量子态的概率是$f(E)$，则在$E \sim E(\boldsymbol{k})$间有$f(E)g_c(E)dE$个被电子占据的量子态；因为每个被占据的量子态上有一个电子，所以在$E \sim E(\boldsymbol{k})$有$f(E)g_c(E)dE$个电子。然后把所有能量区间中的电子数相加，实际上是从导带底到导带顶对$f(E)g_c(E)dE$进行积分，就得到了能带中的电子总数，再除以半导体体积，就得到了导带中的电子浓度。图 2-28 给出了能带、函数$f(E)$、$1-f(E)$、$g_c(E)$、$g_v(E)$、$f(E)g_c(E)$和$[1-f(E)]g_v(E)$等曲线。

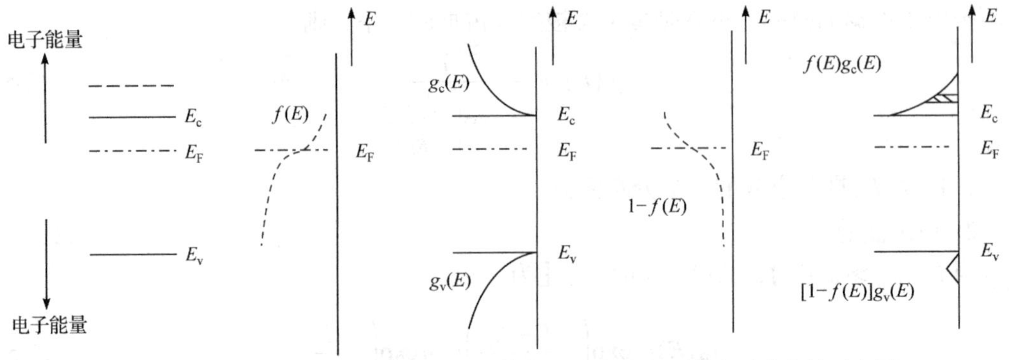

图 2-28 热平衡时半导体中能带、状态密度、费米分布、载流子浓度的示意图

在非简并情况下，热平衡半导体导带中电子浓度 n_0 为

$$n_0 = \frac{N}{V} = \frac{\int_{E_c}^{E_c'} f(E) g_c(E) \mathrm{d}E}{V} \tag{2-58}$$

式中，N 为电子数量；E_c 和 E_c' 分别为导带底和导带顶能量；V 为半导体体积。代入 $f(E)$ 和 $g_c(E)$，则热平衡状态下非简并半导体中的导带电子浓度 n_0 为

$$n_0 = \int_{E_c}^{E_c'} \frac{1}{2\pi^2} \frac{\left(2m_n^*\right)^{3/2}}{\hbar^3} \exp\left(-\frac{E-E_F}{k_0 T}\right)\left(E-E_c\right)^{1/2} \mathrm{d}E \tag{2-59}$$

经积分变换得

$$n_0 = 2\left(\frac{m_n^* k_0 T}{2\pi\hbar^2}\right)^{3/2} \exp\left(-\frac{E_c - E_F}{k_0 T}\right) \tag{2-60}$$

令

$$N_c = 2\left(\frac{m_n^* k_0 T}{2\pi\hbar^2}\right)^{3/2} \tag{2-61}$$

则得到

$$n_0 = N_c \exp\left(-\frac{E_c - E_F}{k_0 T}\right) \tag{2-62}$$

式中，N_c 为导带的有效状态密度。显然，$N_c \propto T^{3/2}$，是温度的函数；而

$$f(E_c) = \exp\left(-\frac{E_c - E_F}{k_0 T}\right) \tag{2-63}$$

是电子占据能量 E_c 的量子态概率，因此式(2-64)可以理解为导带中所有量子态都集中在导带底 E_c，而它的状态密度为 N_c，则导带中的电子浓度是 N_c 中有电子占据的量子态数。

同理，热平衡状态下，非简并半导体的价带中空穴浓度 p_0 为

$$p_0 = \frac{P}{V} = \frac{\int_{E_v'}^{E_v} [1 - f(E)] g_v(E) \mathrm{d}E}{V} \tag{2-64}$$

式中，P 为空穴数量；E_v 和 E_v' 分别为价带顶和价带底能量；V 为半导体体积。代入 $f(E)$ 和 $g_v(E)$，则

$$p_0 = \int_{E_v'}^{E_v} \frac{1}{2\pi^2} \frac{\left(2m_p^*\right)^{3/2}}{\hbar^3} \exp\left(\frac{E-E_F}{k_0 T}\right)\left(E_v - E\right)^{1/2} \mathrm{d}E \tag{2-65}$$

经积分变换得

$$p_0 = 2\left(\frac{m_p^* k_0 T}{2\pi\hbar^2}\right)^{3/2} \exp\left(-\frac{E_F - E_v}{k_0 T}\right) \tag{2-66}$$

令

$$N_v = 2\left(\frac{m_p^* k_0 T}{2\pi\hbar^2}\right)^{3/2} \tag{2-67}$$

则得到

$$p_0 = N_v \exp\left(-\frac{E_F - E_v}{k_0 T}\right) \tag{2-68}$$

式中，N_v 为价带的有效状态密度。显然，$N_v \propto T^{3/2}$，是温度的函数；而

$$f(E_v) = \exp\left(-\frac{E_v - E_F}{k_0 T}\right) \tag{2-69}$$

是空穴占据能量 E_v 的量子态概率，因此式(2-68)可以理解为价带中所有量子态都集中在导带底 E_v，而它的状态密度为 N_v，则价带中的空穴浓度是 N_v 中有空穴占据的量子态数。

从式(2-62)及式(2-68)看到，导带中电子浓度 n_0 和价带中空穴浓度 p_0 随着温度 T 和费米能级 E_F 的变化而变化。其中温度的影响，一方面来源于 N_c 及 N_v；另一方面，也是更主要的是由于玻尔兹曼分布函数中的指数随温度迅速变化。另外，费米能级也与温度及半导体中所含杂质情况密切相关。因此，在一定温度下，由于半导体中所含杂质的类型和数量的不同，电子浓度及空穴浓度也将随之而变化。当温度一定时，给定半导体材料的有效状态密度 N_c 和 N_v 为常数，表 2-8 给出了三种常见半导体在 300 K 时的有效状态密度和有效质量。

表 2-8　常见半导体 300 K 下的有效状态密度和有效质量

半导体	N_c/cm^{-3}	N_v/cm^{-3}	m_n^*/m_0	m_p^*/m_0
Si	2.800×10^{19}	1.040×10^{19}	1.080	0.560
Ge	1.040×10^{19}	6.000×10^{18}	0.550	0.370
GaAs	4.700×10^{17}	7.000×10^{18}	0.067	0.480

将式(2-62)和式(2-68)相乘，得到热平衡载流子的浓度积 $n_0 p_0$ 为

$$n_0 p_0 = N_c N_v \mathrm{e}^{-\frac{E_c - E_F}{k_0 T}} \mathrm{e}^{-\frac{E_F - E_v}{k_0 T}} = N_c N_v \mathrm{e}^{-\frac{E_g}{k_0 T}} \tag{2-70}$$

式中，E_g 为禁带宽度。可见，热平衡时，电子和空穴的浓度积 $n_0 p_0$ 与费米能级无关。对于一定的半导体材料，浓度积 $n_0 p_0$ 只取决于温度 T，与所含杂质无关。而在一定温度下，对于不同的半导体材料，因禁带宽度 E_g 不同，浓度积 $n_0 p_0$ 也将不同。这个关系式不论是本征半导体还是杂质半导体，只要是热平衡状态下的非简并半导体都普遍适用。

式(2-70)还说明，对于一定的半导体材料，在一定的温度下，浓度积 $n_0 p_0$ 是一定的。换言之当半导体处于热平衡状态时，载流子浓度的乘积保持恒定，如果电子浓度增大，空穴浓度就要减小；反之亦然。式(2-62)和式(2-68)是热平衡载流子浓度的普遍表示式。只要确定了费米能级 E_F，在一定温度 T 时，半导体导带中电子浓度、价带中空穴浓度就可以确定下来。

4. 本征半导体的载流子浓度

理想情况下，本征半导体是不含杂质和缺陷的。图 2-29 为硅本征半导体的共价键结构和能带示意图。在热力学温度为 0 K 时，价带中的全部量子态都被电子占据，导带中的量子态为空。当半导体的温度 $T>0$ K 时，电子从价带激发到导带，同时价带中产生了空穴，这就是本征激发。在本征激发过程中，导带电子和价带空穴是成对出现的，其数量是相等的。其能带和载流子浓度如图 2-30 所示。由于电子和空穴成对产生，导带中的电子浓度 n_0 等于价带中的空穴浓度 p_0，即

$$n_0 = p_0 = n_{\mathrm{i}} \tag{2-71}$$

式(2-71)是本征激发情况下的电中性条件。将式(2-62)和式(2-68)代入式(2-71)，即可求得本征半导体的费米能级 E_{i} 为

$$E_{\mathrm{i}} = E_{\mathrm{F}} = \frac{E_{\mathrm{c}} + E_{\mathrm{v}}}{2} + \frac{k_0 T}{2}\ln\frac{N_{\mathrm{v}}}{N_{\mathrm{c}}} \tag{2-72}$$

将 N_{c} 及 N_{v} 代入，可得

$$E_{\mathrm{i}} = E_{\mathrm{F}} = \frac{E_{\mathrm{c}} + E_{\mathrm{v}}}{2} + \frac{3}{4}k_0 T\ln\frac{m_{\mathrm{p}}^*}{m_{\mathrm{n}}^*} \tag{2-73}$$

可见，室温下，硅、锗、砷化镓本征半导体的费米能级基本上在禁带中线处。

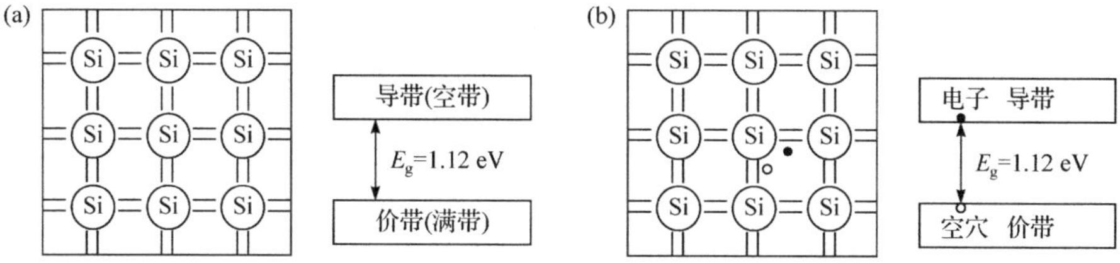

图 2-29　硅本征半导体的共价键结构和能带示意图

(a) $T=0$ K；(b) $T>0$ K

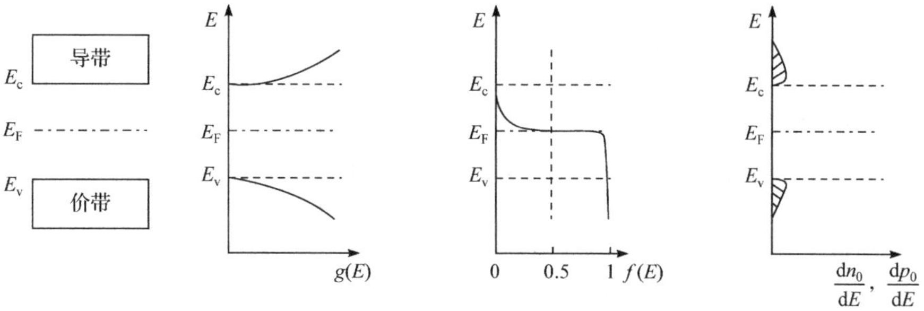

图 2-30　本征半导体的能带和载流子浓度示意图

将式(2-62)和式(2-68)代入式(2-71)，即可求得本征载流子浓度 n_{i} 为

$$n_{\mathrm{i}}^2 = n_0 p_0 = N_{\mathrm{c}} N_{\mathrm{v}} \exp\left(-\frac{E_{\mathrm{g}}}{k_0 T}\right) \tag{2-74}$$

即

$$n_i = (N_c N_v)^{1/2} \exp\left(-\frac{E_g}{2k_0 T}\right) \tag{2-75}$$

可见，本征半导体的载流子浓度与温度和禁带宽度有关。表 2-9 给出了室温下硅、锗、砷化镓的本征载流子浓度。实际上，半导体中总是含有一定量的杂质和缺陷。在一定温度下，要使载流子主要来源于本征激发，就必须要求半导体中杂质含量不能超过一定限度。例如，室温下，锗的本征载流子浓度为$2.30\times10^{13}\ \text{cm}^{-3}$，而锗的原子密度是$4.50\times10^{22}\ \text{cm}^{-3}$，因此要求杂质纯度应该低于$10^{-9}$；硅在室温下为本征情况的话，则要求杂质纯度应低于$10^{-12}$；砷化镓在室温下要达到$10^{-15}$以上的纯度才可能是本征情况，这样高的纯度，目前都难以达到。

表 2-9 室温下硅、锗、砷化镓的本征载流子浓度

半导体	E_g/eV	n_i/cm^{-3} (计算值)	n_i/cm^{-3} (测量值)
Ge	0.670	1.070×10^{13}	2.330×10^{13}
Si	1.120	7.800×10^{9}	1.020×10^{10}
GaAs	1.423	2.300×10^{6}	1.100×10^{7}

随着温度升高，本征载流子浓度迅速增加，与温度呈指数关系。图 2-31 给出了硅、锗、砷化镓的本征载流子浓度 n_i 和温度(1/T)的关系。在室温附近，纯硅的温度每升高 8 K 左右，本征载流子浓度就增加约一倍；而纯锗的温度每升高 12 K 左右，本征载流子浓度就增加约一倍。当温度足够高时，本征激发占主要地位，器件将不能正常工作。因此，每一种半导体材料制成的器件都有一定的极限工作温度，超过这一温度后器件就会失效。由于本征载流子浓度随温度迅速变化，用本征半导体制作的器件性能不稳定且不可控，所以制作半导体器件采用的是杂质半导体。

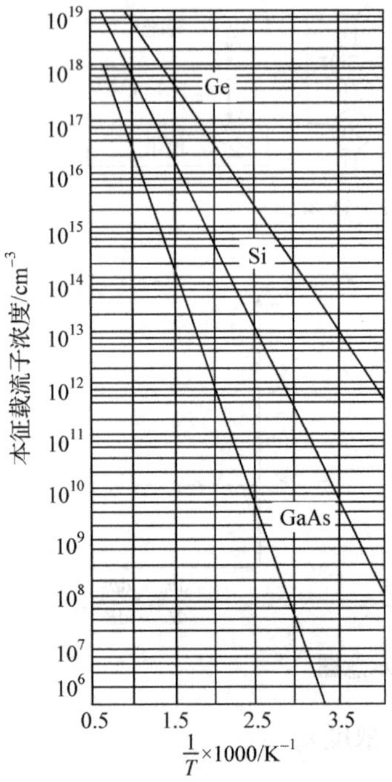

图 2-31 硅、锗、砷化镓的本征载流子浓度与温度的关系

5. 杂质半导体的载流子浓度

1) 杂质能级上的电子和空穴

实际半导体材料中会人为引入一定量的杂质，实现载流子数量的可控。当杂质只是部分电离，一些杂质能级上就会有电子占据。杂质能级与能带中的能级是有区别的，能带中的能级可以容纳自旋方向相反的两个电子，而杂质能级只有如下两种情况的一种：①被一个有任一自旋方向的电子占据；②无电子占据。由于施主能级不允许同时被自旋方向相反的两个电子占据，所以不能用式(2-56)表示电子占据施主能级的概率。理论证明电子占据施主能级的概率 $f_D(E)$ 为

$$f_{\mathrm{D}}(E)=\frac{1}{1+\dfrac{1}{g_{\mathrm{D}}}\exp\left(\dfrac{E_{\mathrm{D}}-E_{\mathrm{F}}}{k_0T}\right)} \tag{2-76}$$

空穴占据受主能级的概率 $f_{\mathrm{A}}(E)$ 为

$$f_{\mathrm{A}}(E)=\frac{1}{1+\dfrac{1}{g_{\mathrm{A}}}\exp\left(\dfrac{E_{\mathrm{F}}-E_{\mathrm{A}}}{k_0T}\right)} \tag{2-77}$$

式中，g_{D} 为施主能级的基态简并度；g_{A} 为受主能级的基态简并度，通常称为简并因子，对于硅、锗、砷化镓等材料，$g_{\mathrm{D}}=2$，$g_{\mathrm{A}}=4$；E_{D} 和 E_{A} 分别为施主能级和受主能级。

(1) 电离施主浓度。

设单位体积中有 N_{D} 个施主杂质原子，未电离的施主杂质原子有 n_{D} 个，则已电离的杂质原子有 $n_{\mathrm{D}}^{+}=N_{\mathrm{D}}-n_{\mathrm{D}}$ 个。施主能级上的电子浓度(即没有电离的施主浓度) n_{D} 为

$$n_{\mathrm{D}}=N_{\mathrm{D}}f_{\mathrm{D}}(E)=\frac{N_{\mathrm{D}}}{1+\dfrac{1}{g_{\mathrm{D}}}\exp\left(\dfrac{E_{\mathrm{D}}-E_{\mathrm{F}}}{k_0T}\right)} \tag{2-78}$$

则电离的施主浓度 n_{D}^{+} 为

$$n_{\mathrm{D}}^{+}=N_{\mathrm{D}}[1-f_{\mathrm{D}}(E)]=\frac{N_{\mathrm{D}}}{1+g_{\mathrm{D}}\exp\left(-\dfrac{E_{\mathrm{D}}-E_{\mathrm{F}}}{k_0T}\right)} \tag{2-79}$$

(2) 电离受主浓度。

设单位体积中有 N_{A} 个施主杂质原子，则受主能级上的空穴浓度(即没有电离的受主浓度) p_{A} 为

$$p_{\mathrm{A}}=N_{\mathrm{A}}f_{\mathrm{A}}(E)=\frac{N_{\mathrm{A}}}{1+\dfrac{1}{g_{\mathrm{A}}}\exp\left(\dfrac{E_{\mathrm{F}}-E_{\mathrm{A}}}{k_0T}\right)} \tag{2-80}$$

则电离的受主浓度 p_{A}^{-} 为

$$p_{\mathrm{A}}^{-}=N_{\mathrm{A}}[1-f_{\mathrm{A}}(E)]=\frac{N_{\mathrm{A}}}{1+g_{\mathrm{A}}\exp\left(-\dfrac{E_{\mathrm{F}}-E_{\mathrm{A}}}{k_0T}\right)} \tag{2-81}$$

2) n 型半导体的载流子浓度

假定杂质半导体中同时含有施主杂质和受主杂质，半导体为电中性，净电荷浓度必然是 0，即施主原子提供一个电子到导带，并留下一个正电荷，受主原子接受从价带来的一个电子，同时在价带留下一个正电荷，因此电中性条件为

$$n_0+p_{\mathrm{A}}^{-}=p_0+n_{\mathrm{D}}^{+} \tag{2-82}$$

式中，n_0 和 p_0 分别为导带电子浓度和价带空穴浓度；n_{D}^{+} 和 p_{A}^{-} 分别为电离施主和电离受

主浓度。

下面以只含一种施主杂质的 n 型 Si 半导体为例，计算它的费米能级和热平衡载流子浓度。图 2-32 为 n 型半导体的能带和载流子浓度示意图。

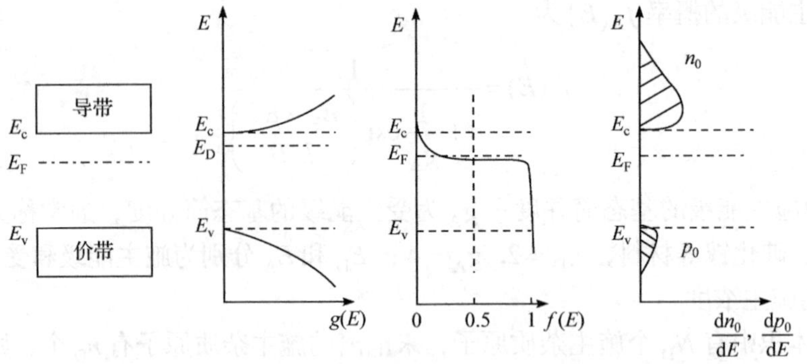

图 2-32　n 型半导体的能带和载流子浓度示意图

首先，对于只含一种施主杂质的 n 型半导体，其电中性条件为

$$n_0 = p_0 + n_D^+ \tag{2-83}$$

将相应表达式代入(取 $g_D = 2$)，可得

$$N_c \exp\left(-\frac{E_c - E_F}{k_0 T}\right) = N_v \exp\left(-\frac{E_F - E_v}{k_0 T}\right) + \frac{N_D}{1 + 2\exp\left(-\frac{E_D - E_F}{k_0 T}\right)} \tag{2-84}$$

式中，除 E_F 之外，其他各量均已知，故原则上可以计算出一定温度下的费米能级。但是要求出一般解析式还是很困难的。通常分别按照不同温度范围进行简化分析，包括低温弱电离区、中间电离区、强电离区、过渡区和高温本征激发区。

(1) 低温弱电离区。

当温度很低时，大部分施主杂质能级仍被电子占据，只有少量施主杂质发生电离，这种情况称为弱电离。此时，从价带依靠本征激发跃迁到导带中的电子数更少，可以忽略不计，即 $p_0 = 0$。因此，电中性条件为

$$n_0 = n_D^+ \tag{2-85}$$

代入表达式，即为

$$N_c \exp\left(-\frac{E_c - E_F}{k_0 T}\right) = \frac{N_D}{1 + 2\exp\left(-\frac{E_D - E_F}{k_0 T}\right)} \tag{2-86}$$

因为电离施主 $n_D^+ \ll N_D$，则 $\exp\left(-\frac{E_D - E_F}{k_0 T}\right) \gg 1$，式(2-86)简化为

$$N_c \exp\left(-\frac{E_c - E_F}{k_0 T}\right) = \frac{1}{2} N_D \exp\left(\frac{E_D - E_F}{k_0 T}\right) \tag{2-87}$$

取对数后化简得

$$E_F = \frac{E_c + E_D}{2} + \frac{k_0 T}{2} \ln \frac{N_D}{2N_c} \tag{2-88}$$

式(2-88)就是低温弱电离区费米能级的表达式，E_F 与温度、杂质浓度以及掺入杂质有关。因为 $N_c \propto T^{3/2}$，在低温极限 $T \to 0\,\text{K}$ 时，$\lim\limits_{T \to 0\,\text{K}} (T \ln T) = 0$，所以

$$\lim_{T \to 0\,\text{K}} E_F = \frac{E_c + E_D}{2} \tag{2-89}$$

式(2-89)说明，低温极限 $T \to 0\,\text{K}$ 时，费米能级位于导带底和施主能级间的中线处。

将式(2-88)中费米能级对温度求微商，化简可得

$$\frac{dE_F}{dT} = \frac{k_0}{2}\left[\ln\left(\frac{N_D}{2N_c}\right) - \frac{3}{2}\right] \tag{2-90}$$

图 2-33 表示了 n 型半导体在低温弱电离区时费米能级随温度的变化关系。当 $T \to 0\,\text{K}$ 时，$N_c \to 0$，$dE_F/dT \to \infty$，E_F 快速上升；随着温度升高，N_c 增大，dE_F/dT 不断减小，E_F 上升速度减慢；温度上升使 $N_c = (N_D/2)e^{-3/2} = 0.11N_D$ 时，$dE_F/dT = 0$，E_F 上升达到了极值。显然，杂质含量越高，E_F 达到极值的温度也越高。当温度再上升时，E_F 开始不断地下降。

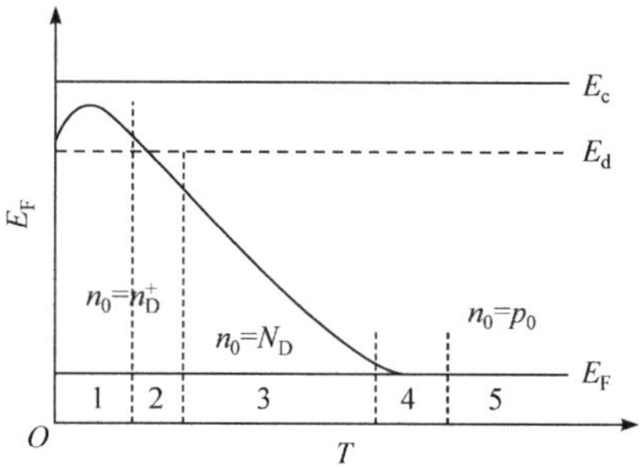

图 2-33　n 型半导体在低温弱电离区时费米能级随温度的变化关系

将式(2-88)代入式(2-62)，得到低温弱电离区的电子浓度为

$$n_0 = \left(\frac{N_c N_D}{2}\right)^{1/2} \exp\left(-\frac{E_c - E_D}{2k_0 T}\right) = \left(\frac{N_c N_D}{2}\right)^{1/2} \exp\left(-\frac{\Delta E_D}{2k_0 T}\right) \tag{2-91}$$

式中，ΔE_D 为施主杂质电离能。可见，$N_c \propto T^{3/2}$，在温度很低时，载流子浓度 $n_0 \propto T^{3/4} \exp\left(-\frac{\Delta E_D}{2k_0 T}\right)$，随着温度升高，载流子浓度指数 n_0 上升。式(2-91)取对数得

$$\ln n_0 = \frac{1}{2} \ln\left(\frac{N_c N_D}{2}\right) - \frac{\Delta E_D}{2k_0 T} \tag{2-92}$$

在 $\ln n_0 \propto 1/T$ 图中，直线斜率为 $-\Delta E_D/(2k_0)$，因此可通过实验测定低温下 n_0 和 T 的关系，确定杂质电离能，从而得到杂质能级的位置。

(2) 中间电离区。

温度继续升高，当 $2N_c > N_D$ 后，式(2-88)中第二项为负值，这时 E_F 下降至 $(E_c + E_D)/2$ 以下；当温度进一步升高到 $E_F = E_D$ 时，$\exp\left(\frac{E_F - E_D}{k_0 T}\right) = 1$，则施主杂质有 1/3 电离。

(3) 强电离区。

当温度升高至大部分杂质都电离时称为强电离。此时 $n_D^+ \approx N_D$，则 $\exp\left(\frac{E_F - E_D}{k_0 T}\right) \ll 1$

或 $E_D - E_F \gg k_0T$。因而费米能级 E_F 位于 E_D 之下。在强电离时，式(2-86)简化为

$$N_c \exp\left(-\frac{E_c - E_F}{k_0T}\right) = N_D \tag{2-93}$$

解得费米能级为

$$E_F = E_c + k_0T \ln\frac{N_D}{N_c} \tag{2-94}$$

可见，此时费米能级 E_F 由温度及施主杂质浓度所决定。一般情况掺杂浓度下 $N_c > N_D$，故式中第二项是负的。在一定温度时，N_D 越大，E_F 越向导带方面靠近；在杂质浓度一定时，T 越高，E_F 越向本征费米能级 E_i 方面靠近，如图 2-34 所示。

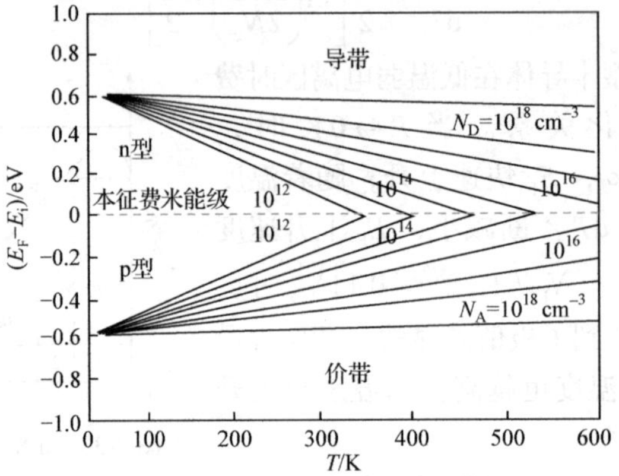

图 2-34　硅的费米能级与温度和杂质浓度的关系

施主杂质全部电离时，电子浓度为

$$n_0 = N_D \tag{2-95}$$

此时，载流子浓度与温度无关。载流子浓度等于杂质浓度的这一温度范围称为饱和区。

室温时杂质全部电离的杂质浓度上限也可以估算出来。以硅为例，当 $E_D - E_F \gg k_0T$ 时，施主能级上的电子浓度，即未电离的施主浓度 n_D 为

$$n_D = \frac{N_D}{1+\frac{1}{2}\exp\left(\frac{E_D - E_F}{k_0T}\right)} \approx 2N_D \exp\left(-\frac{E_D - E_F}{k_0T}\right) \tag{2-96}$$

将费米能级表达式 E_F 代入，可得

$$n_D \approx 2N_D\left(\frac{N_D}{N_c}\right)\exp\left(\frac{\Delta E_D}{k_0T}\right) \tag{2-97}$$

令

$$D_- = \left(\frac{2N_D}{N_c}\right)\exp\left(\frac{\Delta E_D}{k_0T}\right) \tag{2-98}$$

则

$$n_D = D\_N_D \tag{2-99}$$

式中，n_D 为未电离的施主浓度；N_D 为掺入的施主杂质浓度；$D\_$ 为未电离施主占施主杂质的百分比。若施主全部电离的大约标准是 90%的施主杂质电离，那么 $D\_$ 约为 10%。

由式(2-98)可知，$D\_$ 与温度、杂质浓度和杂质电离能都有关系。杂质达到全部电离的温度不仅决定于电离能，而且也和杂质浓度有关。杂质浓度越高，则达到全部电离的温度就越高。通常所说的室温下杂质全部电离，实际上忽略了杂质浓度的限制，当超过某一杂质浓度时，这一规律就不再正确。例如，掺磷的 n 型硅，室温时，$N_c = 2.8\times10^{19}\ \text{cm}^{-3}$，$\Delta E_D = 0.044\ \text{eV}$，$k_0T = 0.026\ \text{eV}$，代入式(2-98)得磷杂质全部电离的浓度上限为

$$N_D = \left(\frac{D\_N_c}{2}\right)\exp\left(-\frac{\Delta E_D}{k_0T}\right) = \left(\frac{0.1\times2.8\times10^{19}}{2}\right)\exp\left(-\frac{0.044}{0.026}\right) = 3\times10^{17}\ \text{cm}^{-3} \tag{2-100}$$

而在室温时，硅的本征载流子浓度为 $n_i = 1.02\times10^{10}\ \text{cm}^{-3}$，杂质浓度比它至少大 1 个数量级时，才能以杂质电离为主。所以对于室温下掺磷的硅，磷浓度为 $10^{11}\sim3\times10^{17}\ \text{cm}^{-3}$，可认为是以杂质电离为主，且处于杂质全部电离的饱和区。

(4) 过渡区。

饱和区和完全本征激发之间的区域称为过渡区。这时导带中的电子一部分来源于全部电离的杂质，另一部分由本征激发提供，价带中产生了一定量的空穴。电中性条件为

$$n_0 = p_0 + N_D \tag{2-101}$$

式中，n_0 为热平衡时导带中电子浓度；p_0 为热平衡时价带中空穴浓度；N_D 为全部电离的施主杂质浓度。

本征激发时，$n_0 = p_0 = n_i$，$E_F = E_i$，因此 n_0、p_0 的表达式(2-62)和式(2-68)可以转换为

$$n_0 = n_i\exp\left(\frac{E_F - E_i}{k_0T}\right) \tag{2-102}$$

$$p_0 = n_i\exp\left(\frac{E_i - E_F}{k_0T}\right) \tag{2-103}$$

将式(2-102)和式(2-103)代入式(2-101)，可得

$$N_D = n_i\left[\exp\left(\frac{E_F - E_i}{k_0T}\right) - \exp\left(\frac{E_i - E_F}{k_0T}\right)\right] = 2n_i\text{sh}\left(\frac{E_F - E_i}{k_0T}\right) \tag{2-104}$$

从而解得

$$E_F = E_i + k_0T\text{arcsh}\left(\frac{N_D}{2n_i}\right) \tag{2-105}$$

由此，可求出过渡区费米能级 E_F 的位置。

过渡区的载流子浓度可联立下列方程式：

$$\begin{cases} n_0 = p_0 + N_D \\ n_0p_0 = n_i^2 \end{cases} \tag{2-106}$$

解得

$$n_0 = \frac{N_D + \left(N_D^2 + 4n_i^2\right)^{1/2}}{2} = \frac{N_D}{2}\left[1 + \left(1 + \frac{4n_i^2}{N_D^2}\right)^{1/2}\right] \tag{2-107}$$

n_0的另一个根无用。由 $p_0 = n_i^2 / n_0$ 解得

$$p_0 = \frac{2n_i^2}{N_D}\left[1 + \left(1 + \frac{4n_i^2}{N_D^2}\right)^{1/2}\right]^{-1} \tag{2-108}$$

式(2-107)和式(2-108)就是过渡区的载流子浓度表达式。

(5) 高温本征激发区。

随着温度持续升高，本征激发产生的本征载流子数远大于杂质电离产生的载流子数，即 $n_0 \gg N_D$，$p_0 \gg N_D$。此时电中性条件为 $n_0 \approx p_0$，情况与未掺杂的本征半导体接近，因此称杂质半导体进入本征激发区。这时，费米能级接近禁带中线，而载流子浓度随温度升高而迅速增加。当然，杂质浓度越高，本征激发起主要作用的温度也越高。例如，当硅中施主浓度 $N_D < 10^{10}\ \text{cm}^{-3}$ 时，在室温下本征激发为主要作用(因室温下硅的本征载流子浓度 $n_i = 1.02\times10^{10}\ \text{cm}^{-3}$)。若 $N_D = 10^{16}\ \text{cm}^{-3}$ 时，则本征激发起主要作用的温度为 800 K 以上。

图 2-35 是 n 型硅的电子浓度与温度的关系曲线。可见，在低温时，电子浓度随温度的升高而增加；温度升到 100 K 时，杂质全部电离，温度高于 500 K 后，本征激发开始起主要作用。所以温度在 100～500 K 保持杂质全部电离状态，此时载流子浓度基本上就是杂质浓度。在实际应用时，对于较宽的带隙，激发电子从价带进入导带需要更高的能量，即本征温度区的起始温度也更高。因为绝大多数固体器件的工作温度上限是本征温度区的起始温度。假使半导体掺杂浓度 $N_D = 10^{15}\ \text{cm}^{-3}$，则本征温度区的起始温度大约是 $n_i = N_D$ 时的温度；从本征载流子浓度与温度的关系图可知，硅器件的极限工作温度约为 520 K；锗的禁带宽度比硅小，锗器件极限工作温度比硅低，约为 370 K，而砷化镓禁带宽度比硅大，极限工作温度高达 720 K 左右。

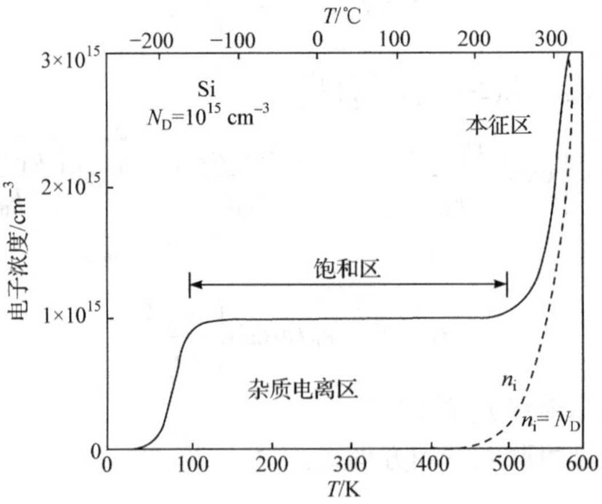

图 2-35 n 型硅的电子浓度与温度的关系曲线

3) p 型半导体的载流子浓度

对于只含有一种受主杂质的 p 型半导体材料，同样进行不同温度区间的费米能级和载流子浓度的分析，可以得到以下一系列公式(取 $g_A = 4$)。

低温弱电离区：

$$E_F = \frac{E_v + E_A}{2} - \frac{k_0 T}{2}\ln\frac{N_A}{4N_v} \tag{2-109}$$

$$p_0 = \left(\frac{N_v N_A}{4}\right)^{1/2}\exp\left(-\frac{\Delta E_A}{2k_0 T}\right) \tag{2-110}$$

强电离区：

$$E_F = E_v - k_0 T\ln\frac{N_A}{N_v} \tag{2-111}$$

$$p_0 = N_A \tag{2-112}$$

$$p_A = D_+ N_A \tag{2-113}$$

$$D_+ = \left(\frac{4N_A}{N_v}\right)\exp\left(\frac{\Delta E_A}{k_0 T}\right) \tag{2-114}$$

过渡区：

$$E_F = E_i - k_0 T \operatorname{arcsh}\left(\frac{N_A}{4n_i}\right) \tag{2-115}$$

$$p_0 = \frac{N_A}{2}\left[1 + \left(1 + \frac{4n_i^2}{N_A^2}\right)^{1/2}\right] \tag{2-116}$$

$$n_0 = \frac{2n_i^2}{N_A}\left[1 + \left(1 + \frac{4n_i^2}{N_A^2}\right)^{1/2}\right]^{-1} \tag{2-117}$$

式中，D_+ 为未电离受主杂质的百分比。图 2-36 为 p 型半导体的能带和载流子浓度示意图。

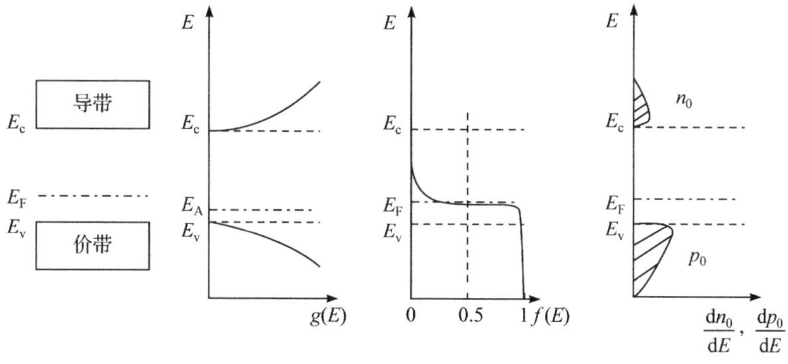

图 2-36　p 型半导体的能带和载流子浓度示意图

6. 简并化条件

对于 n 型半导体，当处于完全电离区时，其费米能级如式(2-94)所示，即

$$E_F = E_c + k_0 T \ln \frac{N_D}{N_c}$$

由于一般情况下，$N_D < N_c$，因而半导体的费米能级 E_F 在导带底 E_c 之下处于禁带中。但是当 $N_D \geqslant N_c$ 时，E_F 将与 E_c 重合或在 E_c 之上，也就是说费米能级进入了导带。当然，在低温弱电离区，费米能级随温度升高而增大至极大值后就不断减小趋近禁带中线，如果这一极大值进入导带，即费米能级进入了导带。对于 p 型半导体，也会出现费米能级低于价带顶处于价带中的类似情况。

根据费米能级的意义可知，若费米能级进入了导带，则说明n型杂质掺杂浓度很高，导带底附近的量子态基本已被电子占据。若费米能级进入了价带，则说明p型杂质掺杂浓度很高，价带顶附近的量子态基本已被空穴占据。因此，当导带中的电子数目很多时，$f(\mathrm{E}) \ll 1$ 的条件则不能成立；当价带中的空穴数目很多时，$\left[1-f(\mathrm{E})\right] \ll 1$ 的条件也不能满足。这时分析导带中的电子及价带中的空穴的统计分布问题，不能再应用玻尔兹曼分布函数，必须用费米分布函数。这种情况称为载流子的简并化。发生载流子简并化的半导体称为简并半导体。

图 2-37 分别显示出由费米分布函数和玻尔兹曼分布函数计算得到的载流子浓度 n_0 与 $(E_F - E_c)/(k_0 T)$ 的关系曲线。由图可见，当费米能级 E_F 接近但未超过导带底 E_c 时，出现简并化效果；在 E_F 比 E_F 低 $2k_0T$ 时，即 $E_F - E_c = 2k_0 T$ 时，n_0 的值已经开始略有差别，所以将 E_F 与 E_c 的相对位置作为区分简并化和非简并化的标准(图 2-38)，即

$$\begin{cases} E_F - E_c > 2k_0 T & \text{非简并} \\ 0 < E_F - E_c \leqslant 2k_0 T & \text{弱简并} \\ E_F - E_c \leqslant 0 & \text{简并} \end{cases}$$

当杂质浓度超过一定数量时，载流子开始简并化的现象称为重掺杂。硅、锗中 N_c 和 N_v 为 $10^{18} \sim 10^{19}\ \mathrm{cm^{-3}}$ 数量级，经计算，硅、锗在室温下发生简并时的施主浓度或受主杂质浓度约在 $10^{18}\ \mathrm{cm^{-3}}$ 以上；砷化镓中 N_c 比 N_v 小得多，所以导带电子比价带空穴更容易发生简并化，p 型砷化镓发生简并时的受主杂质浓度约在 $10^{18}\ \mathrm{cm^{-3}}$ 以上，而 n 型砷化镓施主浓度只有超过 $10^{17}\ \mathrm{cm^{-3}}$ 才开始发生简并。

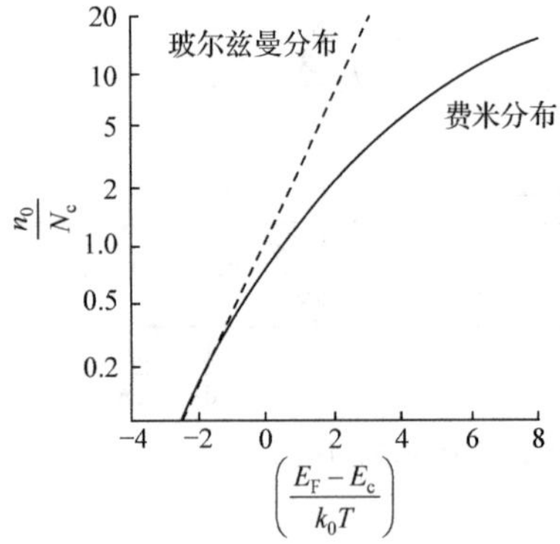

图 2-37 载流子浓度 n_0 与 $(E_F - E_c)/(k_0 T)$ 的关系曲线

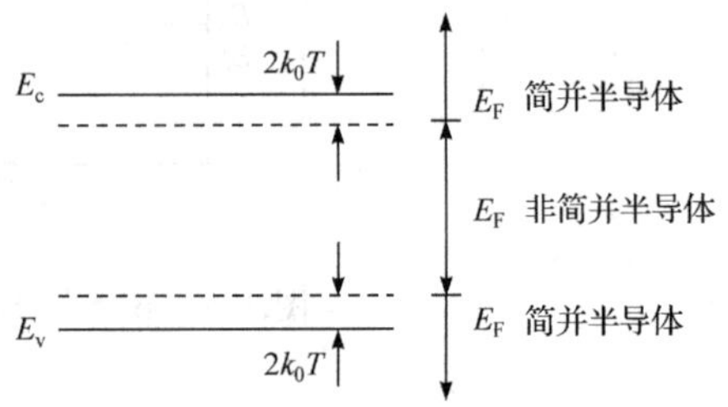

图 2-38 简并半导体与非简并半导体定义

2.3.4 半导体中的载流子输运

1. 漂移速度和迁移率

有外加电压时，半导体材料中的载流子受到电场力作用作定向运动，这种运动称为漂移运动，定向运动的速度称为漂移速度。如以 $\overline{v}_{\mathrm{d}}$ 表示电子的平均漂移速度，则单位时间内流过单位截面积的电荷量，即电流密度为

$$J = nq\overline{v}_{\mathrm{d}} \tag{2-118}$$

当内部电场恒定时，电子具有一个恒定不变的平均漂移速度。电场强度增大时，电流密度也相应增大，平均漂移速度也随着电场强度的增大而增大，反之亦然。因此，在不太强的外电场(电场强度 E)作用下，半导体材料中电子的平均漂移速度与电场强度成正比，即

$$\overline{v}_{\mathrm{d}} = \mu E \tag{2-119}$$

式中，μ 为迁移率，定义为单位场强下的平均漂移速度，一般均取正值，量纲 $\mathrm{cm^2/(V \cdot s)}$。电子带负电，但习惯上迁移率只取正值，即

$$\mu = \left|\frac{\overline{v}_{\mathrm{d}}}{E}\right| \tag{2-120}$$

将式(2-120)代入式(2-118)，得到

$$J = nq\mu E \tag{2-121}$$

再与式(2-2)联立，得到

$$\sigma = nq\mu \tag{2-122}$$

式(2-122)即为电导率与迁移率的关系式。

2. 载流子散射

1) 散射机制

半导体中载流子在电场作用下，运动速度不会持续增加，会遇到各种散射作用，主要散射机制有电离杂质散射和晶格振动散射。

(1) 电离杂质散射。

在半导体中，电离的施主杂质或受主杂质是带电的离子，它们会在杂质周围产生库仑场，对经过的电子或者空穴起吸引或者排斥作用，从而改变载流子原来的运动方向，该物理过程称为电离杂质对载流子的散射。电离杂质散射概率强烈依赖于载流子与电离杂质的带电种类、电离杂质浓度和温度，即

$$P_{\mathrm{i}} \propto N_{\mathrm{i}} \cdot T^{-3/2} \tag{2-123}$$

式中，P_{i} 为载流子电离杂质散射概率；N_{i} 为电离杂质浓度；T 为温度。可见，电离杂质浓度越高，温度越低，电离杂质散射越厉害。因此，电离杂质散射在低温、高杂质浓度条件下比较显著。

(2) 晶格振动散射。

大部分电子器件工作时，半导体的温度一般都处于室温或以上的温度范围，原子一直在平衡位置附近处于振动状态，这时晶格振动对载流子散射起核心作用。电子受晶格散射

需同时满足能量守恒与动量守恒，散射时电子与晶格交换一个声子的声学波散射，声子对应的能量很小，电子散射前后的能量基本不变，这种散射称为弹性散射；对于光学波散射，声子能量很大，散射前后电子能量有较大改变，称为非弹性散射。

在能带具有单一极值的半导体中起主要散射作用的是长波，也就是波长比原子间距大很多倍的格波。在长声学波中，只有纵波在散射中起主要作用。长纵声学波传播时会造成原子分布的疏密变化，产生体积变化，在疏处体积膨胀，而在密处体积压缩(图 2-39)。由半导体的能带特性可知，禁带宽度会随着原子间距发生变化，一般疏处禁带宽度减小，密处禁带宽度增大，因此在长纵声学波传播中的半导体的能带结构呈现如图 2-40 所示的波形起伏状态。禁带宽度的改变反映出导带底和价带顶的升高或降低，从而引起能带极值改变 ΔE_c 和 ΔE_v。电子或空穴在导带或价带输运时，必须经过 ΔE_c 和 ΔE_v 的能量改变，这就如同载流子运动时受到了一个附加势场的作用，破坏原来的周期性势场，电子态从状态 $\boldsymbol{k}$ 散射到新的状态 $\boldsymbol{k}'$。长纵声学波散射概率与温度的关系简化为

$$P_s \propto T^{3/2} \tag{2-124}$$

式中，P_s 为载流子声学波散射概率；T 为温度。可见，温度越高，声学波散射越显著。

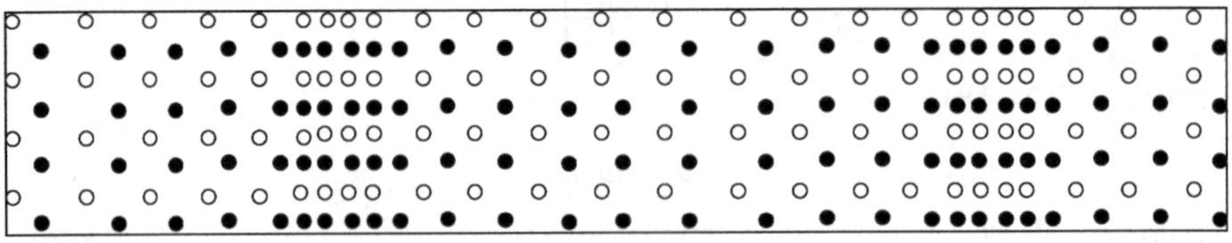

图 2-39 长纵声学波对原子分布的影响示意图

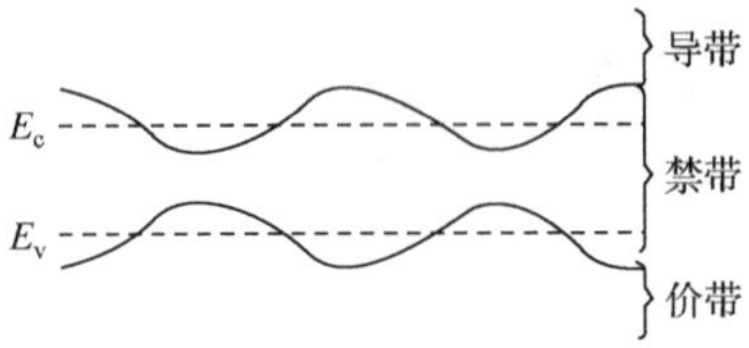

图 2-40 长纵声学波引起的能带变化

离子性半导体，如硫化铅等，具有强离子键；传统的Ⅲ～ⅤA 族半导体，如砷化镓等，除共价键外也有离子键。此时，长纵光学波对载流子有重要的散射作用；另外硅、锗等原子半导体，在温度不太低时，光学波也有相当的散射作用。

在离子半导体中，每个原胞内有正、负两种离子，长纵光学波传播时它们的振动位移相反，如图 2-41 所示。如果只看一种离子，它们和长纵声学波一样，形成疏密相间的区域。但是因为正负离子位移相反，所以正离子的密区与负离子的疏区交叠，正离子的疏区与负离子的密区交叠，从而导致在半个波长区域内带正电，另外半个波长区域内带负电，正负电区域将产生电场，相当于对载流子增加了一个势场作用，这个势场是引起载流子散射的附加势场，这种散射称为光学波散射。光学波散射概率与温度的关系简化为

$$P_o \propto \left[\exp\left(\frac{\hbar\omega}{k_0 T}\right)-1\right]^{-1} \tag{2-125}$$

式中，P_o 为载流子光学波散射概率；ω 为光学波振动角频率；T 为温度。可见，光学波散

射在低温时作用不大，随着温度的升高，光学波的散射概率迅速增大。

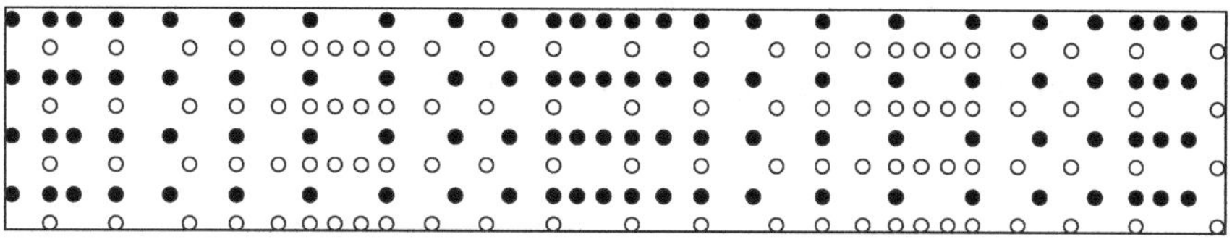

图 2-41 长纵光学波对原子分布的影响示意图

2) 散射概率与平均自由时间

载流子在晶体中频繁地被散射，每个载流子在单位时间内被散射的次数可以表示载流子在半导体中受散射的难易程度，称为散射概率，记作 P。载流子在电场中作漂移运动时，只有在连续两次散射之间的时间内才做加速运动，这段时间称为自由时间；自由时间长短不一，若取其平均值则称为平均自由时间，记作 τ 。平均自由时间等于散射概率的倒数，即

$$\tau = \frac{1}{N}\int_0^{\infty} N\mathrm{e}^{-Pt}Pt\mathrm{d}t = \frac{1}{P} \tag{2-126}$$

式中，N 为发生散射的次数。

因为平均自由时间是散射概率的倒数，根据式(2-123)、式(2-124)和式(2-125)，可以得到不同散射机制的评价主要是与温度的关系式：

$$\text{电离杂质散射}\quad \tau_{\mathrm{i}} \propto N_{\mathrm{i}}^{-1}\cdot T^{3/2} \tag{2-127}$$

$$\text{声学波散射}\quad \tau_{\mathrm{s}} \propto T^{-3/2} \tag{2-128}$$

$$\text{光学波散射}\quad \tau_{\mathrm{o}} \propto \left[\exp\left(\frac{\hbar\omega}{k_0T}\right)-1\right] \tag{2-129}$$

式中，τ_{i}、τ_{s} 和 τ_{o} 分别为电离杂质散射、声学波散射和光学波散射的平均自由时间。

3. 迁移率与平均自由时间

设在一块半导体中沿 x 方向施加电场 E ，考虑电子具有各向同性的有效质量 m_{n}^* ，如在 $t=0$ 时刻电子恰好遭到散射，散射后沿 x 方向的速度为 v_{x0} ，经过时间 t 后又遭到散射，散射前的漂移速度 v_x 为

$$v_x = v_{x0} - \frac{q}{m_{\mathrm{n}}^*}Et \tag{2-130}$$

假设载流子的散射为各向同性，即电子热运动到各个方向上的概率相等，所以多次散射后 v_{x0} 分量的平均值应为零，即 $\overline{v}_{x0}=0$ 。因此，只需计算式(2-130)第二项的平均值，即可获得电场作用下载流子的平均漂移速度。

在 t～$(t+\mathrm{d}t)$ 遭到散射的电子数为 $N\mathrm{e}^{-Pt}PV(t)\mathrm{d}t$ ，每个电子获得的漂移速度为 $-\frac{qE}{m_{\mathrm{n}}^*}t$ ，两者相乘再对所有时间积分就得到 N 个电子漂移速度的总和，除以 N 就得到平均漂移速度 $\overline{v}_x$ ，即

$$\overline{v}_x=\overline{v}_{x0}-\int_0^{\infty}\frac{q}{m_{\mathrm{n}}^{*}}EtP\mathrm{e}^{-Pt}\mathrm{d}t \tag{2-131}$$

其中$\overline{v}_{x0}=0$，代入电子平均自由时间的表达式$\tau_{\mathrm{n}}=\frac{1}{N_0}\int_0^{\infty}N_0\mathrm{e}^{-Pt}Pt\mathrm{d}t$，则

$$\overline{v}_x=-\frac{q}{m_{\mathrm{n}}^{*}}E\tau_{\mathrm{n}} \tag{2-132}$$

将式(2-132)代入式(2-120)，可得

$$\mu_{\mathrm{n}}=\frac{q}{m_{\mathrm{n}}^{*}}\tau_{\mathrm{n}} \tag{2-133}$$

同理可得空穴迁移率

$$\mu_{\mathrm{p}}=\frac{q}{m_{\mathrm{p}}^{*}}\tau_{\mathrm{p}} \tag{2-134}$$

式中，μ_{n}和μ_{p}分别为电子和空穴的迁移率；τ_{n}和τ_{p}分别为电子和空穴的平均自由时间。迁移率与有效质量成反比，有效质量越大，迁移率越低；砷化镓的电子有效质量比硅小，因此砷化镓的电子迁移率较高；通常电子有效质量比空穴有效质量小，往往电子的迁移率比空穴迁移率大。

4. 迁移率与杂质和温度的关系

根据式(2-133)，结合式(2-127)、式(2-128)和式(2-129)可以得到，不同散射机制下，迁移率与杂质和温度的关系为

$$\text{电离杂质散射}\quad \mu_{\mathrm{i}}\propto N_{\mathrm{i}}^{-1}\cdot T^{3/2} \tag{2-135}$$

$$\text{声学波散射}\quad \mu_{\mathrm{s}}\propto T^{-3/2} \tag{2-136}$$

$$\text{光学波散射}\quad \mu_{\mathrm{o}}\propto\left[\exp\left(\frac{\hbar\omega}{k_0T}\right)-1\right] \tag{2-137}$$

式中，μ_{i}、μ_{s}和μ_{o}分别为电离杂质散射、声学波散射和光学波散射下的迁移率。对于掺杂的硅、锗等原子半导体，主要的散射机制是声学波散射和电离杂质散射。因此，迁移率为

$$\frac{1}{\mu}=\frac{1}{\mu_{\mathrm{s}}}+\frac{1}{\mu_{\mathrm{i}}} \tag{2-138}$$

对于砷化镓等Ⅲ～Ⅴ族化合物半导体，光学波散射也很重要，则迁移率为

$$\frac{1}{\mu}=\frac{1}{\mu_{\mathrm{i}}}+\frac{1}{\mu_{\mathrm{s}}}+\frac{1}{\mu_{\mathrm{o}}} \tag{2-139}$$

图 2-42 为室温下硅的电子和空穴迁移率与掺杂浓度的关系曲线。硅的掺杂浓度低于$10^{15}\ \mathrm{cm}^{-3}$时，即在低掺杂浓度情况下，载流子的迁移率基本上与掺杂浓度无关；掺杂浓度超过$10^{15}\ \mathrm{cm}^{-3}$时，迁移率随掺杂浓度的增加而逐渐减小。

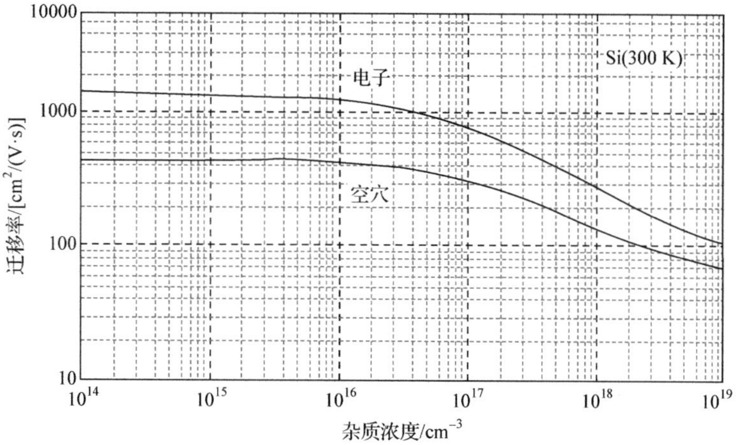

图 2-42　室温下硅的电子和空穴迁移率与掺杂浓度的关系曲线

图 2-43 为不同掺杂浓度硅中电子迁移率与温度的关系。掺杂浓度低于10^{14} cm^{-3}时，数据趋向于单一曲线，载流子迁移率随温度的增加指数式减小；对于较高浓度的掺杂，在低温范围内随着温度的升高，电子迁移率下降较缓，此时杂质散射起主要作用；随着温度进一步升高，迁移率下降加快，此时晶格振动散射增强，载流子迁移率快速下降。

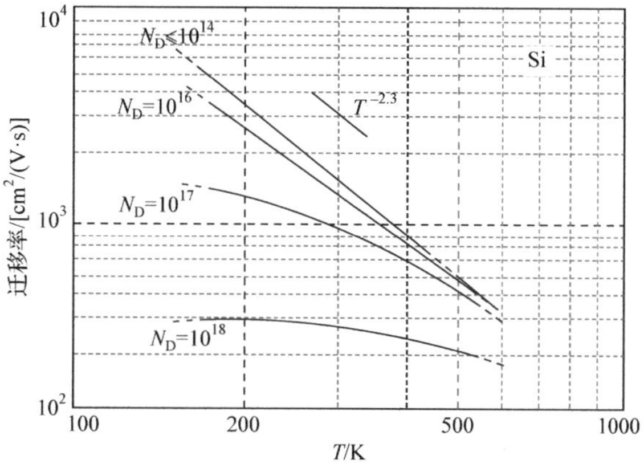

图 2-43　不同掺杂浓度硅中电子迁移率与温度的关系

5. 电阻率与杂质和温度的关系

半导体中存在两种载流子，即带正电的空穴和带负电的电子。如图 2-44 所示，在半导体两端施加电压，半导体内部形成电场，其中电子带负电，沿电场相反方向漂移；空穴带正电，沿电场方向漂移。但是，两者形成的电流都沿电场方向。半导体中的导电作用是电子导电和空穴导电作用的总和。所以，总电流密度为

$$J = J_n + J_p = (nq\mu_n + pq\mu_p)E \tag{2-140}$$

在电场强度不太大时，电流密度和电场强度之间遵守欧姆定律式(2-2)，因此半导体的电导率σ为

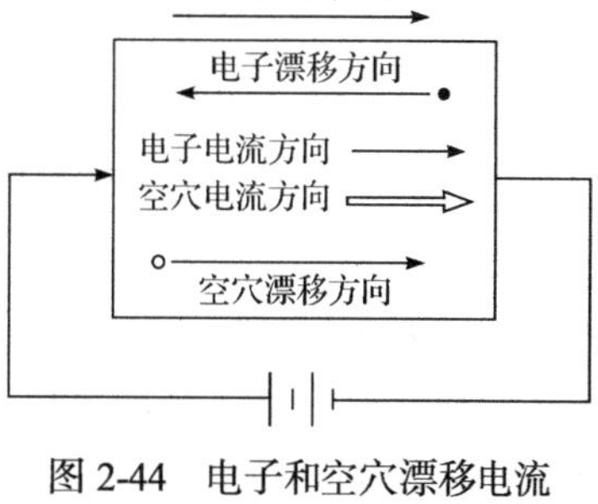

图 2-44　电子和空穴漂移电流

$$\sigma = nq\mu_n + pq\mu_p \tag{2-141}$$

对于 n 型半导体，$n \gg p$，电导率为

$$\sigma = nq\mu_n \tag{2-142}$$

对于 p 型半导体，$p \gg n$，电导率为

$$\sigma = pq\mu_p \tag{2-143}$$

对于本征半导体，$n = p = n_i$，电导率为

$$\sigma_i = n_i q(\mu_n + \mu_p) \tag{2-144}$$

由于电阻率 $\rho = 1/\sigma$，因此半导体的电阻率 ρ 为

$$\rho = \frac{1}{nq\mu_n + pq\mu_p} \tag{2-145}$$

n 型半导体电阻率

$$\rho = \frac{1}{nq\mu_n} \tag{2-146}$$

p 型半导体电阻率

$$\rho = \frac{1}{pq\mu_p} \tag{2-147}$$

本征半导体的电阻率

$$\rho_i = \frac{1}{n_i q(\mu_n + \mu_p)} \tag{2-148}$$

室温下，本征硅的电阻率约为 $2.3\times10^5\ \Omega\cdot\text{cm}$，本征锗的电阻率约为 $47\ \Omega\cdot\text{cm}$。电阻率取决于载流子浓度和迁移率，两者都与杂质浓度和温度相关，因此半导体电阻率随杂质浓度和温度的变化而变化。对于本征半导体材料，本征载流子浓度随温度升高而迅速增加，相对而言迁移率的变化较小，总体上，本征半导体的电阻率随着温度的升高呈指数式下降，表现出负的电阻温度系数特性。对于同一温度下不同种类的本征半导体，半导体的禁带宽度越大，本征载流子浓度越低，电阻率越大。

图 2-45 为硅在室温下的电阻率与杂质浓度的关系。轻掺杂时($\leqslant 10^{17}\ \text{cm}^{-3}$)，室温下杂质全部电离，载流子浓度等于杂质浓度，随着杂质浓度的增加，载流子数量增加，而迁移率随杂质浓度的变化不大，可认为是常数。因此，电阻率与杂质浓度成反比，杂质浓度越高，电阻率越低。当杂质浓度超过 $10^{17}\ \text{cm}^{-3}$ 之后，曲线严重偏离直线，这是因为一方面杂质不能全部电离；另一方面迁移率随杂质浓度的增加显著下降。

杂质半导体的电阻率随温度变化曲线如图 2-46 所示。在低温区 *AB* 段，载流子浓度逐渐增加，电阻温度系数为负值；在中温区 *BC* 段，又称饱和区，载流子浓度趋向饱和，载流子迁移率逐渐减小，电阻率逐渐增加；在高温区 *CD* 段，高温下本征激发大幅度增加，本征载流子浓度呈指数式上升，使电阻率迅速减小，表现为负电阻温度系数。大多数半导体器件要求在稳定的饱和区正常工作，因为在这个温度区间半导体载流子浓度基本保持不

变，具有良好的温度特性；当温度高到本征导电起主要作用时，一般器件不能正常工作。

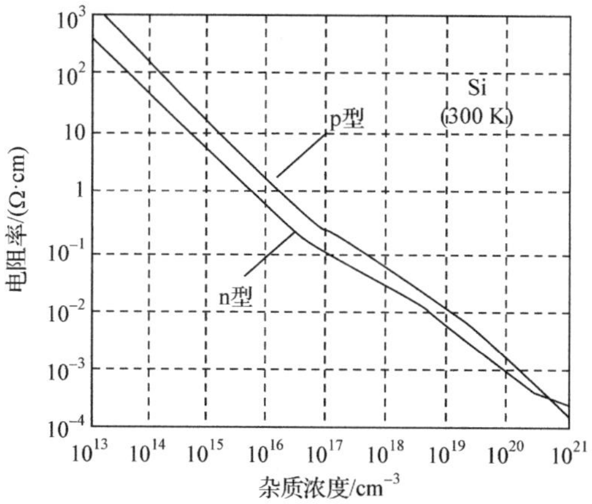

图 2-45　硅在室温下的电阻率与杂质浓度的关系

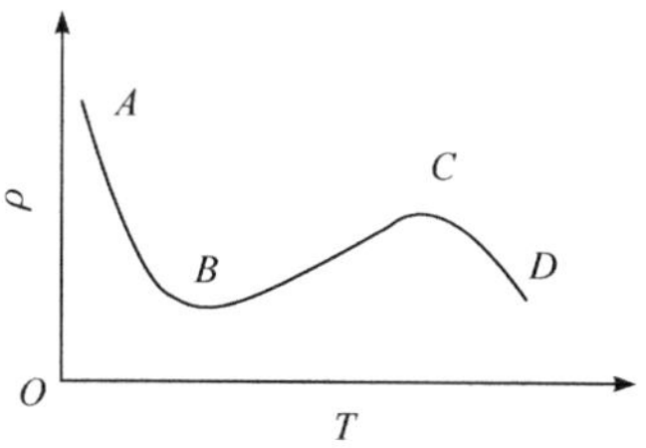

图 2-46　杂质半导体的电阻率随温度变化

2.3.5　半导体中的非平衡载流子

1. 非平衡载流子的产生与复合

当用适当波长的光照射半导体时，只要光子的能量大于该半导体的禁带宽度，光子就能把价带电子激发到导带上。半导体吸收光子后，导带电子和价带空穴数目增加，非平衡态下的电子浓度 n 和空穴浓度 p 与热平衡态的电子浓度 n_0 和空穴浓度 p_0 不同，它们的差值 Δn 和 Δp 称为非平衡载流子 $(\Delta n = \Delta p)$，如图 2-47 所示，简称非子。一般情况下，注入的非平衡载流子浓度大于平衡时的多子浓度，称为大注入；注入的非平衡载流子浓度比平衡时的多子浓度小，称为小注入。即使是在小注入的情况下，非平衡载流子浓度还是比平衡时少子浓度大得多，它的影响就显得十分重要。

光注入导致半导体的电导率增大，引起附加电导率为

$$\Delta\sigma = \Delta nq\mu_{\mathrm{n}} + \Delta pq\mu_{\mathrm{p}} = \Delta nq\left(\mu_{\mathrm{n}} + \mu_{\mathrm{p}}\right) \tag{2-149}$$

附加电导率可通过图 2-48 所示电路观察。电阻 R 比半导体的电阻 r 大得多，因此不论光照与否，通过半导体的电流几乎不变。半导体上的电压降 $V = Ir$，设平衡时半导体电导率为 σ_0，光照引起附加电导率 $\Delta\sigma$，小注入后 $\sigma = \sigma_0 + \Delta\sigma$，则电阻率的变化：

$$\Delta\rho = \rho - \rho_0 = \frac{1}{\sigma} - \frac{1}{\sigma_0} \approx -\frac{\Delta\sigma}{\sigma_0^2} \tag{2-150}$$

相应的电阻变化：

$$\Delta r = \Delta\rho \cdot \frac{l}{S} = -\frac{\Delta\sigma}{\sigma_0^2}\frac{l}{S} \tag{2-151}$$

式中，l 和 S 分别为半导体的长度和截面积。因为 $\Delta r \propto \Delta\sigma$，而 $\Delta V = I\Delta r$，所以 $\Delta V \propto \Delta\sigma$，即 $\Delta V \propto \Delta\rho$，半导体上电压降的变化直接反映了附加电导率的变化，也间接检验了非平衡载流子的注入。这种由于光注入引起半导体电导率增加的现象称为光电导。除了光照，还可以用其他方法产生非平衡载流子，如电注入等，如对 pn 结加正向偏压，就是典型的电注入。

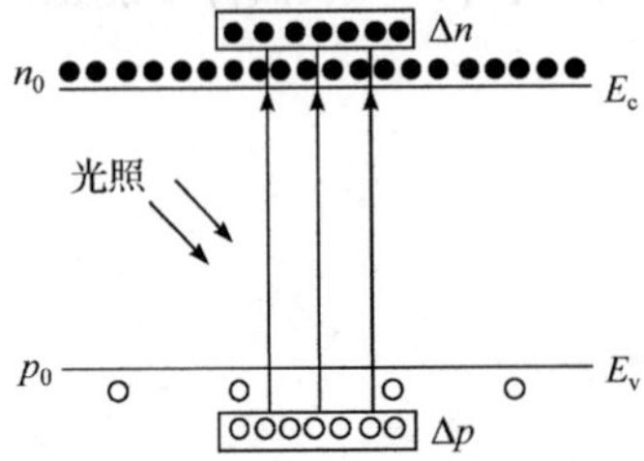

图 2-47　光照产生非平衡载流子

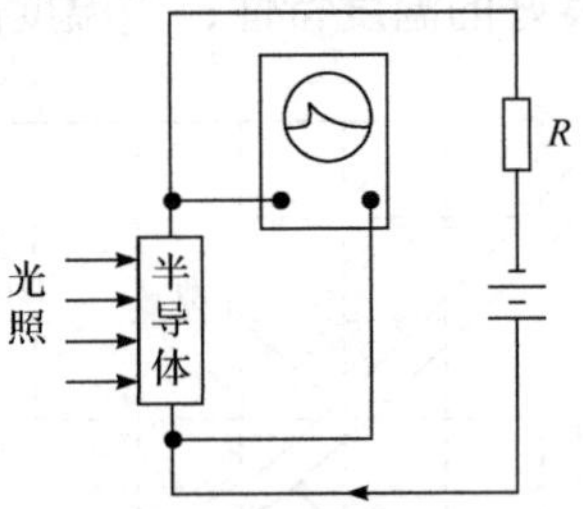

图 2-48　光注入引起的附加电导率观察电路

当产生非平衡载流子的外部作用撤除后，注入的非平衡载流子逐渐消失，也就是原来激发到导带的电子又回到价带，使电子和空穴成对消失。最终载流子浓度恢复到平衡时的大小，半导体回到平衡态。由此，半导体在外部作用撤除后，内部过剩载流子逐渐消失，由非平衡态重新恢复到平衡态的这一过程，称为非平衡载流子的复合。实际上，任何时候电子和空穴总是不断产生和复合。热平衡状态下，单位时间产生的电子和空穴数量与复合掉的数量相等，载流子浓度保持稳定；当用光照射半导体，载流子的产生超过复合，在半导体中出现非平衡载流子；光照停止后，电子和空穴的复合超过产生，非平衡载流子逐渐消失，最终回到平衡值。

实验表明，光照停止后，非平衡载流子浓度按指数规律减少。非平衡载流子的平均生存时间称为非平衡载流子的寿命，用τ表示。假设 n 型半导体内部均匀产生非平衡载流子Δn和Δp，在$t=0$时刻光照停止，非平衡载流子随时间变化，单位时间内减少的非平衡载流子应当等于非平衡载流子的复合率，即

$$\frac{\mathrm{d}\Delta p(t)}{\mathrm{d}t}=-\frac{\Delta p(t)}{\tau} \tag{2-152}$$

式中，τ为非平衡载流子的寿命，小注入时，τ为恒值。式(2-152)的通解为

$$\Delta p(t)=C\mathrm{e}^{-\frac{t}{\tau}} \tag{2-153}$$

设$t=0$，$\Delta p(0)=\Delta p_0$，代入式(2-153)得$C=\Delta p_0$，因此

$$\Delta p(t)=\Delta p_0\mathrm{e}^{-\frac{t}{\tau}} \tag{2-154}$$

即为非平衡载流子随时间按指数减少的规律变化。令$t=\tau$，则$\Delta p(\tau)=(\Delta p_0)/\mathrm{e}$，所以非平衡载流子的寿命对应非平衡载流子浓度降为原有浓度的 1/e 时所经历的时间。非子寿命越短，衰减越快。不同材料寿命各不相同，一般来讲，锗比硅容易获得较高寿命，而砷化镓的寿命要短得多。

2. 准费米能级

准费米能级是用来描述非平衡状态下载流子浓度的能级。半导体在平衡状态下由统一的费米能级描述浓度n_0和空穴浓度p_0，统一的费米能级E_F是热平衡状态的标志，对于非简并半导体：

$$n_0=N_c\exp\left(-\frac{E_c-E_F}{k_0T}\right),\quad p_0=N_v\exp\left(-\frac{E_F-E_v}{k_0T}\right) \tag{2-155}$$

当外界作用破坏了半导体的热平衡，产生了非平衡载流子，此时价带和导带中的电子，各自处于平衡态，而导带和价带之间的电子处于不平衡状态。因为费米能级和统计分布函数分别对导带和价带各自仍是适用的，所以可以分别引入导带费米能级和价带费米能级，称为准费米能级。导带和价带间的不平衡表现在它们的准费米能级是不重合的。导带的准费米能级也称电子准费米能级，用 E_{Fn} 表示；价带的准费米能级称为空穴准费米能级，用 E_{Fp} 表示。非平衡状态下的载流子浓度表达式可用与平衡载流子浓度类似的表达式来表述，即

$$n = N_c \exp\left(-\frac{E_c - E_{Fn}}{k_0T}\right), \quad p = N_v \exp\left(-\frac{E_{Fp} - E_v}{k_0T}\right) \tag{2-156}$$

式中，n 和 p 分别为非平衡状态下电子和空穴浓度；E_{Fn} 和 E_{Fp} 分别为非平衡状态下的电子和空穴准费米能级。由此可得出 n 和 n_0，p 和 p_0 的关系式为

$$n = N_c \exp\left(-\frac{E_c - E_{Fn}}{k_0T}\right) = n_0 \exp\left(\frac{E_{Fn} - E_F}{k_0T}\right) = n_i \exp\left(\frac{E_{Fn} - E_i}{k_0T}\right) \tag{2-157}$$

$$p = N_v \exp\left(-\frac{E_{Fp} - E_v}{k_0T}\right) = p_0 \exp\left(\frac{E_F - E_{Fp}}{k_0T}\right) = n_i \exp\left(\frac{E_i - E_{Fp}}{k_0T}\right) \tag{2-158}$$

由式(2-157)和式(2-158)可以看出，在非平衡状态下，产生的非平衡载流子越多，准费米能级偏离原统一费米能级 E_F 就越远，但是 E_{Fn} 和 E_{Fp} 的偏离程度不同。以n型半导体为例，在小注入情况下，注入的电子浓度 $\Delta n \ll n_0$，此时 $n = n_0 + \Delta n \approx n_0$，因此 E_{Fn} 略高于 E_F，但与 E_F 偏离很小；而注入的空穴浓度 $\Delta p \gg p_0$，此时 $p = p_0 + \Delta p \gg p_0$，因此 E_{Fp} 低于 E_F，且与 E_F 偏离较大。图 2-49 为非平衡状态下 n 型半导体和 p 型半导体准费米能级偏离情况。一般来讲，在非平衡态时，多子的准费米能级和平衡时偏差不大，而少子的准费米能级偏离很大。

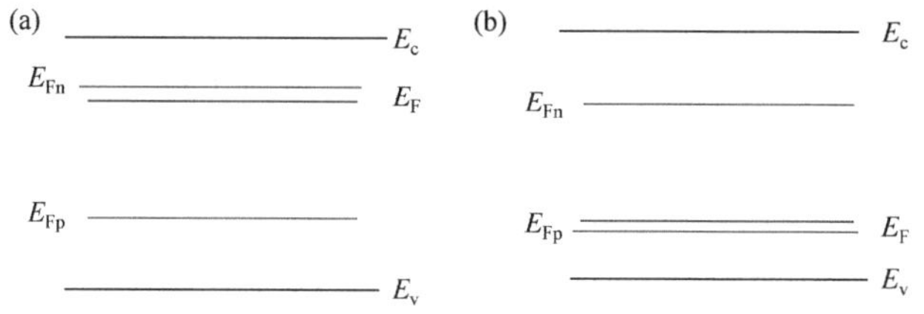

图 2-49　非平衡状态下 n 型半导体和 p 型半导体准费米能级偏离情况

(a) n 型；(b) p 型

非平衡态下的电子浓度和空穴浓度乘积为

$$np = n_0 p_0 \exp\left(\frac{E_{Fn} - E_{Fp}}{k_0T}\right) = n_i^2 \exp\left(\frac{E_{Fn} - E_{Fp}}{k_0T}\right) \tag{2-159}$$

可见，E_{Fn} 和 E_{Fp} 偏离 E_F 的大小反映 np 和 n_i^2 相差的程度，即非平衡态半导体偏离热平衡态的程度，偏离越大，非平衡状态越显著。因此，引入准费米能级可以形象地描述非平衡态情况。

3. 扩散与扩散电流

1) 扩散

对于一块均匀掺杂的半导体，载流子分布均匀，半导体内部各处电荷密度为零，如果光照使非平衡载流子在内部均匀产生，则半导体内部仍没有浓度差异，材料内不会发生载流子的扩散运动。但是，如果光照只在半导体材料的某一位置进行，如图2-50所示，并假定光在半导体表面的薄层内被全部吸收，此时在表面薄层内将产生非平衡载流子，而内部非平衡载流子却很少，即半导体表面非平衡载流子浓度比内部的高，引起非平衡载流子自表面向内部扩散。以下从一维情况出发分析非平衡载流子的扩散情况。

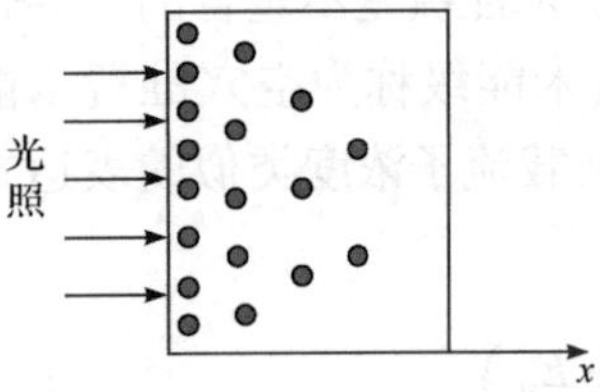

图2-50 非平衡载流子的扩散

设一块n型半导体，小注入情况下，非平衡少数载流子浓度Δp随x变化，记为$\Delta p(x)$，则x方向浓度梯度为$\Delta p(x)/\mathrm{d}x$。通常，单位时间通过单位面积的粒子数量称为扩散流密度，扩散流密度与非平衡载流子浓度梯度成正比。以$S_\mathrm{p}(x)$表示空穴扩散流密度，则有

$$S_\mathrm{p}(x)=-D_\mathrm{p}\frac{\mathrm{d}\Delta p}{\mathrm{d}x} \tag{2-160}$$

式中，D_p为空穴扩散系数，单位$\mathrm{cm^2\cdot s^{-1}}$，它反映了非平衡载流子空穴的扩散能力。式中负号表示空穴自高浓度向低浓度扩散。式(2-160)描述了非平衡少数载流子的扩散规律，称为扩散定律。

通常情况下，由表面注入的非平衡载流子不断向半导体内部扩散，在扩散过程中不断复合，最终半导体内部各点的载流子浓度不随时间变化，形成稳定分布，称为稳态扩散。对于扩散过程，单位时间单位体积内积累的非平衡载流子空穴数为

$$-\frac{\mathrm{d}S_\mathrm{p}(x)}{\mathrm{d}x}=D_\mathrm{p}\frac{\mathrm{d}^2\Delta p(x)}{\mathrm{d}x^2} \tag{2-161}$$

达到稳态情况时，单位时间单位体积内积累的非平衡载流子数应等于单位时间单位体积内因复合而消失的载流子数量$\Delta p(x)/\tau$，即

$$D_\mathrm{p}\frac{\mathrm{d}^2\Delta p(x)}{\mathrm{d}x^2}=\frac{\Delta p(x)}{\tau} \tag{2-162}$$

式(2-162)为一维稳态扩散情况下非平衡少数载流子遵守的扩散方程，称为稳态扩散方程。利用稳态扩散方程，可以解出n型半导体中非平衡少数载流子空穴的扩散规律$\Delta p(x)$。

同理，对于p型半导体，小注入情况下，非平衡少数载流子浓度Δn随x变化，记为$\Delta n(x)$，以$S_\mathrm{n}(x)$表示电子扩散流密度，则有

$$S_\mathrm{n}(x)=-D_\mathrm{n}\frac{\mathrm{d}\Delta n}{\mathrm{d}x} \tag{2-163}$$

式中，D_n为电子扩散系数，单位$\mathrm{cm^2\cdot s^{-1}}$，它反映了非平衡载流子电子的扩散能力。其一维稳态扩散方程为

$$D_\mathrm{n}\frac{\mathrm{d}^2\Delta n(x)}{\mathrm{d}x^2}=\frac{\Delta n(x)}{\tau} \tag{2-164}$$

利用稳态扩散方程，可以解出 p 型半导体中非平衡少数载流子电子的扩散规律 $\Delta p(x)$。

2) 扩散电流密度

当半导体处于非平衡状态时，在外加电场作用下，除了平衡载流子以外，非平衡载流子对漂移电流也有贡献。设外加电场为 E，则非平衡态下的电子和空穴漂移电流密度分别为

$$(J_\text{n})_{漂} = (n_0 + \Delta n) q\mu_\text{n} E = nq\mu_\text{n} E \tag{2-165}$$

$$(J_\text{p})_{漂} = (p_0 + \Delta p) q\mu_\text{p} E = pq\mu_\text{p} E \tag{2-166}$$

同时，若半导体中非平衡载流子浓度不均匀，电子和空穴都是带电粒子，它们的扩散必然产生扩散电流，形成的电子和空穴扩散电流密度分别为

$$(J_\text{n})_{扩} = -qS_\text{n}(x) = qD_\text{n} \frac{\mathrm{d}\Delta n(x)}{\mathrm{d}x} \tag{2-167}$$

$$(J_\text{p})_{扩} = qS_\text{p}(x) = -qD_\text{p} \frac{\mathrm{d}\Delta p(x)}{\mathrm{d}x} \tag{2-168}$$

这时载流子的扩散电流和漂移电流叠加在一起构成半导体的总电流，如图 2-51 所示，即总电流密度为

$$J = J_\text{n} + J_\text{p} = (J_\text{n})_{漂} + (J_\text{n})_{扩} + (J_\text{p})_{漂} + (J_\text{p})_{扩} \tag{2-169}$$

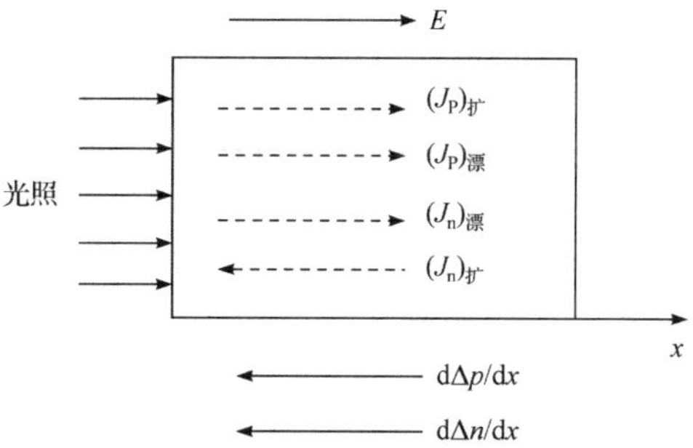

图 2-51　非平衡载流子的一维漂移和扩散

其中，电子产生的电流密度为

$$J_\text{n} = (J_\text{n})_{漂} + (J_\text{n})_{扩} = nq\mu_\text{n} E + qD_\text{n} \frac{\mathrm{d}\Delta n}{\mathrm{d}x} \tag{2-170}$$

空穴产生的电流密度为

$$J_\text{p} = (J_\text{p})_{漂} + (J_\text{p})_{扩} = pq\mu_\text{p} E - qD_\text{p} \frac{\mathrm{d}\Delta p}{\mathrm{d}x} \tag{2-171}$$

2.3.6　pn 结的 *I*-*V* 特性

在一块半导体单晶上，用适当的工艺方法把 p 型(或 n 型)杂质掺入其中，使这块单晶的不同区域分别为 p 型或 n 型导电类型，则在两者的交界处形成冶金学接触。这种结构称为 pn 结。

pn 结具有整流性质，其根源在于结内存在内建电场。当 p 型和 n 型半导体结合形成 pn 结时，由于存在载流子浓度梯度，空穴从 p 区到 n 区、电子从 n 区到 p 区扩散。对于 p 区，空穴离开后，留下了带负电荷的电离受主，这些电离受主在 pn 结附近的 p 区侧出现一个负电荷区。同理，在 pn 结附近的 n 区侧出现由电离施主构成的一个正电荷区，通常把在 pn 结附近由电离施主和电离受主构成的区域称为空间电荷区，如图 2-52(a)所示。空间电荷区内的正负电荷产生从 n 区指向 p 区的电场，称为内建电场。在内建电场的作用下，载流子做漂移运动。显然，电子和空穴的漂移方向与各自的扩散方向相反。随着扩散的不断进行，空间电荷区不断扩大，同时内建电场不断增强，载流子的漂移也逐渐加强。最终在无外加电压的情况下，载流子的扩散和漂移达到动态平衡，即电子和空穴的扩散电流和漂移

电流大小相等、方向相反，相互抵消。此时pn结内空间电荷数量一定，空间电荷区不再扩展而保持一定宽度，形成热平衡状态下的pn结，平衡pn结空间电荷区两端间的电势差 V_p 称为 pn 结的接触电势差或内建电势差，相应的电子电势能之差即能带的弯曲量 qV_D 称为 pn 结的势垒高度。平衡态下 pn 结能带图如图 2-52(b)所示。

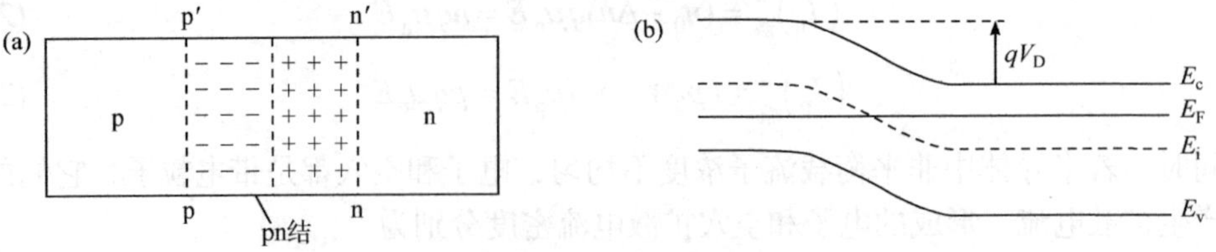

图 2-52 pn 结的空间电荷区和平衡态下能带图

(a) 空间电荷区；(b) 平衡态下能带图

pn 结具有单向导电性(图 2-53)。当对 pn 结施加正向偏压，即 p 区接正、n 区接负时，会有较大的电流通过 pn 结，其数值随外加电压的增加迅速增长。反之，当对 pn 结外加反向偏压，即 p 区接负、n 区接正时，只有极微弱的电流通过pn结，并且随电压数值的增加无明显变化。当反向偏压达到某一值 V_{BR} 时，反向电流突然增加，这种情形称为反向击穿，V_{BR} 为击穿电压。

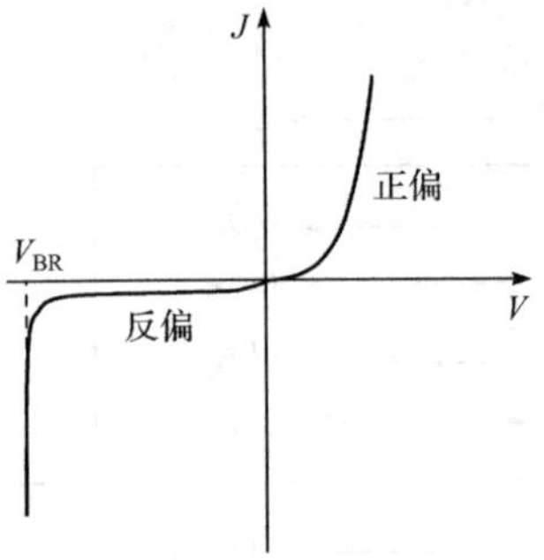

图 2-53 理想 pn 结的伏安特性曲线

当对pn结加正向偏压 V 时，由于外电源在结处的电场方向与pn结内建电场的方向相反，因此削弱了内建电场的作用，势垒宽度减小，势垒高度降低[图 2-54(a)]，破坏了载流子扩散与漂移之间原有的平衡，使扩散电流大于漂移电流，产生了电子从 n 区向 p 区以及空穴从 p 区向 n 区的净扩散电流。这种由于外加正向偏压使非平衡载流子进入半导体的过程称为非平衡载流子的电注入。总的正向电流等于势垒区边界 pp′的电子扩散

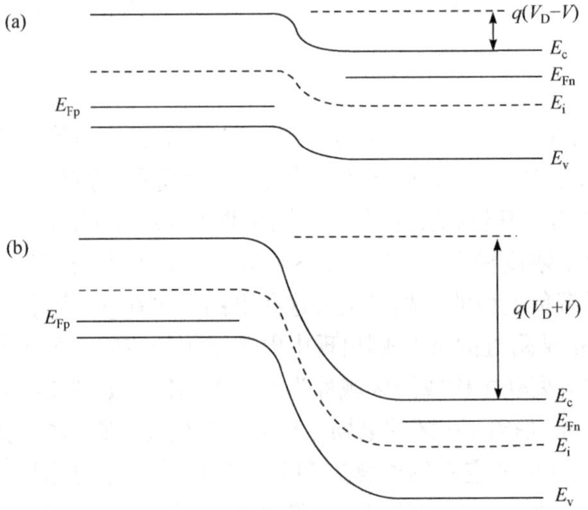

图 2-54 pn 结势垒的变化

(a) 正向偏压；(b) 反向偏压

电流和边界nn′的空穴扩散电流之和。当增大正向偏压时，空间电荷区内势垒降得更低，流入p区的电子电流和流入n区的空穴电流进一步增大，即流过pn结的电流随外加电压的增加而增加，此为pn结的正向导通状态。当对pn结加反向偏压V时，外电源在pn结处的电场方向与pn结内建电场的方向一致，因此加强了内建电场的作用，势垒宽度变大、势垒高度增加[图 2-54(b)]，使漂移电流大于扩散电流。由于空间电荷区中电场的加强，反向pn结具有抽取作用，即把从p区进入空间电荷区的少子电子推向n区，把从n区进入空间电荷区的少子空穴推向p区。当这些少数载流子被电场驱走后，内部的少子不断补充，形成反向偏压下的电子扩散电流和空穴扩散电流，总的反向电流等于势垒区边界少数载流子扩散电流之和。因为p区和n区各自的少子浓度很低，形成的反向电流很小，而且当反向电压很大时，少子浓度梯度不再随反向电压变化，所以在反向偏压下，pn结的电流较小且趋于不变，此为pn结的反向截止状态。

2.4　离子晶体的导电性

2.4.1　离子载流子浓度

离子导电是带电荷的离子载流子在电场作用下定向运动形成的导电过程。离子导电可以分为两种情况：一类是晶体点阵的基本离子因热振动而离开平衡位置形成热缺陷，这种热缺陷无论是离子还是空位都可以在电场作用下成为导电的载流子，参与导电，这种导电称为本征导电；另一类是参加导电的载流子主要是杂质，因而称为杂质导电。一般情况下，由于杂质离子与晶格联系弱，在较低温度下杂质导电表现显著，而在高温下本征导电成为离子导电的主要表现。

1. 本征导电

在本征导电中，载流子由晶体本身的热缺陷提供。晶体的热缺陷主要有两类，即弗仑克尔(Frenkel)缺陷和肖特基(Schottky)缺陷。弗仑克尔缺陷指正常格点的原子由于热运动进入晶格间隙，而在晶体内正常格点留下空位，空位和间隙离子成对产生。例如，在CaF_2中，形成的弗仑克尔缺陷：

$$F_F \rightleftharpoons F_i' + V_F^{\bullet} \tag{2-172}$$

肖特基缺陷指正常格点的原子由于热运动跃迁到晶体表面，在晶体内正常格点留下空位。对于离子晶体，为保持电中性，正离子空位和负离子空位成对产生。例如，在NaCl中，形成的肖特基缺陷：

$$0 \rightleftharpoons V_{Na}' + V_{Cl}^{\bullet} \tag{2-173}$$

通常情况下，弗仑克尔缺陷中间隙离子浓度和空位浓度是相同的，而离子型晶体中形成肖特基缺陷时，正、负离子浓度相等。弗仑克尔缺陷载流子的浓度为

$$n_f = n e^{-E_f/(2k_0T)} \tag{2-174}$$

式中，E_f为形成一个弗仑克尔缺陷所需的能量；n为单位体积内的离子格点数；k_0为玻尔兹曼常量；T为热力学温度。肖特基缺陷载流子的浓度为

$$n_s = n e^{-E_s/(2k_0T)} \tag{2-175}$$

式中，E_s 为离解一个阳离子和一个阴离子到达晶体表面所需的能量；n 为单位体积内正负离子对的数目。

由式(2-174)和式(2-175)可以看出，本征电导的载流子浓度取决于温度 T 和离解能 E。常温下 k_0T 相比于 E 来说很小，因而只有在高温下热缺陷浓度才显著，即本征电导在高温下显著。E 和晶格结构有关，在离子晶体中，一般肖特基缺陷的形成能比弗仑克尔缺陷的形成能低很多，故只有在结构很疏松、离子半径很小的情况下，才容易形成弗仑克尔缺陷，如 AgCl 晶体易生成间隙银离子。

2. 杂质导电

杂质导电的载流子浓度取决于杂质的数量和种类。杂质离子的存在，不仅增加了载流子离子数目，而且使点阵发生畸变，杂质离子离解能变小。故低温下，离子晶体的导电主要是杂质导电。例如，在 Al_2O_3 晶体中掺入 MgO 或 TiO_2，则

$$2MgO \xrightarrow{Al_2O_3} 2Mg'_{Al} + V_O^{\bullet\bullet} + 2O_O \tag{2-176}$$

$$3TiO_2 \xrightarrow{2Al_2O_3} 3Ti^{\bullet}_{Al} + V'''_{Al} + 6O_O \tag{2-177}$$

显然，杂质含量相同时，杂质种类不同，产生的载流子浓度不同；同样的杂质，含量不同，产生的载流子浓度也不同。

2.4.2 离子导电机制

1. 离子导电理论

离子导电可以认为是离子类载流子在电场作用下，在材料内进行长距离的迁移。离子的尺寸和质量比电子大得多。当间隙离子处在间隙位置时，受周围离子的作用处于一定的平衡位置(半稳定位置)。如果要从一个间隙位置跃迁到相邻的间隙位置，需要克服 U_0 的势垒完成一次跃迁，达到新的平衡位置，这种跃迁过程形成离子的宏观迁移(图 2-55)。

离子晶体中有正、负两种电荷相反的离子。无外加电场时，正、负离子运动方向相反，迁移的次数相同，互相抵消，宏观上无电荷的定向运动；当加上外电场时，由于电场力的作用，晶体中间隙离子的势垒不再对称，正离子沿外电场方向迁移容易，向与外电场方向相反的方向迁移困难。因此，产生了离子的定向漂移运动。

离子在晶格中迁移时的能量变化如图 2-56 所示。图 2-56(a)是未加电场时的情况，其中 U_0 表示离子沿阻力最小的方向迁移所需越过的势垒。考虑离子在一维 x 方向上进行迁移，越过势垒迁移的频率，即单位时间内的迁移次数 P 为

$$P = \alpha \frac{k_0 T}{h} e^{-U_0/(k_0 T)} \tag{2-178}$$

式中，α 为与不可逆跳跃相关的适应系数；k_0T/h 为离子在势阱中的振动频率。此时离子向不同方向的迁移频率是相等的，在任何方向上都没有净迁移。

以正离子迁移为例，当正离子处于外电场 E 中时，离子迁移的势能变化如图 2-56(b)所示。沿外电场方向势垒降低 ΔU，而反电场方向势垒将提高 ΔU。所以，离子沿外电场方向和与外电场相反方向上的迁移难易不同，形成了沿电场方向的离子净迁移。如果势场的周期为 b (晶格间距)，沿外电场方向的势垒降低量 ΔU 为

$$\Delta U = \frac{1}{2}Fb = \frac{1}{2}zeEb \tag{2-179}$$

式中，z 为离子价数；e 为电子电量；F 为作用在离子上的电场力。因此，正离子沿外电场方向的迁移概率 P^+ 为

$$P^+ = \frac{1}{2}\alpha\frac{k_0T}{h}\mathrm{e}^{-\left(U_0-\frac{1}{2}Fb\right)/(k_0T)} = \frac{1}{2}P\mathrm{e}^{Fb/(2k_0T)} \tag{2-180}$$

同理，反电场方向的迁移概率 P^- 为

$$P^- = \frac{1}{2}P\mathrm{e}^{-Fb/(2k_0T)} \tag{2-181}$$

可见，P^+ 大于 P^-，因此存在一个沿电场方向的净迁移，其平均漂移速度为

$$\bar{v} = b\left(P^+ - P^-\right) = \frac{1}{2}bP\left[\mathrm{e}^{Fb/(2k_0T)} - \mathrm{e}^{-Fb/(2k_0T)}\right] \tag{2-182}$$

这个结果是在温度和电场共同作用下获得的，只有温度足够高，电场足够强，才可形成明显的净迁移速度。

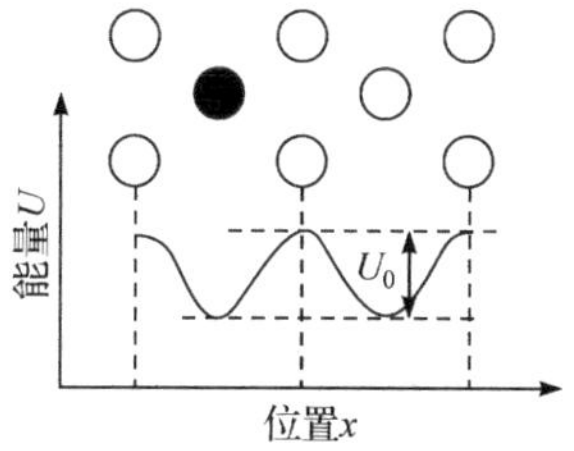

图 2-55 间隙离子的势垒

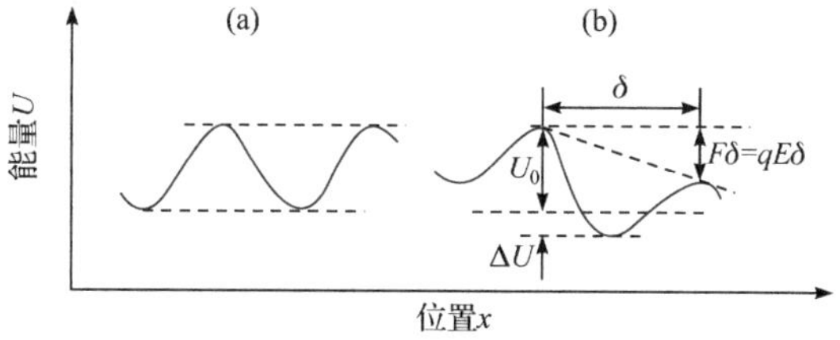

图 2-56 离子在晶体中迁移时的能量变化

(a) 无电场；(b) 施加电场

当电场强度不太大时，$Fb \ll 2k_0T$，则离子载流子的平均漂移速度

$$\bar{v} = \frac{b^2PF}{2k_0T} \tag{2-183}$$

那么，离子载流子的迁移率为

$$\mu = \frac{\bar{v}}{E} = \alpha\frac{k_0T}{h}\frac{b^2ze}{2k_0T}\mathrm{e}^{-U_0/(k_0T)} \tag{2-184}$$

当电场强度足够强时，$Fb \gg 2k_0T$，则沿电场负方向的迁移概率很小，则

$$\bar{v} \approx \frac{1}{2}bP\mathrm{e}^{Fb/(2k_0T)} \tag{2-185}$$

需要注意的是，不同类型的载流子在不同晶体结构中扩散时，所需要克服的势垒是不同的，通常空位扩散能比间隙离子扩散能小许多，碱卤金属的导电主要是空位导电。

在室温下，只有当电场强度在 $10\ \mathrm{V \cdot cm^{-1}}$ 以上时，Fb 才与 k_0T 相比较。一般情况下，电场强度较小，Fb 远小于 k_0T，此时电流密度 J 为

$$J = nze\bar{v} \tag{2-186}$$

式中，n 为离子浓度；将离子迁移速度代入，可得电流密度与电场强度的关系式为

$$J=\frac{nzeb^2PF}{2k_0T}=\frac{nz^2e^2b^2PE}{2k_0T} \tag{2-187}$$

势垒U_0可表示为

$$U_0=\frac{\Delta G_{dc}}{N_A} \tag{2-188}$$

式中，ΔG_{dc}为直流条件下离子导电时的摩尔自由能变化，称为电导活化能；N_A为阿伏伽德罗常数。由此可得出

$$J=\frac{n\alpha z^2e^2b^2E}{2h}e^{-\Delta G_{dc}/(RT)} \tag{2-189}$$

式中，R为摩尔气体常量。因此电阻率为

$$\rho=\frac{E}{J}=\frac{2h}{n\alpha z^2e^2b^2}e^{\Delta G_{dc}/(RT)} \tag{2-190}$$

取自然对数形式为

$$\ln\rho=\ln\frac{2h}{n\alpha z^2e^2b^2}+\frac{\Delta G_{dc}}{RT} \tag{2-191}$$

则电导率为

$$\ln\sigma=\ln\frac{n\alpha z^2e^2b^2}{2h}-\frac{\Delta G_{dc}}{RT} \tag{2-192}$$

即电导率和电阻率的对数均与$1/T$呈线性关系。电阻率公式也可写成

$$\lg\rho=\lg\frac{2h}{n\alpha z^2e^2b^2}+\frac{\Delta G_{dc}}{RT}\lg e=A+\frac{B}{T} \tag{2-193}$$

$$A=\lg\frac{2h}{n\alpha z^2e^2b^2} \tag{2-194}$$

$$B=\frac{\Delta G_{dc}}{R}\lg e \tag{2-195}$$

图 2-57 和图 2-58 分别为实验测得的玻璃和氧化物陶瓷的电阻率或电导率与温度的关系。它们的变化关系与理论推导完全一致。

由热力学第二定律可知

$$\Delta G_{dc}=\Delta H_{dc}-T\Delta S_{dc} \tag{2-196}$$

代入电导率表达式，可得

$$\ln\sigma=\ln\left(\frac{n\alpha z^2e^2b^2}{2h}e^{\Delta S_{dc}/R}\right)-\frac{\Delta H_{dc}}{RT} \tag{2-197}$$

根据式(2-197)，可将$\ln\sigma$与$1/T$作图，通过斜率和截距计算出离子导电过程中的焓变ΔH_{dc}和熵变ΔS_{dc}。

若材料中存在多种载流子，其总电导率是所有载流子对电导的贡献总和，可表示为

$$\sigma=\sum_i A_i e^{-B_i/T} \tag{2-198}$$

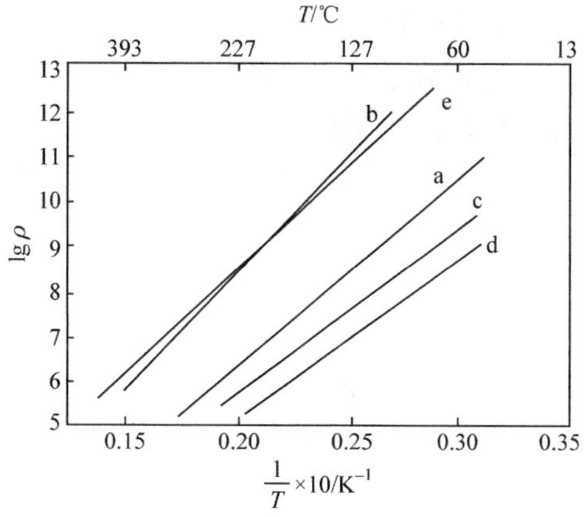

图 2-57 离子玻璃的电阻率

a. $18Na_2O\cdot10CaO\cdot72SiO_2$；b. $10Na_2O\cdot20CaO\cdot70SiO_2$；c. $12Na_2O\cdot88SiO_2$；d. $24Na_2O\cdot76SiO_2$；e. 硼硅酸玻璃

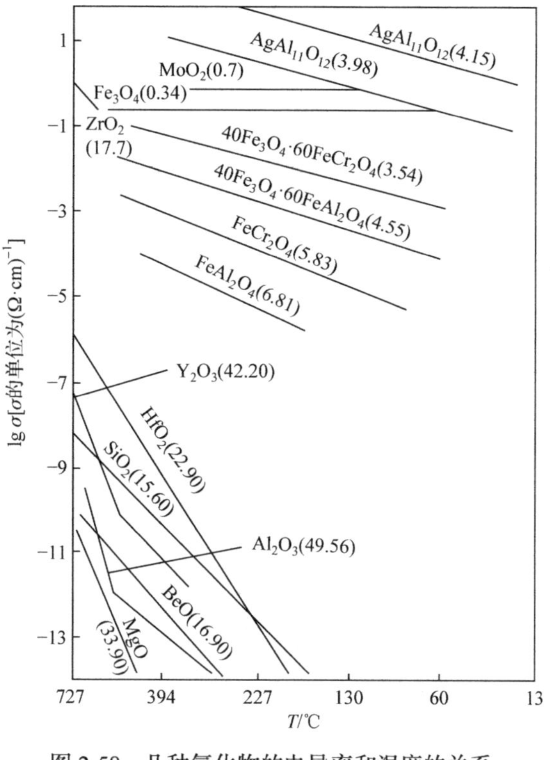

图 2-58 几种氧化物的电导率和温度的关系

括号内为激活能，单位为 $kJ\cdot mol^{-1}$

2. 离子导电与扩散

离子导电可以看作离子在电场作用下的扩散现象。目前为止，已发现的离子扩散机制包括空位扩散、间隙扩散和亚间隙扩散(图 2-59)。

空位扩散是以空位作为载流子的直接扩散方式，即结点上的质点跃迁到邻近空位，空位则反向跃迁。空位扩散机制是最常见的扩散机制。一般情况下，在离子晶体结构中，较大的离子的扩散是按空位扩散机制进行的，空位在迁移过程中使晶格变形的程度小，因此空位扩散所需的活化能较其他扩散机制也低。

间隙扩散是以间隙离子作为载流子的直接扩散，即处于间隙位置的质点从一个间隙位置移入另一个间隙位置。与空位扩散机制相比，间隙扩散机制引起的晶格变形大，需要的能量高。当间隙原子相对晶格原子较小时，间隙扩散机制容易发生；间隙原子越大，间隙扩散机制越难发生。另外，如果扩散介质为空隙概率较高的空旷型结构，间隙扩散机制也容易发生。

亚间隙扩散指间隙离子取代附近的晶格离子，被取代的晶格离子进入间隙位置从而产生离子移动。亚间隙扩散机制造成的晶格变形程度、需要的能量介于空位扩散机制与间隙扩散机制之间。AgBr 晶体中 Ag^{+}的扩散，萤石型结构晶体中 O^{2-}的扩散属于此种扩散机制。

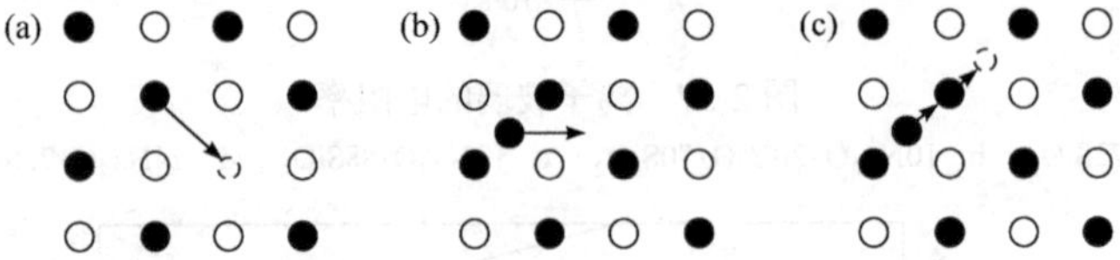

图 2-59 离子电导中三种扩散形式

(a) 空位扩散；(b) 间隙扩散；(c) 亚间隙扩散

假设材料中由载流子离子浓度梯度形成的电流密度 J_1 为

$$J_1 = -Dq\frac{\partial n}{\partial x} \tag{2-199}$$

式中，n 为单位体积的载流子浓度；x 为扩散距离；q 为离子荷电量；D 为扩散系数。当存在外电场 E 时，产生的电流密度 J_2 为

$$J_2 = \sigma E = \sigma\frac{\partial V}{\partial x} \tag{2-200}$$

式中，V 为电势。当浓度梯度扩散和外电场同时存在时，总电流密度 J 为

$$J = -Dq\frac{\partial n}{\partial x} - \sigma\frac{\partial V}{\partial x} \tag{2-201}$$

根据玻尔兹曼分布，电场存在下的载流子浓度表示为

$$n = n_0 \mathrm{e}^{-qV/k_0T} \tag{2-202}$$

式中，n_0 为常数。因此，浓度梯度为

$$\frac{\partial n}{\partial x} = -\frac{qn}{k_0T}\cdot\frac{\partial V}{\partial x} \tag{2-203}$$

当处于热平衡状态时，总电流密度 $J=0$，即

$$J = \frac{nDq^2}{k_0T}\frac{\partial V}{\partial x} - \sigma\frac{\partial V}{\partial x} = 0 \tag{2-204}$$

因此，离子电导率 σ 和扩散系数 D 之间的关系式为

$$\sigma = \frac{nq^2}{k_0T}D \tag{2-205}$$

式(2-205)称为能斯特-爱因斯坦方程。又由电导率 $\sigma = nq\mu$，可以得到

$$D=\frac{\mu}{q}k_0T=Bk_0T \tag{2-206}$$

式中，μ 为离子迁移率；B 为离子绝对迁移率，即 $B=\frac{\mu}{q}$。

2.4.3 影响离子导电的因素

1. 温度

由式(2-192)可见，离子晶体的电导率随温度的升高呈指数规律增加。图 2-60 给出了离子晶体电导率随温度的变化曲线。可见，随着温度由低到高上升，电导率对数的斜率发生明显变化，曲线出现拐点，把曲线分成两部分，其中低温区是易迁移的杂质离子引起的杂质导电，高温区是本征导电。需要注意的是，拐点的出现有可能是离子导电机制发生变化，也可能是导电载流子的种类发生变化导致的。例如，刚玉瓷在低温下发生的是杂质离子导电，而在高温下则主要为电子导电。

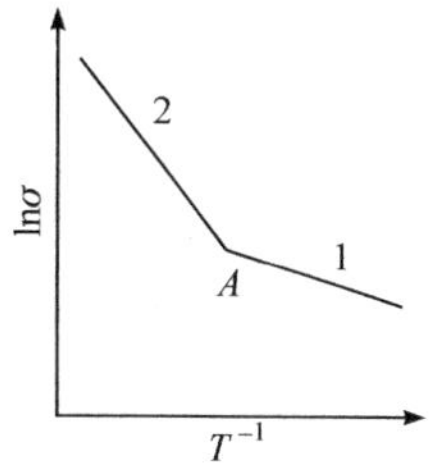

图 2-60 温度对离子导电的影响
1. 低温区；2. 高温区

2. 离子性质与晶体结构

离子性质和晶体结构对离子导电的影响是通过改变电导活化能实现的。活化能取决于晶体间粒子结合力。首先，熔点高的离子晶体中，离子间的结合力大，相应的活化能高，电导率也就低。其次，一价正离子尺寸小，荷电量小，相应活化能低，迁移率高，电导率也高；而高价正离子的价键强，活化能高，电导率就低。对碱卤化合物的研究发现，当负离子半径增大时，其正离子迁移的活化能显著降低。例如，NaF、NaCl、NaI 中正离子迁移的活化能分别为 $216\,kJ\cdot mol^{-1}$、$169\,kJ\cdot mol^{-1}$、$118\,kJ\cdot mol^{-1}$，则离子电导率依次增加。另外，晶体结构的影响提供了利于离子移动的“通路”，也就是说，晶体结构有较大间隙时，离子易于迁移，则其激活能低，电导率高。因此，结构致密的晶体往往具有较低的电导率，如体心立方晶体的电导率比面心立方结构的高。

3. 晶格缺陷

离子晶体要具有离子导电的特征，则必须具备两个条件：①电子载流子的浓度小；②离子晶格缺陷浓度大，并参与导电。因此，离子性晶格缺陷的生成及其浓度也是决定离子电导的关键。

在离子晶体中，由于热激发，晶体产生肖特基缺陷或弗仑克尔缺陷。由于局部电中性的要求，纯净离子晶体中的肖特基缺陷中往往一对正负离子的空位同时出现，随着缺陷中空位的增加，电导率提高。另外，不等价固溶掺杂也会形成晶格缺陷，如 AgBr 中掺杂 $CdBr_2$，从而生成缺陷 Cd_{Ag} 和 V_{Ag}。这些点缺陷也会明显地影响离子晶体的导电性。离子导电与金属导电相反，缺陷越多，电导率越高。缺陷还可能是由于晶体所处环境气氛发生变化，离子晶体中正负离子计量比发生偏离，形成非化学计量比化合物，而生成晶格缺陷。例如，稳定型 ZrO_2，由于氧的脱离形成氧空位 V_O。

当然，根据电中性原则，产生点缺陷(离子型缺陷)的同时，也会产生电子型缺陷，因此几乎所有的固体电解质都或多或少地具有电子导电，它们也会影响电导率。

本章小结

本章首先简要介绍了材料的导电性，并根据其高低将材料分为导体、半导体和绝缘体，根据导电机制可分为电子导电、离子导电等。分别重点阐述了金属、半导体和离子晶体的导电机理和影响因素。其中，金属主要以自由电子导电；影响金属导电性的主要因素有温度、应力、冷加工和缺陷等；金属之间形成固溶体时，溶质原子溶入溶剂晶格，电子散射概率增加，电阻率增高。半导体中导带电子和价带空穴共同参与导电；半导体的电阻率与杂质浓度和温度有关；非平衡状态下电子和空穴扩散产生扩散电流，载流子的扩散电流和漂移电流叠加构成半导体的总电流；p 型半导体和 n 型半导体交界处形成冶金学接触称为 pn 结，pn 结具有单向导电性。离子导电是带电荷的离子载流子在电场作用下定向运动形成的导电过程；影响离子电导的因素主要有温度、离子性质与晶体结构、晶体缺陷等。

习 题

1. 电阻的本质是什么?
2. 影响金属导电的因素有哪些?
3. 举例说明有序固溶体和无序固溶体的电阻率变化。
4. 结合能带理论分析导体、半导体和绝缘体。
5. 说明半导体有效质量的意义。
6. 以硅中掺入磷为例，说明什么是施主杂质、施主电离和 n 型半导体。
7. 以锗中掺入硼为例，说明什么是受主杂质、受主电离和 p 型半导体。
8. 如何估算浅能级杂质的电离能?
9. 什么是杂质补偿?
10. 如何定义非简并半导体和简并半导体?
11. 热平衡下半导体中的电子浓度和空穴浓度是如何计算的?
12. 如何计算半导体的电导率?
13. 简述半导体电阻率随温度的变化过程。
14. 非平衡载流子对半导体电导率的影响如何?
15. 如何计算电子和空穴的扩散电流密度?
16. 简述一维稳态扩散方程。
17. 简单分析半导体的单向导电性。
18. 离子晶体的扩散机制有哪些?
19. 影响离子导电的因素有哪些?

参考文献

陈光, 崔崇. 2003. 新材料概论[M]. 北京: 科学出版社.
陈光, 崔崇, 徐锋, 等. 2013. 新材料概论[M]. 北京: 国防工业出版社.
陈玉安, 王必本, 廖其龙. 2008. 现代功能材料[M]. 重庆: 重庆大学出版社.

陈志谦. 2023. 材料物理性能学[M]. 北京: 科学出版社.
邓志杰, 郑安生. 2004. 半导体材料[M]. 北京: 化学工业出版社.
杜彦良, 张光磊. 2009. 现代材料概论[M]. 重庆: 重庆大学出版社.
付小倩. 2015. GaN 基光电阴极的结构设计与制备研究[D]. 南京: 南京理工大学.
何飞, 赫晓东. 2020. 材料物理性能及其在材料研究中的应用[M]. 哈尔滨: 哈尔滨工业大学出版社.
黄昆, 韩汝琦. 2010. 半导体物理基础[M]. 北京: 科学出版社.
季振国. 2005. 半导体物理[M]. 杭州: 浙江大学出版社.
李定海. 2011. 中国砷化镓太阳能电池的发展研究[J]. 中国金属通报, 2: 39.
李廷希, 张文丽. 2017. 功能材料导论[M]. 长沙: 中南大学出版社.
刘恩科, 朱秉升, 罗晋生. 2018. 半导体物理学[M]. 7 版. 北京: 电子工业出版社.
龙毅. 2019. 材料的物理性能[M]. 北京: 高等教育出版社.
吕海燕. 2018. GaN 基和 ZnTe 半导体材料的制备和光学特性研究[D]. 济南: 山东大学.
马如璋, 蒋民华, 徐祖雄. 1999. 功能材料学概论[M]. 北京: 冶金工业出版社.
田莳, 王敬民, 王瑶, 等. 2022. 材料物理性能[M]. 2 版. 北京: 北京航空航天大学出版社.
吴其胜. 2023. 材料物理性能[M]. 3 版. 广州: 华南理工大学出版社.
谢孟贤, 刘诺. 2001. 化合物半导体材料与器件[M]. 成都: 电子科技大学出版社.
谢欣荣. 2020. 第三代半导体材料氮化镓(GaN)研究进展[J]. 广东化工, 47(18): 92-93.
杨树人, 王宗昌, 王兢. 2015. 半导体材料[M]. 3 版. 北京: 科学出版社.
尹建华. 2009. 半导体硅材料基础[M]. 北京: 化学工业出版社.
张宝林, 董鑫, 李贤斌. 2020. 半导体物理学[M]. 北京: 科学出版社.
周永溶. 1992. 半导体材料[M]. 北京: 北京理工大学出版社.
Buzynin Y, Shengurov V, Zvonkov B, et al. 2017. GaAs/Ge/Si epitaxial substrates: Development and characteristics[J]. AIP Advances, 7(1): 15304-15306.
Khrapovitskaya Y V, Chernykh M Y, Ezubchenko I S, et al. 2020. Powerful gallium nitride microwave transistors on silicon substrates[J]. Nanotechnologies in Russia, 15: 169-174.
Mclaughlin D P, Pearce J M. 2013. Progress in indium gallium nitride materials for solar photovoltaic energy conversion[J]. Metallurgical and Materials Transactions A, 44: 1947-1954.
Robert F P. 2010. 半导体器件基础[M]. 黄如, 王漪, 王金廷, 等译. 北京: 电子工业出版社.

第3章 介电性能与电介质

在外电场作用下，材料发生两种响应：一种是电传导，另一种是电感应。电传导对应于第2章所述的材料的导电行为；与之相对应，电感应对应于材料的介电性能和电介质(材料)。本章首先介绍电介质的极化现象与微观机制，然后对材料介电性能的基本参数，即介电常数、介电弛豫和频率响应、介电损耗等进行简单说明，并介绍与介电性能相关的铁电性、热释电效应、压电效应及其应用等。

3.1 电介质及其极化

3.1.1 极化现象及其物理量

材料的(电)极化现象是指在通入外电场时，材料中的正电荷与负电荷发生相对位移的现象。电介质就是指在电场作用下能够建立极化的物质，通常也称介电材料。电介质内部没有自由电子，它是由中性分子构成的。由于分子内在力的约束，电介质分子中的带电粒子不能发生宏观的位移，称为束缚电荷，也称极化电荷。在外电场作用下，与电场方向垂直的电介质表面分别出现正、负电荷，这些电荷不能自由移动，电介质总体保持电中性。如图3-1(a)所示，真空平行板电容器中的电介质表面的电荷就是这种状态。正是这种极化，使电容器的电荷存储能力增加。

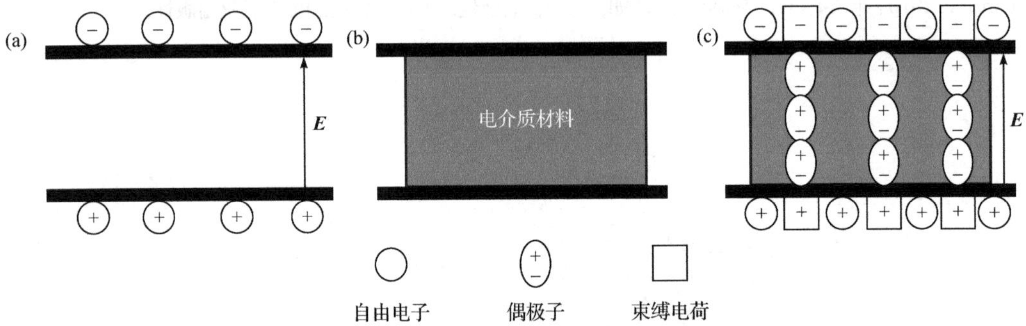

图3-1 平行板电容器中电介质的极化现象

(a) 真空平行板电容器；(b) 有电介质、无外加电场的平行板电容器；(c) 有电介质、有外加电场的平行板电容器

根据电介质中束缚电荷的分布特征，可将组成电介质的分子分为极性分子(AlN、ZnO等)和非极性分子(ZrO_2 等)两大类。它们结构的主要差别是分子的正、负电荷统计中心是否重合，即是否有电偶极子。极性分子存在电偶极矩，其电偶极矩可表示为矢量 $\boldsymbol{\mu}$：

$$\boldsymbol{\mu} = Q\boldsymbol{l} \tag{3-1}$$

式中，Q 为极性分子所含的电量；$\boldsymbol{l}$ 为从负电荷到正电荷的矢量。

如图 3-1 所示的极性分子存在电偶极矩。而非极性分子只有在外场的作用下，分子结构中正、负电荷中心才产生分离。为了定量描述电介质的这种性质，研究人员引入电极化强度、介电常数等参数。

定义电介质单位体积内的电偶极矩总和 $\boldsymbol{P}$ 为介质的极化程度，其定义式为

$$\boldsymbol{P} = \frac{\sum \boldsymbol{\mu}}{\Delta V} \tag{3-2}$$

式中，极化强度是一个矢量，其单位为 $\mathrm{C \cdot m^{-2}}$；$\sum \boldsymbol{\mu}$ 为电介质中所有电偶极矩的矢量和；ΔV 为 $\sum \boldsymbol{\mu}$ 电偶极矩所在空间的体积。

极化既然是由电场引起的，极化强度就应与场强有关，这一关系由电介质的内在结构决定。电介质分为各向同性电介质和各向异性电介质(绝大多数晶体)两种，均可以用统一的公式描述极化强度和电场强度之间的关系：

$$\boldsymbol{P} = \chi_e \varepsilon_0 \boldsymbol{E} \tag{3-3}$$

式中，$\boldsymbol{E}$ 为电场强度；ε_0 为真空介电常数；χ_e 为电极化率。

不同电介质有不同的电极化率 χ_e。可以证明电极化率 χ_e 和相对介电常数 ε_r 有如下关系：

$$\chi_e = \varepsilon_r - 1 \tag{3-4}$$

由式(3-3)和式(3-4)可得

$$\boldsymbol{P} = \boldsymbol{E}(\varepsilon_r - \varepsilon_0) \tag{3-5}$$

电位移 $\boldsymbol{D}$ 是为了描述电介质存在时的高斯定理引入的一个矢量，其定义为

$$\boldsymbol{D} = \varepsilon_0 \boldsymbol{E} + \boldsymbol{P} \tag{3-6}$$

式中，$\boldsymbol{D}$ 为电位移；$\boldsymbol{E}$ 为电场强度；$\boldsymbol{P}$ 为电极化强度。式(3-6)描述了 $\boldsymbol{D}$、$\boldsymbol{E}$、$\boldsymbol{P}$ 三矢量之间的关系，这对于各向同性电介质和各向异性电介质都是适用的。联系式(3-3)和式(3-6)可得

$$\boldsymbol{D} = \varepsilon_0 \boldsymbol{E} + \boldsymbol{P} = \varepsilon_0 \boldsymbol{E} + \chi_e \varepsilon_0 \boldsymbol{E} = \varepsilon_0 \varepsilon_r \boldsymbol{E} = \varepsilon \boldsymbol{E} \tag{3-7}$$

式(3-7)说明，在各向同性的电介质中，电位移等于场强的 ε 倍。如果是各向异性电介质，如石英单晶等，则 $\boldsymbol{P}$ 与 $\boldsymbol{E}$、$\boldsymbol{D}$ 的方向一般并不相同，电极化率 χ_e 也不能只用数值表示，但式(3-7)仍适用。

3.1.2 电介质的极化机制

电介质在外加电场作用下产生宏观的电极化强度，实际上是电介质微观上各种极化机制贡献的结果，它包括电子(离子)位移极化、取向极化和空间电荷极化。

1. 电子、离子位移极化

1) 电子位移极化

在没有外电场作用时，组成电介质的分子或原子所带正、负电荷的中心重合，即电偶极矩等于零，对外呈电中性。在外电场作用下，原子中的正、负电荷中心产生相对位移(电子云发生了变化而使正、负电荷中心分离的物理过程)，中性分子则转化为偶极子，从而产生了电子位移极化或电子形变极化，如图 3-2 所示。根据玻尔(Bohr)原子模型，利用经典理论可以计算出电子的平均极化率 α_e 为

$$\alpha_{\mathrm{e}} = \frac{4}{3}\pi\varepsilon_{\mathrm{r}} R^3 \tag{3-8}$$

式中，ε_r为相对介电常数；R为原子(离子)的半径。由式(3-8)可见，电子极化率与原子(离子)的半径有关。

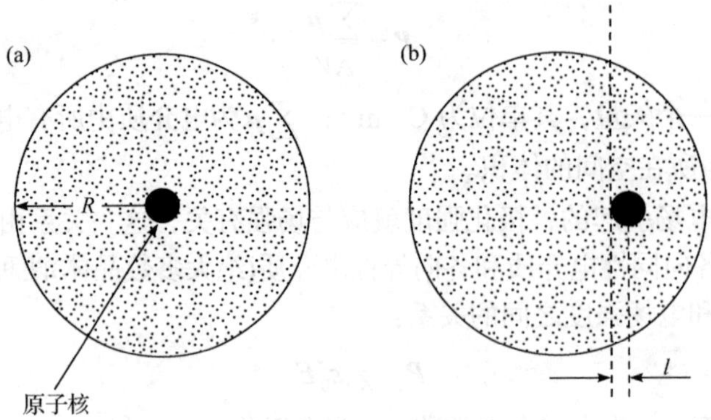

图 3-2 电子云位移极化示意图
(a) $\boldsymbol{E}=0$；(b) $\boldsymbol{E}\neq 0$

电子位移极化存在于一切气体、液体及固体介质中，具有如下特点：①形成极化所需的时间极短(因电子质量极小)，约 10^{-15} s，故其ε_r不随频率变化；②具有弹性，撤去外场，正、负电荷中心重合，没有能量损耗；③温度对其影响不大，温度升高，ε_r略微下降，具有不大的负温度系数。

2) 离子位移极化

离子在电场作用下偏移平衡位置的移动，相当于形成了一个感生偶极矩，也可以理解为离子晶体在电场作用下离子间的键合被拉长，碱卤化物晶体就是如此。如图 3-3 所示是离子位移极化的模型。

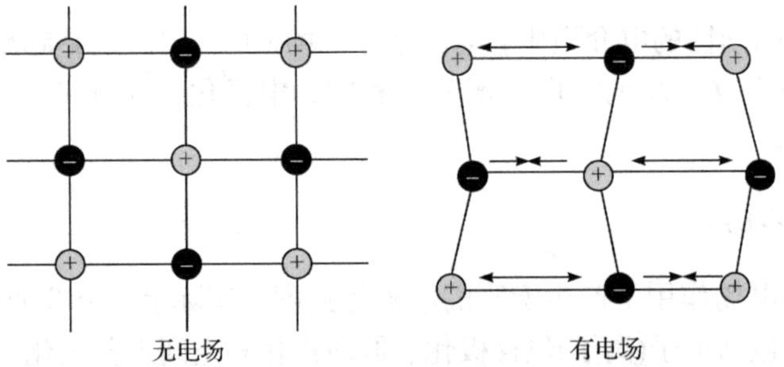

图 3-3 离子位移极化模型

以离子晶体的极化为例，每对离子的平均位移极化率α_i为

$$\alpha_{\mathrm{i}} = \frac{12\pi\varepsilon_{\mathrm{r}} a^3}{A(n-1)} \tag{3-9}$$

式中，a为晶格常数；A为马德隆常数；n为电子层斥力指数，对于离子晶体，n为 7～11，因此离子位移极化率的数量级约为 10^{-40} F · m^2。

离子位移极化主要存在于离子晶体中，如云母、陶瓷材料等，具有如下特点：①由于离子质量远高于电子质量，因此极化建立的时间也比电子慢，为 $10^{-12}\sim10^{-13}$ s；②属弹性极化，几乎没有能量损耗；③温度升高时离子间的结合力降低，使极化程度增加，但离子的密度随温度升高而减小，使极化程度降低，通常前一种因素影响较大，故 ε_r 一般具有正的温度系数，即温度升高，极化程度有增强的趋势。

2. 取向极化

在没有外电场作用时，电偶极子在固体中杂乱无章地排列，宏观上显示不出它的带电特征；如果将该系统放入外电场中，其固有的电偶极矩将沿外电场方向有序取向，这个过程称为取向极化，如图 3-4 所示。

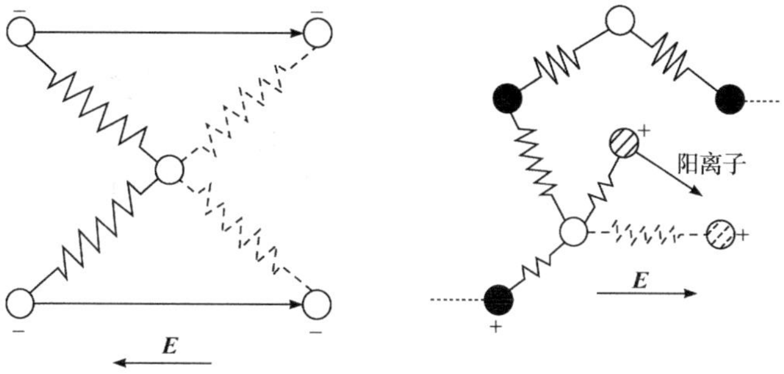

图 3-4　取向极化示意图

取向极化过程中，热运动(温度作用)和外电场是使偶极子运动的两个矛盾因素。偶极子沿外电场方向有序化将降低系统能量，但热运动会破坏这种有序化。在二者平衡条件下，可以计算出温度不是很低(如室温)，外电场不是很高时，材料的取向极化率：

$$\alpha_d = \frac{\langle \mu_0^2 \rangle}{3k_0T} \tag{3-10}$$

式中，$\langle \mu_0^2 \rangle$ 为无外电场时的均方偶极矩；k_0 为玻尔兹曼常量；T 为热力学温度。

固有电偶极矩的取向极化具有如下特点：①极化是非弹性的；②形成极化需要较长时间，为 $10^{-2}\sim10^{-10}$ s；③取向极化率比电子极化率一般要高两个数量级；④温度对极性介质的 ε_r 有很大影响：温度高时，分子热运动剧烈，妨碍它们沿电场方向取向，使极化减弱，故极性气体介质常具有负的温度系数；但极性液体、固体的 ε_r 在低温下先随温度的升高而增加，当热运动变得较强烈时，ε_r 又随温度的上升而减小。

3. 空间电荷极化

众所周知，离子晶体的晶界处存在空间电荷。实际上不仅晶界处存在空间电荷，其他二维、三维缺陷皆可引入空间电荷，可以说空间电荷极化常常发生在不均匀介质中。在外电场作用下，这些混乱分布的空间电荷，趋向于有序化，即不均匀介质内部的正负间隙离子分别向负、正极方向移动，引起介质内各点离子密度变化，即出现电偶极矩，其表现类似于一个宏观的电偶极矩群从无序取向向有序取向的转化过程，这种极化称为空间电荷极化。

宏观的不均匀性，如夹层、气泡等也可形成空间电荷极化。因此，这种极化又称界面极化。空间电荷的积聚，可形成与外场方向相反的很强的电场，故而有时又称这种极化为高压式极化。

空间电荷极化具有如下特点：①这种极化牵扯很大的极化质点，产生极化所需的时间较长，为 10^{-4}～10^{4} s；②属非弹性极化，有能量损耗；③随温度的升高而下降；④主要存在于直流和低频下，高频时因空间电荷来不及移动，没有或很少出现这种极化现象。

4. 弛豫(松弛)极化

这种极化机制也是由外加电场造成的，但与带电质点的热运动状态密切相关。例如，当材料中存在弱联系的电子、离子和偶极子等弛豫质点时，温度造成的热运动使这些质点分布混乱，而电场使它们有序分布，平衡时建立了极化状态。这种极化具有统计性质，称为热弛豫(松弛)极化。极化造成的带电质点的运动距离可与分子大小相媲美，甚至更大。由于这是一种弛豫过程，建立平衡极化时间为 10^{-2}～10^{-3} s，并且由于创建平衡要克服一定的位垒，故需吸收一定能量，因此与位移极化不同，弛豫极化是一种非可逆过程。

弛豫极化包括电子弛豫极化、离子弛豫极化、偶极子弛豫极化，多发生在聚合物分子、晶体缺陷区或玻璃体内。

1) 电子弛豫极化 α_T^e

由于晶格的热振动、晶格缺陷、杂质引入、化学成分局部改变等因素，电子能态发生改变，出现位于禁带中的局部能级，形成弱束缚电子。例如，色心点缺陷之一的“F-心”就是由一个负离子空位俘获一个电子形成的。“F-心”的弱束缚电子为周围结点上的阳离子共有，在晶格热振动下，可以吸收一定能量由较低的局部能级跃迁到较高的能级而处于激发态，连续地由一个阳离子结点转移到另一个阳离子结点，类似于弱联系离子的迁移。外加电场使弱束缚电子的运动具有方向性，这就形成了极化状态，称为电子弛豫极化。它与电子位移极化不同，是一种不可逆过程。

由于这些电子是弱束缚状态，因此电子可做短距离运动。由此可知，具有电子弛豫极化的介质往往具有电子导电特性。这种极化建立的时间为 10^{-2}～10^{-9} s。在电场频率高于 10^{9} Hz 时，这种极化就不存在了。

电子弛豫极化多出现在以铌、铋、钛氧化物为基的陶瓷介质中。

2) 离子弛豫极化 α_T^a

与晶体中存在弱束缚电子类似，在晶体中也存在弱联系离子。在完整离子晶体中离子处于正常结点，能量最低最稳定，称为强联系离子。它们在极化状态时，只能产生弹性位移，离子仍处于平衡位置附近。而在玻璃态物质、结构松散的离子晶体或晶体中的杂质或缺陷区域，离子自身能量较高，易于活化迁移，这些离子称为弱联系离子。弱联系离子极化时，可以从一平衡位置移动到另一平衡位置。但当外电场去掉后离子不能回到原来的平衡位置，这种迁移是不可逆的，迁移的距离可达到晶格常数数量级，比离子位移极化时产生的弹性位移要大得多。然而需要注意的是弱离子弛豫极化不同于离子电导，因为后者迁移距离属远程运动，而前者运动距离是有限的，它只能在结构松散或缺陷区附近运动，越过势垒到新的平衡位置。

根据弱联系离子在有效电场作用下的运动，以及对弱离子运动位垒进行计算，可以得到离子热主流的弛豫极化率 α_T^a 的大小：

$$\alpha_T^a = \frac{q^2\delta^2}{12k_0T} \tag{3-11}$$

式中，q 为离子荷电量；δ 为弱离子在电场作用下的迁移；T 为热力学温度；k_0 为玻尔兹曼常量。

由式(3-11)可见，温度升高，热运动对弱离子规则运动阻碍增大，因此 α_T^a 下降。离子弛豫极化率比位移极化率大一个数量级，因此电介质的介电常数较大。需要注意的是，温度的降低会减少极化建立所需的时间，因此在一定温度下，热弛豫极化的电极化强度 $\boldsymbol{P}$ 会达到最大值。

离子弛豫极化的时间为 10^{-2}～10^{-5} s，故当频率在无线电频率 10^6 Hz 以上时，离子弛豫极化不对电极化强度做贡献。

表 3-1 总结了电介质可能发生的极化形式、可能发生的频率范围、与温度的关系等。

表 3-1　晶体电介质极化机制小结

极化形式	电介质种类	可能发生的频率范围	与温度的关系	能量消耗
电子位移极化	一切电介质	直流到光频	无关	没有
电子弛豫极化	钛质瓷，以高价金属氧化物为基的陶瓷	直流到超高频	随温度变化有极大值	没有
离子位移极化	离子结构电介质	直流到红外	温度升高极化增强	很微弱
离子弛豫极化	存在弱束缚离子的玻璃、晶体陶瓷	直流到超高频	随温度变化有极大值	没有
取向极化	有机材料	直流到超高频	随温度变化有极大值	有
空间电荷极化	结构不均匀的陶瓷电介质	直流到低频 10^3 Hz	随温度升高而减弱	有
自发极化	温度低于居里温度的铁电材料	直流到光频	随温度变化显著，有极大值	很大

以上介绍的极化都是加外电场作用的结果，而有一种极性晶体在无外电场作用时自身已经存在极化，这种极化称为自发极化，将在第三节中介绍。

3.1.3　宏观极化强度与微观极化率关系

电介质在外加电场作用下产生的宏观极化强度，实际上是电介质微观上各种极化机制贡献的结果。对于一个分子，它总是与除它以外的分子相隔开，同时又总与其周围的分子相互作用，即使没有外部电场作用，介质中每一个分子也都处于周围分子的作用中。当施加外部电场时，由于感应作用，分子发生极化，并产生感应偶极矩，从而成为偶极分子，它们同时也作用于被考察分子并改变其分子间的相互作用。因此，当寻找宏观的电极化强度与微观极化率的关系时，要明确的问题是：外加电场是否完全作用到每个分子或原子，也就是说作用在分子、原子的局部电场 $\boldsymbol{E}_{loc}$ 或者称为实际有效的电场强度到底是多少。现已证明，作用在分子、原子上的有效电场与宏观电场不同，它是外加宏观电场与周围极化了的分子对被考察分子相互作用之和，即与分子、原子上的有效电场、外加电场 $\boldsymbol{E}_0$、电介质极化形成

的退极化场 $\boldsymbol{E}_d$，还有分子或原子与周围的带电质点的相互作用有关。克劳修斯-莫索提方程(Clausius-Mosotti equation)表述了宏观电极化强度与微观分子(原子)极化率的关系。

1. *有效电场*

当电介质极化后，在其表面形成了束缚电荷。这些束缚电荷形成一个新的电场，由于与极化电场方向相反，故称为退极化场 $\boldsymbol{E}_d$。根据静电学原理，由均匀极化产生的电场等于分布在物理表面上的束缚电荷在真空中产生的电场，一个椭圆形样品可形成均匀极化并产生一个退极化场(图 3-5)。

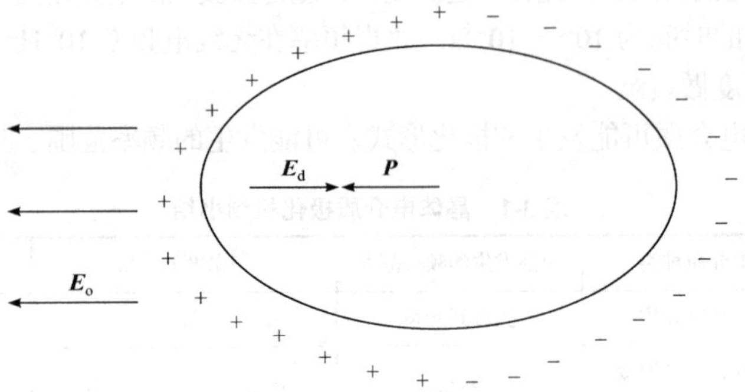

图 3-5 退极化场 $\boldsymbol{E}_d$

因此，外加电场 $\boldsymbol{E}_o$ 和退极化场 $\boldsymbol{E}_d$ 共同作用才是宏观电场 $\boldsymbol{E}_{宏}$，即

$$\boldsymbol{E}_{宏} = \boldsymbol{E}_o + \boldsymbol{E}_d \tag{3-12}$$

莫索提推导出了极化的球形腔内局部电场 $\boldsymbol{E}_{loc}$ 的表达式：

$$\boldsymbol{E}_{loc} = \boldsymbol{E}_{宏} + \frac{\boldsymbol{P}}{3\varepsilon_0} \tag{3-13}$$

2. *克劳修斯-莫索提方程*

电极化强度 $\boldsymbol{P}$ 可以表示为电介质在实际电场作用下所有偶极矩的总和，即

$$\boldsymbol{P} = \sum_i N_i \bar{\boldsymbol{\mu}}_i \tag{3-14}$$

式中，N_i 为第 i 种偶极子数目；$\bar{\boldsymbol{\mu}}_i$ 为第 i 种偶极子平均偶极矩。

带电质点的平均偶极矩正比于作用在质点上的局部电场 $\boldsymbol{E}_{loc}$，即

$$\bar{\boldsymbol{\mu}}_i = \alpha_i \boldsymbol{E}_{loc} \tag{3-15}$$

式中，α_i 是第 i 种偶极子电极化率，则总的电极化强度为

$$\boldsymbol{P} = \sum_i N_i \alpha_i \boldsymbol{E}_{loc} \tag{3-16}$$

将式(3-13)代入式(3-16)中得

$$\sum_i N_i \alpha_i = \frac{\boldsymbol{P}}{\boldsymbol{E}_{宏} + \boldsymbol{P}/3\varepsilon_0} \tag{3-17}$$

已经证明，电极化强度不仅与外加电场有关，且与极化电荷产生的电场有关，可以表示为

$$\boldsymbol{P}=\varepsilon_0\left(\varepsilon_{\mathrm{r}}-1\right)\boldsymbol{E}_{宏} \tag{3-18}$$

考虑式(3-18)，式(3-17)可化为

$$\sum_i N_i\alpha_i=\frac{1}{\dfrac{1}{\left(\varepsilon_{\mathrm{r}}-1\right)\varepsilon_0}+\dfrac{1}{3\varepsilon_0}} \tag{3-19}$$

整理得

$$\sum_i N_i\alpha_i=\frac{3\varepsilon_0^2\left(\varepsilon_{\mathrm{r}}-1\right)}{\varepsilon_0\left(\varepsilon_{\mathrm{r}}+2\right)} \tag{3-20}$$

则

$$\frac{\varepsilon_{\mathrm{r}}-1}{\varepsilon_{\mathrm{r}}+2}=\frac{1}{3\varepsilon_0}\sum_i N_i\alpha_i \tag{3-21}$$

式(3-21)描述了电介质的相对介电常数 ε_{r} 与偶极子种类、数目和极化率之间的关系，指出了高介电常数材料的研发方向。如果引入前面介绍的微观极化机制，并假设几种微观极化机制都起作用，则式(3-21)变为

$$\frac{\varepsilon_{\mathrm{r}}-1}{\varepsilon_{\mathrm{r}}+2}=\frac{1}{3\varepsilon_0}\sum_i N_i\left(\alpha_1+\alpha_2+\alpha_{\mathrm{d}}+\alpha_{\mathrm{s}}\right) \tag{3-22}$$

式中，$\alpha_1=\alpha_{\mathrm{e}}+\alpha_{\mathrm{T}}^{\mathrm{e}}$；$\alpha_2=\alpha_{\mathrm{a}}+\alpha_{\mathrm{T}}^{\mathrm{a}}$；$\alpha_1+\alpha_2+\alpha_{\mathrm{d}}+\alpha_{\mathrm{s}}=\alpha_i$。

式(3-21)和式(3-22)只适用于分子间作用很弱的气体、非极性液体和非极性固体以及一些 NaCl 型离子晶体或立方对称的晶体。由式(3-22)可以看出，为获得高介电常数，除选择极化率高的离子外，还应选择单位体积内极化质点多的电介质。

3.2 交变电场中的电介质

电介质除承受直流电场作用外，更多的是承受交流电场作用，因此应考虑电介质的动态特性，如交变电场下的电介质损耗及强度特性。

3.2.1 复介电常数

在变动的电场下，上一节介绍的静态介电常数不再适用，而出现动态介电常数——复介电常数。下面以平行板电容器为例说明复介电常数。

平行板电容器由两个平行导电电极和填充在它们之间的电介质构成。外加电场时，电容器的两个平行电极开始分别积累等量正负电荷，这个过程即为充电过程。由于两边正负电荷的存在，两个平行电极板之间产生内部电场，使电介质发生极化，直到内部电场等于外加电场时，充电过程结束。现有一个在真空中电容量为 $C_0=\varepsilon_0\dfrac{A}{d}$ 的平行板电容器，如果在该电容器两个极板上施加角频率 $\omega=2\pi f$ 的交流电压(图 3-6)：

$$U=U_0\mathrm{e}^{\mathrm{i}\omega t} \tag{3-23}$$

式中，$\mathrm{e}^{\mathrm{i}\omega t}=\sin(\omega t)$。

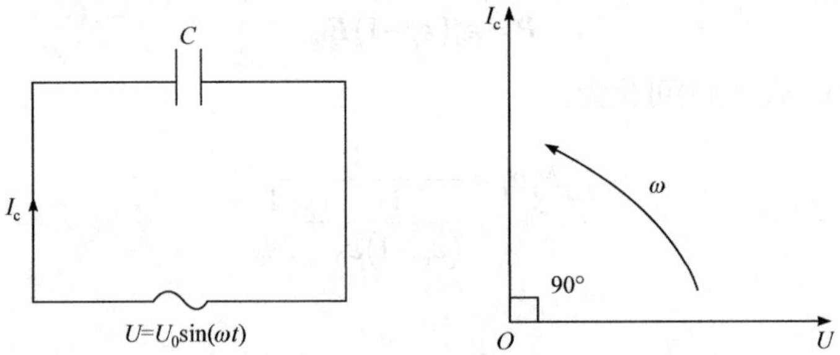

图 3-6 正弦电压下的理想平行板电容器

则在电极上出现电荷 $Q=C_0U$，其回路电流为

$$I_c=\frac{\mathrm{d}Q}{\mathrm{d}t}=\mathrm{i}\omega C_0U\mathrm{e}^{\mathrm{i}\omega t}=\mathrm{i}\omega C_0U \tag{3-24}$$

由式(3-24)可见，电容电流 I_c(有损耗的介质可以用一个理想电容和一个有效电阻的并联电路表示，通过电容的电流称为容性电流)超前电压 U 相位 90°。

如果在极板间充填相对介电常数为 ε_r 的理想介电材料，则其电容量 $C=\varepsilon_rC_0$，其电流 $I'=\varepsilon_rI'_c$ 的相位，仍超前电压 U 相位 90°。但实际介电材料不是这样，因为它们总会漏电，或者是极性电介质，或者兼有。这时除了有电容电流 I_c 外，还有与电压同相位的电导分量 GU($G=1/R$，在交流电路中电导定义为导纳的实部；U 为电压)，总电流应为这两部分的矢量和(图 3-7)：

$$\boldsymbol{I}=\boldsymbol{I}_{ac}+\boldsymbol{I}_{dc}=\mathrm{i}\omega CU+GU=(\mathrm{i}\omega C+G)U \tag{3-25}$$

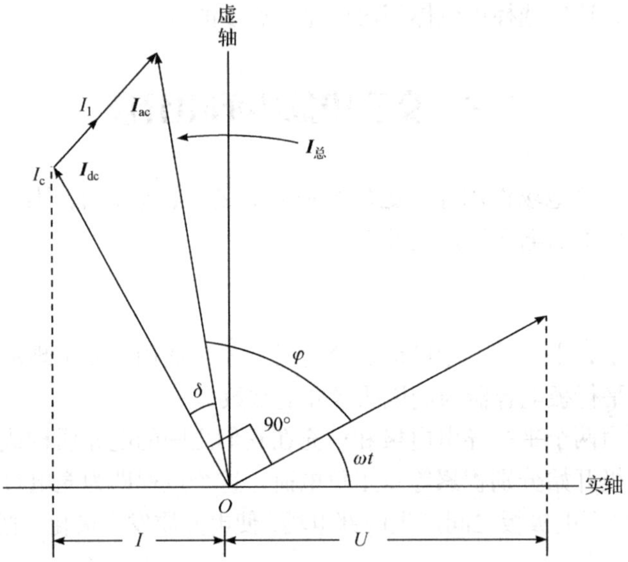

图 3-7 非理想电介质充电、损耗和总电流矢量图

将 $G=\sigma\frac{A}{d}$，$C=\varepsilon_0\varepsilon_r\frac{A}{d}$(式中，$\sigma$ 为电导率；A 为极板面积；d 为电介质厚度)代入式(3-25)，即可求得电流密度与材料电导率 σ、介电常数 ε 之间的关系：

$$J = \mathrm{i}\omega\varepsilon_0\varepsilon_r E + \sigma E \tag{3-26}$$

式中，第一项$\mathrm{i}\omega\varepsilon_0\varepsilon_r E$为位移电流密度；第二项$\sigma E$为传导电流密度。

由$J = \mathrm{i}\omega\varepsilon^* E$定义复介电常数$\varepsilon^*$，即

$$\varepsilon^* = \frac{\mathrm{i}\omega\varepsilon_0\varepsilon_r + \sigma}{\mathrm{i}\omega} = \varepsilon_0\varepsilon_r - \mathrm{i}\frac{\sigma}{\omega} \tag{3-27}$$

式中，ε为绝对介电常数。由于电导(或损耗)不完全由自由电荷产生，也由束缚电荷产生，那么电导率σ本身就是一个依赖频率的复变量，所以ε^*的实部不是严格等于ε，虚部也不是精确地等于$\frac{|\sigma|}{\omega}$。

复介电常数最普遍的表达式是

$$\varepsilon^* = \varepsilon' - \mathrm{i}\varepsilon'' \tag{3-28}$$

这里ε'和ε''是依赖于频率的量。

现定义损耗角正切：

$$\tan\delta = \frac{损耗项\varepsilon''}{电容项\varepsilon'} = \frac{\sigma}{\omega\varepsilon'} \tag{3-29}$$

损耗角正切 $\tan\delta$ 为获得给定的存储电荷要消耗的能量。ε''或者$\varepsilon'\tan\delta$有时称为总损失因子，它是电介质作为绝缘材料使用的评价参数。为了降低使用绝缘材料的能量损耗，希望材料具有小的介电常数和更小的损耗角正切。损耗角正切的倒数$Q = (\tan\delta)^{-1}$在高频绝缘应用条件下，称为电介质的品质因数，品质因数越高越好。

3.2.2　介电弛豫和频率响应

介质在交变电场中通常发生弛豫现象。在实际介质样品上施加电场，所产生的极化过程不是瞬间完成的，有一定的滞后，这种在外电场施加或移去后，介质系统逐渐达到平衡状态的过程称为介质弛豫。

如图 3-8 所示，极化包括两项：

$$\boldsymbol{P}(t) = \boldsymbol{P}_0 + \boldsymbol{P}_1(t) \tag{3-30}$$

当时间足够长时，$\boldsymbol{P}_1(t) \to \boldsymbol{P}_{1\infty}$，而总极化$\boldsymbol{P}(t) \to \boldsymbol{P}_\infty$。前面介绍电介质微观机制时，曾分别指出不同极化方式建立并达到平衡时所需的时间。事实上只有电子位移极化可以认为是瞬时完成的，其他都需要一定的时间，这样在交流电场作用下，电介质的极化就存在频率响应问题。通常把电介质完成极化所需要的时间称为弛豫时间，一般用τ表示。

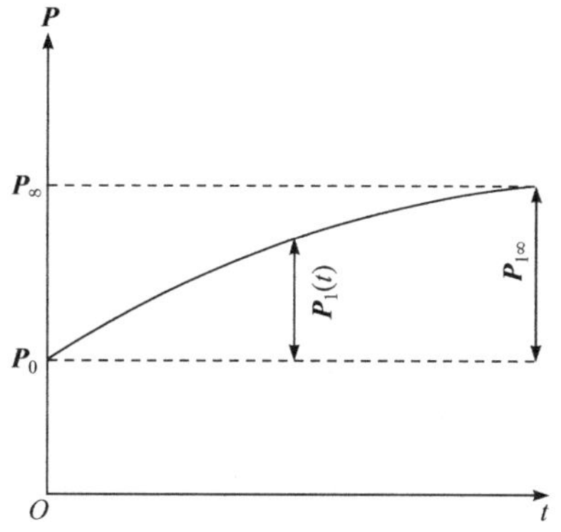

图 3-8　介质的弛豫过程

因此，在交变电场作用下，电介质的电容率是与电场频率相关的，也与电介质的极化弛豫时间有关。描述这种关系的方程称为德拜方程，其表达式如下：

$$
\begin{cases}
\varepsilon_{\mathrm{r}}' = \varepsilon_{\mathrm{r}\infty} + \dfrac{\varepsilon_{\mathrm{rs}} - \varepsilon_{\mathrm{r}\infty}}{1+\omega^2\tau^2} \\
\varepsilon_{\mathrm{r}}'' = \left(\varepsilon_{\mathrm{rs}} - \varepsilon_{\mathrm{r}\infty}\right)\left(\dfrac{\omega\tau}{1+\omega\tau^2}\right) \\
\tan\delta = \dfrac{\left(\varepsilon_{\mathrm{rs}} - \varepsilon_{\mathrm{r}\infty}\right)\omega\tau}{\varepsilon_{\mathrm{rs}} + \varepsilon_{\mathrm{r}\infty}\omega^2\tau^2}
\end{cases}
\tag{3-31}
$$

式中，$\varepsilon_{\mathrm{rs}}$为静态或低频下的相对介电常数；$\varepsilon_{\mathrm{r}\infty}$为光频下的相对介电常数。

由式(3-31)可以分析描述电介质极化和频率、弛豫时间关系的德拜方程的物理意义：

(1) 电介质的相对介电常数(实部和虚部)随所加电场的频率而变化。在低频时，相对介电常数与频率无关。

(2) 当$\omega\tau=1$时，损耗因子$\varepsilon_{\mathrm{r}}''$有极大值，同样$\tan\delta$也有极大值，但其$\omega=\left(\varepsilon_{\mathrm{rs}}/\varepsilon_{\mathrm{r}\infty}\right)^{1/2}/\tau$。根据式(3-31)作图，得到如图 3-9 所示的三组曲线，充分表现了$\varepsilon_{\mathrm{r}}'$、$\varepsilon_{\mathrm{r}}''$、$\tan\delta$与$\lg\omega$的关系曲线。

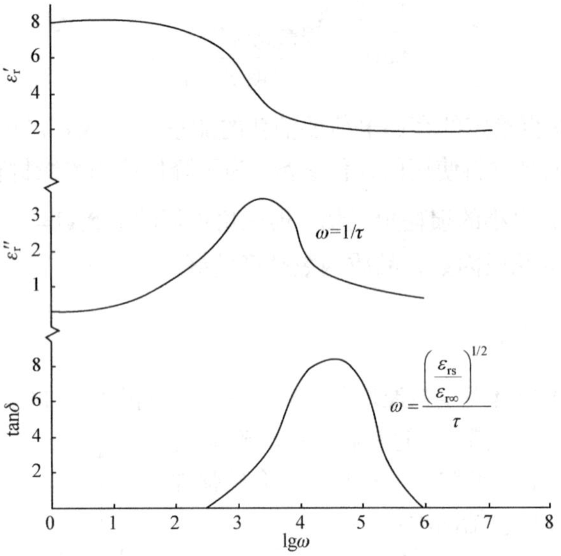

图 3-9 $\varepsilon_{\mathrm{r}}'$、$\varepsilon_{\mathrm{r}}''$、$\tan\delta$与$\lg\omega$的关系曲线

不同极化机制的弛豫时间不同。在交变电场频率极高时，弛豫时间长的极化机制来不及响应所受电场的变化，故对总的极化强度没有贡献。电介质不同的极化机制与频率存在不同的关系。电子极化可发生在任何频率下。在极高的紫外光频(10^{15} Hz)下，只有电子位移极化，并引起吸收峰。在红外光频范围(10^{12}～10^{13} Hz)内，主要是离子(或原子)极化机制引起的吸收峰，如硅氧键强度变化。如果材料(如玻璃)中有几种离子形式，则吸收范围的宽度增大，在 10^{2}～10^{11} Hz 三种极化机制都可对介电常数做出贡献。室温下在陶瓷或玻璃材料中，电偶极子取向极化是最重要的极化机制。空间电荷极化只发生在低频范围，频率低至10^{-3} Hz，可产生很大的介电常数；如果积聚的空间电荷密度足够大，则其作用范围可高至10^{3} Hz，在这种情况下难以从频率响应上区分取向极化和空间电荷极化。

研究介电常数与频率的关系，主要是为了研究电介质材料的极化机制，从而了解引起材料介电损耗的原因。

3.2.3　介电损耗

介电损耗是指电介质在交变电场中，由于消耗部分电能而使电介质本身发热的现象。因为电介质中含有能导电的载流子，在外加电场作用下，产生导电电流，消耗一部分电能，转为热能。电介质在恒定电场作用下损耗的能量与通过其内部的电流有关。加上电场后，介质内部通过电流及损耗情况有以下 3 种：

(1) 由样品的几何电容的充电造成的位移电流或电容电流，这部分电流不损耗能量。

(2) 由各种介质极化的建立引起的电流，引起的损耗称为极化损耗。

(3) 由介质的电导(漏导)造成的电流，引起的损耗称为电导损耗。

因此，能量损耗与介质内部的松弛极化、离子变形和振动、电导等有关。下面主要从微观机理的角度区分介电损耗的三种形式，并介绍频率和温度两个参数对介电损耗的影响。

1. 介电损耗的形式和微观机理

由电介质极化机理可知，电介质损耗主要有电导(漏导)损耗、极化损耗、共振吸收损耗。其他形式的损耗还有电离损耗(游离损耗)、结构损耗和宏观结构不均匀的介质损耗等。

1) 电导(或漏导)损耗

电介质由于缺陷的存在，或多或少存在一些束缚较弱的带电质点(载流子，包括空位)。这些带电质点在外电场的作用下沿与电场平行的方向做贯穿电极的运动，结果产生漏导电流，使能量直接损耗。这种由于电介质中带电质点的宏观运动引起的能量损耗称为电导损耗。实质相当于交流、直流电流流过电阻做功。一切实用工程介质材料不论是在直流还是在交流电场的作用下，都会发生电导损耗。

2) 极化损耗

极化损耗主要与极化的弛豫(松弛)过程有关。电介质在恒定电场作用下，从建立极化到稳定状态，一般要经过一定时间。从建立电子位移极化和离子位移极化，到到达其稳态所需要的时间为 10^{-16}～10^{-12} s，这在无线电频率(5×10^{12} Hz 以下)范围内仍可认为是极短的，因此这类极化又称无惯性极化或瞬时位移极化。这类极化几乎不产生能量损耗。另一类极化，如偶极子转向极化和空间电荷极化，在电场作用下则要经过相当长的时间(10^{-10} s 或更长)才能达到稳态，所以这类极化称为惯性极化或弛豫极化。这类极化损耗能量。

3) 共振吸收损耗

对于离子晶体，晶格振动的光频波代表原胞内离子的相对运动，若外电场的频率等于晶格振动波的频率，则发生共振吸收。带电质点吸收外电场能量，振幅越来越大，电介质极化强度逐渐增加，最后通过质点间的碰撞和电磁波的辐射把能量耗散掉，并一直进行到从电场中吸收的能量与耗散的能量相等时，达到平衡。室温下，共振吸收损耗在频率 10^8 Hz 以上发生。

2. 影响介电损耗的因素

影响材料介电损耗的因素可分为两类，一类是材料结构本身的影响，如不同材料的漏导电流不同，由此引起的损耗也各不相同，不同材料的极化机制不同，也使极化损耗各不相同，对此不详加讨论。这里主要讨论第二类情况，也就是外界环境或试验条件对材料介电损耗的影响。

1) 频率的影响

(1) 当外加电场频率很低，即 $\omega \to 0$ 时，介质的各种极化都能跟上外加电场的变化，此时不存在极化损耗，介电系数达到最大值。

介电损耗主要由漏导引起，损耗功率 P_w 与频率无关。由 $\tan\delta = \frac{\delta}{\omega\varepsilon}$ 可知，当 $\omega \to 0$ 时，$\tan\delta \to 0$。随着 ω 的升高，$\tan\delta$ 减小。

(2) 当外加电场逐渐升高时，弛豫极化在某一频率开始跟不上外电场的变化，松弛极化对介电常数的贡献逐渐减小，因而 ε_r 随 ω 升高而减小。在这一频率范围内，由于 $\omega\tau \ll 1$，故 $\tan\delta$ 随 ω 升高而增大，同时 P_w 也增大。

(3) 当 ω 很高时，$\varepsilon_r \to \varepsilon_\infty$，介电系数仅由位移极化决定，$\varepsilon_r$ 趋于最小值。此时由于 $\omega\tau \gg 1$，由式(3-31)可知，$\tan\delta$ 随 ω 升高而减小。$\varepsilon \to 0$ 时，$\tan\delta \to 0$。

如图 3-10 所示，在 ω_m 下，$\tan\delta$ 达到极大值，ω_m 可由式(3-30)对 $\tan\delta$ 微分得到：

$$\omega_m = \frac{1}{\tau}\sqrt{\frac{\varepsilon_s}{\varepsilon_\infty}} \tag{3-32}$$

$\tan\delta$ 极大值主要由弛豫过程决定。如果介质电导显著增大，则 $\tan\delta$ 峰值变平坦，甚至没有最大值。

2) 温度的影响

温度对弛豫极化有影响，因此也影响 ε_r、$\tan\delta$、P_w 变化。温度升高，弛豫极化增加，而且离子易发生移动，所以极化的弛豫时间 τ 减小，具体情况可结合德拜方程进行分析。

(1) 当温度很低时，τ 较大，由德拜方程可知：ε_r 较小，$\tan\delta$ 较小，且 $\omega^2\tau^2 \gg 1$，由式(3-31)知：$\tan\delta \propto \frac{1}{\omega\tau}$，$\varepsilon_r \propto \frac{1}{\omega^2\tau^2}$，在低温范围内随温度上升，$\tau$ 减小，则 ε_r 和 $\tan\delta$ 上升，P_w 也上升。

(2) 当温度较高时，τ 较小，此时 $\omega^2\tau^2 \ll 1$，因此随温度升高 τ 减小，$\tan\delta$ 减小。由于此时电导上升不明显，所以 P_w 也减小。联系低温部分可见，在 T_m 温度下，P_w 和 $\tan\delta$ 可出现极大值，如图 3-11 所示。

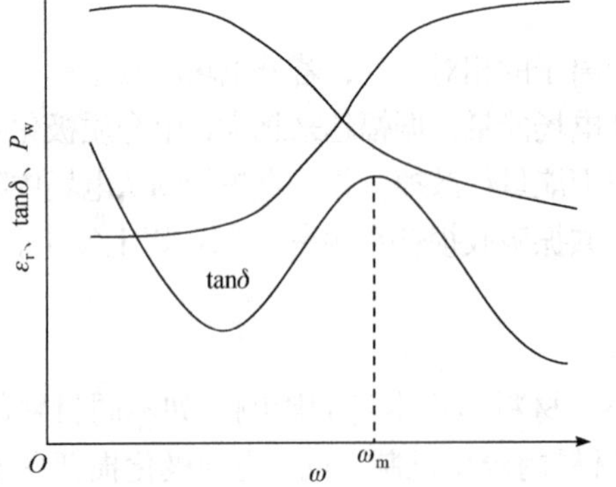

图 3-10 ε_r、$\tan\delta$、P_w 与 ω 的关系

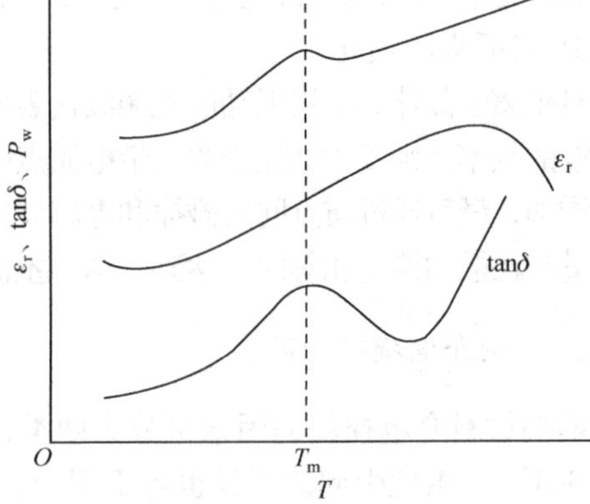

图 3-11 ε_r、$\tan\delta$、P_w 与温度的关系

(3) 温度持续升高到很高时，离子热振动能很高，离子迁移受热振动阻碍增大，极化减弱，则 ε_r 下降，电导急剧上升，故 $\tan\delta$ 也增大(图 3-11)。

从(2)和(3)中的分析可知，若电介质的电导很小，则弛豫极化损耗特征是，在 ε_r 和 $\tan\delta$ 与频率、温度的关系曲线上出现极大值。

3.3 铁电性

铁电体是指在某一温度范围内具有自发极化特性，且极化方向可以因外电场的作用而反向的晶体。另外，也可以根据铁电体具有电滞回线和具有许多铁电畴的特点进行定义，即凡具有铁电畴和电滞回线的介电材料都称为铁电体。

3.3.1 铁电体和铁电畴

1. 铁电体

铁电性最早是 1920 年法国科学家瓦拉塞克(J. Valasek)在罗谢尔盐($KNaC_4O_6H_4$，酒石酸钾钠)晶体中发现的，迄今为止已问世百余年。铁电体就是具有铁电性的材料。铁电体一般具有非中心对称的晶胞结构，会导致电偶极矩的产生，因而具有自发极化，且施加外加电场可以改变自发极化的方向。在 32 个晶体学点群中，仅有 10 个点群是非中心对称的，具有自发极化的性质，分别是 1、2、*m*、*mm*2、4、4*mm*、3、3*m*、6 以及 6*mm*，属于这些点群的晶体又称极性晶体。由此可见，铁电性的产生对晶体的对称性要求很高。

2. 铁电畴

铁电体在整体上体现出自发极化特性，这意味着在其正负端分别有一层正的和负的束缚电荷。在晶体内部，束缚电荷产生的电场(称为退极化电场)与极化反向使静电能升高。在受机械约束时，伴随着自发极化的应变还将使应变能增加，均匀极化的状态是不稳定的，晶体将分成若干个小区域，每个小区域内部自发极化方向相同或相近，这些小区域称为铁电畴，具有不同极化方向的铁电畴之间的边界称为畴壁。

如果两个铁电畴之间的极化方向为 90°，那么该畴壁就称为 90°畴壁。一般来说，畴壁可以分为 180°畴壁和非 180°畴壁，如 90°、60°、120°、71°和 109°畴壁。由于自发极化方向的不同，不同晶体的畴结构也不同。例如，正交相由于其自发极化沿 $\langle hh0\rangle$ 方向，共有 12 个极化方向，因此存在 60°、90°、120°和 180°畴壁，而三方相的自发极化沿 $\langle hhh\rangle$ 取向，存在 71°、109°以及 180°畴壁。铁电体的畴结构通常很复杂，各种类型的铁电畴往往同时并存。实际晶体中的畴结构取决于一系列复杂的因素，如晶体的对称性、晶体中的杂质和缺陷、晶体的电导率、晶体的弹性和自发极化率等，此外，畴结构还受到晶体制备过程中的热处理、机械加工以及样品几何形状等因素的影响。

畴的出现使晶体的静电能和应变能降低，但畴壁的存在引入了畴壁能。总自由能取极小值的条件决定了铁电畴的稳定构型。当无外电场时，铁电畴无规则排列，所以净极化强度为零。而当施加外电场时，与电场方向一致的铁电畴变大，而其他取向的铁电畴变小，因此极化强度随电场强度的变大而变大。

铁电体在外加电场的作用下自发极化可以反转，在此过程中，晶体的铁电畴结构也会产生相应的变化，这种铁电畴结构在外电场的作用下发生改变的过程称为电畴运动。铁电畴运动的过程也就是新畴的形核和长大的过程。

3. 电滞回线

每个铁电体都具有自己的电滞回线，如同人的指纹，包含了其性能和结构信息，并且宏观地描述了电场下电畴的运动。构成电滞回线的几个重要参量包括饱和极化强度 P_s、剩余极化强度 P_r 和矫顽电场 E_c。典型的铁电体的电滞回线如图 3-12 所示。从图中可看出极化强度与外电场呈现非线性关系，且极化方向随外电场的变化而反向：

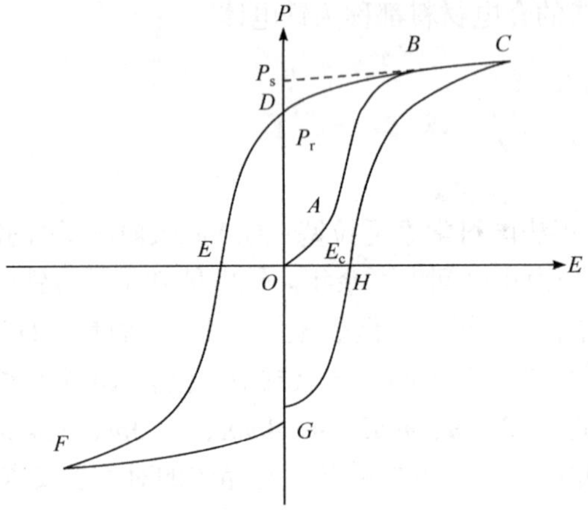

图 3-12 铁电体的电滞回线

(1) 在初始状态(*O* 点)，铁电体中具有不同极化方向的铁电畴随机无序分布，使极化强度相互抵消，导致宏观无极化。

(2) 初次施加外加电场时(*OA* 段)，初始态无序的铁电畴逐渐沿电场方向取向，导致宏观极化强度随电场强度逐渐增加。此时极化强度与外电场呈现线性关系，晶体的本征压电效应起主要贡献，此过程包含电场诱导的晶格应变。

(3) 当外电场进一步增加(*AB* 段)时，晶体中自发极化方向与电场方向相反的铁电畴体积由于铁电畴的反转逐渐减小，与电场方向相同或相近的铁电畴体积逐渐扩大，因而呈现出极化强度随外电场的增加而非线性增加的现象。

(4) 进一步增加电场(*BC* 段)，铁电畴均沿电场方向取向，导致极化强度达到饱和与外加电场又变为线性关系，此时由于铁电畴已经完全取向而被夹持，晶体只发生电场诱导的晶格应变，*C* 点对应的极化强度称为最大极化强度 P_{max}。将线性部分外推到电场为零时，在纵轴上所得的截距称为饱和极化强度 P_s，也是每个铁电畴原来所具有的自发极化强度。

(5) 当撤销电场后(*CD* 段)，极化强度逐渐下降，这是由于少部分铁电畴不再沿电场方向取向，电场降至零时对应的纵坐标截距值为剩余极化强度 P_r。

(6) 电场改变方向并逐渐增大时(*DE* 段)，铁电畴逐渐沿反方向翻转，并且在某个电场下铁电体的宏观极化强度又消失(*E* 点)，电畴处于无序状态，极化强度降为 0，这个电场就是矫顽电场 E_c。

(7) 反向电场强度继续增加(EF段)，极化强度沿反向增加并达到反方向的饱和值$-P_{max}$。

(8) 撤销反向电场后(FG段)，反向极化强度逐渐下降，电场降至零时对应的纵坐标截距值为反向剩余极化强度$-P_r$。

(9) 电场再次改变方向并逐渐增大，正方向的铁电畴又开始形核并长大，直到晶体再次变成具有正方向的单畴晶体，在该过程中极化强度沿着FGH曲线回到C点。因而，在一个足够大的交变电场作用下，电场变化一个周期，上述过程就重复一次显示出电滞回线。回线包围的面积是极化强度反转两次需要消耗的能量。

从电滞回线可以清楚看到铁电体具有自发极化，而且这种自发极化的电偶极矩在外电场作用下可以改变其取向，甚至反转。在同一外电场作用下，极化强度可以有双值，表现为电场E的双值函数，这正是铁电体的重要物理特性。

4. 铁电体的种类

按照铁电体极化轴的数量，可将铁电体分为两类。

(1) 一类是只能沿一个晶轴方向极化(沿某轴上下极化)的铁电体，这也是无序-有序型铁电体(软铁电体)，它从顺电相到铁电相的过渡是从无序到有序的相变。其中有罗谢尔盐及其他有关的酒石酸盐，磷酸二氢钾(KH_2PO_4)型铁电体，硫酸铵[$(NH_4)_2SO_4$]和四氟铍酸铵[$(NH_4)_2BeF_4$]，三硼酸氢钙[$CaB_3O_4(OH)_3 \cdot H_2O$]，硫脲[$(NH_2)_2CS$]，一水甲酸锂($HCOOLi \cdot H_2O$)等。

(2) 另一类是可以沿几个晶轴极化的铁电体，这些晶轴在非铁电相中都是等价的，也称位移型铁电体(硬铁电体)。这类铁电体以钛酸钡($BaTiO_3$)为代表，还有铌酸盐($LiNbO_3$、$KNbO_3$)和钽酸盐($LiTaO_3$、$KTaO_3$)以及锑-硫-碘(SbSI)等。从顺电相到铁电相的过渡是两个子晶格之间发生位移。

3.3.2 铁电体自发极化的起源

对铁电体的初步认识是它具有自发极化。铁电体有上千种，不可能都具体描述其自发极化的机制，但是自发极化的产生机制与铁电体的晶体结构密切相关，其自发极化的出现主要是晶体中原子(离子)位置变化的结果。已经查明，自发极化机制有：氧八面体中离子偏离中心的运动、氢键中质子运动有序化、氢氧根基团择优分布、含其他离子基团的极性分布等。本节以钙钛矿结构的$BaTiO_3$为例，解释其自发极化的起源。

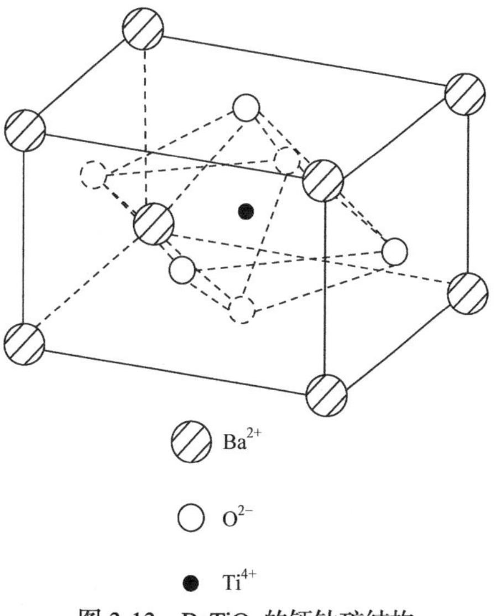

图 3-13 $BaTiO_3$的钙钛矿结构

钛酸钡在温度高于 120℃时具有立方结构；高于 5℃，小于 120℃时为四方结构；温度在−90～5℃时为斜方结构；温度低于−90℃时为菱方结构。研究表明，$BaTiO_3$在 120℃以下都是铁电相或者具有自发极化，而且其电偶极矩方向受外电场控制。为什么在 120℃以下就能够自发极化?

$BaTiO_3$的钛离子被 6 个氧离子围绕形成氧八面体结构(图 3-13)。根据钛离子和氧离子的半径比为 0.468，可知其配位数为 6，形成TiO_6结构，规则的

TiO_6结构八面体有对称中心和 6 个 Ti—O 电偶极矩，由于方向相互为反平行，故电矩都抵消了，但是当正离子 Ti^{4+}单向偏离围绕它的负离子 O^{2-}时，则出现净偶极矩。这就是 $BaTiO_3$在一定温度下出现自发极化并成为铁电体的原因。

由于在 $BaTiO_3$结构中每个氧离子只能与 2 个钛离子耦合，并且在 $BaTiO_3$晶体中，TiO_6一定位于 Ba^{2+}确定的方向上，因此提供了每个晶胞具有净偶极矩的条件。这样在 Ba^{2+}和 O^{2-}形成面心立方结构时，Ti^{4+}进入其八面体间隙(图 3-13)，但是如 Ba、Pb、Sr 原子尺寸比较大，所以 Ti^{4+}在钡-氧原子形成的面心立方中的八面体间隙中的稳定性较差，只要外界稍有能量作用，便可以使 Ti^{4+}偏移其中心位置，而产生净电偶极矩。

在温度 T 高于某一临界温度时，热能足以使 Ti^{4+}在中心位置附近任意移动。这种运动的结果造成无反对称。虽然外加电场，可以使 Ti^{4+}产生较大的电偶极矩，但不能产生自发极化。当温度 T 低于某一临界温度时，Ti^{4+}和氧离子作用强于热振动，晶体结构从立方改为四方结构，而且 Ti^{4+}偏离了对称中心，产生永久偶极矩，并形成铁电畴。

研究表明，在温度变化引起 $BaTiO_3$相结构变化时，钛和氧原子位置的变化如图 3-14 所示。根据这些数据可对离子位移引起的极化强度进行估计。

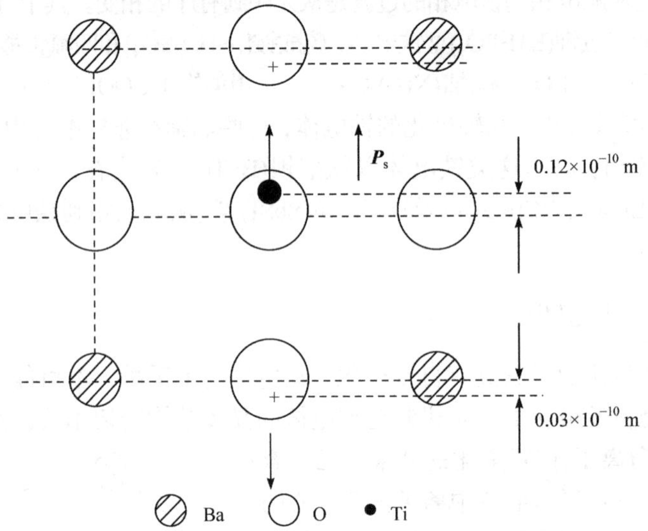

图 3-14 铁电转变时，钛和氧原子位置的变化

一般情况下，自发极化包括两部分，一部分来源于离子直接位移，另一部分是由于电子云的形变，其中离子位移极化占总极化的 39%。

以上是从钛离子和氧离子强耦合理论分析其自发极化产生的根源。目前关于铁电相起源，特别是对位移型铁电体的理解已经发展到从晶格振动频率变化来理解其铁电相产生的原理，这就是“软模理论”，具体分析请参见有关文献。

3.3.3 铁电相变

1. 铁电-顺电相变

铁电体的一个重要特征是存在居里温度(Curie temperature，T_C)，即铁电性的存在有温度限制。T_C是铁电到顺电相的相转变温度。当 $T < T_C$时，铁电体处于铁电相；当 $T = T_C$时发

生铁电相与顺电相的转变，称为铁电相变；当铁电体温度 $T > T_C$ 时，铁电相消失，处于顺电相。铁电相是极化有序状态，顺电相则是极化无序状态。由于铁电性的出现或消失总伴随着晶格结构的改变，所以这是个相变过程。当晶体从非铁电相向铁电相过渡时，晶体的许多物理性质都有反常现象。一级相变伴随潜热发生；二级相变则出现比热容的突变。铁电相中，铁电相晶格结构的对称性比非铁电相低。如果晶体具有两个或多个铁电相，表征顺电相与铁电相之间的一个相变温度才是居里温度，而把铁电体发生相变时的另一个温度称为过渡温度或转变温度。

2. 铁电-铁电相变

有些铁电体有两种或多种铁电相，它们各存在于一定的温度范围内。

以 $BaTiO_3$ 为例，如图 3-15(a)所示，不同温度下具有不同的晶体结构，温度从高到低过程中 $BaTiO_3$ 对称性逐渐降低，由立方的顺电相演变为四方、正交和菱方的铁电相，对应的自发极化方向分别为[001]、[011]和[111]。晶胞参数及相对介电常数随温度变化，在相变温度处表现出明显的结构和物理性能突变，如图 3-15(b)所示。

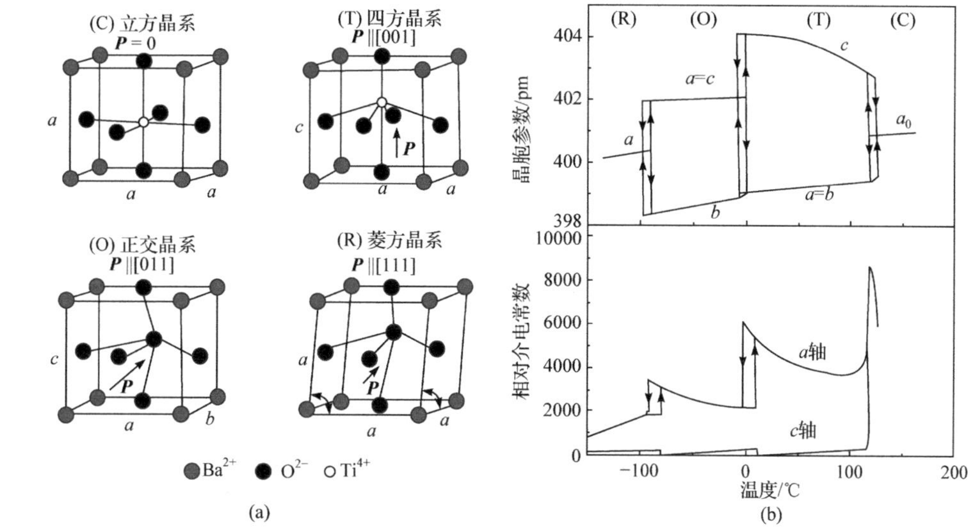

图 3-15 铁电相变与晶体对称性的关系以及相变点处晶胞参数与介电性能突变

(a) $BaTiO_3$ 为不同晶体结构时对应的自发极化方向；(b) 晶胞参数、相对介电常数随温度的变化

3. 反铁电-铁电相变

反铁电晶体含有反平行排列的偶极子。以典型的反铁电体 $PbZrO_3$ 为例，其反铁电相结构如图 3-16 所示。图中箭头方向代表了铅离子相对于氧晶格的位移方向，在一个正交晶胞中，形成了两个方向相反而偶极矩相等的偶极子亚结构，也就是 $P_2 = -P_1$。那么，晶体净极化强度为零。在每个亚晶格结构中，当温度高于 T_C 时，极化强度 $P \to 0$。由于其特殊的偶极子排列，其电滞回线也较特殊，如图 3-17 所示。

反铁电相的偶极子结构很接近铁电相的结构，能量上的差别很小，仅是十几焦耳每摩尔。因此，只要在成分上稍有改变，加上强的外电场或者压力，则反铁电相就会转变为铁电相结构。具体实例就是 $PbZrO_3$ 中 7%的 Zr 被 Ti 取代，形成 $Pb(Zr, Ti)O_3$ 系统，其相结构就从反铁电相变成铁电相(图 3-18)。

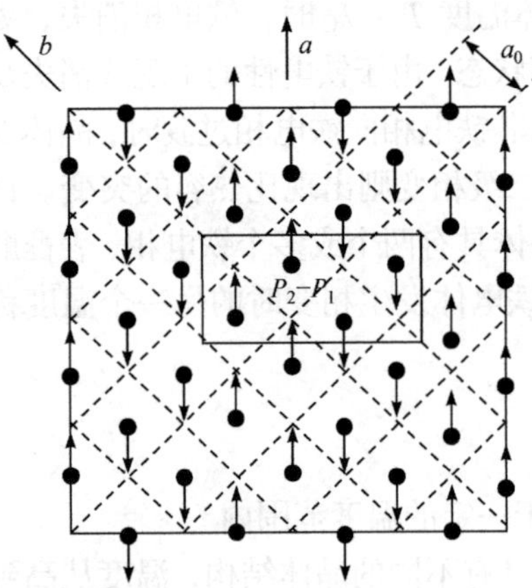

图 3-16 PbZrO₃的反铁电相结构

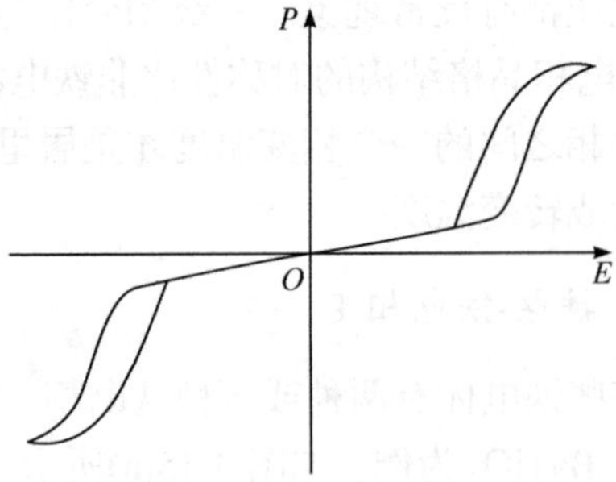

图 3-17 PbZrO₃的双电滞回线

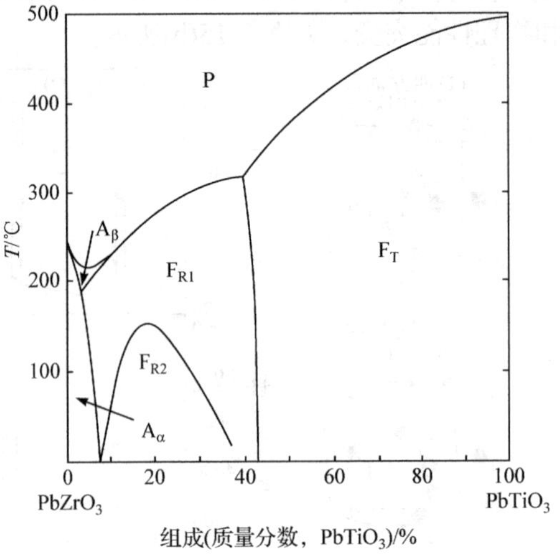

图 3-18 $PbZrO_3$-$PbTiO_3$体系相图

A_α为正交系反铁电相；A_β为四方系反铁电相；P 为顺电相；F_{R1}、F_{R2}为不同尺寸三方晶系晶胞铁电相；F_T为四方晶系铁电相

3.3.4 多铁性

一些材料可以在外场(电场、磁场和应力)作用下分别发生自发极化、自发磁矩或自发应变，并呈现非线性关系而分别出现电滞回线、磁滞回线或铁弹回线，这样的材料分别称为铁电体、铁磁体和铁弹体，三者可统称为铁性体。如果一个材料同时具备其中的两种或者多种性能，这时它便为多铁性材料。多铁性则是同时具有铁电、(反)铁磁、铁弹等两种或两种以上铁性有序，并由多种序参量之间的相互耦合作用而产生新的效应。

多铁性材料按材料组成可以分为单相化合物和复合材料两类。$BiFeO_3$ 和 $TbMnO_3$ 两类多铁体系的发现引领了多铁性材料研究的热潮。前者称为常规多铁，后者一般归类为非常规多铁体系。这两类多铁体系的主要区别在于：常规多铁体系中的磁有序和铁电极化的起源不同，因此磁电耦合较弱；非常规多铁体系的铁电极化一般起源于特殊的磁序，故磁电耦合很强。$BiFeO_3$ 是目前单相多铁性磁电材料中唯一具有高于室温的居里温度和奈尔温度的材料。但 $BiFeO_3$ 为 G-型反铁磁或弱铁磁性，磁电耦合效应较弱。

3.4　铁电体的物理效应

3.4.1　压电效应

1. 压电效应的基本原理

1880 年，皮埃尔 · 居里(P. Curie)与杰克斯 · 居里(J. Curie)在 α 石英晶体上最先发现了压电效应。当对石英晶体在一定方向上施加机械应力时，其两端表面上会出现数量相等、符号相反的束缚电荷；作用力反向时，表面电荷性质也相反，而且在一定范围内电荷密度与作用力成正比。反之，石英晶体在一定方向的电场作用下，则会产生外形尺寸的变化，在一定范围内，其形变与电场强度成正比。前者称为正压电效应，后者称为逆压电效应。具有压电效应的物体称为压电体。

晶体压电效应的本质是机械作用(应力与应变)引起晶体介质的极化，从而导致介质两端表面出现符号相反的束缚电荷，其机理可用图 3-19 加以解释。当不存在应变时电荷在晶格位置上的分布是对称的，所以其内部电场为零。但是当对晶体施加应力时电荷发生位移，如果电荷分布不再保持对称就会出现净极化，并将产生电场，这个电场就表现为压电效应。

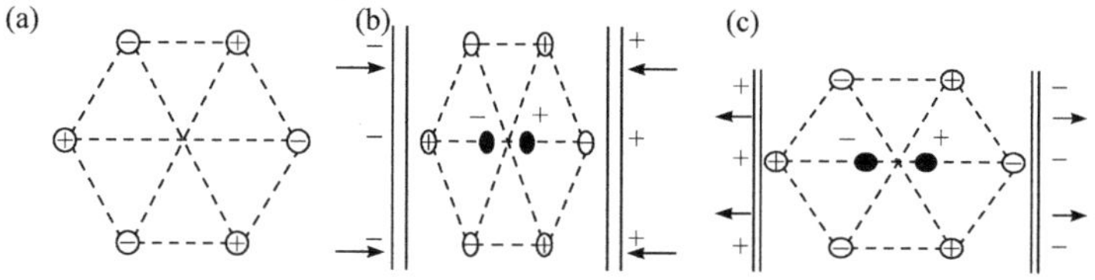

图 3-19　压电效应机理示意图

(a) 晶体不受外力时荷电情况；(b) 晶体在压缩时荷电情况；(c) 晶体在拉伸时荷电情况

压电效应与晶体的对称性有关。对晶体施加应力时，改变了晶体内的电极化，这种电极化只有在不具有对称中心的晶体内才可能发生。具有对称中心的晶体不具有压电效应，这类晶体受到应力作用后内部发生均匀形变，仍然保持质点间的对称排列规律，并没有不对称的相对位移，正、负电荷中心重合，不产生电极化，没有压电效应。如果晶体不具有对称中心，质点排列不对称，在应力作用下，受到不对称的内应力，产生不对称的相对位移，形成新的电偶极矩，呈现压电效应。

在晶体 32 种点群中，具有对称中心的 11 个点群不会有压电效应。在 21 种不存在对称中心的点群中，除了 432 点群因其对称性很高，压电效应退化以外，其余的 20 个点群都有可能产生压电效应。在具有复杂对称性的点群中，∞_m、∞_2 和 ∞ 三种材料可能会产生压电效应。

所有晶体在铁电态下都具有压电性，即对晶体施加应力，将改变晶体的电极化。但是压电晶体不一定都具有铁电性。石英是压电晶体，但并非铁电体；而钛酸钡既是压电晶体又是铁电体。

2. 压电效应的表征参数

1) 压电常数

当压电材料产生正压电效应时，施加应力将产生额外电荷，发生极化，其极化强度 $\boldsymbol{P}$ 和应变之间的关系表示如下：

$$\begin{cases} P_1 = e_{11}x_1 + e_{12}x_2 + e_{13}x_3 + e_{14}x_4 + e_{15}x_5 + e_{16}x_6 \\ P_2 = e_{21}x_1 + e_{22}x_2 + e_{23}x_3 + e_{24}x_4 + e_{25}x_5 + e_{26}x_6 \\ P_3 = e_{31}x_1 + e_{32}x_2 + e_{33}x_3 + e_{34}x_4 + e_{35}x_5 + e_{36}x_6 \end{cases} \tag{3-33}$$

式中的 18 个系数 e_{mi} 被称为压电(应力)常数。

在正压电效应中，电荷和应力是成正比的，也可以用介质的极化强度和应力表示的方程来表述：

$$\begin{cases} P_1 = d_{11}X_1 + d_{12}X_2 + d_{13}X_3 + d_{14}X_4 + d_{15}X_5 + d_{16}X_6 \\ P_2 = d_{21}X_1 + d_{22}X_2 + d_{23}X_3 + d_{24}X_4 + d_{25}X_5 + d_{26}X_6 \\ P_3 = d_{31}X_1 + d_{32}X_2 + d_{33}X_3 + d_{34}X_4 + d_{35}X_5 + d_{36}X_6 \end{cases} \tag{3-34}$$

式中的 18 个系数 d_{mi} 被称为压电(应变)常数。式中 d 的第一个下标代表电的方向，第 2 个下标代表机械(力或形变)的方向。

根据式(3-6)所表示的介质电位移 $\boldsymbol{D}$、极化强度 $\boldsymbol{P}$ 和电场强度 $\boldsymbol{E}$ 之间的关系可以看出：当外电场为零时，$\boldsymbol{D}=\boldsymbol{P}$，则式(3-34)各压电系数表达式中的电位移 $\boldsymbol{D}$、极化强度 $\boldsymbol{P}$ 可以进行互换。

实际使用时由于压电陶瓷的对称性，脚标可简化，压电常数矩阵可以简化为

$$\begin{bmatrix} 0 & 0 & 0 & 0 & d_{15} & 0 \\ 0 & 0 & 0 & d_{24} & 0 & 0 \\ d_{31} & d_{32} & d_{33} & 0 & 0 & 0 \end{bmatrix}$$

压电常数是反映力学量(应力或应变)与电学量(电位移或电场)间相互耦合的线性相应系数。独立变量不同时，相应的压电常数也不同。实际使用中，除了上述涉及的 d_{mi} 可计算单位电场引起的应变，e_{mi} 可计算单位电场引起的应力外，还有表示单位应力引起的电压的压电常数 g_{mi} 和造成单位应变所需的电场的压电刚度常数 h_{mi}。上面谈到的 4 个压电常数都是表示压电效应的重要特征值。它们之间有如下关系：

$$\begin{cases} e_{mi} = d_{mj}c_{ji}^{\mathrm{E}} \\ g_{mi} = h_{mj}s_{ji}^{\mathrm{D}} \\ h_{mi} = g_{mj}c_{ji}^{\mathrm{D}} \\ d_{mi} = e_{mj}s_{ji}^{\mathrm{E}} \end{cases} \tag{3-35}$$

式中，c_{ji}^{E}、c_{ji}^{D}、s_{ji}^{E}、s_{ji}^{D} 分别为电场弹性刚度、电势移弹性刚度、电场弹性顺度和电势移弹性顺度。

下面根据压电陶瓷的压电方程简化计算过程进行讨论。

根据压电常数下标表示的含义，分别对压电陶瓷在单独受力 X_i 时进行压电常数计算。假设极化轴只存在 z 轴方向也就是轴 3 方向，另外两个方向不产生极化，当只施加应力 X_3 时(假设电场 $\boldsymbol{E}$ 恒定，下同)，有压电效应：

$$D_3 = d_{33}X_3 \tag{3-36}$$

虽然在X_3作用下，介质在轴 1 和轴 2 方向产生应变，但轴 1 和轴 2 方向是不呈现极化现象的，因此：

$$D_1 = d_{13}X_3 = 0$$

$$D_2 = d_{23}X_3 = 0$$

即$d_{13} = d_{23} = 0$。

同理，若仅施加应力X_2，类似地有

$$\begin{cases} D_3 = d_{32}X_2 = 0 \\ D_1 = D_2 = 0 \end{cases} \tag{3-37}$$

即$d_{12} = d_{22} = 0$。

若仅仅施加应力X_1，同样可以得到压电方程：

$$\begin{cases} D_3 = d_{31}X_1 = 0 \\ D_1 = D_2 = 0 \end{cases} \tag{3-38}$$

即$d_{11} = d_{21} = 0$。

又从压电陶瓷的对称关系可知，X_1和X_2的作用是等效的，则$d_{31} = d_{32}$。

以上是三个正应力作用情况。现讨论切应力的作用。当切应力作用于压电陶瓷时，需要考虑极化强度的偏转，此时假如不考虑正应力的作用，若仅有切应力X_4作用时(与轴 1 法线方向的平面产生的切应力)，轴 2 方向将会出现极化分量P_2，压电方程表示为

$$\begin{cases} D_2 = d_{24}X_4 \\ D_1 = D_3 = 0 \end{cases} \tag{3-39}$$

即$d_{14} = d_{34} = 0$。

同理，X_5作用时压电方程表述为

$$\begin{cases} D_1 = d_{15}X_5 \\ D_2 = D_3 = 0 \end{cases} \tag{3-40}$$

则$d_{25} = d_{35} = 0$。

由于X_4和X_5作用效果相似，因此有$d_{24} = d_{15} = 0$。

考虑切应力X_6的作用时，在轴 3 方向极化强度没有发生变化，且轴 1、轴 2 向极化分量都为零，压电方程表示为

$$D_1 = D_2 = D_3 = 0 \tag{3-41}$$

则$d_{16} = d_{26} = d_{36} = 0$。

根据以上分析，压电陶瓷的压电常数实际上只有 3 个独立的参量，即d_{31}、d_{33}、d_{15}，因此，简化的压电方程可以表述为

$$\begin{cases} D_1 = d_{15}X_5 \\ D_2 = d_{15}X_4 \\ D_3 = d_{31}X_1 + d_{31}X_2 + d_{33}X_3 \end{cases} \tag{3-42}$$

这个简化的压电方程对于求解压电陶瓷的压电常数有重要的意义。

现在再来讨论逆压电效应，即当在电介质的极化方向施加电场时，电介质在一定方向上产生机械变形或机械压力，当外加电场撤去时，这些变形或应力也随之消失，极化方向在外加力为零和在晶体上施加电场 $\boldsymbol{E}$ 的条件下，可表达为

$$\begin{cases} X_1 = e'_{11}E_1 + e'_{21}E_2 + e'_{31}E_3 \\ X_2 = e'_{12}E_1 + e'_{22}E_2 + e'_{32}E_3 \\ X_3 = e'_{13}E_1 + e'_{23}E_2 + e'_{33}E_3 \\ X_4 = e'_{14}E_1 + e'_{24}E_2 + e'_{34}E_3 \\ X_5 = e'_{15}E_1 + e'_{25}E_2 + e'_{35}E_3 \\ X_6 = e'_{16}E_1 + e'_{26}E_2 + e'_{36}E_3 \end{cases} \tag{3-43}$$

式中，E_1、E_2、E_3 分别为加在 x、y、z 方向上的电场强度。

2) 介电常数

介电常数反映了材料的介电性质(或极化性质)，通常用 ε 表示。可以在直角坐标系中将式(3-7) $\boldsymbol{D} = \varepsilon \cdot \boldsymbol{E}$ 表示为以下矩阵形式：

$$\begin{pmatrix} D_1 \\ D_2 \\ D_3 \end{pmatrix} = \begin{pmatrix} \varepsilon_{11} & \varepsilon_{12} & \varepsilon_{13} \\ \varepsilon_{21} & \varepsilon_{22} & \varepsilon_{23} \\ \varepsilon_{31} & \varepsilon_{32} & \varepsilon_{33} \end{pmatrix} \begin{pmatrix} E_1 \\ E_2 \\ E_3 \end{pmatrix} \tag{3-44}$$

由于对称关系，介电常数 ε_{ij} 的9个分量中最多只有6个是独立的，其中 $\varepsilon_{12} = \varepsilon_{21}$，$\varepsilon_{13} = \varepsilon_{31}$，$\varepsilon_{23} = \varepsilon_{32}$，其单位是 $F \cdot m^{-1}$。有时也使用相对介电常数 ε_r，它与介电常数的关系为 $\varepsilon_r = \varepsilon_{ij} / \varepsilon_0$。

3) 机械品质因数

通常测量电参量用的样品，或工程中应用的压电器件(如谐振换能器和标准频率振子)主要利用压电晶片的谐振效应，即当向一个具有一定取向和形状的有电极的压电晶片(或极化的压电陶瓷片)输入电场，其频率与晶片的机械谐振频率 f_r 一致时，就会使晶片因逆压电效应而产生机械谐振，这种晶片称为压电振子。压电振子谐振时，仍存在内耗，造成机械损耗，使材料发热，降低性能。反映这种损耗程度的参数称为机械品质因数 Q_m，其定义式为

$$Q_m = 2\pi \frac{W_m}{\Delta W_m} \tag{3-45}$$

式中，W_m 为振动一周单位体积内存储的机械能；ΔW_m 为振动一周单位体积内消耗的机械能。

不同压电材料的机械品质因数 Q_m 的大小不同，而且与振动模式有关。若不做特殊说明，则 Q_m 一般指压电材料做成薄圆片径向振动模的机械品质因数。

4) 机电耦合系数

机电耦合系数 k 是一个无量纲的物理量，是综合反映压电晶体机械性能与电能之间耦合的物理量，所以它是衡量压电材料性能的一个重要参数。其定义为

$$k^2 = \frac{\text{转化的机械能}}{\text{静电场下输入的电能}}$$

$$k^2 = \frac{\text{机械能转变的电能}}{\text{输入的机械能}} \tag{3-46}$$

压电陶瓷在不同振动模式下用不同形式的机电耦合系数表示，圆片径向伸缩模式用 k_p

表示，圆片厚度伸缩模式用 k_t 表示。

3. 压电材料

压电材料可分为四类：压电晶体(单晶)、压电陶瓷(多晶)、压电薄膜和新型压电材料。其中，压电晶体中的石英晶体和压电陶瓷中的钛酸钡与锆钛酸铅体系压电陶瓷应用较为广泛。

1) 压电晶体

压电单晶是具有各向异性的单晶压电材料，主要有石英晶体、铌酸锂、钽酸锂以及铌镁酸铅-钛酸铅弛豫铁电单晶等。压电单晶的压电性能具有各向异性，若按不同的方位从晶体上切割晶片制作元件，性能将不相同。

石英晶体是典型的压电晶体，分为天然石英晶体和人工石英晶体，其化学成分是二氧化硅(SiO_2)，其压电常数为 $2.1\times10^{-12}\ C\cdot N^{-1}$。虽然压电常数较小，但时间和温度稳定性极好，在 20～200℃，其压电系数几乎不变；在达到居里温度(约 573℃)时，石英晶体就会失去压电特性，并无热释电性。另外，石英晶体的机械性能稳定，机械强度和机械品质因数高，刚度大，固工作频率高，并且动态特性、绝缘性、重复性好，是高精度、高稳定性压电器件的首选材料，广泛用于频率选择和控制等方面。

锂盐类压电晶体和铁电晶体，如铌酸锂($LiNbO_3$)、钽酸锂($LiTaO_3$)、锗酸锂($LiGeO_3$)等压电材料，也得到了广泛应用，其中以铌酸锂为典型代表。铌酸锂是一种无色或浅黄色透明铁电晶体。从结构上看，它是一种多畴单晶，必须通过极化处理后才能成为单畴单晶，从而呈现出类似单晶体的特点，即机械性能各向异性。它的时间稳定性好，居里温度高达 1200℃，在高温、强辐射条件下，仍具有良好的压电特性和机械性能，如机电耦合系数、介电常数、工作频率等均保持不变。此外，它还具有良好的光电、声光效应，因此在光电、微声和激光等器件方面都有重要应用。不足之处是，它的质地脆、抗机械和热冲击性差。$LiNbO_3$ 和 $LiTaO_3$ 可制作良好的厚度伸缩振子，也是声表面波器件基片的理想材料，具有良好的温度系数和可靠性，但是机电耦合系数较小。

铌锌酸铅-钛酸铅和铌镁酸铅-钛酸铅都是 20 世纪 90 年代才发展起来的钙钛矿结构弛豫铁电体，最突出的特点在于在其准同型相界(温度-成分相图上分离两种相的边界，即两相共存成分)附近显示出高的介电常数和压电性，压电常数 d_{33} 达到 2000 $pC\cdot N^{-1}$ 以上，机电耦合系数 k_{33} 达到 0.9 以上，远远超过其他压电材料。

2) 压电陶瓷

不同于压电单晶，压电陶瓷是由多个具有铁电性的晶粒组成的多晶陶瓷，铁电晶粒之间的自发极化方向不同，烧成陶瓷后，需要覆盖电极在高压直流电源下极化，使自发极化呈同一取向，呈现宏观的压电性。压电陶瓷材料多是 ABO_3 型化合物或其固溶体。最常见的压电陶瓷是钛酸钡系和锆钛酸铅系陶瓷。

钛酸钡陶瓷是第一个被发现可以制成陶瓷的铁电体，至今仍得到广泛应用。在弱电场下 X_x-E_x 有线性关系，在强电场下 X_x-E_x 有滞后现象。其在温度高于 120℃时为立方结构，属于顺电相；在温度低于 120°C 时为四方晶系，属于铁电相。钛酸钡的机电耦合系数较高，化学性质稳定，有较大的工作温度范围，因而应用广泛。早在 20 世纪 40 年代末已在拾音器、换能器、滤波器等方面得到应用。

锆钛酸铅是最具代表性的压电材料之一，其化学表达式为 $Pb(Zr_xTi_{1-x})O_3$。它是由铁电

$PbTiO_3$和反铁电 $PbZrO_3$结合形成的二元固溶体，其中 Pb^{2+}占据 ABO_3型结构中的 A 位，Zr^{4+}和 Ti^{4+}共同占据 B 位。在 20 世纪 50 年代，它被美国学者贾菲(B. Jaffe)等发现，因其具有优异的压电、介电、热释电和铁电性能而成为研究最为广泛的压电陶瓷体系。

虽然锆钛酸铅等含铅压电陶瓷电学性能优异，但随着环保意识的增强，铅基压电陶瓷的应用逐渐受到限制。铌酸钾钠($K_{0.5}Na_{0.5}NbO_3$)作为一种典型的无铅压电陶瓷，由白根(Shirane)等于 1954 年首次合成，是铁电体 $KNbO_3$和反铁电体 $NaNbO_3$的固溶体。纯铌酸钾钠陶瓷的压电常数 d_{33}约为 80 pC · N^{-1}，但通过改进制备工艺和化学掺杂改性等多种手段，其电学性能可显著提升。此外，铌酸钾钠陶瓷还具有适宜的居里温度、优异的力学性能、良好的稳定性等，应用前景广阔。

随着应用场景的拓展，高温压电陶瓷也越来越被重视。高温压电陶瓷从晶体结构上可分为钙钛矿型、铋层状型、钨青铜型和碱金属铌酸盐型。钪酸铋-钛酸铅($BiScO_3$-$PbTiO_3$)是典型的钙钛矿型高温压电陶瓷，其压电常数 d_{33}可达 460 pC · N^{-1}，居里温度为 450℃。铋层状结构由钙钛矿层和含铋的$(Bi_2O_2)^{2+}$层沿 c 轴方向有规律地相互交替排列而成，如 $Bi_4Ti_3O_{12}$，其居里温度可达 637℃，温度稳定性好，抗疲劳性能优异，但压电活性较低。

3.4.2 热释电效应

1. 热释电效应的基本原理

热释电效应是指某些极性材料由于温度波动而引起的自发极化的变化。具体说明可参考图 3-20 中热释电效应原理。许多电偶极子叠加形成垂直于平面热释电材料的自发极化($\boldsymbol{P}_s$)，热释电材料内部稳定的自发极化会吸引附近带正负电荷的粒子。当热释电材料表面覆盖两个导电电极时，热释电材料内部的自发电场由于静电感应，会通过外电路在两个电极上诱导出电极性相反的等电荷。当热释电材料温度升高($dT/dt > 0$)时，电偶极子振荡程度增

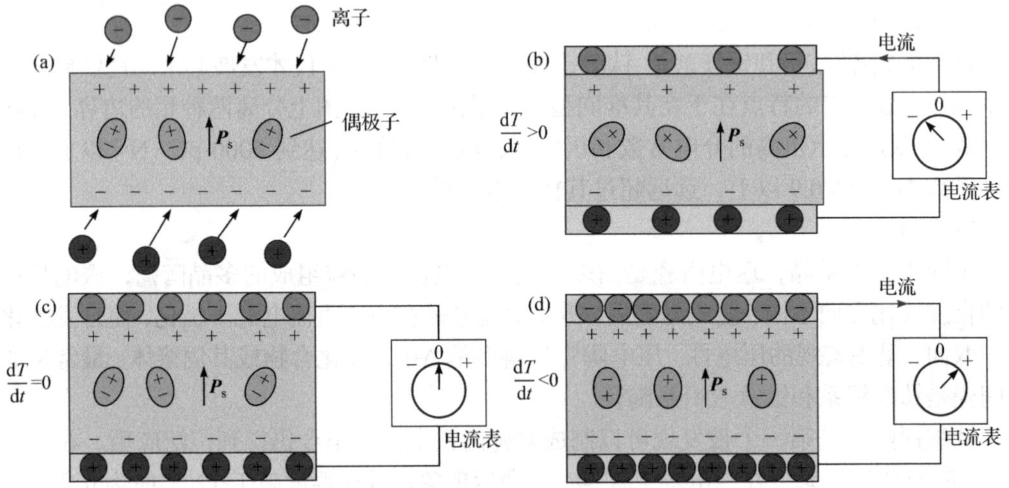

图 3-20　热释电效应原理

(a) 热释电材料由内电偶极子引起的自发极化；(b) 当 $dT/dt > 0$ 时，自发极化减小，驱动电子在外电路中的迁移；(c) 当 $dT/dt = 0$ 时，热释电材料自发极化引起的内电场和两个电极的感应外电场处于平衡状态；(d) 当 $dT/dt < 0$ 时，自发极化增强，再次打破电平衡，进而在外电路引起反向电流

强，自发极化减弱，进而带动电子在外电路中迁移，达到新的静电平衡状态。同样，当 $\mathrm{d}T/\mathrm{d}t<0$ 时，自发极化增强，再次打破电平衡，进而引起电子反向迁移。与热电效应相比，热释电效应是由温度随时间变化引起的($\mathrm{d}T/\mathrm{d}t\neq 0$)。随着温度的升高和降低，电流的方向也会发生相应的变化，类似于铁电材料的压电效应。热释电效应中极化强度的改变是由温度变化引起的，而压电效应中极化强度的改变是由应力造成的。因此，压电晶体不一定存在热释电效应，但热释电材料一定存在压电效应。此外，温度改变时发生的形变会造成极化的改变，这也会对热释电效应产生一定的影响。

另外，随着环境温度的变化，晶体的极化状态达到新的平衡需要一定的时间，因此因极化强度变化而产生的电荷对温度变化的响应并不是瞬时的，从而表现出热释电弛豫行为。温度改变 ΔT，则可观测到热释电电荷随时间的变化，就可以得到热释电弛豫特性。

2. 热释电效应的表征参数

热释电效应的强弱用热释电系数表示，其用数学公式可以表述为

$$p=\frac{\mathrm{d}P_s}{\mathrm{d}T} \tag{3-47}$$

式中，p 为热释电系数，其单位为 $\mathrm{C\cdot m^{-2}\cdot K}$；$\mathrm{d}P_s$ 为自发极化强度的变化量；$\mathrm{d}T$ 为温度的变化量。当晶体被加热时，晶体的压电轴正端的一面若产生了正电荷，则该晶体的热释电系数为正，若产生了负电荷，则定义热释电系数为负。但是大多数铁电材料温度升高时，晶体的极化强度减小，因而热释电系数为负。但也并不是所有的晶体在任何温度下热释电系数均为负值。

如果将热释电材料的上下电极相连，当温度发生变化时，可以在电路中观测到微弱的热释电电流 i_p：

$$i_p=Ap\frac{\mathrm{d}T}{\mathrm{d}t} \tag{3-48}$$

式中，A 为热释电材料表面的有效电极面积；p 为热释电系数；$\mathrm{d}T/\mathrm{d}t$ 为温度的变化率。

热释电材料性能除了与热释电系数有关以外，还受材料的介电常数、介电损耗以及比热容等的影响。此外，评价热释电材料在红外传感器应用中表现的重要参数是材料品质因子，即电压响应优值 F_v、电流响应优值 F_i 和探测率优值 F_D。

对于电流型红外探测器，其电流响应率与 F_i 成正比，F_i 表示为

$$F_i=\frac{p}{c} \tag{3-49}$$

式中，p 为热释电系数；c 为材料的体积比热容。

对于电压型红外探测器，由于比热容的影响，热释电材料的电压响应率与 F_v 成正比，F_v 表示为

$$F_v=\frac{p}{c\varepsilon_r\varepsilon_0} \tag{3-50}$$

式中，ε_r 为相对介电常数；ε_0 为真空介电常数。

而热释电材料器件应用性能最全面的评价参数是 F_D，其表达式为

$$F_D = \frac{p}{c\sqrt{\varepsilon_r \varepsilon_0 \tan\delta}} \tag{3-51}$$

式中，$\tan\delta$ 为介电损耗，一般地，介电损耗是产生噪声最主要的因素。热释电探测器是利用热释电效应探测红外辐射的光接收器件，其性能的评估是通过以上描述的三个优值因子评判的。因此，在选择制作热释电红外探测器的材料时，要求材料具有较大的热释电系数，较低的介电常数、介电损耗和体积比热容。

3. 热释电材料

热释电材料主要包括单晶、金属氧化物陶瓷、有机聚合物及其复合材料三类。其中，单晶材料主要有钽酸锂、硫酸三甘肽[TGS，$(NH_2CH_2COOH)_3H_2SO_4$]、铌酸锂等，具有可靠性与灵敏度高、频率响应大等特点。单晶材料是制作热释电红外探测器的理想材料，虽然其热释电系数较小，但其介电损耗低，因此单晶材料仍具有相对较高的探测优值，并被广泛应用于多种探测器中。

金属氧化物陶瓷材料，包括钛酸钡、镁铌酸铅、钛酸锶钡[$(Ba, Sr)TiO_3$](BST)、钛酸铅镧[$(Pb, La)TiO_3$]、锆钛酸铅、锆钛酸铅镧[$(Pb, La)(Zr, Ti)O_3$]等，其制备工艺简单且成本低廉，并且具有相对较高的探测率优值。其中，BST 是典型的钙钛矿型热释电氧化物陶瓷材料，这类材料不仅具备热释电陶瓷材料的优点，并且介电损耗低、热释电系数高、易加工、强度高，适合工业化生产。

有机聚合物及其复合材料，如氰系高分子材料 P(VDCN/VAC)、氟系高分子材料聚偏氟乙烯(PVDF)及其共聚物聚偏氟三氟乙烯[P(VDF-TrFE)]等是近几年大力研究发展的一类新材料。尽管高分子材料的热释电系数较低，但其介电常数小，热导率低，因此其红外探测优值并不低，很适合制备大面积热释电器件。采用 PVDF 薄膜设计制备的热辐射探测器，能够把热释电红外探测器从红外和弱激光的检测发展到强激光、微波和 X 射线的测量，并取得了令人满意的结果。

4. 铁电性、压电性、热释电性之间的关系

至此，已经介绍了一般电介质、具有压电性的电介质(压电体)、具有热释电性的电介质(热释电体)、具有铁电性的电介质(铁电体)，它们存在的宏观条件如表 3-2 所列。

表 3-2 一般电介质、压电体、热释电体、铁电体存在的宏观条件

电介质	压电体	热释电体	铁电体
电场极化	电场极化	电场极化	电场极化
	无对称中心	无对称中心	无对称中心
		自发极化	自发极化
		极轴	极轴
			电滞回线

因此，铁电体一定是压电体和热释电体。在居里温度以上，有些铁电体已无铁电性，但其顺电体仍无对称中心，故仍有压电性，如磷酸二氢钾。有些顺电相如钛酸钡有对称中心，

故在居里温度以上既无铁电性也无压电性。总之，铁电性与它们的晶体结构密切相关。现把具有铁电性的晶体点群列于表3-3。从表中可见，无中心对称的点群中只有10种具有极轴，这种晶体称为极性晶体，它们都有自发极化，但是具有自发极化的晶体，只有其电偶极矩可在外电场作用下改变到相反方向的，才能称为铁电体。

表3-3　具有铁电性的晶体点群

光轴	晶系	中心对称点群		无中心对称点群				
				极轴		无极轴		
双轴晶体	三斜	$\bar{1}$		1		无		
	单斜	$2/m$		2	m	无		
	正交	mmm		$mm2$		222		
单轴晶体	四方	$4/m$	$4/mmm$	4	$4mm$	$\bar{4}$	$\bar{4}2m$	422
	三方	$\bar{3}$	$\bar{3}m$	3	$3m$	32		
	六方	$6/m$	$6/mmm$	6	$6mm$	$\bar{6}$	$\bar{6}m2$	622
光各向同性	立方	$m3$	$m3m$	无		432	$\bar{4}3m$	23
总数		11		10		11		

3.4.3　电致伸缩效应

1. 电致伸缩效应的基本原理

电介质受到外电场的作用时，微观上结构的各个单元将出现电偶极矩，这个电偶极矩将受到此微观区域内微观电场的作用，反映到宏观上可以表述为下式：

$$f = \boldsymbol{P} \cdot \nabla \boldsymbol{E} \tag{3-52}$$

式中，$\boldsymbol{P}$为介质的极化强度；$\nabla \boldsymbol{E}$为宏观上的电场梯度。

在实际应用中，如果考虑电介质的可压缩性，介电常数ε将不再是一个常数，而是密度ρ的函数，那么电场产生的体积力可表述为

$$f = \frac{1}{2}\varepsilon_0 \nabla\left(\boldsymbol{E}^2 \frac{\partial \varepsilon}{\partial \rho}\rho\right) - \frac{1}{2}\varepsilon_0 \boldsymbol{E}^2 \nabla \varepsilon \tag{3-53}$$

由于体积力和应力可以相互转换，式(3-53)则表明任何电介质在受到电场的作用时都会出现应力，这个应力将使电介质产生相应的应变。由式(3-53)可见，这个应力与电场的平方成正比，根据应力和应变之间的关系，产生的应变也与电场的平方成正比，这种在外电场作用下电介质产生的与场强二次方成正比的应变，称为电致伸缩。这种效应是由电场中电介质的极化引起的，并可以发生在所有的电介质中。其特征是应变的正负与外电场的方向无关。在压电体中，外电场还可以引起另一种类型的应变，其大小与场强大小成比例，当外电场反向时应变的正负也相反。但后者是压电效应的逆效应，不是电致伸缩。外电场引起的压电体的总应变为逆压电效应与电致伸缩效应之和。

2. 电致伸缩系数

对于没有压电效应的晶体，如果将应力X_i和应变看成是外加电场$\boldsymbol{E}$的函数，可以得到

下式：

$$\begin{cases} X_i = c_{ij}^{\mathrm{E}} x_j + m_{\mathrm{i\alpha\beta}} E_\alpha E_\beta \\ X_j = s_{ij}^{\mathrm{E}} x_j + M_{\mathrm{i\alpha\beta}} E_\alpha E_\beta \end{cases} \tag{3-54}$$

如果取电极化强度 $\boldsymbol{P}$ 为自变量，则类似的有

$$\begin{cases} X_i = c_{ij}^{\mathrm{P}} x_j + q_{\mathrm{i\alpha\beta}} P_\alpha P_\beta \\ X_j = s_{ij}^{\mathrm{P}} x_j + Q_{\mathrm{i\alpha\beta}} P_\alpha P_\beta \end{cases} \tag{3-55}$$

式(3-54)和式(3-55)中的 m、M、q、Q 都称为电致伸缩系数。在实际测量中，样品一般处于自由状态，即 $X_j = 0$，用系数 $Q_{\mathrm{i\alpha\beta}}$ 表示电致伸缩也比较方便，因此极化强度引起的应变可以用下式表示：

$$X_j = Q_{\mathrm{i\alpha\beta}} P_\alpha P_\beta \tag{3-56}$$

这里的 c_{ij}^{E} 和 s_{ij}^{E} 分别表示电场弹性刚度和电场弹性柔度，c_{ij}^{P} 和 s_{ij}^{P} 分别表示极化弹性刚度和极化弹性顺度。

式(3-54)中的电致伸缩系数可以用 36 个参数表征。实际上，当晶体具有对称中心时，电致伸缩系数的非零独立量只有 3 个，即 Q_{11}、Q_{12}、Q_{44}。

针对只有一个电场(E_1)方向的作用时，未经人工极化的铁电晶体或压电陶瓷，由电场引起的应变表达式为

$$x_1 = M_{11} E_1^2, \quad x_2 = x_3 = M_{12} E_1^2 \tag{3-57}$$

或

$$x_1 = Q_{11} P_1^2, \quad x_2 = x_3 = Q_{12} P_1^2 \tag{3-58}$$

3. 电致伸缩效应与逆压电效应

电致伸缩效应和逆压电效应是两种不同的电介质变形现象，它们的区别如下：

(1) 电致伸缩效应是指外电场作用下电介质产生的与场强二次方成正比的应变，这种效应是由电场中电介质的极化引起的，并可以发生在所有的电介质中，其特征是形变与外电场方向无关，与电场强度的平方成正比。逆压电效应的形变随电场的反向而相反，与电场强度的一次方成正比。

(2) 电致伸缩效应是液、固、气态电介质都具有的性质，而逆压电效应只存在于不具有对称中心的点群的晶体中。

(3) 电致伸缩效应是电场中电介质的分子发生极化，从而导致晶格结构畸变，进而引起材料的尺寸变化。逆压电效应是电场中电介质的分子发生偶极矩的取向，从而导致晶格结构的变形，进而引起材料的尺寸变化。

(4) 电致伸缩效应是一个四阶张量，而逆压电效应是一个三阶张量。这意味着电致伸缩效应的应变与电场的关系更复杂，需要考虑更多的方向和组合。

(5) 电致伸缩效应主要应用于高电场强度下的电介质材料，如电容器、电晶体等；逆压电效应主要应用于低电场强度下的压电材料，如传感器、执行器、换能器等。

本章小结

本章通过比较真空平行板电容器和填充介电材料的平行板电容器的电荷变化，引入了极化和介电常数的概念，介绍了与极化相关的物理量，分析了极化的微观机制。克劳修斯-莫索提方程把微观极化率和宏观的极化强度联系起来，指出了提高介电常数的途径。本章还通过比较真空平行板电容器和填充电介质材料的平行板电容器的电流-矢量图，引入了电介质在交变电场下的性能表征参数，包括复介电常数、介电损耗以及对外场响应的极化德拜方程，并从微观机理的角度介绍了介电损耗的形式和影响介电损耗的因素。在介绍电介质材料的基础上，本章还简要介绍了具有特殊晶体结构的电介质的特性，包括铁电性、压电性和热释电性，以及它们的表征参数和相关应用。

习　题

1. 解释下列名词：极化强度、取向极化、有效电场、介电常数。

2. 一真空平行板电容器，极板上的电荷面密度 $\sigma = 1.77\times10^{-6}\ \mathrm{C\cdot m^{-2}}$。现充以 $\varepsilon_r = 9$ 的介质，若极板上的自由电荷保持不变，计算真空和介质中的 $\boldsymbol{E}$、$\boldsymbol{P}$、$\boldsymbol{D}$ 各为多少，束缚电荷产生的场强是多少？

3. 电介质的极化机制有哪些，分别在什么频率范围响应？

4. 叙述 $BaTiO_3$ 典型电介质在居里温度以下存在的四种极化机制。

5. 如果 A 原子的原子半径为 B 原子的两倍，那么在其他条件都相同的情况下，A 原子的电子极化率大约是 B 原子的多少倍？

6. 绘出典型铁电体的电滞回线，说明其主要参数的物理意义及造成 ***P-E*** 非线性关系的原因。

7. 一个厚度 $d = 0.025\ \mathrm{cm}$，直径为 2 cm 的滑石瓷圆片，经测定发现电容 $C = 7.2\ \mu\mathrm{F}$，损耗因子 $\tan\delta = 72$。试计算：①介电常数；②电损耗因子；③电极化率。

8. 以典型的 PZT 铁电陶瓷为例，试总结其介电性、铁电性的影响因素。

9. 结合逆压电效应说明超声马达的工作原理。

参考文献

方俊鑫, 殷之文. 1989. 电介质物理学[M]. 北京: 科学出版社.
孙目珍. 2000. 电介质物理基础[M]. 广州: 华南理工大学出版社.
田莳. 2004. 材料物理性能[M]. 北京: 北京航空航天大学出版社.
王从曾. 2001. 材料性能学[M]. 北京: 北京工业大学出版社.
郑冀, 梁辉, 马卫兵, 等. 2008. 材料物理性能[M]. 天津: 天津大学出版社.

第4章 材料的磁学性质

由量子力学可知，磁性是物质的基本属性。我国是世界上最早认识和利用物质磁性的国家之一，早在公元前四世纪，就有“磁石之取针”“磁石召铁”的记载。磁性材料在人类文明和社会进步中发挥着重要的作用。磁性材料被用于制造指南针，对航海、地理探索以及现代导航系统的发展起到了关键作用；磁性材料是电机、变压器、发电机等电磁设备的重要组成部分，推动了现代工业的发展；磁性材料在硬盘驱动器、磁存储器等数据存储设备中有重要应用，为计算机和信息技术的发展提供了基础；在医疗领域利用磁共振成像技术分析人体内部组织，为医生诊断疾病提供重要依据。总之，对物质磁性的认识和磁性材料的广泛应用推动了人类科技发展和社会进步。本章将重点阐述物质磁性的物理基础，静、动态磁化行为，在此基础上简要介绍软磁、永磁材料的分类及几种常见的磁物理效应。

4.1 磁学基础

4.1.1 磁性来源

1820 年，丹麦物理学家奥斯特(H. C. Ørsted)发现载流导线会在周围产生磁场，标志着电与磁之间的联系首次被揭示。1822 年，法国物理学家安培(A. M. Ampère)提出了物质磁性本质的假说，即一切磁现象的根源是电流。他认为，物质由原子组成，原子中带电粒子——电子和原子核的运动会产生电流，从而产生磁矩。没有外加磁场时，这些电流的方向可能是随机的，产生的磁矩的方向也是随机的，因此宏观上不对外表现出磁性；外磁场使这些微观电流按照某种规则排列，引起磁矩的规则排列，使材料在宏观上表现出磁性，即磁化。从本质上说，一切材料的磁性都来源于电荷的运动(或电流)。安培假说进一步深化了人们对磁性现象的理解，将磁性与电流联系起来，揭示了原子层面上磁性产生的机制。

类比静电学中的电偶极子，磁学中引入了磁偶极子的概念。磁偶极子磁性大小和方向可以用磁矩 $\boldsymbol{\mu}_{\mathrm{m}}$ 表示。磁矩定义为磁偶极子等效平面电流回路的电流 $\boldsymbol{i}$ 和回路面积 S 的乘积，即

$$\boldsymbol{\mu}_{\mathrm{m}} = \boldsymbol{i}S \tag{4-1}$$

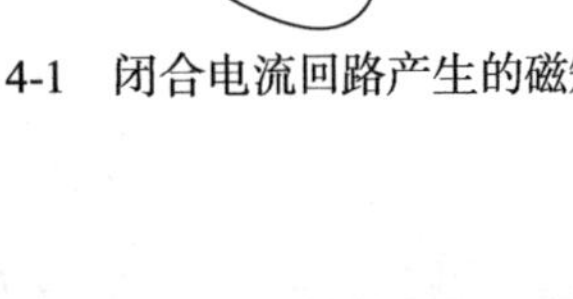

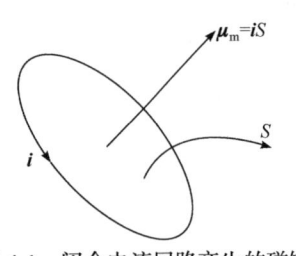

图 4-1　闭合电流回路产生的磁矩

式中，$\boldsymbol{\mu}_{\mathrm{m}}$ 的方向由右手螺旋定则确定，如图 4-1 所示，$\boldsymbol{\mu}_{\mathrm{m}}$ 的单位为 $\mathrm{A \cdot m^2}$。

原子中电子的轨道运动、电子的自旋运动以及原子核的自旋运动均可被视为原子尺度的闭合电流回路，从而等效为磁偶极子。因此，原子磁矩的来源包括：电子轨道磁矩、电子自旋磁矩和原子核自旋磁矩。

1. 电子轨道磁矩

将电子绕原子核的轨道运动等效为环形电流，设轨道半径为 r，电子电量为 e，质量为 m，运动角速度为 ω，轨道角动量为 L_l，则电子轨道运动的等效电流强度 I_l 为

$$I_l = \frac{\mathrm{d}q}{\mathrm{d}t} = \frac{e}{\frac{2\pi}{\omega}} = e\frac{\omega}{2\pi} \tag{4-2}$$

式中，q 为电量。

电子轨道磁矩为

$$\mu_l = e\frac{\omega}{2\pi}\pi r^2 = \frac{e}{2m}m\omega r^2 = \frac{e}{2m}rmv = \frac{e}{2m}L_l \tag{4-3}$$

式中，L_l 为电子轨道运动的角动量：

$$L_l = \sqrt{l(l+1)}\hbar \tag{4-4}$$

式中，l 为角量子数；$\hbar$ 为约化普朗克常量。当主量子数 $n = 1, 2, 3\cdots$ 时，$l = n-1, n-2, \cdots, 0$。因此，电子轨道磁矩是量子化的，其值为

$$\mu_l = \frac{e}{2m}\sqrt{l(l+1)}\hbar = \sqrt{l(l+1)}\mu_B \tag{4-5}$$

式中，μ_B 是磁矩的最小单位，称为玻尔磁子：

$$\mu_B = \frac{e\hbar}{2m} = 9.273\times10^{-24}\,\mathrm{J\cdot T^{-1}} \tag{4-6}$$

电子轨道磁矩的方向垂直于电子轨道运动的环形平面，并符合右手螺旋定则。当在原子上施加外磁场时，电子轨道磁矩在外磁场 z 方向的分量 μ_{lz} 为

$$\mu_{lz} = m_l\mu_B \tag{4-7}$$

μ_{lz} 也是量子化的，其中 $m_l = 0, \pm1, \pm2, \cdots, \pm l$，为电子轨道运动的磁量子数。

2. 电子自旋磁矩

电子除了围绕原子核做轨道运动外，还存在自旋运动，自旋也会产生磁场，即电子自旋磁矩。电子自旋角动量 L_s 和自旋磁矩 μ_s 取决于自旋量子数 s，$s = 1/2$，即

$$L_s = \sqrt{s(s+1)}\hbar = \frac{\sqrt{3}}{2}\hbar \tag{4-8}$$

$$\mu_s = 2\sqrt{s(s+1)}\mu_B = \sqrt{3}\mu_B \tag{4-9}$$

自旋角动量和自旋磁矩在外磁场 z 方向的分量取决于自旋量子数 s，$s = \pm1/2$，即

$$L_{sz} = s\hbar = \pm\frac{1}{2}\hbar \tag{4-10}$$

$$\mu_{sz} = 2s\mu_B = \pm\mu_B \tag{4-11}$$

因此，电子自旋磁矩在空间上只有两个可能的量子化方向，其在外磁场方向上的投影刚好等于一个玻尔磁子，符号取决于电子自旋方向，一般取与外磁场方向 z 一致的方向为正。通过实验也测定出电子自旋磁矩在外磁场方向的分量恰为一个玻尔磁子。

3. 原子核自旋磁矩

原子核也具有自旋运动，因此原子核也会产生磁场，即原子核自旋磁矩。由于原子核的质量是电子的一千多倍，其运动速度仅是电子运动速度的几千分之一，所以核磁矩 μ_N 一般比玻尔磁子 μ_B 小 3 个数量级。因此，通常情况下可以忽略原子核磁矩的影响。

然而，在某些特殊情况下，原子核磁矩仍然可能对材料的磁性产生一定影响，如在核磁共振(NMR)等特定应用中，需要准确考虑原子核的磁矩。

4. 原子磁矩

忽略原子核的贡献，原子的总角动量由电子的轨道与自旋角动量耦合而成。通常，各电子的轨道角动量与自旋角动量先分别合成总轨道角动量 P_L 和总自旋角动量 P_S，然后两者再合成总角动量 P_J。

总轨道角动量由总轨道量子数 L 决定：

$$P_L = \sqrt{L(L+1)}\hbar \tag{4-12}$$

式中，L 是各电子的轨道磁量子数的总和，总轨道磁矩为

$$\mu_L = \sqrt{L(L+1)}\mu_B \tag{4-13}$$

总轨道磁矩在外磁场 z 方向的分量为

$$\mu_{Lz} = m_L\mu_B \tag{4-14}$$

式中，$m_L = \pm L, \pm(L-1), \pm(L-2), \cdots, 0$，对应于 $2L+1$ 个取向。

总自旋角动量由总自旋量子数 S 决定：

$$P_S = \sqrt{S(S+1)}\hbar \tag{4-15}$$

式中，S 是各电子的自旋磁量子数的总和，总自旋磁矩为

$$\mu_S = 2\sqrt{S(S+1)}\mu_B \tag{4-16}$$

总自旋磁矩在外磁场 z 方向的分量为

$$\mu_{Sz} = 2m_S\mu_B \tag{4-17}$$

式中，$m_S = \pm S, \pm(S-1), \pm(S-2), \cdots, 0$，对应于 $2S+1$ 个取向。

原子总角动量 P_J 由总角量子数 J 决定：

$$P_J = \sqrt{J(J+1)}\hbar \tag{4-18}$$

铁磁性物质的总角动量主要来源于轨道-自旋耦合(L-S 耦合)。因此，总角动量是总轨道角动量 P_L 和总自旋角动量 P_S 的矢量和，取决于 P_L 和 P_S 的相对取向，$J = |L-S|, |L-S|+1, \cdots, |L+S|$。

因此，原子的总磁矩 μ_J(也称原子的固有磁矩或本征磁矩)可以表示为

$$\mu_J = g_J\sqrt{J(J+1)}\mu_B \tag{4-19}$$

式中，g_J 为朗德劈裂因子，其数值反映出电子轨道运动和自旋运动对原子总磁矩的贡献，可以通过实验精确测定。当 $S = 0$ 而 $L \neq 0$ 时，$g_J = 1$；当 $S \neq 0$ 而 $L = 0$ 时，$g_J = 2$；当 $S \neq 0$ 且

$L \neq 0$ 时，孤立原子或离子的 g_J 可大于或小于 2，即

$$g_J = 1 + \frac{J(J+1) + S(S+1) - L(L+1)}{2J(J+1)} \tag{4-20}$$

原子总磁矩在外磁场 z 方向的分量为

$$\mu_{Jz} = g_J m_J \mu_B \tag{4-21}$$

式中，$m_J = \pm J, \pm(J-1), \pm(J-2), \cdots, 0$，共 $2J+1$ 个可能值。

原子的固有磁矩取决于其核外电子排布。当电子壳层处在满填状态时，同一轨道上两电子的自旋磁矩互相抵消，则自旋磁矩完全抵消，原子磁矩由轨道磁矩决定。当电子壳层未满填时，按洪德(Hund)规则，电子将占据尽可能多的轨道，且占据的轨道中电子自旋方向平行，其自旋磁矩未被完全抵消，表现出的磁矩主要由自旋磁矩决定。例如，根据洪德规则，孤立铁原子核外电子排布为 $1s^2 2s^2 2p^6 3d^6 4s^2$，其中 d 轨道未满填，6 个 d 电子将占据全部 5 个 d 轨道，其中 4 个 d 轨道上每个轨道仅有 1 个电子占据且自旋平行，另一个 d 轨道被 2 个自旋相反的电子占据，所以整个原子的磁矩主要由其自旋磁矩决定，固有磁矩为 $4\mu_B$。

4.1.2　磁学基本量

在磁体内取一个体积元 ΔV，该体积元内包含大量磁偶极子，它们具有磁矩 $\boldsymbol{\mu}_{m1}, \boldsymbol{\mu}_{m2}, \cdots, \boldsymbol{\mu}_{mn}$。为了描述磁体宏观磁性强弱，定义单位体积内磁偶极子的磁矩矢量和为磁化强度，用 $\boldsymbol{M}$ 表示：

$$\boldsymbol{M} = \frac{\sum_{i=1}^{n} \boldsymbol{\mu}_{mi}}{\Delta V} \tag{4-22}$$

如果单位体积内包含 N 个磁偶极子，这些磁偶极子的磁矩大小相等且平行排列，则磁化强度简化为

$$\boldsymbol{M} = N\boldsymbol{\mu}_m \tag{4-23}$$

磁体置于外磁场中时会发生磁化，其磁化强度 $\boldsymbol{M}$ 和外磁场强度 $\boldsymbol{H}$ 存在以下关系：

$$\boldsymbol{M} = \chi \boldsymbol{H} \tag{4-24}$$

式中，χ 为材料的磁化率，是一个无量纲的量，反映了材料被磁化的难易程度。

材料在磁场中发生磁化的同时，也会反过来影响磁场。材料中磁场的强弱可用磁感应强度 $\boldsymbol{B}$ 描述，也称磁通密度。将材料放入磁场强度为 $\boldsymbol{H}$ 的磁场中时，材料中的磁感应强度为

$$\boldsymbol{B} = \mu_0 \boldsymbol{H} + \mu_0 \boldsymbol{M} \tag{4-25}$$

式中，μ_0 为真空中的磁导率。

由此可见，材料内部的磁感应强度 $\boldsymbol{B}$ 可看作外加磁场 $\mu_0\boldsymbol{H}$ 和磁化引起的附加磁场 $\mu_0\boldsymbol{M}$ 两部分叠加而成。

将式(4-24)代入式(4-25)，可得

$$\boldsymbol{B} = \mu_0 \boldsymbol{H} + \mu_0 \chi \boldsymbol{H} = \mu_0 (1+\chi) \boldsymbol{H} \tag{4-26}$$

定义

$$\mu_r = 1 + \chi \tag{4-27}$$

式中，μ_r 为材料的相对磁导率，与 χ 一样都是无量纲的量。

因此

$$\boldsymbol{B} = \mu_0 \mu_r \boldsymbol{H} \tag{4-28}$$

定义

$$\mu = \mu_0 \mu_r \tag{4-29}$$

式中，μ 为材料的磁导率或绝对磁导率，也是无量纲的量。

将式(4-29)代入式(4-28)，可得

$$\boldsymbol{B} = \mu \boldsymbol{H} \tag{4-30}$$

由此可见，磁化率 χ、相对磁导率 μ_r 和绝对磁导率 μ 都是描述材料在外磁场下磁化能力的物理量，三者之间存在固定的关系，知道其中的一个即可求出另外两个。

4.1.3　磁性分类

根据材料磁化率的大小和符号，可以将材料的磁性分为五类：抗磁性、顺磁性、铁磁性、反铁磁性和亚铁磁性，如图 4-2 和表 4-1 所示。

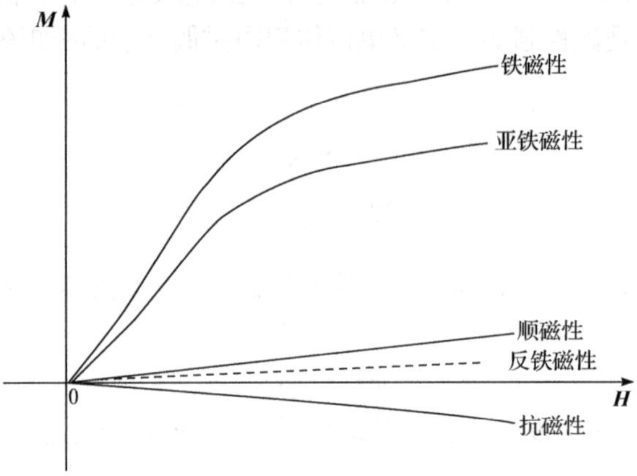

图 4-2　根据磁化率对材料磁性分类

表 4-1　一些常见物质的磁化率

磁性类型	元素或物质	磁化率 χ
抗磁性	Cu	-1.00×10^{-5}
	Zn	-1.40×10^{-5}
	Au	-3.60×10^{-5}
	Hg	-3.20×10^{-5}
	H_2O	-9.00×10^{-6}
	H	-2.00×10^{-6}
	Ne	-3.20×10^{-7}
	Bi	-1.66×10^{-4}
	热解石墨	-4.09×10^{-4}

续表

磁性类型	元素或物质	磁化率 χ
顺磁性	Li	4.40×10^{-5}
	Na	6.20×10^{-6}
	Al	2.20×10^{-5}
	V	3.80×10^{-4}
	Pd	7.90×10^{-4}
	Nd	3.40×10^{-4}
	空气	3.60×10^{-7}
	$FeCl_3$	7.79×10^{-4}
	$MnCl_3$	8.60×10^{-4}
反铁磁性	FeO	0.78
	CoO	
	NiO	0.67
	CrO	
	Cr_2O_3	0.76
铁磁性	铁晶体	$\sim1.40\times10^6$
	钴晶体	$\sim10^3$
	镍晶体	$\sim10^6$
	3.5%Si-Fe	$\sim7.00\times10^4$
	AlNiCo	~10
亚铁磁性	Fe_3O_4	$\sim10^2$
	各种铁氧体	$\sim10^3$

1. 抗磁性

材料在外磁场产生与外磁场方向相反的微弱磁矩，即$\chi<0$且绝对值很小，一般在$-10^{-5}\sim-10^{-6}$数量级，这样的材料称为抗磁体。抗磁性主要来源于外磁场对局域电子轨道运动的改变。根据拉莫尔(Larmor)定理，在外磁场作用下，电子除了绕原子核运动外，还会以恒定角速度绕磁场做拉莫尔进动。该附加的电子运动将产生一个与外磁场方向相反的磁场，从而产生抗磁性。所有材料中的局域电子都具有抗磁性，但是当材料具有固有磁矩时，其他磁化率掩盖了抗磁磁化率，使其难以表现出宏观抗磁性。所以，电子壳层满填的物质才能成为抗磁体，如惰性气体、离子型固体(如 NaCl)、共价晶体(如 C、Si、Ge、S、P 等)、部分金属(如 Cu、Ag、Au、Hg、Zn 等)。

2. 顺磁性

材料在外磁场中感生出与外磁场同向的磁化强度，其磁化率$\chi>0$，但数值很小，仅为

10^{-7}～10^{-4}数量级，这种磁性称为顺磁性，相应的材料称为顺磁体。顺磁性物质的χ与温度T密切相关，服从居里-外斯(Curie-Weiss)定律，即

$$\chi = \frac{C}{T - T_P} \tag{4-31}$$

式中，C为居里常数；T为热力学温度；T_P为顺磁居里温度。顺磁性物质包括稀土金属和铁族元素的盐类等。

3. 反铁磁性

某些材料的$\chi>0$且绝对值很小，约为10^{-2}数量级，但是与顺磁体不同的是，其磁化率随温度升高而增大，并且在某一温度存在极大值，该温度称为奈尔(Néel)温度(T_N)。当温度高于T_N时，反铁磁体变成了顺磁体，磁化率与温度的关系服从居里-外斯定律。常见的反铁磁体有MnO、FeO、Cr_2O_3等。

4. 铁磁性

某些材料在很小的外磁场中就能感生出较大的且与外磁场同向的磁化强度，磁化率$\chi>0$且绝对值很大，可达10^6数量级，且与外磁场大小呈非线性关系，这种磁性称为铁磁性，相应的材料称为铁磁体。铁磁性随温度升高而减弱，并且当温度高于某一临界温度——居里温度(T_C)时，铁磁性将转变为顺磁性。室温附近具有铁磁性的材料不多，常见的有3d过渡族金属Fe、Co、Ni和稀土Dy以及它们的合金等。

5. 亚铁磁性

亚铁磁性的磁化行为与铁磁性类似，但是与铁磁性相比，磁化率略小，为10^2～10^3数量级。典型的亚铁磁体为Fe_3O_4和各类铁氧体。

铁磁体和亚铁磁体由于具有较大的磁化率，一般称为强磁体，是应用最广的两类磁性材料；顺磁体、抗磁体、反铁磁体的磁化率较小，一般称为弱磁体。

4.2 交换作用与磁有序

铁磁性、反铁磁性和亚铁磁性源于原子固有磁矩的有序排列(即磁有序)，三者的基本磁结构如图4-3所示。铁磁体中相邻磁矩平行排列，磁化率很高；反铁磁体中相邻磁矩反平行取向，磁矩相互抵消，磁化率较低；亚铁磁体中相邻磁矩反平行排列，但是相邻磁矩大小不

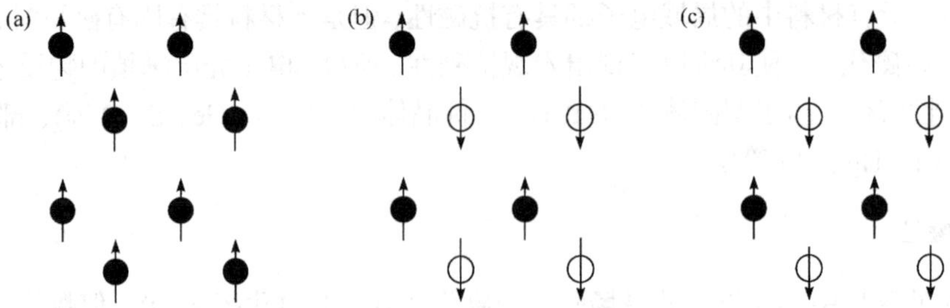

图4-3 (a) 铁磁性、(b) 反铁磁性、(c) 亚铁磁性材料的磁结构示意图

同，不能完全抵消，磁化率也较高。为了进一步解释铁磁性、亚铁磁性和反铁磁性物质中磁有序的物理机制，一系列交换作用模型被提出。

4.2.1　交换作用

1. 海森伯交换作用

海森伯交换作用模型是解释固体磁性的一个重要理论。在量子力学框架下，海森伯认为铁磁性自发磁化起源于电子间的静电交换作用。交换作用模型认为，磁性体内原子之间存在交换作用，并且这种交换作用只发生在近邻原子之间。系统内部原子之间的自旋相互作用能为

$$E_{ex} = -2A\sum_{\text{近邻}} S_i \cdot S_j \tag{4-32}$$

式中，A 为交换积分；S_i 和 S_j 为近邻原子的自旋。原子处于基态时，要求 $E_{ex} < 0$，系统处于最稳定态。当 $A < 0$ 时，$S_i \cdot S_j < 0$，近邻原子的自旋反平行排列为基态，系统处于反铁磁态；当 $A > 0$ 时，$S_i \cdot S_j > 0$，近邻原子的自旋平行排列为基态，系统处于铁磁态。

图 4-4 给出了一些 3d 金属的交换积分 A 随 r_a/r_{3d} 的变化关系，称为贝特-斯莱特(Bethe-Slater)曲线。其中，r_a 为原子半径，r_{3d} 为 3d 电子壳层半径。从曲线可以看出，当 r_a/r_{3d} 值逐渐增大时，A 由负变正，经过极大值，然后逐渐变小。当两个同种原子距离较远时，r_a/r_{3d} 比值很大，交换积分为正，数值较小，处于铁磁态；随着两原子间距离减小，3d 电子越来越接近，交换积分逐渐增至极大值而后降低至零；进一步减小原子间距，3d 电子靠得非常近，导致电子自旋反平行排列(交换积分 $A < 0$)，系统变为反铁磁态。

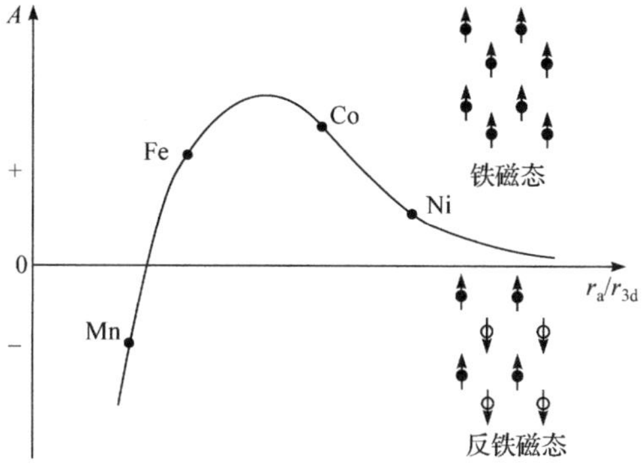

图 4-4　贝特-斯莱特曲线

铁磁体的居里温度高低是铁磁体内交换作用强弱的宏观表现：交换作用越强，近邻自旋间平行排列的稳定性越强，破坏近邻自旋有序排列所需热能就越高，宏观上就表现为居里温度越高。从贝特-斯莱特曲线上 Fe、Co 和 Ni 的位置可以看出：三种物质中 Co 的居里温度最高，Ni 的居里温度最低。

贝特-斯莱特曲线是从直接交换作用出发，反映 3d 金属中原子间的交换作用与相邻原子的 3d 电子耦合程度之间的关系。可以用它解释一些实验现象，如非铁磁性元素可以形成铁磁性合金。例如，Mn 是反铁磁性的，Bi、Cu、Sn、Al 是非铁磁性元素。但是，MnBi 合金以及 Cu_2MnSn、Cu_2MnAl 合金(属于霍伊斯勒合金)是铁磁性的。这是由于上述合金中 Mn-

Mn 原子间的距离大于在纯金属中的原子间距，r_a/r_{3d} 变大使交换积分 A 由负变正。

2. 铁磁性能带理论

铁磁性能带理论是凝聚态物理中描述固体磁性的一个重要理论框架，它是量子力学原理与统计物理学方法的结合。这一理论在海森伯模型和交换作用概念的基础上进一步发展而来，特别是在处理金属和合金等导电材料的磁性问题时更为适用。传统的海森伯模型假设磁性来源于局域化电子的交换作用，但对于实际的金属铁磁材料，由于电子运动更加自由，这种局域化的描述不再完全适用。因此，需要考虑电子的能带结构，即电子在固体内部可以占据的能量范围和状态。

该理论认为过渡金属中的 3d、4s 电子处于巡游态，分布在由若干密集能态组成的能带中。原子在晶格中呈周期性分布，当原子间距离增加时，3d 和 4s 的能带宽度减小，最后接近单能级。两能带中有一部分面积重叠，从而发生 3d 和 4s 电子的互相转移。电子自旋可以朝上或者朝下取向，所以 3d 层能带和 4s 层能带又可以分为两个副能带。计算表明 4s 能带的正负能带高度相等，电子数相同，而 3d 正负能带由于交换作用出现了交换劈裂，导致高度不相等，被电子填充的程度也不一样，结果 3d 负能带高。不同原子中不同副能带内被充满的程度不一样，在 Ni、Co 原子中，3d 正能带完全被电子充满，充满的电子数等于 5，负能带则未被电子充满，填充程度各不相同。Fe 原子的 3d 正负能带都未填满。由能带理论可以计算出 3d 金属中能带的电子分布和原子磁矩(表 4-2)，这可以有效地解释 3d 过渡族金属磁矩为非整数的事实。

表 4-2 过渡族金属 3d、4s 能带中电子分布和原子磁矩

元素	充满的电子层				总数	空穴		原子磁矩 $3d^+-3d^-/\mu_B$
	$3d^+$	$3d^-$	$4s^+$	$4s^-$		$3d^+$	$3d^-$	
Cr	2.7	2.7	0.3	0.3	6	2.3	2.3	0.0
Mn	3.2	3.2	0.3	0.3	7	1.8	1.8	0.0
Fe	4.8	2.6	0.3	0.3	8	0.2	2.4	2.2
Co	5.0	3.3	0.35	0.35	9	0.0	1.7	1.7
Ni	5.0	4.4	0.3	0.3	10	0.0	0.6	0.6
Cu	5.0	5.0	0.5	0.5	11	0.0	0.0	0.0

3. 铁磁性 RKKY 理论

铁磁性 RKKY(Ruderman-Kittel-Kasuya-Yosida)理论是一种用来解释稀土金属中长距离间接交换作用的模型。这个理论最初由鲁德尔曼(Ruderman)和基特尔(Kittel)于 1954 年提出，后来 Kasuya 与 Yosida 对其进行了扩展。稀土金属的磁性来源于 4f 电子，4f 电子被 $5s^25p^65d^{10}6s^2$ 电子屏蔽，而且稀土原子间距离很大，不允许直接交换作用的存在，由于不存在氧离子等媒介，也不可能存在超交换作用。Ruderman 和 Kittel 提出导电电子可作为媒介，在核自旋间发生交换作用。Kasuya 和 Yosida 提出 Mn 的 d 电子和导电电子有交换作用，使电子极化而导致 Mn 原子的 d 电子和邻近的导电电子有交换作用。在此基础上发展起来的 RKKY 理论可以有效地解释稀土金属中的磁性来源。RKKY 理论认为 4f 电子是完全局域的，6s 电子是游离的，作为传导电子。f电子和s电子可以发生交换作用，使s电子极化，极化s电子的自旋会对f电子的自旋取向产生影响。以游离的s电子作为媒介，磁性原子或离子中的4f电子自旋与其邻近磁性原子或离子中的4f局域电子自旋磁矩产生交换作用，从而解释了稀土金属的磁性来源。

4. 超交换作用模型

超交换作用模型由安德森(P. W. Anderson)在19世纪50年代初提出，用于解释一些具有特殊结构的磁性氧化物(如铜氧化物和锰氧化物)中观察到的反铁磁性。在超交换作用模型中，不同磁性离子之间并没有直接的交换作用，而是通过非磁性离子(通常是氧离子)间接地进行相互作用。当两个有磁矩的离子通过一个共有的非磁性离子连接时(在过渡金属复合氧化物中经常是这样)，这对有磁矩的离子的电子波函数会通过该非磁性离子的电子波函数间接重叠，从而产生超交换作用。

以MnO晶体为例，介绍超交换作用的机理。Mn^{2+}的未满电子壳层组态为$3d^5$，5个自旋彼此平行取向；O^{2-}的电子结构为$1s^22s^22p^6$，其自旋角动量和轨道角动量都是彼此抵消的，无净自旋磁矩。如图4-5所示，O^{2-} 2p轨道向近邻的Mn^{2+} M_1和M_2伸展，这样2p轨道电子云与Mn^{2+}电子云交叠，2p轨道电子有可能迁移到Mn^{2+}中。假设，一个2p电子转移到M_1离子的3d轨道。在此情况下，该电子必须使它的自旋与Mn^{2+}的总自旋反平行，因为Mn^{2+}已经有5个电子，按照洪德规则，其空轨道只能接受一个与5个电子自旋反平行的电子；另外，按泡利不相容原理，2p轨道上的剩余电子的自旋必须与被转移的电子的自旋反平行。此时，由于O^{2-}与另一个Mn^{2+} M_2的交换作用是相反的，故O^{2-} 2p轨道剩余电子与M_2离子3d电子自旋反平行取向。这样，M_1的总自旋就与M_2的总自旋反平行取向。当M_1-O-M_2夹角为180°时，超交换作用最强，而当角度变小时作用变弱。这就是超交换作用原理，利用这个模型可以解释反铁磁性自发磁化的起因。

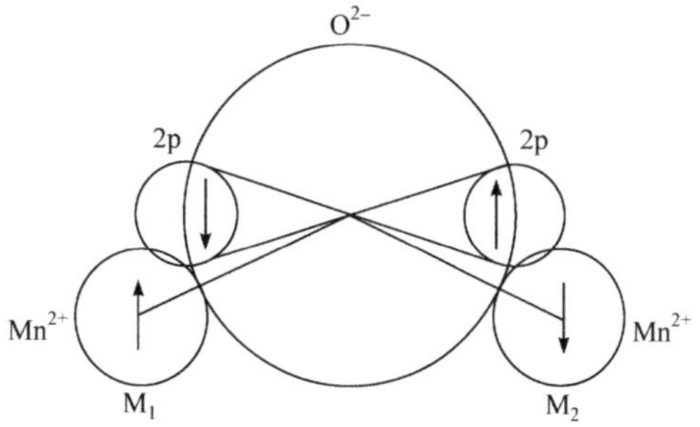

图4-5 超交换作用示意图

当然，上面介绍的超交换作用中，通过O^{2-}发生超交换作用的同为Mn^{2+}，它们与O^{2-}作用的交换积分皆为负值，耦合电子自旋为反平行排列。实际上也存在左右两侧的交换积分皆为正值的情况，这时同样导致反铁磁性。如果两侧的交换积分分别为一正一负，就会导致铁磁性。此外，这一机制也是高温超导体研究中的一个重要概念，因为这些材料中的铜-氧层正是超交换作用发生的场所。

4.2.2 铁磁性

铁磁性是一种自发产生的强磁性。不加外磁场时，铁磁体的原子磁矩在交换作用下，克服热运动的无序效应，自发地平行排列，这种现象称为铁磁材料的自发磁化。由交换作用模型可知，出现铁磁性须具备两大条件：首先，物质具有铁磁性的必要条件是原子中有未排满的电子壳层，即具有固有原子磁矩；其次，物质具有铁磁性的充要条件是相邻原子间的交换积分为正，相邻原子磁矩平行排列。

在未被外磁场磁化之前，铁磁性材料通常不对外显示宏观磁性。这是因为自发磁化产生了若干个小区域，称为磁畴，每个磁畴内部磁矩的自发磁化方向一致，但不同磁畴的自发磁化方向不同。因此，在未受外磁场作用时，各磁畴磁矩相互抵消，宏观上铁磁性物质不显示磁性；在受到外磁场作用时，磁畴取向发生变化，倾向于与外磁场一致有序排列，从而表现出宏观磁性，这种外磁场作用下的磁化称为技术磁化。磁畴结构与技术磁化相关理论将在 4.3 节中详细介绍。

此外，铁磁性还具有显著的温度依赖性。当温度升高时，原子间距增大，交换作用减弱；与此同时，热运动的无序效应增强，破坏原子磁矩的有序排列，造成宏观磁化强度下降。当温度高于居里温度(T_C)时，原子磁矩变为无序排列，材料由铁磁性变为顺磁性，磁性消失。图 4-6 给出了几种典型磁性金属磁化强度随温度的变化曲线。由图可见，随温度升高，磁化强度逐渐减小，在 T_C 以上变为 0。

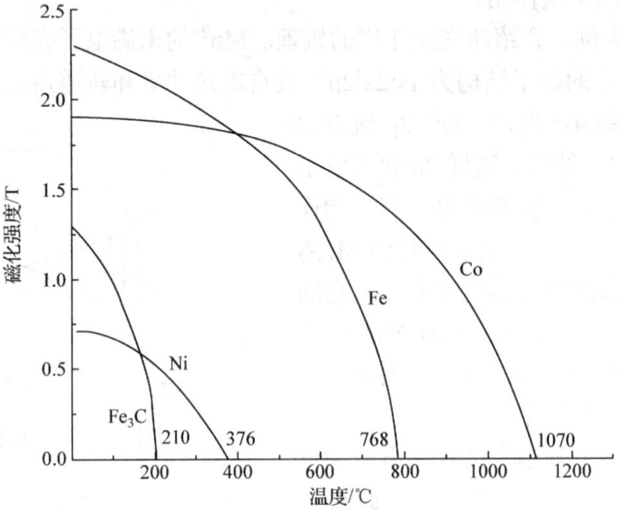

图 4-6 几种典型金属铁磁体的磁化强度与温度的关系

4.2.3 反铁磁性

反铁磁性最初被认为是一种反常的顺磁性。然而，进一步研究发现反铁磁性与顺磁性的磁结构完全不同，是一种独特的磁性现象。反铁磁性的有序磁结构首先被沙尔(C. G. Shull)和斯马特(J. S. Smart)利用中子衍射实验在 MnO 上得到证实。因为中子磁散射对正自旋和反自旋响应不同，从而可以通过中子衍射谱确定 MnO 的磁结构。如图 4-7 所示，MnO 为 NaCl 型晶体结构，其中 Mn^{2+}可以看成由(111)密排面叠成的面心立方结构。由图可见，同一(111)面上的 Mn^{2+}的磁矩平行排列，但相邻(111)面的 Mn^{2+}的磁矩反平行排列，磁矩相互抵消。

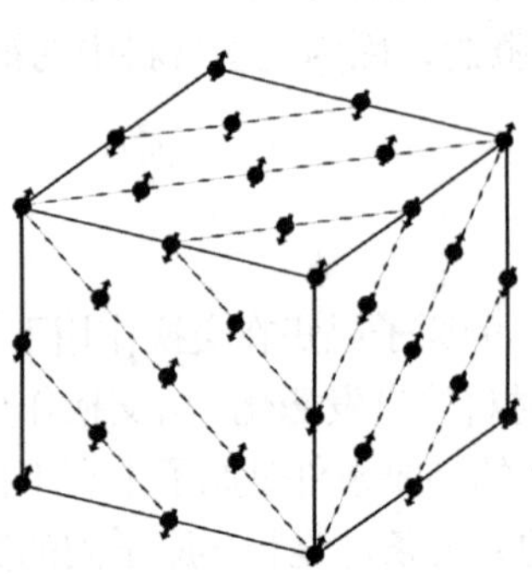

图 4-7 MnO 中 Mn^{2+}磁矩排列示意图

反铁磁体的磁化率与温度之间存在特殊的依赖关系。图 4-8 给出了反铁磁性物质 MnO 的磁化率与温度之间的关系。在极低的温度下(T 接近 0 时)，相邻磁矩在交换作用下反平行排列(图 4-3)，近邻磁矩几乎完全抵消，故磁化率接近于0。随着温度升高，交换作用减弱，近邻磁矩不再完全反平行排列，磁化率增大。当温度升高到奈尔温度 T_N 以上时，与铁磁体相似，热运动破坏了交换作用，呈现顺磁性，磁化率与温度服从居里-外斯定律。

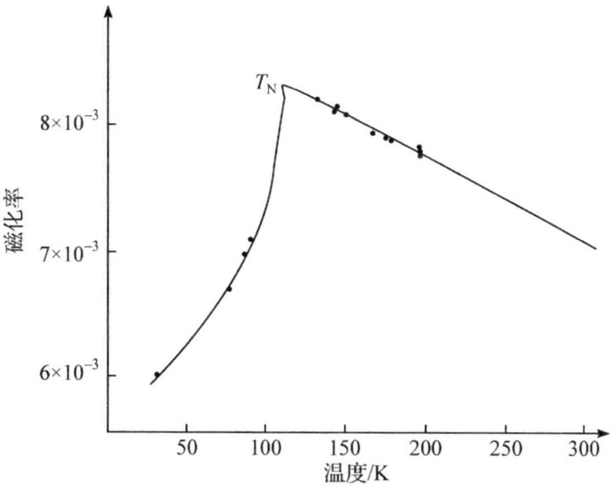

图 4-8 反铁磁性物质 MnO 磁化率随温度的变化曲线

4.2.4 亚铁磁性

亚铁磁性呈现与铁磁性相似的宏观磁特性：居里温度以下，发生自发磁化，具有磁畴结构，能够被磁化到饱和，存在磁滞现象；在居里温度以上，自发磁化消失，转变为顺磁性。

铁氧体是一类典型的亚铁磁体。与金属磁性材料相比，铁氧体具有很高的电阻率，一般为金属的 10^6 倍以上，因而在交流磁场中涡流损耗较小。因此，铁氧体在高频领域是一类理想的磁性材料。Fe_3O_4 磁铁矿是最早被发现的铁氧体材料之一，然而直到20世纪30～40年代，铁氧体才开始进入商业领域。

铁氧体是离子化合物，它的磁性来源于所含离子的磁矩。表4-3为元素周期表中3d过渡族金属离子中3d电子壳层中电子数目及其自旋磁矩。3d电子壳层包含5个亚轨道，能够容纳5个自旋向上的电子和5个自旋向下的电子。以含有6个3d电子的 Fe^{2+} 为例，根据泡利不相容原理和洪德规则，前5个3d电子将进入不同亚轨道，并且自旋向上排列，第6个电子进入壳层后自旋向下排列，因此自旋磁矩为 $4\mu_B$。

表 4-3 元素周期表中 3d 过渡族金属离子的自旋磁矩

离子	3d 电子数目	自旋磁矩/μ_B
Sc^{3+}、Ti^{4+}	0	0
Ti^{3+}、V^{4+}	1	1
Ti^{2+}、V^{3+}、Cr^{4+}	2	2
V^{2+}、Cr^{3+}、Mn^{4+}	3	3
Cr^{2+}、Mn^{3+}、Fe^{4+}	4	4
Mn^{2+}、Fe^{3+}、Co^{4+}	5	5
Fe^{2+}、Co^{3+}、Ni^{4+}	6	4
Co^{2+}、Ni^{3+}	7	3

续表

离子	3d 电子数目	自旋磁矩/μ_B
Ni^{2+}	8	2
Cu^{2+}	9	1
Cu^{+}、Zn^{2+}	10	0

将表 4-3 中离子磁矩与实验所得铁氧体磁矩比较发现，铁氧体与铁磁性物质存在巨大的差别。同样以 $NiO \cdot Fe_2O_3$ 为例，它含有一个 Ni^{2+}，二个 Fe^{3+}。如果它们之间的交换作用为正，则一个 $NiO \cdot Fe_2O_3$ 分子的总磁矩为 $12\mu_B$。而实验上，接近 0 K 的温度下，一个 $NiO \cdot Fe_2O_3$ 分子的饱和磁化强度仅为 $2.3\mu_B$。显然在 $NiO \cdot Fe_2O_3$ 中，金属离子的磁矩不可能平行取向。因此，奈尔认为铁氧体存在不同于以往认识的任何一种磁结构。奈尔做出假设，铁氧体中处于不同晶体学位置(如 A 次晶格和 B 次晶格)的金属离子之间的交换作用为负。A 次和 B 次晶格上金属离子的自发磁化方向相反，并且磁矩大小不等。因此，两个相反方向的磁矩不能完全抵消，产生了剩余自发磁化。

亚铁磁性物质不同次晶格上的磁矩大小及其温度依赖性均存在差异，因此造成宏观磁化强度随温度变化的曲线呈现不同类型。如图 4-9(a)所示，低温时宏观磁化强度沿着 $\boldsymbol{M}_B$ 的方向；随着温度升高，$\boldsymbol{M}_B$ 下降速率快于 $\boldsymbol{M}_A$，在某一温度时，$\boldsymbol{M}_A$ 与 $\boldsymbol{M}_B$ 大小相等、方向相反，宏观磁化强度为 0，该温度称为补偿温度或补偿点 T_{comp}；随着温度进一步升高，$\boldsymbol{M}_A$ 大于 $\boldsymbol{M}_B$，宏观磁化强度沿着 $\boldsymbol{M}_A$ 方向，直至高于 T_C，变为顺磁态。此外，亚铁磁性物质的宏观磁化强度也有可能呈现如图 4-9(b)、(c)所示的温度依赖性。

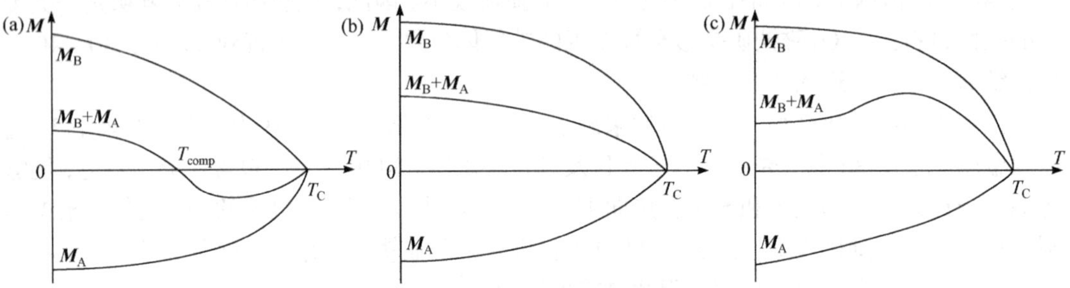

图 4-9 亚铁磁性物质磁化强度随温度变化曲线

4.3 磁畴结构与技术磁化

由 4.2 节可知，铁磁性物质的磁矩之间存在交换作用，近邻磁矩平行排列。然而，研究人员发现铁、硅钢等强磁性材料在未被外磁场磁化前，通常不对外显示宏观磁性，但在外磁场中会显现出强烈的宏观磁性。这是由于铁磁性物质在其居里温度以下自发磁化产生磁畴结构，在外磁场作用下发生了技术磁化。

4.3.1 强磁材料内的各种相互作用能

强磁材料内为什么存在磁畴？这是因为强磁材料中存在五种相互作用的能量，即交换

能 E_{ex}、静磁能 E_H、磁晶各向异性能 E_K、退磁场能 E_d 和磁弹性能 E_σ，磁畴状态(大小、形状和分布)由总自由能的极小值决定，即

$$E = E_{ex} + E_K + E_H + E_d + E_\sigma \tag{4-33}$$

1. 交换能

交换作用模型认为，强磁材料内磁矩间存在交换作用，并且这种交换作用只发生在近邻原子之间。系统内磁矩间的交换能由式(4-32)描述。对于铁磁体，交换积分 $A>0$，磁畴中相邻磁矩平行排列，系统交换能最低。

2. 静磁能

磁性材料置于磁场中时，将处于磁化状态，产生静磁能 E_H，静磁能大小与磁体的磁化强度 $\boldsymbol{M}$ 和外磁场 $\boldsymbol{H}$ 相关，可以定量表示为

$$E_H = -\boldsymbol{H}\cdot\boldsymbol{M} = -2HM\cos\theta \tag{4-34}$$

式中，θ 为磁矩与外磁场方向的夹角，当磁矩与外磁场一致时，静磁能最低。

3. 磁晶各向异性能

将磁性材料沿着不同方向磁化时，磁化率或者磁化曲线随磁化方向改变而改变的现象称为磁各向异性，主要来源有：①与材料晶体结构相关的磁晶各向异性；②与材料形状相关的形状各向异性。

图 4-10 为镍单晶沿不同晶轴方向的磁化曲线。由图可见，磁化曲线随晶轴方向呈现各向异性，这种现象称为磁晶各向异性。同一单晶体沿着某些方向容易磁化，而沿着另一些方向不容易磁化。将容易磁化的方向称为易磁化方向，或易磁化轴；不容易磁化的方向称为难磁化方向，或难磁化轴。从图 4-10 中看出，镍单晶的易磁化方向为[111]，难磁化方向为[100]。

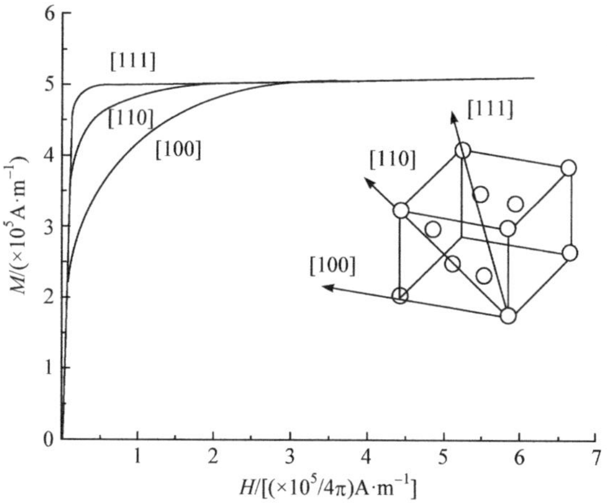

图 4-10　镍单晶的磁化曲线

可以从能量的角度定量地描述磁晶各向异性。将铁磁体从退磁状态磁化到饱和，需要的磁化功为

$$\int_0^{M} \mu_0 \boldsymbol{H} \cdot \mathrm{d}\boldsymbol{M} = \int_0^{M} \mathrm{d}E = E(\boldsymbol{M}) - E(0) \tag{4-35}$$

式(4-35)左端为磁化功的大小，由磁化曲线与纵坐标轴间包围的面积所决定。由图 4-10 可知，铁磁体沿易磁化轴方向磁化功最小，沿难磁化轴方向磁化功最大，不同晶轴方向的能量差即为磁晶各向异性能 E_K。

磁晶各向异性能 E_K 用自发磁化方向与晶体学主轴间夹角的余弦函数($\alpha_1, \alpha_2, \alpha_3$)表示，考虑到晶体对称性，立方晶体磁晶各向异性能可表示为

$$\begin{aligned} E_K = {} & K_1(\alpha_1^2\alpha_2^2 + \alpha_2^2\alpha_3^2 + \alpha_3^2\alpha_1^2) + K_2\alpha_1^2\alpha_2^2\alpha_3^2 \\ & + K_3(\alpha_1^2\alpha_2^2 + \alpha_2^2\alpha_3^2 + \alpha_3^2\alpha_1^2) + \cdots \end{aligned} \tag{4-36}$$

式中，K_1、K_2、K_3 为立方晶体的磁晶各向异性常数，可以通过实验测得，通常仅考虑第一项或前两项即可。如果式(4-36)中第二项也忽略，则 $K_1 > 0$ 时，$\langle 100 \rangle$ 方向为易磁化轴(如铁单晶)；$K_1 < 0$ 时，$\langle 111 \rangle$ 方向为易磁化轴(如镍单晶)。

4. 退磁场能

铁磁体被外磁场磁化时，将在两端出现磁极，除了在周围空间产生磁场外，还在铁磁体内产生磁场。该磁场与铁磁体的磁化强度方向相反，起到退磁作用，故称为退磁场 $\boldsymbol{H}_d$。退磁场强度正比于磁化强度：

$$\boldsymbol{H}_d = -N\boldsymbol{M} \tag{4-37}$$

式中，系数 N 为退磁因子，与磁体的几何形状及尺寸有关。沿外磁场方向磁体尺寸越细长(纵横比越大)，N 值越小。当磁体沿各个方向的尺寸存在差异时，由于退磁场大小不同，不同方向将呈现不同的磁化特性，这种现象称为形状各向异性。

如图 4-11 所示，在相同外磁场中，沿 x 轴方向尺寸纵横比最大，退磁因子小，退磁场小，磁化强度大；沿 z 轴方向纵横比最小，退磁因子大，退磁场大，磁化强度小；y 轴方向的纵横比处于中间，磁化曲线居中。

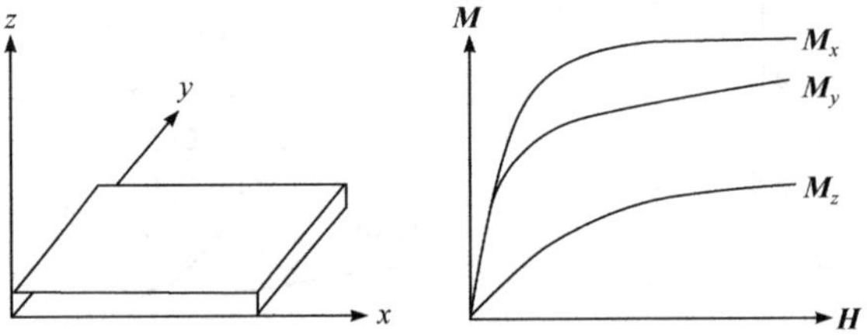

图 4-11 铁磁体的形状各向异性

退磁场的出现带来了退磁场能，可以表示为

$$E_d = -\int_0^{M} \mu_0 \boldsymbol{H}_d \cdot \mathrm{d}\boldsymbol{M} = \frac{1}{2}\mu_0 N\boldsymbol{M}^2 \tag{4-38}$$

5. 磁弹性能

铁磁性或者亚铁磁性物质在外磁场中被磁化时，长度和体积均发生变化，这种现象称

为磁致伸缩，详见 4.5.2 节。磁致伸缩效应的大小通常用磁致伸缩系数 λ 衡量，$\lambda = \Delta l/l$。磁致伸缩效应的大小与外磁场大小有关，一般随磁场的增加而增加，最后达到饱和，对应的磁致伸缩系数称为磁性材料的饱和磁致伸缩系数 λ_s。

磁弹性能是磁致伸缩的逆效应，即应力或应变也能反过来影响磁体的磁化状态。当晶体受到应力作用时，磁弹性能可以表示为

$$E_\sigma = -\frac{3}{2}\lambda_s \sigma \cos^2\theta \tag{4-39}$$

式中，θ 为应力和磁化强度方向之间的夹角。可以通过式(4-39)理解磁弹性能的物理意义。当 $\lambda_s > 0$ 的磁体受到拉应力($\sigma > 0$)作用时，为了降低系统的磁弹性能，磁畴中的自发磁化强度的方向将倾向于转至平行或者反平行于应力的方向($\theta = 0°$或 180°)。如果材料的 $\lambda_s < 0$，拉应力($\sigma > 0$)将驱动磁化强度转至垂直应力方向($\theta = 90°$)。因此，外应力通过改变磁体的磁弹性能，影响其自发磁化强度方向。

4.3.2　磁畴结构与磁畴壁

交换能、静磁能、磁晶各向异性能、退磁场能和磁弹性能共同决定了铁磁体中磁矩的分布状态。在没有外磁场和外应力时，铁磁体中磁矩的分布状态由交换能、磁晶各向异性能和退磁场能构成的系统总能量的极小值决定。交换能使近邻原子的磁矩平行排列，形成自发磁化；磁晶各向异性能促使晶体的自发磁化方向沿易磁化轴。当铁磁晶体沿易磁化轴方向磁化饱和时，交换能和磁晶各向异性能均能达到最小值。此时，铁磁体中磁矩排列如图 4-12(a)所示。

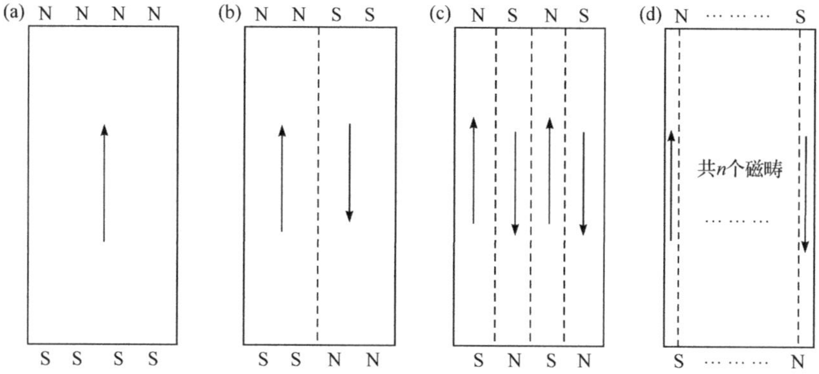

图 4-12　磁畴形成示意图

自发磁化后必然在铁磁体表面出现磁极，产生退磁场，退磁场能的存在增加了铁磁体的总能量。为降低退磁场能，磁体将改变磁矩的分布状态，由图 4-12(a)转变为图 4-12(b)～(d)，使沿易磁化轴方向的纵横比增大，退磁因子 N 减小，退磁场能降低。因此，铁磁体内出现了许多自发磁化区域，每一个区域内磁矩平行排列，不同区域之间自发磁化方向不同，这样的每一个小区域称为磁畴。当晶体内含有 n 个磁畴时，晶体内的退磁场能仅为均匀磁化时的 $1/n$。因此，退磁场能减小是形成磁畴的主要原因。

相邻磁畴之间的区域称为磁畴壁。磁畴壁是由一个磁畴的磁化方向转到另一个磁畴的磁化方向的过渡区，通常为几十到上千原子层厚(10^{-7}～10^{-5} cm)。磁性材料中磁畴与磁畴壁

的组合称为磁畴结构。在磁畴壁内部从一侧开始，每一层原子的磁矩都相对于临近原子层的磁矩偏转一个小角度，直到和另一侧磁畴的磁矩方向相同。如图 4-13 所示，根据磁矩的过渡方式，可以将磁畴壁分为布洛赫壁和奈尔壁两种类型。除此之外，还可以根据相邻磁畴的原子磁矩取向将磁畴壁分为 180°磁畴壁和 90°磁畴壁两种，如果相邻磁畴中的原子磁矩完全反向排列，则称为 180°磁畴壁；如果原子磁矩的取向差为 71°、90°和 109°等，则统称为 90°磁畴壁。

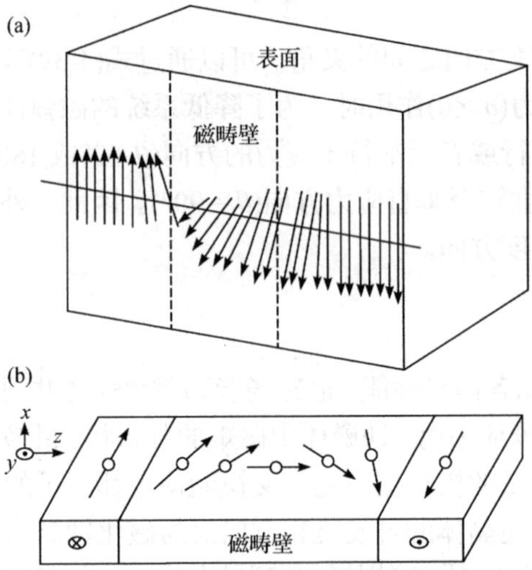

图 4-13 (a)布洛赫壁和(b)奈尔壁结构示意图

从系统的能量角度来看，磁畴壁的存在提高了系统的能量。首先，磁畴壁内原子磁矩逐渐转向，原子磁矩由一个磁畴的磁化方向逐渐转到相邻畴的磁化方向，畴壁中原子磁矩的平行排列遭到破坏，增加了交换能。其次，磁畴壁中原子磁矩逐渐转向使原子磁矩偏离了易磁化方向，增加了磁晶各向异性能。最后，磁畴壁中的原子磁矩逐渐转向过渡时，因磁化方向改变造成原子间距发生变化，带来了磁弹性能。磁畴壁中的交换能、磁晶各向异性能及磁弹性能之和称为磁畴壁能，表示增加单位面积磁畴壁所需的能量。磁弹性能通常较小，因此磁畴壁能主要取决于磁畴壁内原子的交换能和磁晶各向异性能，前者倾向于增加壁厚，后者倾向于减小壁厚。所以，磁畴壁能与壁厚存在平衡关系，磁体中实际磁畴壁厚度对应磁畴壁能最小值时的磁畴壁厚度。

4.3.3 磁化曲线、技术磁化与磁滞回线

1. 磁化曲线

无宏观磁性或退磁状态的磁性物质在外磁场中，磁化强度 M 和磁感应强度 B 随外磁场强度 H 的增强而增加，可以用磁化曲线或起始磁化曲线描述，如图 4-14 所示。铁磁体具有很高的磁化率 χ，在较弱的外磁场中就能显著磁化，并且磁化饱和所需饱和磁场 H_s 较弱。图 4-15 为软钢的磁化曲线。外磁场 $H=0$ 时，自发磁化状态下多畴结构使宏观磁化强度 $M=0$。随磁场强度 H 的增大，磁化强度 M 快速上升；当 H 增加至 $5\times10^{-3}A\cdot m^{-1}$ 左右时，M 的增加变得越来越慢；当 H 超过 $15\times10^{-3}A\cdot m^{-1}$ 左右时，M 几乎不再增加，达到磁化饱和状态。

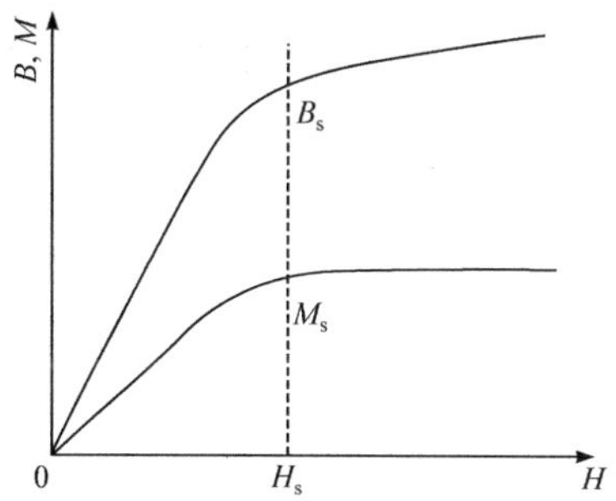

图 4-14 磁化曲线

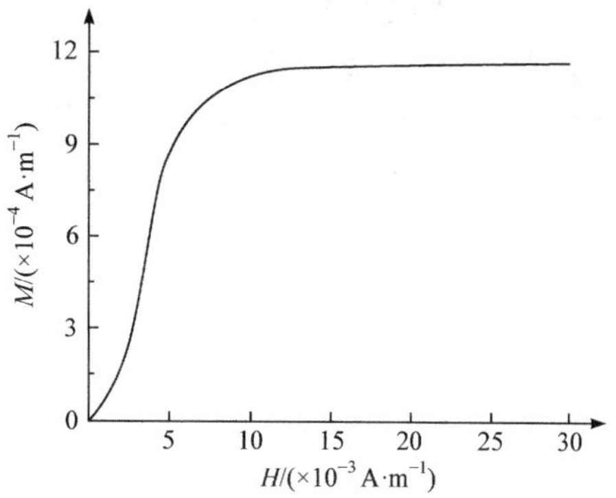

图 4-15 软钢磁化曲线

2. 技术磁化

外磁场作用下铁磁体从完全退磁状态磁化至饱和的变化过程(图 4-14)称为技术磁化。技术磁化与自发磁化有本质的不同，自发磁化是原子间交换作用使原子磁矩同向排列。技术磁化是外磁场把各磁畴的自发磁化方向转到和外磁场方向一致或接近的过程。

图 4-16 为铁磁体技术磁化过程的示意图，可分为三个阶段：Ⅰ区为磁畴壁可逆迁移区，Ⅱ区为磁畴壁不可逆迁移区，Ⅲ区为磁畴旋转区。

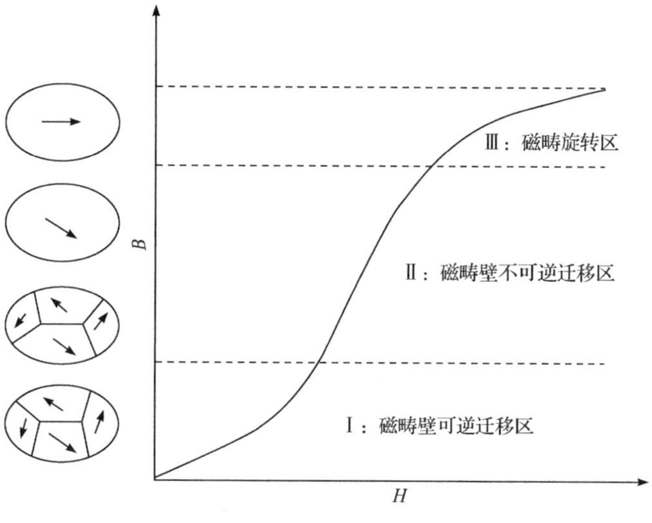

图 4-16 技术磁化的三阶段示意图

Ⅰ区：磁化起始阶段，外磁场较小，自发磁化方向接近外磁场方向的磁畴因静磁能低而长大，自发磁化方向与外磁场夹角呈钝角的磁畴缩小。磁化曲线较平坦，磁导率较低，材料在宏观上表现出较弱的磁化。该过程通过磁畴壁的迁移实现，并且此时磁畴壁的迁移是可逆的，即外磁场撤去后磁化消失，磁畴壁回到原来状态，所以该阶段称为磁畴壁可逆迁移区。

Ⅱ区：当外磁场继续增加时，与磁场成钝角的磁畴也不断转至与磁场成锐角的方向。表现出强烈的磁化，磁化曲线急剧上升，磁导率很高。大量磁畴磁化方向的集体转动是瞬间发生的，通过磁畴壁的跳跃式迁移实现，因此称为巴克豪森跳跃。该阶段磁畴壁迁移是不可逆的，所以称为磁畴壁不可逆迁移区。经过该阶段后，所有磁畴都转到与磁场方向成锐角的方向，使磁体整体上成为单畴。

因此，Ⅰ和Ⅱ区内的技术磁化过程均通过磁畴壁的迁移实现。以图 4-17 为例，进一步说明磁畴壁位移磁化机制。图中 i 磁畴内自发磁化强度与磁场强度的方向一致，k 磁畴内自发磁化强度与磁场强度方向相反。在外磁场的作用下，i 磁畴的静磁能低，k 磁畴的静磁能高，根据能量最小原理的要求，k 磁畴内的磁矩将转变为与 i 磁畴一样的取向。这种转变是通过磁畴壁移动实现的，因为磁畴壁是一个原子磁矩方向逐渐改变的过渡层。假设磁畴壁厚度不变(即磁畴壁内原子层数不变)，k 磁畴内靠近磁畴壁的一层磁矩由原来向下的方向开始转到磁畴壁过渡层中；在磁畴壁内靠近 i 磁畴的一层磁矩则向上转动并逐渐脱离磁畴壁过渡层加入 i 磁畴中。这样 i 磁畴内磁矩数目增多，磁畴的体积增大；k 磁畴内磁矩数目减少，磁畴的体积缩小。因此，该过程表现为 i 磁畴和 k 磁畴间的畴壁在外磁场作用下向 k 磁畴移动了一段距离。

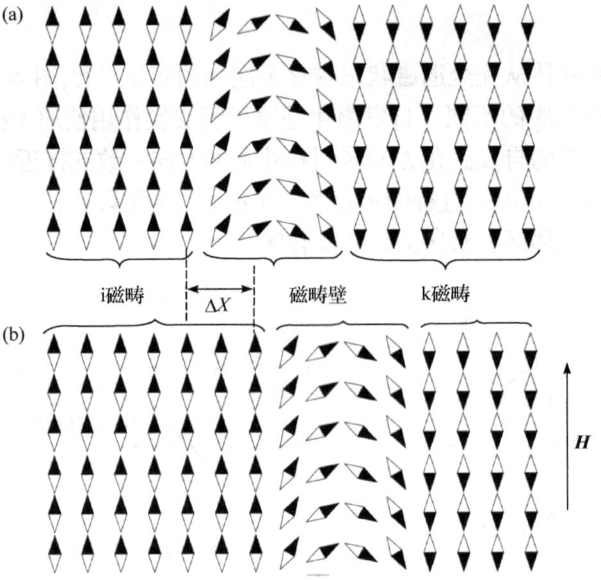

图 4-17　磁畴壁移动示意图

Ⅲ区：当外磁场继续增大时，单畴磁体的磁畴将发生整体旋转，使磁化方向逐渐转至外磁场方向，直至技术磁化饱和。此阶段为技术磁化第三阶段，对增大磁化强度的贡献较小。

因此，从退磁状态到磁化饱和状态的技术磁化过程包含三个阶段，通过磁畴壁的迁移磁化和磁畴的旋转磁化两种机制实现。一般地说，在弱磁场中，磁畴壁移动过程占主导(第Ⅰ和Ⅱ阶段)，只有在强磁场中才会出现畴转过程(第Ⅲ阶段)。技术磁化过程中，外磁场是磁化的原动力，静磁能在技术磁化中起主导作用，而磁晶能、磁畴壁能、磁致伸缩等能量大多与磁化的阻力有关。

3. *磁滞回线*

对铁磁体或亚铁磁体技术磁化至饱和，然后慢慢减弱外磁场，磁体的磁化强度也会逐渐减小，这个过程称为退磁。值得注意的是，退磁过程中磁化强度的变化落后于外磁场的变化，出现磁滞现象。铁磁体或亚铁磁体在技术磁化和退磁过程中，磁化强度或磁感应强度通常呈现出如图 4-18 所示的磁场依赖性。图中 OS 段为磁化曲线(图 4-16 中的磁化曲线)。当外磁场足够大时，磁体磁化饱和，磁感应强度达到饱和值 B_s。随后，减小外磁场强度，磁感应强度也随之减弱，但磁感应强度降低并不沿 SO 原路返回，而是沿曲线 SR 降低。因此，退磁曲线上的磁感应强度要高于相同磁场强度下磁化曲线上的磁感应强度。外磁场回到零时，材料的磁感应强度并未降到零，而是保持一部分磁感应强度，称为剩余磁感应强度 B_r。由此可见，磁体磁感应强度的变化“落后”或“滞后”于外磁场的变化，这种现象称为磁滞现象。

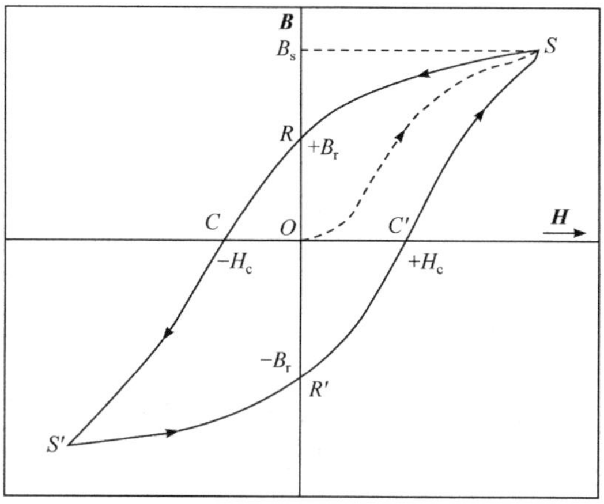

图 4-18 磁滞回线

如果要将磁体的磁感应强度降低到零，就需要对磁体施加反向磁场。通过施加反向磁场，磁体的磁感应强度将沿 RC 变化，磁感应强度回到零时对应的外磁场强度称为矫顽力 H_c。如果继续增大反向磁场，磁感应强度则会沿 CS'反向增加，在 S'点反向磁化饱和，此时磁感应强度为 B_s，方向与 S 点对应的磁感应强度方向相反。同样，从 S'点施加反向磁场，磁感应强度会沿曲线 $S'R'C'S$ 变化，又到达正向饱和 S 点。

因此，外磁场正负变化一周，磁感应强度将沿 S-R-C-S'-R'-C'-S 变化一周，这条闭合曲线称为磁滞回线。磁滞回线包含的面积反映了外磁场对磁体磁化所做的功，即磁化一周消耗的能量，称为磁滞损耗。

磁滞回线 B_r/B_s 值称为矩形比，可以反映磁滞回线形状。通常将矫顽力 H_c 大和 χ 小的材料称为硬磁(或永磁)材料，磁滞回线呈矩形，矩形比大是硬磁材料的特征。磁滞回线趋于矩形的材料则称为矩磁材料。将 H_c 很小而磁化率 χ 很大的材料称为软磁材料，矩形比小是软磁材料的特征。软磁和永磁材料的磁滞回线对比如图 4-19 所示。

4. 磁性能的影响因素

1) 温度

温度升高，原子热运动加剧，破坏近邻磁矩之间的交换作用，磁矩排列的无序度增加，导致饱和磁化强度 M_s 下降。在温度接近居里温度时，无序性急剧增大，M_s 迅速降低，高于居里温度时 M_s 降为零，由铁磁性转变为顺磁性(图 4-6)。铁磁体的饱和磁感应强度 B_s、矫顽力 H_c、磁导率 μ 等均随温度升高而下降，到居里温度降为零。因此，在实际应用中，需要

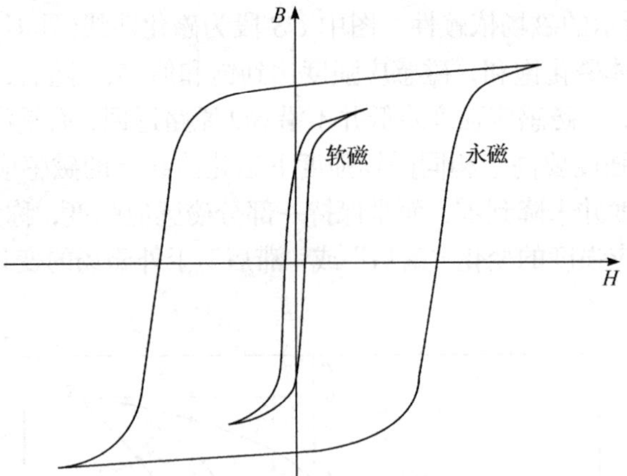

图 4-19 典型软磁和永磁材料的磁滞回线

考虑环境温度对铁磁材料性能的影响，并在设计和选择材料时充分考虑温度因素，以确保设备或系统在不同温度下都能正常工作并具有稳定的性能。

2) 显微组织

铁磁性材料的性能参数通常分为两类：组织敏感参数和组织不敏感参数。凡是与自发磁化相关的参数一般都是组织不敏感的，只与合金成分、晶体结构等有关，与铁磁相的晶粒形状、尺寸、分布以及显微组织形态无关，如饱和磁化强度 M_s、饱和磁致伸缩系数 λ_s、磁晶各向异性常数 K 和居里温度 T_C 等。

凡是与技术磁化相关的参数都是组织敏感的，它们与组成相的晶粒形状、尺寸和分布情况以及显微组织形态等密切相关，如磁化率 χ、磁导率 μ、矫顽力 H_c 和剩磁强度 B_r 等。例如，材料中的固溶元素、杂质元素、缺陷结构会造成点阵畸变，夹杂物会使磁畴壁穿孔，对磁畴壁移动造成阻力，导致 μ 下降，H_c 上升。加工硬化会引起晶体点阵扭曲，晶粒破裂，产生大量点缺陷、位错和晶界，不利于铁磁体的磁化和退磁过程，因此磁导率、矫顽力均会下降。相反，可以通过再结晶退火消除加工硬化引起的缺陷，使晶粒长大为等轴状，从而提高材料的磁导率，降低矫顽力。

3) 化学成分

从材料的化学成分角度看，若在铁磁金属中溶入顺磁或抗磁金属形成固溶体，由于原子磁矩被稀释，饱和磁化强度 M_s 随溶质原子浓度的增大而下降。例如，Fe 中溶入 Cu、Zn、Al、Si 等元素，溶质原子的 4s 电子会进入 Fe 中未填满的 3d 壳层，导致 Fe 原子的固有磁矩下降。而过渡族金属与铁磁金属组成的固溶体，如 Ni-Mn、Fe-Rh、Fe-Pt 等合金，这些溶质原子有较大的固有磁矩，形成低浓度固溶体时，交换作用强，M_s 有所增大。但高浓度时，溶质原子对铁磁金属的稀释作用反而使 M_s 降低。

4.4 铁磁材料的动态磁化

技术磁化是磁性材料在外磁场作用下，从一个稳定磁化状态转变到新的平衡状态的过程，这个过程是在静态条件下进行的，即不考虑时间因素，因此也称静态磁化过程。然而，许多磁性材料，如硅钢片、坡莫合金、锰锌铁氧体等，需要在交变磁场中使用，因此需要考虑动态磁化过程。

4.4.1 动态磁化的时间效应

在交变磁场中，铁磁体的磁化过程与静磁场下的磁化过程存在显著区别，存在一定的时间效应，即动态磁化的时间效应，具体表现为以下现象：磁滞、涡流效应、磁导率的频散和吸收、磁后效。

将铁磁体置于周期性变化的交变磁场中时，其磁化强度也周期性变化，构成动态磁滞回线。动态磁滞回线和静态磁场中的磁滞回线存在一定的相似之处，但也有明显差别。动态磁滞回线的形状往往介于静态磁滞回线和椭圆之间，如图 4-20 所示。当外磁场振幅不大时，磁滞随着交变磁场频率的升高而增大，得到以原点为中心对称变化的磁滞回线，也称瑞利磁滞回线。在相同磁场强度范围内，动态磁滞回线的面积大于静态磁滞回线。

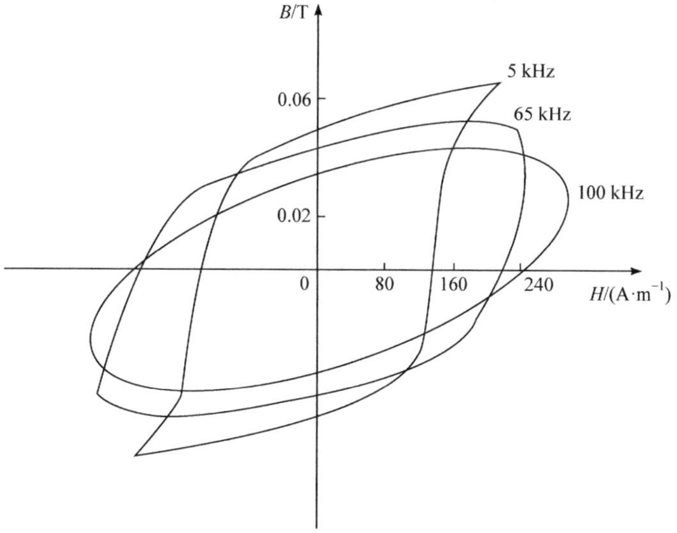

图 4-20 坡莫合金在不同频率交变磁场中的磁滞回线

在动态磁化过程中，磁体磁化强度的变化会使磁体内部产生感应电流，形成电流闭合回路，产生涡流。涡流的方向和大小受外部磁场变化速率的影响。根据法拉第电磁感应定律，涡流的产生反作用于磁场的变化，试图抵抗磁感应强度的变化。这种反作用效应使磁体的磁化强度产生时间滞后效应，即磁化过程不会立即跟随外部磁场的变化而发生变化。

在交变磁场下，铁磁材料内部磁畴壁的移动或旋转会受到不同类型的阻尼力的影响，导致磁导率的实部和虚部随频率变化，这就是频散和吸收现象。

磁后效是指当外部磁场强度发生突变时，铁磁体的磁化强度需要一定时间延续才能达到新的稳态磁化强度的现象，也就是磁化强度或磁感应强度不能立即跟随外部磁场变化而产生的延迟现象。磁后效的产生主要由于铁磁材料内部的磁畴壁移动或磁矩重新排列需要一定时间来适应外部磁场的变化。在晶格结构中，存在一些易受磁场变化干扰的间隙原子，如碳、氮等。当外部磁场强度或方向发生变化时，这些间隙原子会发生微扩散，导致磁化强度不能立即跟随外部磁场的变化，而是出现一定的滞后状态。其中，扩散磁后效是一种常见的磁后效现象。在扩散磁后效中，间隙原子由于受到磁场变化的影响而进行扩散运动，导致磁化强度的滞后。

4.4.2 动态磁化的复数磁导率

铁磁体被磁化的难易程度可以用磁导率 μ 表示。在稳恒磁场中，材料的磁导率是实数。在交变磁场中，磁感应强度 $\boldsymbol{B}$ 的变化落后于磁场 $\boldsymbol{H}$ 的变化，两者存在相位差，通过引入复数磁导率能够同时反映 $\boldsymbol{B}$ 和 $\boldsymbol{H}$ 间的振幅和相位关系。

磁场 $\boldsymbol{H}$ 和磁感应强度 $\boldsymbol{B}$ 用复数表示为

$$\tilde{\boldsymbol{H}} = \boldsymbol{H}_{\mathrm{m}} \mathrm{e}^{\mathrm{i}\omega t} \tag{4-40}$$

$$\tilde{\boldsymbol{B}} = \boldsymbol{B}_{\mathrm{m}} \mathrm{e}^{\mathrm{i}(\omega t-\delta)} \tag{4-41}$$

复数磁导率 $\tilde{\mu}$ 可表示为

$$\begin{aligned}\tilde{\mu} &= \frac{\tilde{\boldsymbol{B}}}{\mu_0 \tilde{\boldsymbol{H}}} = \frac{\boldsymbol{B}_{\mathrm{m}} \mathrm{e}^{\mathrm{i}(\omega t-\delta)}}{\mu_0 \boldsymbol{H}_{\mathrm{m}} \mathrm{e}^{\mathrm{i}\omega t}} = \frac{\boldsymbol{B}_{\mathrm{m}}}{\mu_0 \boldsymbol{H}_{\mathrm{m}}} \mathrm{e}^{-\mathrm{i}\delta} = \frac{\boldsymbol{B}_{\mathrm{m}}}{\mu_0 \boldsymbol{H}_{\mathrm{m}}} \cos\delta - \mathrm{i}\frac{\boldsymbol{B}_{\mathrm{m}}}{\mu_0 \boldsymbol{H}_{\mathrm{m}}} \sin\delta \\ &= \mu_0 \cos\delta - \mathrm{i}\mu_{\mathrm{m}} \sin\delta = \mu' - \mathrm{i}\mu''\end{aligned} \tag{4-42}$$

其中，

$$\mu' = \frac{\boldsymbol{B}_{\mathrm{m}}}{\mu_0 \boldsymbol{H}_{\mathrm{m}}} \cos\delta = \mu_{\mathrm{m}} \cos\delta \tag{4-43}$$

$$\mu'' = \frac{\boldsymbol{B}_{\mathrm{m}}}{\mu_0 \boldsymbol{H}_{\mathrm{m}}} \sin\delta = \mu_{\mathrm{m}} \sin\delta \tag{4-44}$$

式中，μ' 为复数磁导率的实部，它决定了单位体积铁磁材料中的磁储能大小；μ'' 为复数磁导率的虚部，代表单位体积铁磁体在交变磁场中每磁化一周的磁能损耗；δ 为磁感应强度 $\boldsymbol{B}$ 落后于 $\boldsymbol{H}$ 的相位差，称为损耗角。

铁磁体在磁场作用下，因磁化而增加的能量称为磁储能，在静磁场中磁储能就是静磁能。单位体积的磁储能为

$$W_{储能} = \boldsymbol{B} \cdot \boldsymbol{H} \tag{4-45}$$

在交变磁场中，单位体积的磁储能为

$$\begin{aligned}W_{储能} &= \frac{1}{T}\int_0^T \boldsymbol{H}_{\mathrm{m}} \sin\omega t \cdot \boldsymbol{B}_{\mathrm{m}} \sin(\omega t - \delta)\mathrm{d}t \\ &= \frac{1}{2}\boldsymbol{H}_{\mathrm{m}}\boldsymbol{B}_{\mathrm{m}} \cos\delta \\ &= \frac{1}{2}\mu_0 \mu' \boldsymbol{H}_{\mathrm{m}}^2\end{aligned} \tag{4-46}$$

式中，$T = \omega/2\pi$ 为交变磁场的周期。由此可见，磁导率实部 μ'相当于静磁场中的实数磁导率，也称弹性磁导率，决定了单位体积铁磁体在磁化过程中的磁能储量。

交变磁场中铁磁体磁化过程中可以用动态磁滞回线描述(图 4-20)，动态磁滞回线的面积是磁化一个周期的能量损耗，称为磁滞损耗：

$$
\begin{aligned}
W_{耗} &= \oint \boldsymbol{H}\mathrm{d}\boldsymbol{B} = \int_0^T \boldsymbol{H}_\mathrm{m} \sin\omega t \mathrm{d}[\boldsymbol{B}_\mathrm{m}\sin(\omega t-\delta)] \\
&= \int_2^1 \boldsymbol{H}_\mathrm{m}\sin\omega t\cdot \boldsymbol{B}_\mathrm{m}\cos(\omega t-\delta)\mathrm{d}\omega t \\
&= \omega \boldsymbol{H}_\mathrm{m}\boldsymbol{B}_\mathrm{m}\int_0^T \sin\omega t(\cos\omega t\cos\delta+\sin\omega t\sin\delta)\mathrm{d}t \\
&= \omega \boldsymbol{H}_\mathrm{m}\boldsymbol{B}_\mathrm{m}\int_0^T\left[\frac{\cos\delta}{2}\sin 2\omega t+\frac{\sin\delta}{2}(1-\sin 2\omega t)\right]\mathrm{d}t \\
&= \frac{T}{2}\omega \boldsymbol{H}_\mathrm{m}\boldsymbol{B}_\mathrm{m}\sin\delta \\
&= \pi\mu_0\mu''\boldsymbol{H}_\mathrm{m}^2
\end{aligned} \tag{4-47}
$$

因此，磁滞损耗与复数磁导率的虚部相关。

类似于介电材料，铁磁材料的磁性品质因数 Q 定义为

$$Q=\frac{\mu'}{\mu''} \tag{4-48}$$

高品质因数意味着磁化过程磁损耗低。相应磁损耗系数或磁损耗角 φ 正切值为

$$\tan\varphi=\frac{1}{Q}=\frac{\mu''}{\mu'} \tag{4-49}$$

对于软磁材料而言，Q 值越高、μ'值越大越好。因此，通常用 μ'和 Q 的乘积 $\mu'Q$ 表征软磁材料的技术指标。因为 $\tan\delta=1/Q$，因此常用比损耗系数 $\tan\delta/\mu'$表征软磁材料相对损耗的大小，并且有

$$\frac{\tan\varphi}{\mu'}=\frac{1}{\mu'Q} \tag{4-50}$$

软磁材料 $\tan\delta/\mu'$随使用频率变化而变化。此外，将软磁材料制作成器件使用时，通常通过开气隙来提高器件的 Q 值。开气隙后，器件的 Q 值增加，μ'值却降低了，但 $\mu'Q$ 乘积与开气隙前相同，保持为一个常数，即

$$\mu'_{开}Q_{开}=\mu'_{材}Q_{材}=常数 \tag{4-51}$$

式(4-51)称为斯诺克公式。

4.4.3 动态磁化的能量损耗

磁性材料在交变磁场中磁化时存在多种能量损耗，总称为动态磁化损耗。动态磁化损耗可以用动态磁滞回线包围的面积表示，与交变磁场的幅值和频率有关。动态磁化损耗主要包括：涡流损耗、磁滞损耗以及剩余损耗。

1. 涡流损耗

涡流是导体在交变磁场下普遍存在的一种现象，磁性材料也不例外。磁性材料在交变磁场中产生涡流，导致磁芯发热，由此造成的损耗称为涡流损耗。金属磁性材料的电阻率通

常远低于铁氧体磁性材料的电阻率，因此金属磁性材料比铁氧体面临更为严重的涡流损耗问题。

涡流是由磁场变化引起的，反过来又会在铁磁体内部诱导出磁场，削弱外磁场的作用，并且该磁场沿表面向内部逐渐增强，表面处最弱，中心处最强。因此，铁磁体内部的实际磁场是外磁场与涡流产生磁场的相互叠加，其幅值从表面向内部逐渐减弱，称为趋肤效应。定义磁体内部实际磁场幅值降为表面幅值 $1/e$ 时的深度为趋肤深度 d_s：

$$d_s = \sqrt{\frac{2\rho}{\omega\mu}} \tag{4-52}$$

d_s 与铁磁体电阻率 ρ 的平方根成正比，与磁导率和频率的平方根成反比。对于高磁导率材料或者在高频率下使用时，趋肤效应将特别严重。趋肤效应的存在相当于只有表面的材料可以利用，减小了铁磁体的有效截面积，降低了材料的利用率。下面给出一些具有特定形状的铁磁体中涡流损耗的计算公式。

对于厚度为 $2d$ 的平板铁磁体，涡流损耗为

$$W_e = \frac{2\pi^2 d^2 f^2 \boldsymbol{B}_m^2}{3\rho} \tag{4-53}$$

对于半径为 R 的圆柱状铁磁体，涡流损耗为

$$W_e = \frac{\pi^2 R^2 f^2 \boldsymbol{B}_m^2}{4\rho} \tag{4-54}$$

对于半径为 R 的球形铁磁体，涡流损耗为

$$W_e = \frac{\pi^2 R^2 f^2 \boldsymbol{B}_m^2}{5\rho} \tag{4-55}$$

由以上公式可知，涡流损耗与频率的平方成正比，与电阻率成反比。因此，可以通过提高材料电阻率来降低涡流损耗。例如，在纯铁中加入少量 Si 可以将电阻率提高数倍，同时可以提高磁导率，降低矫顽力，有效降低损耗。

此外，由式(4-53)可知，可以通过降低材料厚度来降低涡流损耗。例如，可以采用冷轧或者热轧的方法将金属磁性材料轧成薄片，采用蒸镀或者溅射等方法制备金属磁性薄膜，从而降低涡流损耗。除此之外，涂覆绝缘层或者将磁性金属粉末绝缘包覆以后压制成磁粉芯使用，同样可以有效降低涡流损耗，提高使用频率。

2. *磁滞损耗*

当交变磁场作用于磁性材料时，材料内部通过磁畴壁移动、磁畴磁化方向旋转等方式响应磁场的变化，但是该过程并非完全可逆，磁感应强度的变化落后于磁场强度的变化，产生磁滞特性，带来磁滞损耗。动态磁化的磁滞损耗是铁磁材料在交变磁场下的重要能量损耗来源之一。这种损耗会导致材料在交变磁场中工作时产生发热现象，影响设备的性能和效率。

3. 剩余损耗

铁磁体中除涡流损耗、磁滞损耗以外的其他损耗统称为剩余损耗。铁磁体的剩余损耗主要来自于磁后效，与磁化过程中的磁畴壁位移和磁畴转动的时间效应相关，也与样品的尺寸共振和磁力共振相关。所以，剩余损耗与磁导率的频散和铁磁共振有关。

磁后效描述的是铁磁体磁化过程中的时间效应。假设铁磁体在外磁场 $\boldsymbol{H}_{\mathrm{m}}$ 下被磁化到磁感应强度 $\boldsymbol{B}_{\mathrm{m}}$，某一时刻外磁场 $\boldsymbol{H}_{\mathrm{m}}$ 突然变为零，此时 $\boldsymbol{B}_{\mathrm{m}}$ 并不是瞬间变为剩余磁感应强度 $\boldsymbol{B}_{\mathrm{r}}$，而是先迅速下降至某一磁感应强度，然后经过一段时间才变为 $\boldsymbol{B}_{\mathrm{r}}$。这就意味着外磁场突变时，新磁化状态的建立需要经历复杂的过程及一定时间才能完成，磁感应强度的变化落后于磁场的变化，两者存在相位差。因此，磁化状态的转变是一个弛豫过程，可以弛豫时间描述弛豫过程的快慢。磁化的弛豫过程导致了动态磁化过程中的能量损耗。

通常认为磁后效的主要机理是原子、离子、电子以及空穴的扩散弛豫。原子、离子、电子以及空穴在铁磁体中都会存在一定的分布规律，满足体系自由能最小。施加外磁场时，磁化状态发生变化，这些粒子的自由能极小值也将发生变化，粒子必须重新分布以达到自由能极小状态。粒子的重新分布通常通过粒子的扩散实现，在粒子新的平衡状态未建立之前，这些粒子的分布概率阻碍磁化状态的改变，进而表现为磁性阻尼。粒子的扩散再分布相对于磁场变化会有延迟，必须经过一段时间以后才能达到重新分布平衡，这就是磁后效的来源，也称扩散后效。

对于金属材料，磁后效主要来源于碳、氮等杂质原子在晶格间隙中的扩散。以羰基铁为例，斯诺克发现利用高温真空退火可以除去铁中溶解的碳氮杂质原子，从而消除样品的磁后效；如再引入 0.01%的碳氮杂质原子，样品中又会出现磁后效。对于铁氧体材料，磁后效主要是电子扩散弛豫过程。铁氧体八面体的位置上同时存在两种不同价态的 Fe^{3+}和 Fe^{2+}。当铁氧体被磁化时，为了达到能量最低，将产生价电子在不同离子之间扩散，其结果等效于 Fe^{3+}和 Fe^{2+}发生互换，在晶格中发生离子重排，导致了各向异性能的局部变化。这种电子扩散引起的离子重排滞后于磁场的变化，需经过一段时间才能得到平衡状态。这种电子扩散弛豫过程就是铁氧体中磁后效的来源。

除了扩散磁后效以外，另外一种磁后效机理为热起伏磁后效。静态磁化时，当磁场大于临界磁场时，会出现跳跃性的不可逆磁化。奈尔提出，由于存在热起伏，即使磁场小于临界磁场，在热起伏作用下，也可能发生不可逆磁化。这种不可逆磁化需要一定的弛豫时间才能完成，是磁后效的一种组成部分。热起伏磁后效与温度、频率无关，普遍存在于各种磁性材料中。

4.5 强磁材料与磁物理效应

4.5.1 强磁材料

按照矫顽力的不同，通常将具有较强磁性的材料分为软磁材料和永磁材料两大类。

1. 软磁材料

软磁材料是指容易被外磁场磁化，且在外磁场撤去后，容易退磁的磁性材料。该类材料在较弱的外磁场下就能获得高磁感应强度，并随外磁场的增加很快达到饱和；当外磁场撤去时，磁性基本消失。软磁材料的主要特性有：

(1) 矫顽力 H_c 小(低于 10^2 A · m^{-1})，能快速响应外磁场变化。

(2) 初始磁导率 μ_i(一般在 10^3～10^5)和最大磁导率 μ_{max} 高。

(3) 饱和磁感应强度 B_s 高。

(4) 功率损耗 P 低。

(5) 磁性能的温度稳定性好。

根据软磁应用需求和性能指标可将软磁材料分为高磁饱和材料、中磁饱和中导磁材料、高导磁材料、矩磁材料、恒磁导率材料、磁温度补偿材料等。也可根据用途将软磁材料分为铁芯材料、磁记录材料、磁致伸缩材料、磁屏蔽材料、磁制冷材料等。

按照材料的化学组成，软磁材料又可分为两大类：软磁合金和软磁铁氧体。软磁合金常用作各种电磁铁的极头、极靴、磁导体、磁屏蔽、电机的定子和转子、变压器及继电器的铁芯，也用作各种通信、传感、记录等工程中的磁性元件。软磁铁氧体具有很高的电阻率，适合用于在高频范围内工作的各种软磁元件。典型软磁材料包括：电工纯铁、硅钢、坡莫合金、铁钴合金、铁硅铝合金、软磁铁氧体、非晶纳米晶软磁合金等。

2. *永磁材料*

永磁材料又称硬磁材料，是指被外磁场磁化后，撤去外磁场，仍能保留较强磁性的一类材料，具有“三高”特性，即高剩余磁感应强度 B_r、高矫顽力 H_c、高最大磁能积$(BH)_{max}$，这也是评价永磁体性能的关键指标。此外，永磁材料的居里温度 T_C、可逆温度系数 α 等关系到其实际使用时性能的稳定性，也是性能评价的重要指标。

目前，主要应用的永磁材料有：①稀土永磁材料，包括 $SmCo_5$ 系、Sm_2Co_{17} 系、Nd-Fe-B 系，以及 Sm-Fe-N 系永磁材料；②铁氧体永磁材料，以 Fe_2O_3 为主要组元的复合氧化物永磁材料；③其他金属永磁材料，主要为铝镍钴(Al-Ni-Co)系和铁铬钴(Fe-Cr-Co)系两类，这也是最早开发和使用的永磁材料。

4.5.2 磁物理效应

1. *磁致伸缩效应*

铁磁性或者亚铁磁性物质在外磁场中被磁化时，长度和体积均发生变化，这种现象称为磁致伸缩。沿外磁场方向尺寸发生变化称为纵向磁致伸缩，垂直于外磁场方向尺寸发生变化称为横向磁致伸缩。该现象是 1842 年由焦耳(J. P. Joule)发现的，称为焦耳效应，也称线性磁致伸缩。磁体体积的相对变化称为体积磁致伸缩。体积磁致伸缩量很小，小到可以被忽略。另外，如果在铁磁性和亚铁磁性的棒材或者丝材上施加一个旋转场，样品会发生扭曲，这就是广义的磁致伸缩，称为维德曼效应。磁致伸缩效应的强弱可以用磁致伸缩系数 λ 表征：

$$\lambda = \Delta l / l_0 \tag{4-56}$$

图 4-21 为磁致伸缩系数随外磁场强度变化关系。磁致伸缩系数一般随外磁场增加而增加，直到达到饱和磁致伸缩系数 λ_s。饱和磁致伸缩系数 λ_s 也是磁性材料的一个重要磁参数。

通常 λ_s 很小，仅有百万分之一量级(ppm)，属于弹性形变。有的材料 λ_s 小于零，有的 λ_s 大于零。$\lambda_s>0$ 的称为正磁致伸缩，即在磁场方向上长度变化是伸长的，在垂直于磁场方向上是缩短的，铁的磁致伸缩就是属于这一类；$\lambda_s<0$ 的称为负磁致伸缩，即在磁场方向上长度变化是缩短的，在垂直于磁场方向上是伸长的，镍的磁致伸缩就属于这一类。图 4-22 给出了几种典型金属铁磁体的磁致伸缩系数与磁场强度的关系。此外，同种单晶体在不同晶轴方向的磁致伸缩系数也存在差异，即磁致伸缩效应具有各向异性。例如，图 4-23 中，铁单晶沿[100]方向具有正磁致伸缩，沿[111]方向具有负磁致伸缩，沿[110]方向低磁场下为正磁致伸缩，高磁场下为负磁致伸缩，而镍单晶在任何方向都是负磁致伸缩。

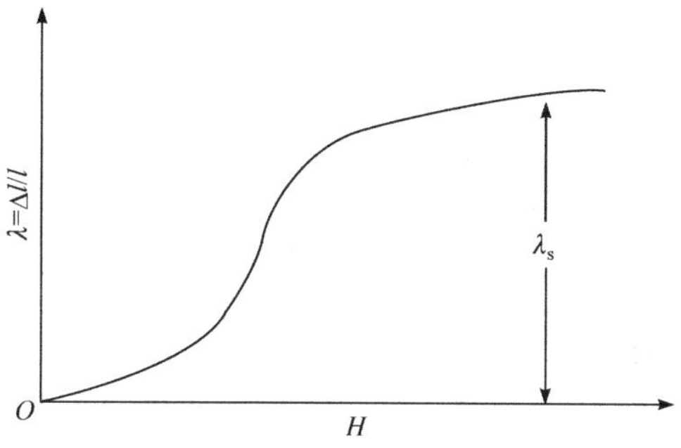

图 4-21　磁致伸缩系数随磁场强度变化关系

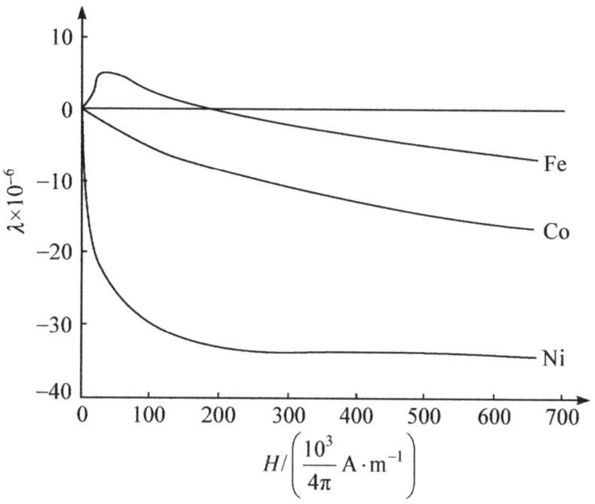

图 4-22　铁、钴、镍磁致伸缩系数与磁场强度关系

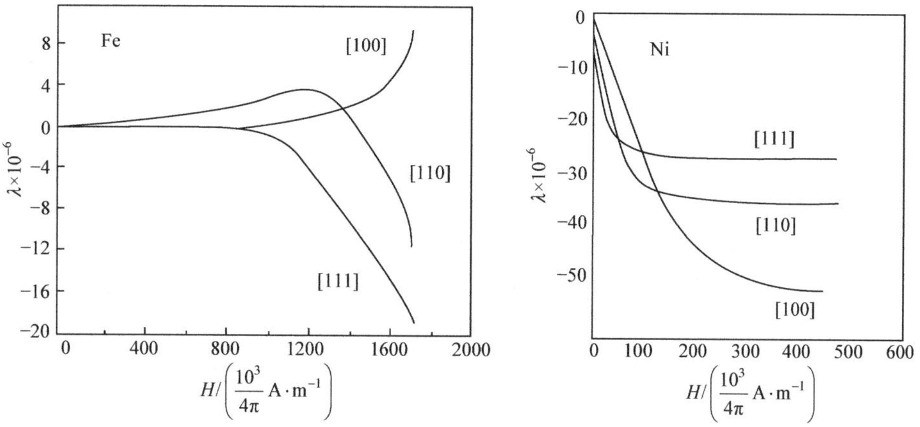

图 4-23　铁和镍不同晶轴方向的磁致伸缩系数

磁性材料在外磁场作用下发生磁致伸缩，引起几何尺寸的变化。反过来，通过对磁性材料施加拉应力或压应力，使材料的长度发生变化，材料内部的磁化状态也会发生变化，这种现象称为压磁效应，是磁致伸缩的逆效应。

磁致伸缩效应和压磁效应具有重要的实用价值。例如，利用磁性材料在交变磁场下长度的周期性伸长和缩短，可以制作超声波发生器和接收器、力/速度/加速度传感器以及滤波器等器件。这些应用要求材料的磁致伸缩系数要大，灵敏度要高，磁弹耦合系数要高。但是，磁致伸缩效应在某些场合也可能带来有害影响。例如，由于磁致伸缩效应，软磁材料在交流磁场下发生振动，使镇流器、变压器等电磁器件产生噪声。因此，需要降低相应软磁材料的磁致伸缩系数。

磁致伸缩效应的微观机理可以从以下几方面解释。

1) 自发形变

自发形变(即自发的磁致伸缩)是由原子间交换作用引起的。假设一个球形单晶从高温冷却至居里温度以下时，磁矩将由无序变为有序排列，交换作用将增强，交换积分增加。当交换积分 A 与 r_a/r_{3d} 值的关系处在图 4-4 中贝特-斯莱特曲线上升阶段时，交换积分 A 增加伴随着原子间距增加，表现为晶体的尺寸增大；当交换积分 A 与 r_a/r_{3d} 值的关系处在贝特-斯莱特曲线下降阶段时，交换积分 A 增加伴随着原子间距减小，表现为晶体的尺寸增大。因此，晶体磁化状态的改变带来了“自发”的变形，即图 4-24 中的 $\Delta L'$。

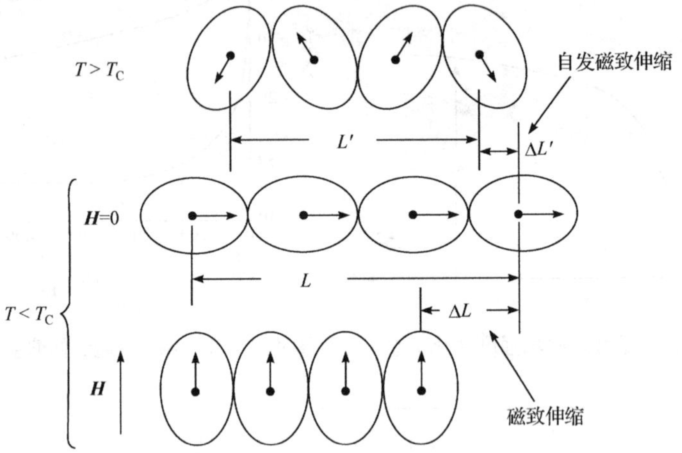

图 4-24　磁致伸缩效应的微观机理

2) 场致形变

磁性材料在磁场的作用下显示出形状和体积的变化，所加磁场不同，形变也不同。当磁场比饱和磁场弱时，样品的形变主要是长度的改变(线性磁致伸缩)，而体积几乎不变，当磁场大于饱和磁场时样品的形变主要体现为体积的改变，即体积磁致伸缩。线性磁致伸缩与磁化过程密切相关，并且表现出各向异性。目前认为铁磁体的磁致伸缩与磁晶各向异性的原理一样，由于原子或离子的自旋与轨道的耦合作用而产生。图 4-24 中，箭头代表原子磁矩，椭圆代表原子核外电子云，当施加垂直方向的磁场，原子磁矩和电子云旋转 90°重新排列，并伴随着 ΔL 变形。

3) 形状效应

假设一个单畴球形磁体内部没有交换作用和自旋轨道耦合作用，只有退磁能 $1/2NM_s^2V$。为了降低退磁能，磁体将自发缩小体积 V，并且磁体将沿磁场方向伸长，从而减小退磁因子 N。形状效应产生的磁致伸缩比其他效应产生的磁致伸缩要小。此外，由退磁场引起的形状效应与铁磁体的形状有关。

2. 磁热效应

磁性材料在加磁场和退磁场过程中伴随的吸放热现象称为磁热效应。通过反复施加和撤去外加磁场，能够建立制冷循环。如图 4-25 所示，无磁场时，材料中的原子磁矩无序排列，磁熵较大；加磁场后，材料中的原子磁矩将变为有序排列，磁熵降低，绝热条件下晶格熵增加，向外释放热量，系统温度上升，放出热量；撤去磁场后，原子磁矩重新变为无序排列，磁熵增加，绝热条件下晶格熵减小，系统温度下降，吸收热量。不断循环上述加磁场、释放热量、撤磁场、吸收热量的过程，就能实现连续制冷。

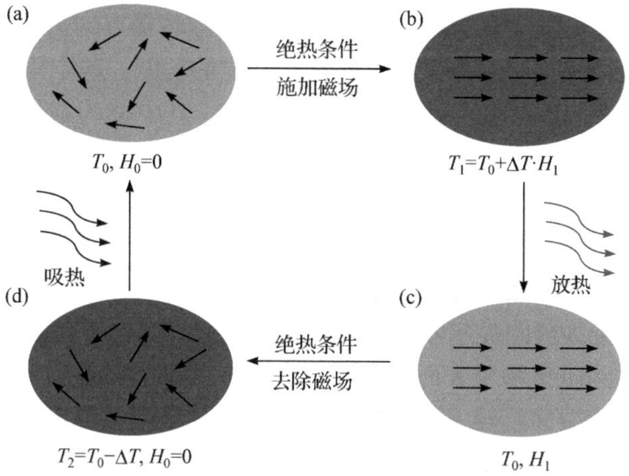

图 4-25　磁制冷循环示意图

1917 年，外斯(P. Weiss)和皮卡德(A. Piccard)两位科学家在金属镍中观察到了磁热效应。1926 年和 1927 年，德拜(P. Debye)和吉奥克(W. F. Giauque)分别从理论上推测出利用绝热去磁可实现制冷的目的，并提出利用顺磁盐在磁场下的可逆温变获得超低温。1933 年，吉奥克和麦克杜格尔(D. P. McDougall)首次利用顺磁盐材料 $Gd(SO_4)_3 \cdot 8H_2O$ 成功获得了 0.25 K 的低温，使磁制冷在低温物理研究领域实现了重要应用。吉奥克也因此获得 1949 年诺贝尔化学奖。

随着磁制冷技术在液氦、液氢等低温区的成功应用，研究者逐渐把目光转向室温附近，开展了室温磁制冷材料与制冷系统的研制。1976 年，布朗(G. V. Brown)等利用 Gd 作为磁制冷材料首次实现了室温磁制冷，在 0～7 T 的磁场变化下，获得了 46 K 的制冷温度。尽管布朗等设计的磁制冷系统因为需要超导磁场以及昂贵的稀土金属 Gd 未能推向市场，但极大地推动了室温磁制冷的研究进程。1982 年，美国斯泰尔特(W. A. Steyert)和巴克利(J. A. Barclay)提出了主动式磁蓄冷器的新概念，为室温磁制冷系统的高效换热提供理论基础。1998 年，美国宇航公司(Astronautics Cooperation of America)研发出一种温跨 38 K，制冷量 600 W 的室温制冷样机，并连续运行 18 个月，是室温磁制冷技术实用化的初步显现。2003 年，日本东芝公司和中部电力联合研制的室温旋转式样机，利用 NdFeB 永磁体提供磁场，体现了一定的实用性。2006 年，中国科学院理化技术研究所同样利用 NdFeB 永磁体提供磁场，研制出一款室温磁制冷机，在磁场强度为 1.5 T 时，实现了最低 270.3 K 的无负载制冷温度以及最大 42.3 K 的温跨。随后，中国科学院理化技术研究所又研制出以 LaFeSi 为制冷工质的制冷机，系统运行 9 min 后，得到 40 K 的温跨，低温端更是达到了 266 K，展现了优秀的制冷能力，为推动室温磁制冷技术实用化奠定了稳定的基础。2015 年，在美国举行的国际消费类电子产品展览会上，海尔集团展示了其无压缩机，零噪声的磁制冷红酒柜，表明磁制冷技术已经进入商业化的初级阶段。

3. 磁光效应

磁光效应是指处于磁化状态的物质与光之间发生相互作用而引起的各种光学现象的作用。这些现象起源于物质的磁化，反映了光与物质磁性间的联系。

磁光效应包括以下几种类型：

1) 法拉第(Faraday)效应

当线偏振光在透明介质中传播时，若在平行于光的传播方向上施加一个磁场，那么光通过介质后，其偏振面将相对于原来的方向旋转一定的角度。这个角度 θ 与磁感应强度 B 和光在介质中通过的距离 l 的乘积成正比，即 $\theta = VBl$，其中 V 为韦尔代(Verdet)常数，表示介质中的磁光效应强弱。

2) 磁光克尔(Kerr)效应

一束线偏振光在磁化了的介质表面反射时，反射光将成为椭圆偏振光，且偏振面相对于入射线的偏振面将旋转一定的角度，这种现象称为磁光克尔效应。根据光入射面与介质磁化方向的关系，可分为极向克尔效应、横向克尔效应和纵向克尔效应。

当线偏振光入射到磁化物质表面时，反射光将成为部分偏振光或椭圆偏振光，且其偏振面相对于入射光的偏振面旋转一定的角度。极向克尔效应、纵向克尔效应和横向克尔效应，分别对应物质的磁化强度与反射表面垂直、与表面和入射面平行、与表面平行而与入射面垂直三种情形。

3) 塞曼(Zeeman)效应

荷兰物理学家塞曼(P. Zeeman)在 1896 年发现，当把产生光谱的光源置于足够强的磁场中时，磁场会作用于发光体并使其光谱发生变化，一条谱线会分裂成几条偏振化的谱线。这种现象称为塞曼效应，它是法拉第磁光效应之后被发现的又一个磁光效应。塞曼效应的原理涉及量子力学和电子的轨道磁矩与自旋磁矩的耦合。电子的轨道磁矩和自旋磁矩耦合成总磁矩，并且空间取向是量子化的。磁场作用下的附加能量不同，引起能级分裂。在外磁场中，总自旋为零的原子表现出正常塞曼效应，总自旋不为零的原子表现出反常塞曼效应。塞曼效应的发现为物理学领域带来了重要的影响，它不仅证实了原子具有磁矩和空间取向量子化，还为研究原子结构提供了重要途径。此外，塞曼效应在天体物理中也有着重要的应用，可以用来测量天体的磁场。

磁光效应能够实现信息的写入和读取，被广泛应用于信息存储领域。磁光记录结合了磁记录和光记录的优点，具有大容量和可重写性。它利用激光的热效应改变磁性材料的磁化方向来存储信息，并利用磁光克尔效应来读取信息。

4. 磁电阻效应

在外磁场作用下材料的电阻发生变化的现象称为磁电阻(MR)效应。表征 MR 效应可用磁电阻系数 η 表示：

$$\eta = \frac{R(T,H) - R(T,0)}{R(T,0)} = \frac{\rho(T,H) - \rho(T,0)}{\rho(T,0)} \tag{4-57}$$

$$\eta = \frac{R(T,H) - R(T,0)}{R(T,H)} = \frac{\rho(T,H) - \rho(T,0)}{\rho(T,H)} \tag{4-58}$$

式中，$R(T,0)/\rho(T,0)$、$R(T,H)/\rho(T,H)$分别代表温度 T 时，磁场强度为零和 H 时的电阻/电阻率。根据磁电阻效应的物理起源，可将材料的磁电阻特性分为两类：正常磁电阻效应和反常磁电阻效应。

正常磁电阻效应普遍存在于金属、半导体和合金中，它是由于载流子在磁场中运动时受到洛伦兹力的作用，产生回旋运动，增加了电子受散射的概率，使电阻率上升，它与电子的自旋基本无关。正常磁电阻效应在低磁场下的数值一般很小，但在某些非磁性材料中，如在金属 Bi 膜和纳米线和非磁性的 Cr/Ag/Cr 薄膜中，可观察到大的正常磁电阻效应。由于正常磁电阻效应没有磁滞现象，可以避免巴克豪森噪声(Barkhausen noise)，因而正常磁电阻材料在磁探测和磁性传感器中得到了应用。

反常磁电阻效应是具有自发磁化强度的铁磁体特有的现象。自旋-轨道的相互作用或 s-d 相互作用引起的与磁化强度有关的电阻率变化，以及磁畴壁引起的电阻率变化，都有可能产生反常磁电阻效应。具体来说，反常磁电阻效应有三种机制：第一种是外加磁场引起的自发磁化强度的增加，进而引起电阻率的变化，这种变化率与磁场强度成正比，是各向同性的负的 MR 效应；第二种是电流方向和磁化方向不同产生的 MR 效应，即各向异性磁电阻(AMR)效应；第三种是铁磁体的磁畴壁或杂质相对传导电子的散射产生的 MR 效应。

汤姆孙(W. Thomson)最早于 1857 年发现铁磁多晶体的 AMR 效应：当在被测铁样品电流方向外加磁场时，它的电阻会增加 0.2%，当在横向加一外部磁场时，它的电阻会下降 0.4%。它的微观机制基于自旋轨道耦合作用诱导的态密度及自旋相关散射的各向异性。当电流方向与样品的磁化方向平行的时候，该样品会有最大的电阻值，即处于高阻态。

1988 年，贝比奇(M. N. Baibich)等在$(Fe/Cr)_N$(N 为周期数)多层膜中，发现了超过 50%的 MR 比，远超多层膜中 Fe 层 MR 比的总和，故称这种现象为巨磁电阻(GMR)效应。利用反铁磁层交换耦合制作的 GMR 自旋阀读出磁头已经达到了 100 $Gb \cdot in^{-2}$ 的量级。1993 年，黑尔莫尔特(Helmolt)等在类钙钛矿结构的稀土锰氧化物中观测到了庞磁电阻(CMR)效应，其 MR 值比 GMR 效应还大，η 可达 10^3～10^6 数量级。1995 年发现的隧道结巨磁电阻(TMR)效应，与自旋阀磁电阻材料相比，铁磁隧道结在室温下具有较高的磁电阻效应，达到 600%。2007 年，法国国家科学研究中心的费尔(A. Fert)和德国于利希研究中心的格伦伯格(P. Grunberg)共同获得诺贝尔物理学奖，以表彰他们在 19 年前各自独立发现的巨磁电阻效应。这一开创性的发现为现代信息技术领域，特别是小型化、大容量硬盘的广泛应用，以及磁性传感器和电子学新领域的蓬勃发展奠定坚实的基础，其贡献具有里程碑式的意义。

本章小结

本章首先介绍了磁学基本量、磁性起源及分类。在概述了几种不同磁交换作用模型的基础上，重点介绍了铁磁性、反铁磁性和亚铁磁性的产生条件、基本特性与影响因素。通过介绍铁磁材料中各种相互作用能，分析了磁畴起源、磁畴结构与技术磁化过程。进而简要介绍了铁磁材料动态磁化的时间效应与能量损耗。在磁学性能的基础上，本章进一步简要介绍了软磁材料和永磁材料的分类，以及磁性与力、热、光、电等性能发生强耦合作用时，带来的磁致伸缩效应、磁热效应、磁光效应和磁电阻效应等。

习　题

1. 解释下列名词：磁化强度、磁感应强度、磁化率、磁晶各向异性、磁致伸缩、技术磁化。
2. 物质的磁性可以分为几类？它们各有什么特点？
3. 什么是自发磁化？铁磁性的产生条件是什么？
4. 铁在未磁化时为什么对外不显示磁性？
5. 简述磁畴产生的原因。
6. 动态磁化过程有哪些能量损耗？
7. 软磁和永磁材料各有什么特点？
8. 简述磁制冷的原理。
9. 简述磁光记录和读出原理。

参考文献

冯端，师昌绪，刘治国. 2002. 材料科学导论：融贯的论述[M]. 北京：化学工业出版社.
付华，张光磊. 2017. 材料性能学[M]. 2 版. 北京：北京大学出版社.
胡正飞. 2023. 材料物理性能[M]. 北京：化学工业出版社.
李志林. 2015. 材料物理[M]. 北京：化学工业出版社.
田莳，王敬民，王瑶，等. 2022. 材料物理性能[M]. 2 版. 北京：北京航空航天大学出版社.
严密，彭晓领. 2019. 磁学基础与磁性材料[M]. 2 版. 杭州：浙江大学出版社.

第5章

材料的光学特性

材料的光学性质是一个迷人而复杂的领域，涵盖了广泛的现象和应用。本章的核心在于探索不同材料与光的相互作用和调控方式，揭示材料组分、结构与其光学性质的内在关系。本章将首先介绍光的基本特性，建立相关的物理图像，为进一步深入探讨光与材料的相互作用奠定基础。接着讨论不同材料的光学性质，包括金属、半导体等，建立宏观光学特性与微观结构、物理过程的关联。最后，将触及一些相对前沿的领域，如超材料、人工智能等，进一步拓宽对材料光学性质的理解，并探索未来光子技术发展的无限可能。

5.1 光的基本性质及描述

5.1.1 宏观光学现象

物体的宏观光学现象是最直观、最为人熟知的。颜色是最常见的宏观光学现象。当光照射在物体表面时，物体会选择性地吸收、反射特定的光波，从而呈现出不同的颜色。金属材料除了展现出不同的颜色外，通常还会具有明亮的光泽。其平整的表面几乎反射所有的入射光，从而形成明亮的镜面效果。材料的透光性是另一个重要的光学现象。有些材料对光不透明，如大部分金属和一些陶瓷；有些材料则透光度极好，如玻璃、某些晶体等；其他的则处于半透明状态，如一些塑料、高分子聚合物等(图 5-1)。透光性与材料对光的吸收、散射等过程有密切的关系。

图 5-1　宏观光学现象的示意图

上面列举的宏观光学现象大部分为大家所熟知。如果需要对这些现象进行深入分析，回答“为什么”的问题，就必须对光的本性、材料光学特性的描述以及微观结构与其光学特性的关联等基础问题有一定深度的认知。否则，只能类似前面描述，仅给出一些肤浅、难以让人满意的解释。实际上，几乎所有的宏观光学现象都可以按照图 5-2 所示的逻辑给出相应的解释。首先，要明确光自身的特性，如光的波长、强度、偏振、相干性等；其次，需了解材料的光学特性(见后面章节)，光学特性主要通过材料的光学常数进行表述，当然最终会归结为光与材料中原子、电子、声子等相互作用的基本物理过程；最后，了解光与光学元器件(由特定光学材料制成)的相互作用。材料的形态是薄膜、颗粒还是一些特殊的结构，这些都决定了发生相互作用后，其最终展现出来的特性。

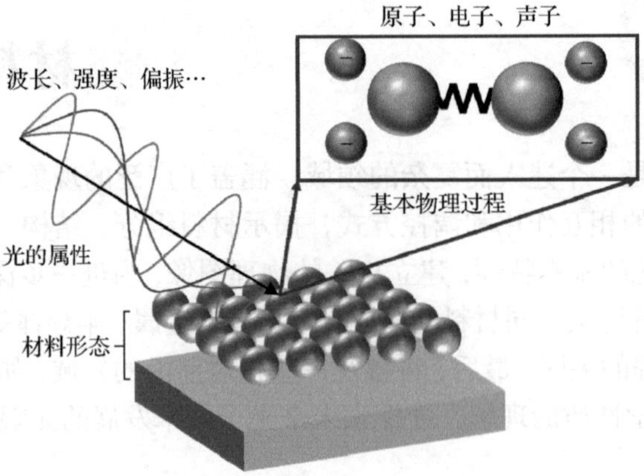

图 5-2　解释宏观光学现象逻辑示意图

5.1.2　光的电磁波描述

人类对光的本性的认知经历了非常漫长而曲折的过程。有很多资料对这一历史过程进行了较详细的表述，这里不再赘述。感兴趣的读者可以阅读沃尔夫(E. Wolf)所著 *Principles of Optics* 的引言部分、郭奕玲和沈慧君编写的《物理学史》等。读者感兴趣的很多光学现象其实都可以在经典物理的框架内找到令人满意的解释。在经典物理的框架内，对光的本性的描述相对简单，总结起来就是一句话：光是一种电磁波。

事实上，光只占据电磁辐射谱的一部分。如图 5-3 所示，通常把波长为 10 nm～1 mm 的电磁波称为光。波长更短的电磁波(< 10 nm)有特定的名称，如 X 射线、γ 射线等。波长更长的电磁波(>1 mm)则对应微波、无线电波等。一般情况下，还会在 10 nm～1 mm，按照波长，对光进行进一步细分。波长介于 390～770 nm 的是可见光(人眼可以感知的电磁波)，波长小于 390 nm 的是紫外光，波长大于 770 nm 的是红外光。红外及紫外光波段有时还各分为远、中、近三部分或远、中、近、极四部分。具体波长范围的划分在不同资料中常略有出入。

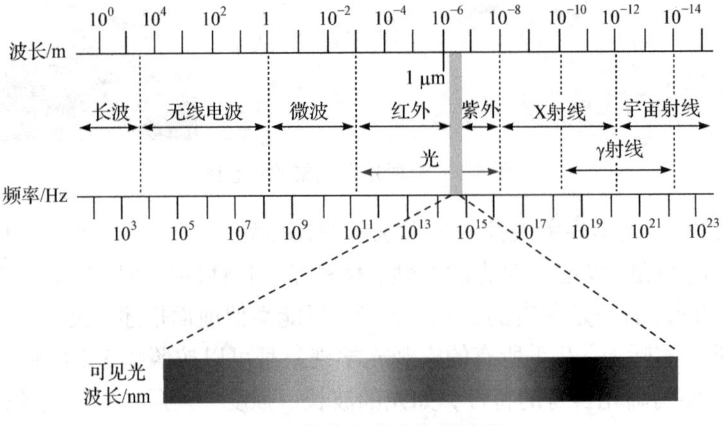

图 5-3　电磁光谱及光学波段

在进一步讨论光学特性之前，有必要对电磁波的基本特征进行简要描述。电磁波是一种既包含电场 $\boldsymbol{E}$，也包含磁场 $\boldsymbol{B}$(称为磁感应强度更为准确)的波。对于所有的波(不局限于电磁波)，在某个时刻 t，空间某个点 $\boldsymbol{r}$ 的波动状态由其相位决定，用字母 φ 表示。在任意时刻，将所有相位(φ)一致的点组合起来构成波阵面。实际情况下，电磁波的波阵面可以呈现出各种不同的形状，其中最简单、常见的是平面波，对应波阵面为平面。此时，可以定义一个与波阵面垂直的矢量 $\boldsymbol{k}$，称为波矢，它代表电磁波的传播方向。平面波的数学表达式通常可以表示为

$$\boldsymbol{E} = \boldsymbol{E}_0 \cos(\boldsymbol{k} \cdot \boldsymbol{r} - \omega t) \tag{5-1}$$

$$\boldsymbol{B} = \boldsymbol{B}_0 \cos(\boldsymbol{k} \cdot \boldsymbol{r} - \omega t) \tag{5-2}$$

式中，ω 为电磁波的角频率；$\boldsymbol{E}_0$ 和 $\boldsymbol{B}_0$ 分别为电场和磁感应强度的振幅。前面提到的相位 φ 对应：

$$\varphi = \boldsymbol{k} \cdot \boldsymbol{r} - \omega t \tag{5-3}$$

借助余弦函数，相位 φ 的含义更加清晰。当 $\varphi = 2l\pi(l = 0, 1, 2\cdots)$时，两个场都达到正向最大，对应波峰。当 $\varphi = (2l+1)\pi(l = 0, 1, 2\cdots)$时，两个场都达到反向最大，对应波谷。其余相位的情况，也可以依据余弦函数进行讨论。

可以简单检验一下，式(5-1)和式(5-2)对应的波阵面确实是一个平面。在某个时刻 t，相位一致的点应当满足：

$$\boldsymbol{k} \cdot \boldsymbol{r} = k_x x + k_y y + k_z z = a \tag{5-4}$$

式中，a 为常数。从图 5-4(a)不难看出，这对应了一个垂直于 $\boldsymbol{k}$ 矢量的平面。

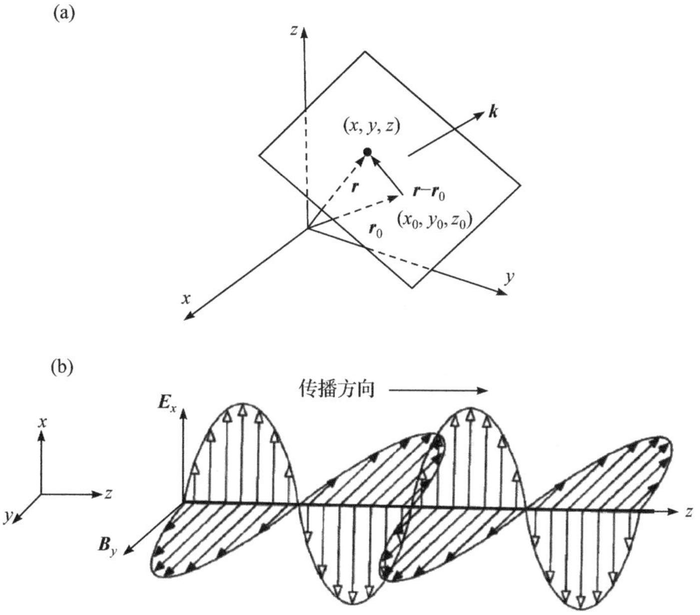

图 5-4　(a) 波阵面示意图、(b) 平面波的电场、磁场和波矢量

图 5-4(b)清晰地描绘了电磁波以平面波的形式向前传播的示意图，$\boldsymbol{E}$、$\boldsymbol{B}$ 和 $\boldsymbol{k}$ 三个矢量两两正交，$\boldsymbol{E}$、$\boldsymbol{B}$ 矢量平行于波阵面，展现出典型的横波特性(振动方向和波的传播方向垂

直)。同时，图 5-4(b)中，电场 $\boldsymbol{E}$ 被限制在 x 方向振动，磁感应强度 $\boldsymbol{B}$ 被限制在 y 方向振动，这种 $\boldsymbol{E}$ 和 $\boldsymbol{B}$ 的振动方向确定的光称为偏振光(更精确的说法是线偏振光)，而 x 方向和 y 方向也被称为偏振方向。

式(5-1)中，余弦函数内 $\boldsymbol{k}\cdot\boldsymbol{r}-\omega t$，具有丰富的物理含义。对于沿着 z 方向传播的平面波，在某时刻 t，可以挑选出一个 $\boldsymbol{E}$ 和 $\boldsymbol{B}$ 都位于波峰的波阵面，满足 $\varphi = kz-\omega t = 2\pi$。经过 Δt 的时间后，若这个相位为 2π 的平面(也就是波峰)向前移动了 Δz，则必有

$$k(z+\Delta z)-\omega(t+\Delta t)=2\pi \Rightarrow k\Delta z-\omega\Delta t=0 \tag{5-5}$$

则可以定义波速：

$$c=\frac{\Delta z}{\Delta t}=\frac{\omega}{k} \tag{5-6}$$

波速直接用符号 c(代表真空的光速)表示，因为电磁波以光速传播。因此，$\boldsymbol{k}\cdot\boldsymbol{r}-\omega t$ 这种数学形式本质上可以用来描述波阵面向前传播的过程。数学上，也可以用函数平移的相关概念，理解电磁波向前传播的过程(图 5-5)。

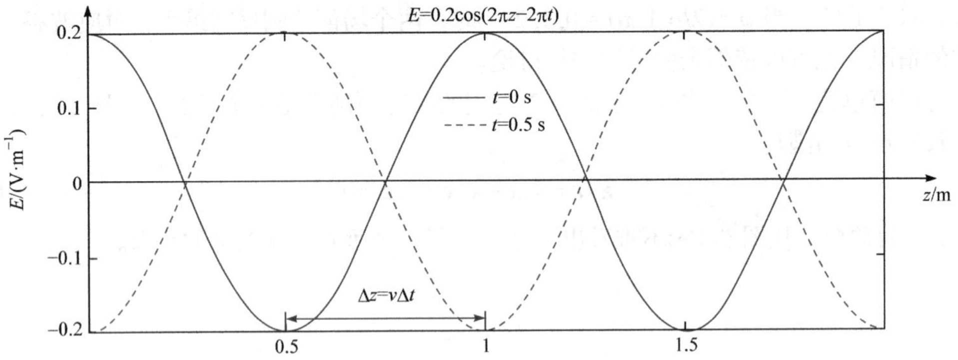

图 5-5 波的平移示意图

同时根据周期 T 与角频率 ω 的关系 $T=2\pi/\omega$，可以计算波长 λ：

$$\lambda=cT=c\frac{2\pi}{\omega}=\frac{2\pi}{k} \tag{5-7}$$

最后，对于电磁波，还有一个描述其能量的重要物理量，坡印亭矢量：

$$\boldsymbol{S}=c^2\varepsilon_0\boldsymbol{E}\times\boldsymbol{B}=\frac{1}{\mu_0}\boldsymbol{E}\times\boldsymbol{B} \tag{5-8}$$

式中，ε_0 和 μ_0 分别为真空介电常数和真空磁导率。式(5-8)是普适的，适用于真空中任意形式中的电磁场(不仅仅是平面波)。$\boldsymbol{S}$ 的物理意义是，单位时间内，穿过单位面积的电磁波的能量，单位是 $\mathrm{W\cdot m^{-2}}$。

5.1.3 麦克斯韦方程组简介

前面一节中关于光的电磁波性质都包含在麦克斯韦方程组中。经典光学(或者经典电动力学)的所有问题都可以归结为求解麦克斯韦方程组。本小节将针对麦克斯韦方程组进行一些相对简单的介绍，以期读者能够对光的电磁波描述有更加深刻的认知。真空中的麦克斯

韦方程组如下：

$$\nabla \cdot \boldsymbol{E} = \frac{\rho}{\varepsilon_0} \tag{5-9}$$

$$\nabla \cdot \boldsymbol{B} = 0 \tag{5-10}$$

$$\nabla \times \boldsymbol{E} = -\frac{\partial \boldsymbol{B}}{\partial t} \tag{5-11}$$

$$\nabla \times \boldsymbol{B} = \mu_0 (\boldsymbol{J} + \varepsilon_0 \frac{\partial \boldsymbol{E}}{\partial t}) \tag{5-12}$$

式中，ρ 为真空中的电荷密度；$\boldsymbol{J}$ 为电流密度矢量。这四个方程主要描述了两个矢量场 $\boldsymbol{E}$ 和 $\boldsymbol{B}$ 随空间位置以及时间的变化关系。$\partial / \partial t$ 代表对时间求微分，∇ 对应对空间求微分，在三维直角坐标系中可表示为

$$\nabla \equiv \left(\frac{\partial}{\partial x}, \frac{\partial}{\partial y}, \frac{\partial}{\partial z} \right) \tag{5-13}$$

在进行具体运算时，可赋予 ∇ 矢量的特性，则 $\nabla \cdot \boldsymbol{E}$ 视为两个矢量点乘(专业名词为矢量场的散度)，即 $\partial E_x / \partial x + \partial E_y / \partial y + \partial E_z / \partial z$ ，获得一个标量场。$\nabla \times \boldsymbol{E}$ 则视为两个矢量叉乘(专业名词为矢量场的旋度)，仍然得到一个矢量场。

式(5-9)是静电学中的高斯定理，是大家熟知的点电荷库仑定理的另一种数学表达，其传递的信息为：电场是由电荷产生的。

式(5-10)则描述了磁场的某种特性，与式(5-9)对比后不难发现，可以称其为磁场的高斯定理，其直接内涵便是：磁场散度为零，磁荷不存在。

式(5-11)的左侧描述了电场在空间的某种分布特性，而右侧是磁感应强度随时间的变化。用简洁的语言描述便是，随时间变化的磁场产生特定分布的电场。

式(5-12)的右侧，如果暂时忽略电场随时间的变化，则只剩下电流密度。左侧则为磁场在空间的某种分布特性，其物理含义便是：电流以及随时间变化的电场产生磁场。

现进行一些简单推演，进一步讨论前一节中的平面波数学形式。平面波是在真空中无源环境下($\rho = 0$，$\boldsymbol{J} = 0$)麦克斯韦方程的一组特殊的解。尝试计算以下的物理量：

$$\nabla \times (\nabla \times \boldsymbol{E}) = \nabla \times \left(-\frac{\partial \boldsymbol{B}}{\partial t} \right) = -\frac{\partial}{\partial t} (\nabla \times \boldsymbol{B}) = -\frac{\partial}{\partial t} \left(\mu_0 \varepsilon_0 \frac{\partial \boldsymbol{E}}{\partial t} \right) \tag{5-14}$$

第一个等式直接利用式(5-11)进行代换，第二个等式是因为对时间和对空间求微分这两个过程相互独立，可以交换顺序，最后一个等式利用了式(5-12)(无源的情况 $\boldsymbol{J} = 0$)。利用矢量的基本运算关系 $\boldsymbol{a} \times (\boldsymbol{b} \times \boldsymbol{c}) = \boldsymbol{b}(\boldsymbol{a} \cdot \boldsymbol{c}) - (\boldsymbol{a} \cdot \boldsymbol{b})\boldsymbol{c}$ 可得：

$$\nabla \times (\nabla \times \boldsymbol{E}) = \nabla (\nabla \cdot \boldsymbol{E}) - (\nabla \cdot \nabla) \boldsymbol{E} = -\nabla^2 \boldsymbol{E} \left(\nabla \cdot \nabla \equiv \nabla^2 = \frac{\partial^2}{\partial x^2} + \frac{\partial^2}{\partial y^2} + \frac{\partial^2}{\partial z^2} \right) \tag{5-15}$$

第二个等式利用了式(5-9)(无源的情况 $\rho = 0$)。对照式(5-14)和式(5-15)，可建立关于电场 $\boldsymbol{E}$ 的经典波动方程：

$$\nabla^2 \boldsymbol{E} - \mu_0 \varepsilon_0 \frac{\partial^2 \boldsymbol{E}}{\partial t^2} = 0 \tag{5-16}$$

按照类似的推演方法，也可以得到关于磁感应强度 $\boldsymbol{B}$ 的经典波动方程：

$$\nabla^2 \boldsymbol{B} - \mu_0 \varepsilon_0 \frac{\partial^2 \boldsymbol{B}}{\partial t^2} = 0 \tag{5-17}$$

对于如图 5-4 所示的偏振状态(以电场 $\boldsymbol{E}$ 为例)，只有 E_x 分量。因为在 xy 平面内，电磁场的相位一致，则 E_x 与 x，y 坐标无关，只是 z 坐标和时间 t 的函数，即 $E_x(z, t)$。此时式(5-16)简化为

$$\frac{\partial^2 E_x}{\partial z^2} - \mu_0 \varepsilon_0 \frac{\partial^2 E_x}{\partial t^2} = 0 \tag{5-18}$$

不难检验 $E_x(z, t) = E_0\cos(kz-\omega t)$是方程(5-18)的解，且：

$$c = \frac{\omega}{k} = \frac{1}{\sqrt{\mu_0 \varepsilon_0}} = 3\times 10^8 \ \mathrm{m \cdot s^{-1}} \tag{5-19}$$

事实上，任何形式的函数 $f(z - ct)$都是波动方程(5-18)的解。经过时间 Δt，这个函数沿着正 z 方向平移了 $c\Delta t$，对应了其传播速度为 c。通常情况下，更关注余弦形式的解，因为任意的波形，都可以通过傅里叶分析，写成特定的余弦波的组合。

式(5-19)将真空中光速 c 和两个物理常数(真空介电常数 ε_0、真空磁导率 μ_0)联系在一起。这个关系可以快速推广到具体的材料中。前面的章节中已经介绍过，材料的绝对介电常数 ε 和磁导率 μ 可以表示为

$$\varepsilon = \varepsilon_\mathrm{r} \varepsilon_0, \ \mu = \mu_\mathrm{r} \mu_0 \tag{5-20}$$

式中，ε_r 和 μ_r 分别为相对介电常数和相对磁导率。若假定式(5-19)在具体材料(非真空)中也成立，则材料(介质)中的光速可以表示为

$$v = \frac{1}{\sqrt{\mu\varepsilon}} = \frac{c}{\sqrt{\mu_\mathrm{r} \varepsilon_\mathrm{r}}} \tag{5-21}$$

根据材料折射率的定义有

$$n = \frac{c}{v} = \sqrt{\varepsilon_\mathrm{r} \mu_\mathrm{r}} \approx \sqrt{\varepsilon_\mathrm{r}} \tag{5-22}$$

最后的约等于，是因为在光学波段，磁响应通常较弱，μ_r 非常接近于 1。此处尚未论证从真空向具体材料进行推广的合理性，后面介绍材料的光学常数时，将对这种推广背后的原理进行说明。

利用麦克斯韦方程组，还可以进一步简化平面波的坡印亭矢量的表达式，这将更有利于后续讨论光的吸收等问题。仍然只讨论图 5-4 所示的平面波，为便于使用麦克斯韦方程组，保留矢量的形式：

$$\boldsymbol{E} = E_0 \hat{\boldsymbol{x}} \cos(kz - \omega t), \quad \boldsymbol{B} = B_0 \hat{\boldsymbol{y}} \cos(kz - \omega t) \tag{5-23}$$

利用式(5-11)得

$$kE_0 = \omega B_0 \Rightarrow E_0 = cB_0 \tag{5-24}$$

再根据式(5-8)关于坡印亭矢量的定义可得

$$\boldsymbol{S} = c\varepsilon_0 E^2 \hat{z} = \frac{c}{\mu_0} B^2 \hat{z} \tag{5-25}$$

对坡印亭矢量在一个周期内求平均可得：

$$\langle S\rangle=\frac{1}{2}c\varepsilon_0E_0^2=\frac{1}{2}\frac{c}{\mu_0}B_0^2 \tag{5-26}$$

在光学中，$\langle S\rangle$ 与实验中可以测量的辐照度(也可简称为光强)对应，通常用符号 I 表示(irradiance 的首字母)。这是因为在实际实验中，几乎很难测到瞬时的能流，仪器显示的都是一段时间内能流的平均值。式(5-25)和式(5-26)传递出的一个重要信息：光强 I 正比于平面波振幅的平方。

5.1.4 电磁场的复数描述

上两节中提到的余弦形式的平面波，其实也可以用正弦函数表达，它们包含的物理意义完全相同。用正、余弦函数表示平面波虽然简洁明了，但在描述一些具体物理量时(尤其涉及初始相位、光的吸收等问题时)，计算过程往往变得十分烦琐。因此，在研究电磁波或者光学相关问题时，通常引入复数进行表述，以简化数学运算过程。复数的引入主要借助欧拉公式：

$$e^{i\theta}=\cos\theta+i\sin\theta \tag{5-27}$$

将一个正弦波和余弦波进行组合即可。因此，式(5-1)所表示的平面波，可用复数表示为

$$\boldsymbol{E}=\boldsymbol{E}_0\exp[\pm i(\boldsymbol{k}\cdot\boldsymbol{r}-\omega t)] \tag{5-28}$$

指数函数中，取+i 和−i 其实都可以，一般的惯例是取 i，具体的原因后面讨论光吸收的时候再介绍。下面对引入复数后计算的简化做一些简单说明(仅以 i 为例讨论)。例如，根据式(5-28)，式(5-11)的左右两侧均可以被简化：

$$\nabla\times\boldsymbol{E}=\nabla\{\exp[i(\boldsymbol{k}\cdot\boldsymbol{r}-\omega t)]\}\times\boldsymbol{E}_0=i\boldsymbol{k}\times\boldsymbol{E},\ -\frac{\partial\boldsymbol{B}}{\partial t}=i\omega\boldsymbol{B} \tag{5-29}$$

$\nabla\exp[i(\boldsymbol{k}\cdot\boldsymbol{r}-\omega t)]$ 部分的计算需要用到式(5-13)。原本的微分方程变成了代数方程，大大降低了数学运算的难度。使用正、余弦的形式也可以进行计算，但一定没有复数的形式简洁。此外，这种形式下振幅 E_0 也可以是复数，以 x 方向偏振，沿 z 方向传播的平面波为例：

$$E_x(z,t)=E_0\exp[i(kz-\omega t)]=|E_0|\exp[i(kz-\omega t+\varphi_0)],\quad E_0=|E_0|e^{i\varphi_0} \tag{5-30}$$

式中，φ_0 为初相位，即 $t=0$ 时，$z=0$ 处的相位。

需要注意的是，实验中的可观测物理量的数值一定是实数。虽然用复数进行表达，数学计算上得到了简化，当与实验中的物理量进行对应时，通常都需要对复数进行取实部的操作。例如，给定真空中电场 $\boldsymbol{E}$ 的复数表达形式，利用式(5-9)求空间的电荷分布情况。因电场 $\boldsymbol{E}$ 用复数进行表示，则 $\nabla\cdot\boldsymbol{E}$ 一般情况下也是复数。而右侧的电荷密度显然应该是实数，则电荷密度应该表示为 $\varepsilon_0\mathrm{Re}(\nabla\cdot\boldsymbol{E})$。表 5-1 总结了平面波中涉及的一些物理量的复数表达。

表 5-1　电磁场相关物理量的复数和实数表示

物理量	复数表示	实数表示
平面波电场强度 $\boldsymbol{E}$	$\boldsymbol{E}=\boldsymbol{E}_0\exp[i(\boldsymbol{k}\cdot\boldsymbol{r}-\omega t)]$	$\boldsymbol{E}=\boldsymbol{E}_0\cos(\boldsymbol{k}\cdot\boldsymbol{r}-\omega t)$

续表

物理量	复数表示	实数表示
平面波磁感应强度 $\boldsymbol{B}$	$\boldsymbol{B} = \boldsymbol{B}_0\exp[\mathrm{i}(\boldsymbol{k}\cdot\boldsymbol{r}-\omega t)]$	$\boldsymbol{B} = \boldsymbol{B}_0\cos(\boldsymbol{k}\cdot\boldsymbol{r}-\omega t)$
坡印亭矢量 $\boldsymbol{S}$	$\boldsymbol{S} = c^2\varepsilon_0\mathrm{Re}(\boldsymbol{E})\times\mathrm{Re}(\boldsymbol{B})$	$\boldsymbol{S} = c^2\varepsilon_0\boldsymbol{E}\times\boldsymbol{B}$
$\boldsymbol{S}$ 的周期平均 $\langle S\rangle$	$\langle S\rangle = c\varepsilon_0\lvert\boldsymbol{E}_0\rvert^2/2$	$\langle S\rangle = c\varepsilon_0(\boldsymbol{E}_0)^2/2$

5.1.5 量子光学简介——光子的概念

尽管经典电动力学可以描述非常多的光学现象，但有一些实验现象在经典的理论框架内无法得到满意的解释。其中较有名的一个实验就是光电效应。1905 年，爱因斯坦提出：光的能量像粒子一样，是一份一份的，并基于此解释了光电效应。而构成光的这种基本粒子称为光子(photon)。和其他基本粒子一样，光子具有能量、动量以及内禀的角动量(自旋)。有关光子的量子理论的详细讨论超出了本书的范畴，这里仅介绍一些量子光学中的简单结论和关系，作为光的电磁波描述的补充，赋予其一些量子特性，进而可以处理一些超出经典理论框架的问题。图 5-6 给出了不同类型光学的研究范畴，经典理论框架只能停留在电磁光学的层面。

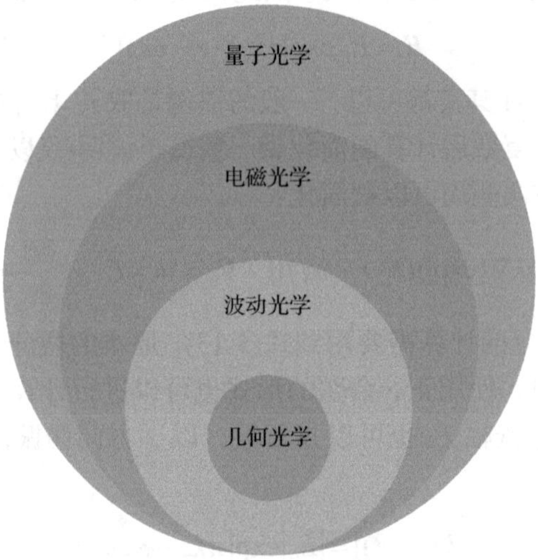

图 5-6 不同类型光学的研究范畴

第一个重要的关系，源于所有的波都要遵循的波粒二象性。描述波粒二象性的德布罗意关系为

$$E = \hbar\omega,\ \boldsymbol{p} = \hbar\boldsymbol{k} \tag{5-31}$$

式中，$\hbar$ 为约化普朗克常量。这两个公式的左侧都是粒子的性质：能量 E 和动量 $\boldsymbol{p}$；右侧都是电磁波的性质：角频率 ω 和波矢 $\boldsymbol{k}$。德布罗意关系将粒子和波的性质建立了对应关系。基于式(5-31)，角频率为 ω 的电磁波的能量，是能量为 $\hbar\omega$ 的光子能量的总和。根据光强 I 的定义(单位时间内入射到单位面积上的平均能量)，则可以求得单位时间内入射到单位面积上的平均光子数，定义为平均光子流密度 ϕ：

$$\phi = \frac{I}{\hbar\omega} \tag{5-32}$$

这个物理量在计算光电子器件中的量子效率时十分重要。所有光电子器件的核心均为光子与电子之间的转化。量子效率则对应了光子向电子转化的效率(光电探测器、太阳能电池等)，即产生的电子数与入射到器件的光子数之比。当然也可以描述电子向光子转化的效率(发光二极管等)。实验中，电路中流过的电子数量通过电流求得，而光强 I 通常较容易测量，借助式(5-32)可以计算光子的数量，进而求得量子效率。

第二个关系是光子的零点能 $\hbar\omega/2$，与真空中的量子涨落有关。因为零点能的存在，n 个光子的总能量实际应该表示为

$$E_n = \left(n + \frac{1}{2}\right)\hbar\omega \tag{5-33}$$

数学形式与量子力学中简谐振子的能级一致。光子数为零的真空中，仍然因为量子涨落具有 $\hbar\omega/2$ 的能量。这个零点的涨落现象是原子自发辐射的起源，与材料的发光过程密切相关。同时也可以解释一些奇异的现象，如卡西米尔效应：两个不带电的导体板，足够接近时，会因为量子涨落，产生引力。

最后需要说明的一点：光子是玻色子。在热力学平衡下，不同能量的平均光子数满足玻色-爱因斯坦统计，即

$$n_{\text{ph}} = \frac{1}{\exp(\hbar\omega/k_0T) - 1} \tag{5-34}$$

式中，k_0 为玻尔兹曼常量；T 为温度；下标 ph 代表光子。后面即将讨论的材料的发光特性与光子所满足的玻色-爱因斯坦分布密切相关。

5.2　光与材料相互作用基础

5.2.1　材料的光学常数

前面介绍的麦克斯韦方程组(5-9)～(5-12)，适用于光在真空中传播的情况，通常也称微观形式的麦克斯韦方程组。因为从微观上说，物质都可以看作在真空中加入原子而形成。原子又是由带正电的原子核和带负电的电子构成的，在微观上形成一定的电荷分布(对应 ρ)，以及电流分布(如电子绕核运动形成微观电流，或者把自旋等效为微观电流)等。从这个角度，即使有材料的加入，方程组(5-9)～(5-12)仍然可以描述光在材料中的行为。但微观的电荷、电流分布难以简单地描述清楚，并且电场或磁场会改变电荷、电流的分布。直接将材料中所有的微观的电荷、电流代入麦克斯韦方程中进行求解，难度极高，几乎是不可能的。另外，5.1.2 节曾讨论光学波段的波长大于 10 nm，而微观的精细结构(以原子间距估算)特征长度约为 0.1 nm。微观电荷、电流分布会造成电磁场在远小于波长的尺度上发生变化，而这种精细尺度上的变化几乎不会影响宏观的光学现象。在宏观尺度上，研究人员只关心微观电荷、电流分布对电磁场造成影响的平均效果(宏观无限小，微观无限大体积内的平均)。因此，为描述宏观的现象，出现在原本麦克斯韦方程组(5-9)～(5-12)中的 $\boldsymbol{E}$ 和 $\boldsymbol{B}$，应当取它们各自的

平均。为保持方程的简洁美观，仍保留原本的符号 $\boldsymbol{E}$ 和 $\boldsymbol{B}$，一般不再引入新的符号，明确说明其平均值的特性。同时需要引入新的物理量 $\boldsymbol{D}$(电位移矢量)和 $\boldsymbol{H}$(磁场强度)，将微观电荷、电流的贡献体现在麦克斯韦方程中。材料(介质)中的麦克斯韦方程组的具体形式为

$$\nabla \cdot \boldsymbol{D} = \rho_{\mathrm{f}} \tag{5-35}$$

$$\nabla \cdot \boldsymbol{B} = 0 \tag{5-36}$$

$$\nabla \times \boldsymbol{E} = -\frac{\partial \boldsymbol{B}}{\partial t} \tag{5-37}$$

$$\nabla \times \boldsymbol{H} = \boldsymbol{J}_{\mathrm{f}} + \frac{\partial \boldsymbol{D}}{\partial t} \tag{5-38}$$

式(5-35)～式(5-38)通常称为宏观形式的麦克斯韦方程组。与方程组(5-9)～(5-12)的微观形式相比，除了出现了新的物理量 $\boldsymbol{D}$ 和 $\boldsymbol{H}$ 外，电荷密度 ρ 和电流密度矢量 $\boldsymbol{J}$ 都多了下标 f，代表宏观的电荷和电流分布，不包含微观电荷、电流的精细分布。其次描述材料电磁特性的介电常数和磁导率包含在下列的本构方程中：

$$\boldsymbol{D} = \varepsilon_0 \varepsilon_{\mathrm{r}} \boldsymbol{E} \tag{5-39}$$

$$\boldsymbol{B} = \mu_0 \mu_{\mathrm{r}} \boldsymbol{H} \tag{5-40}$$

式中，ε_{r} 和 μ_{r} 为前面提到的相对介电常数和相对磁导率，可视为材料的特性，其物理含义参考前面章节中介绍的材料介电性能和磁学性能。需要说明的是，本构方程(5-39)和式(5-40)应用在光学中时，ε_{r} 和 μ_{r} 是对应频率的交变介电常数和磁导率，一般不体现静电场或静磁场下的材料特性。另外，式(5-39)和式(5-40)所示的数学形式，只在各向同性且仅考虑线性响应的介质中成立。而更一般的本构方程通常写为

$$\boldsymbol{D} = \varepsilon_0 \boldsymbol{E} + \boldsymbol{P} \tag{5-41}$$

$$\boldsymbol{H} = \frac{\boldsymbol{B}}{\mu_0} - \boldsymbol{M} \tag{5-42}$$

式中，$\boldsymbol{P}$ 和 $\boldsymbol{M}$ 分别为极化强度和磁化强度(与前面章节中的定义一致)，对应微观电荷和微观电流的最低阶贡献。而式(5-39)和式(5-40)则需要建立在 $\boldsymbol{P}$ 和 $\boldsymbol{M}$ 分别正比于 $\boldsymbol{E}$ 和 $\boldsymbol{B}$ 的基础之上。此处的正比对应两个矢量成正比，既需满足方向一致，对应各向同性；也需满足大小正比，对应线性响应。除了一些特殊情况，如后面即将讨论的非线性光学特性，或者晶体的各向异性光学特性，本构方程通常采用式(5-39)和式(5-40)的简单形式。将式(5-39)和式(5-40)代入宏观形式的麦克斯韦方程组中，可以得到与式(5-16)类似的形式：

$$\nabla^2 \boldsymbol{E} - \mu_0 \mu_{\mathrm{r}} \varepsilon_0 \varepsilon_{\mathrm{r}} \frac{\partial^2 \boldsymbol{E}}{\partial t^2} = 0 \tag{5-43}$$

基于这个方程，自然获得式(5-20)～式(5-22)的结果。此外，5.1.4 节中介绍过电磁场的复数描述，此时式(5-39)中的 $\boldsymbol{E}$ 和 $\boldsymbol{D}$ 都是复数表示，而关联两者的物理量 ε_{r} 一般情况下也是复数，即

$$\varepsilon_{\mathrm{r}} = \varepsilon_1 + \mathrm{i}\varepsilon_2 \tag{5-44}$$

根据式(5-22)，折射率一般也为复数：

$$\tilde{n}=\sqrt{\varepsilon_{\mathrm{r}}}=n+\mathrm{i}\kappa \tag{5-45}$$

当讨论复折射率时，一般 n 只表示其实部，实部 n 通常称为折射率，虚部 κ 称为吸光系数。这种取名方式与后面即将讨论的光的吸收有密切的关系。复折射率的实部和虚部通常被统称为光学常数，可以完整地描述一种材料的光学特性。结合式(5-44)和式(5-45)，可得复折射率和复介电常数实部、虚部之间的关系：

$$\varepsilon_1=n^2-\kappa^2 \tag{5-46}$$

$$\varepsilon_2=2n\kappa \tag{5-47}$$

此外，虽在光学波段一般不需要考虑磁导率 μ_{r} 的贡献，但在更低的频段或者在一些有特殊磁响应的光学材料中，μ_{r} 的贡献并不能忽略。此时，也应当将 μ_{r} 视为复数，写成如下形式：

$$\mu_{\mathrm{r}}=\mu_1+\mathrm{i}\mu_2 \tag{5-48}$$

此时复折射率，需写成其标准形式：

$$\tilde{n}=\sqrt{\varepsilon_{\mathrm{r}}\mu_{\mathrm{r}}} \tag{5-49}$$

5.2.2　光的吸收与色散

在完美的真空中，光或者电磁波在传播过程中不衰减。光在非真空材料中传播时的情形则完全不同。在与材料发生相互作用的过程中，能量会不可避免地被损耗，使光强发生衰减，这个过程称为光的吸收。根据 5.1.3 节中的讨论，对于特定频率的平面波，光强正比于振幅的平方，因此吸收过程中，光强的衰减行为与平面波在材料中的传播过程密切相关。为求简洁，仍然讨论电场沿 x 方向偏振，沿 z 方向传播，角频率为 ω 的偏振光：

$$E_x(z,t)=E_0\exp[\mathrm{i}(kz-\omega t)] \tag{5-50}$$

表面上看，其数学形式与真空中的式(5-30)无异。但考虑光在复折射率为 $\tilde{n}$ 的介质中传播时，光速不再是 c，而是 $c/\tilde{n}$。因此，波矢 k 应当表示为

$$k=\tilde{n}\frac{\omega}{c}=\tilde{n}\frac{2\pi}{\lambda} \tag{5-51}$$

式中，λ 为光在真空中的波长。将式(5-51)代入式(5-50)后得

$$\begin{aligned}E_x(z,t)&=E_0\exp\left[\mathrm{i}\left(\tilde{n}\frac{2\pi}{\lambda}z-\omega t\right)\right]=E_0\exp\left\{\mathrm{i}\left[(n+\mathrm{i}\kappa)\frac{2\pi}{\lambda}z-\omega t\right]\right\}\\&=E_0\exp\left(-\frac{2\pi\kappa}{\lambda}z\right)\exp\left[\mathrm{i}\left(n\frac{2\pi}{\lambda}z-\omega t\right)\right]\end{aligned} \tag{5-52}$$

式(5-52)略复杂，通过图 5-7 可以较清晰地说明其含义。复折射率的虚部 κ 使光在沿 z 方向传播时，振幅按照 $\exp(-\alpha z)$的方式衰减。结合光强正比于振幅平方的结论，可得

$$I(z)\propto E_0^2\exp\left(-\frac{4\pi}{\lambda}\kappa z\right)\Rightarrow I(z)=I_0\exp\left(-\frac{4\pi}{\lambda}\kappa z\right) \tag{5-53}$$

式中，I_0 为 $z=0$ 处的光强，$z=0$ 可以对应传播路径上材料内的任意一个平面(相当于建坐

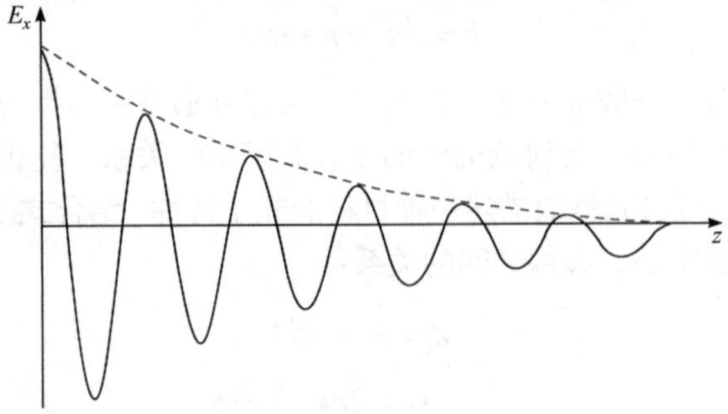

图 5-7 电磁波在传播过程中的衰减，对应式(5-52)的实部

标系时的坐标原点)。这就是著名的比尔-朗伯(Beer-Lambert)定律，它描述了光在吸光材料中传播时，光强衰减的规律。通常定义材料的光吸收系数 α 用以表征材料吸收光的能力：

$$\alpha = \frac{4\pi}{\lambda}\kappa, \quad I(z) = I_0 \exp(-\alpha z) \tag{5-54}$$

材料的光吸收系数 α 正比于材料复折射率的虚部 κ(前面称 κ 为吸光系数十分合理)，反比于光在真空中的波长。光吸收系数 α 的单位是[长度]$^{-1}$，通过光吸收系数比较不同材料的光吸收能力强弱时，一定要确保在同一波长下进行讨论，否则意义不大。而同一材料在不同波长下的光吸收系数也有显著差别。图 5-8 展示了不同半导体在 300 K 下的吸收系数随波长变化的函数。

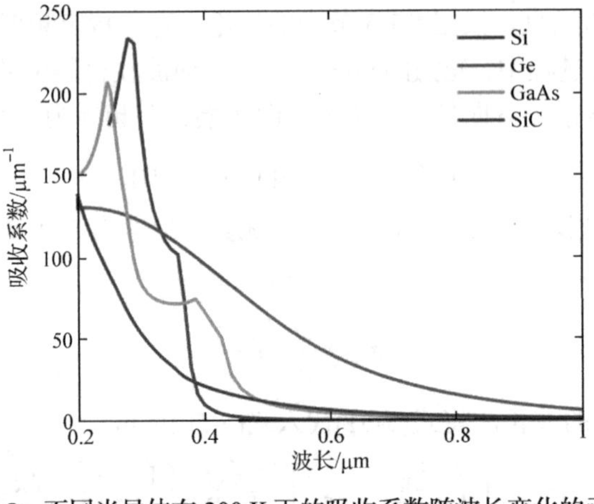

图 5-8 不同半导体在 300 K 下的吸收系数随波长变化的函数

某些材料的光吸收系数在一些特定波段非常小。例如，用于制作光纤的 SiO_2 在 1550 nm 的通讯波长下的光吸收系数 α 约为 $2 \times 10^{-5}\ m^{-1}$。根据式(5-54)可以估算，当 SiO_2 的厚度达到 50 km 时，光强才衰减为原本的 1/e。因此，在一般的问题中，可以忽略 κ 的影响，认为 SiO_2 在 1550 nm 波长下透明。在这种情况下(κ 近似为 0)，式(5-52)与光在真空中的传播方程几乎一致，只是波长由原来的 λ 变成了 λ/n，光速由 c 变成了 c/n。

实部 n 一般也是波长(或频率)的函数，这种现象称为光的色散。如图 5-9 所示，通常情况下，对于近乎透明材料(κ 很小，但不是 0)，其折射率 n 随着波长的增大而减小。值得强调的是，吸收(对应复折射率的虚部 κ)和色散(对应复折射率的实部 n)，这两个看似不相关的过程，其实有着非常密切的内在联系。这种内在联系源自所有物理定律都要遵循的因果律。在因果律的要求下，复折射率的实部和虚部之间必须满足克拉默斯-克勒尼希(Kramers-Kronig)关系。这个关系较复杂，与复变函数中的解析函数的性质有关，具体细节不便展开论述，这里仅简单说明该关系的一些重要结论。根据克拉莫斯-克勒尼希关系，只要在某个波长下吸收不是零(κ不为零)，那么在这个波长附近的折射率 n 一定会随波长发生变化(色散)。反过来也成立，如果在某个波长附近，有折射率为 n 的色散现象，则一定存在对光的吸收。而且显著的色散，一定伴随着强烈的吸收。因此，色散与吸收的内在联系可以用一句话概括：色散与吸收一定伴随发生。

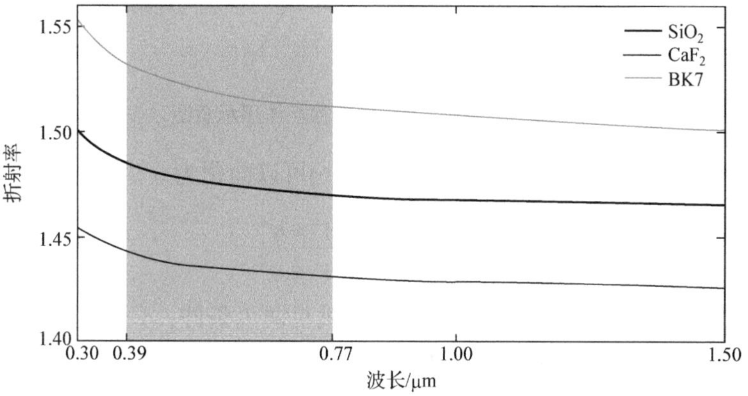

图 5-9　透明材料折射率的色散

当然在实际问题中，某些材料，在特定波段下，吸收和色散都可以很弱，那么在相关波段下描述这种材料的光学特性时用一个实数的折射率 n 即可。如图 5-9 中，在 1.00～1.50 μm，可近似认为材料折射率 n 是一个常数。

5.2.3　薄膜的反射、透射

若已知材料的复折射率 $\tilde{n}$，并明确给定材料的宏观几何形貌(薄膜、颗粒及其他特殊结构等)，通过求解麦克斯韦方程组可以解决几乎所有的光学问题。前面提到的平面波是麦克斯韦方程组在无源($\rho_f = 0$，$\boldsymbol{J}_f = 0$)的均匀介质(ε_r 和 μ_r 不随空间位置变化)中的解。实际问题中，当讨论材料具有特定的宏观几何形貌时，会出现两种不同材料的界面。如图 5-10 所示的薄膜材料与光相互作用的问题。一束光(平面波)从空气入射到薄膜表面，光强为 I_0。因为空气和薄膜材料光学常数的差异，一部分能量被反射，可以将反射的光强记为 I_R，则两者的比值定义为界面反射率：

$$R_0 = \frac{I_R}{I_0} \tag{5-55}$$

界面反射率 R_0 完全由界面两侧介质的光学常数决定，对于垂直入射的情况，其表达式为

$$R_0 = \left| \frac{n_1 - n_2}{n_1 + n_2} \right|^2 \tag{5-56}$$

式中，n_1 和 n_2 分别为入射介质和透射介质的复折射率。式(5-56)可以从麦克斯韦方程组出发，得出 $\boldsymbol{E}$ 和 $\boldsymbol{B}$ 在边界处所需满足的边界条件，进而被推演得到。若空气($n_1 = 1$)为入射介

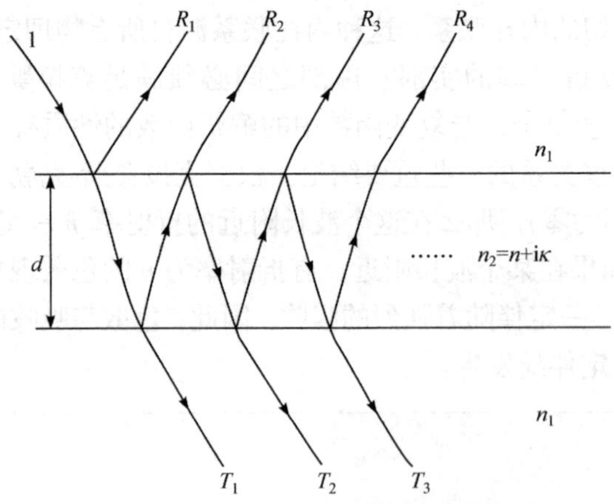

图 5-10 光与薄膜相互作用示意图

质，透射介质的复折射率 $n_2 = n + i\kappa$，则式(5-56)可以简化为

$$R_0 = \frac{(n-1)^2 + \kappa^2}{(n+1)^2 + \kappa^2} \tag{5-57}$$

使用式(5-56)、式(5-57)计算反射率时需要满足两个条件：①垂直入射；②空间中只存在一个界面，也就是界面两侧的介质均无限厚。

对于图 5-10 所示的薄膜(有两个界面存在)，情况则会不同。可以将薄膜的反射光强 I_R、透射光强 I_T 与入射光强 I_0 的比分别定义为薄膜的反射率 R 和透射率 T。薄膜的反射率 R 通常与前面提到的界面反射率 R_0 不同。可以通过追踪光线在薄膜中传播的方法，计算薄膜的反射、透射率。暂时只考虑垂直入射的情况，如图 5-10 所示(为方便展示，画出一定的倾角，实际是垂直入射)。光首先在薄膜上表面发生一次反射，被反射的光强记为 I_0R_0，R_0 为式(5-56)的界面反射率。同时有 $I_0(1-R_0)$的光进入薄膜，在薄膜内依照比尔-朗伯定律[式(5-54)]被吸收，到达下表面的光强为 $I_0(1-R_0)\exp(-\alpha d)$。经过下表面的反射后，透射到空气中的光强为 $I_0(1-R_0)^2\exp(-\alpha d)$。之后被反射，仍然在薄膜内继续传播的光强为 $I_0(1-R_0)R_0\exp(-\alpha d)$。继续跟踪这部分光，被逐渐吸收，到达上表面，再发生反射，一部分透射到上面的空气中。反射的光继续被追踪……这个过程一直持续下去，直到被追踪的光完全被吸收。数学上对应一个无穷的级数，每一级的透射率和反射率在表 5-2 中被列出。

表 5-2 薄膜与光相互作用各级反射率和透射率

反射率	透射率
$R_1 = R_0$	$T_1 = (1-R_0)^2\exp(-\alpha d)$
$R_2 = R_0(1-R_0)^2\exp(-2\alpha d)$	$T_2 = (1-R_0)^2\exp(-\alpha d)[R_0\exp(-\alpha d)]^2$
$R_3 = R_0(1-R_0)^2\exp(-2\alpha d)[R_0\exp(-\alpha d)]^2$	$T_3 = T_2R_0\exp(-\alpha d)]^2$
…	…
$R_n = R_{n-1}[R_0\exp(-\alpha d)]^2$	$T_n = T_{n-1}[R_0\exp(-\alpha d)]^2$
…	…

将各级的反射率和透射率叠加，可以得到薄膜的透射率和反射率：

$$R = R_0 + \frac{R_0(1-R_0)^2\exp(-2\alpha d)}{1-R_0^2\exp(-2\alpha d)} \tag{5-58}$$

$$T = \frac{(1-R_0)^2\exp(-\alpha d)}{1-R_0^2\exp(-2\alpha d)} \tag{5-59}$$

根据能量守恒定律，可以进一步定义薄膜的吸收率：

$$A = 1 - R - T \tag{5-60}$$

式(5-58)、式(5-59)的推导看上去没有问题，逻辑上也无明显漏洞，但却会推出一些不太合理的结论。以反射率为例，若忽略薄膜吸收($\alpha = 0$)，则反射率表达式简化为

$$R = \frac{2R_0}{1+R_0} \tag{5-61}$$

反射率 R 与薄膜的厚度 d 和光的波长 λ 没有任何关系。这显然不合理，因为当厚度趋向于零时，对应薄膜不存在，反射率应为零；而当薄膜无限厚时 R 应该趋向 R_0。产生矛盾的主要原因是忽略了光作为电磁波的一个重要属性：相位。式(5-58)、式(5-59)通常只适用于非相干光。光的相干性是一个较复杂的问题，本节仅提供一些相对浅显的理解。大致意思是，光有一个特征的相干长度 l_c，当薄膜的厚度远大于这个相干长度时，就可以认为图 5-10 中，相邻两级的透射或反射之间失去了相位的关联，此时直接将不同级数的光强进行叠加即可，不体现波特有的干涉效应，这像是突出了光的粒子性。对于相干光，则将图 5-10 中的各级透、反射光应该采用振幅的叠加，得到总的反射、透射振幅后，再计算反射率和透射率。这里忽略具体的计算细节，仅给出相干光反射率和透射率的表达式：

$$R = R_0\left|\frac{1-\exp(\mathrm{i}2n_2\delta)}{1-r_0^2\exp(\mathrm{i}2n_2\delta)}\right|^2 \tag{5-62}$$

$$T = \left|\frac{1-r_0^2}{1-r_0^2\exp(\mathrm{i}2n_2\delta)}\right|^2\exp(-\alpha d) \tag{5-63}$$

其中：

$$r_0 = \frac{n_1-n_2}{n_1+n_2},\quad \delta = \frac{2\pi}{\lambda}d \tag{5-64}$$

注意，此时 n_2 和 r_0 一般情况下都是复数。

5.2.4 光的散射

散射一词包含的内容十分广泛，对于光而言，散射通常是指光偏离原本直线传播轨迹的现象。有时，除了方向改变，光的频率(光子的能量)也可能发生改变，这种散射称为非弹性散射(如拉曼散射)。而频率不变的散射，则称为弹性散射。本小节主要讨论弹性散射。每当介质的光学性质出现不均匀性时(ε_r 或 $\tilde{n}$ 随空间位置发生变化)，便会出现散射。例如，在空气中悬浮的微小颗粒、牛奶中的乳脂球、均匀薄膜中的气孔等因为与周围介质的光学常数不同均会产生散射。这种分散在均匀介质中，能够散射光的颗粒或结构，被称为散射体。一般情况下，散射光会沿各个方向传播，而且不同方向的光强有差异。光强沿不同角度的分

布与散射体的大小、形状有关。本小节仅给出一些定性的规律和结论，更精确的描述需要借助麦克斯韦方程组的散射理论。如图 5-11 所示，可以根据散射体的特征尺寸 a 与波长 λ 的相对大小定义散射的类型。

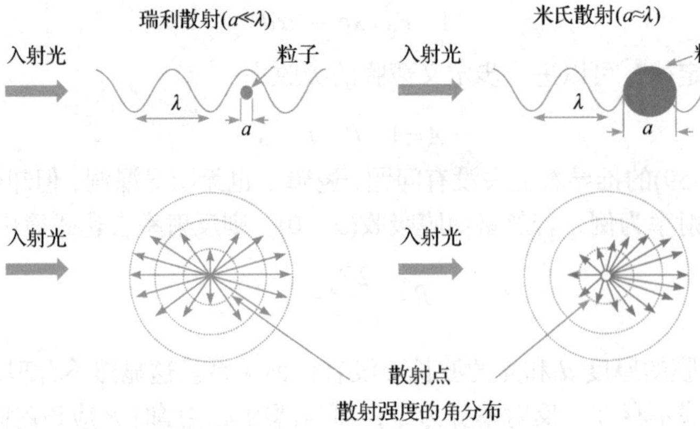

图 5-11 瑞利散射与米氏散射示意图

当 $a \ll \lambda$，即特征尺寸远小于波长时，发生瑞利散射；当 $a \approx \lambda$，即特征尺寸接近波长时发生米氏散射。从图中不难看出，发生瑞利散射时，向前散射与向后散射的概率基本一致，而米氏散射则有显著的向前散射趋势。两种散射的另一个重要区别在于散射截面面积 σ，其定义为

$$P = \sigma I \tag{5-65}$$

式中，I 为入射光强(单位 $W \cdot m^{-2}$)；P 为散射光的总功率(单位 W)。散射截面面积 σ 是描述散射体对光的散射能力的重要物理量，可以理解为散射体对入射光的有效散射面积，即入射光与散射体相遇时，σ 上的光会被散射。散射截面面积 σ 与散射体的大小、尺寸以及散射体的光学常数均有密切关系。如图 5-12 所示，瑞利散射和米氏散射中散射截面与波长的依赖关系有显著区别。

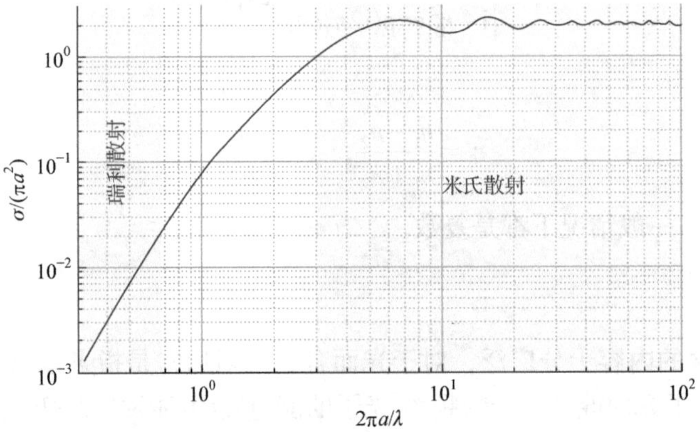

图 5-12 散射截面随波长变化的函数关系

对于瑞利散射，散射截面面积反比于波长的四次方：

$$\sigma \propto \frac{1}{\lambda^4} \tag{5-66}$$

瑞利散射这一性质可以用来解释晴朗的天空为什么呈蓝色。大气中的氮、氧等气体分子尺寸远小于可见光波长，会产生强烈的瑞利散射。而太阳光中波长最短的可见光是蓝光，在可见光中散射截面面积最大，从而导致整个天空呈蓝色。对于米氏散射，散射截面面积几乎不随波长变化。下雨天，天空呈现灰蒙蒙的状态，就是因为大气中充满了各种尺寸的水雾和水滴，这些较大的散射体主要产生米氏散射。由于米氏散射几乎没有波长选择特性，天空呈现灰白色。

值得一提的是，当体系中有大量散射体，且距离较近时，需要考虑多重散射的影响，即一个散射体的散射光，被近邻的散射体进一步散射。这个过程非常复杂，通常需利用一些数值计算方法(如蒙特卡罗估计等)求解辐射传输方程。本节暂不讨论这种情况，仅讨论体系中不同散射体的散射光互不影响的情形。此时散射体分布相对稀疏，单个散射体的散射光在到达最近邻散射体前强度已经很弱，不会产生下一级的散射光。在这个近似下，可以考虑一定厚度的薄膜中，相对稀疏地分散着数密度(单位体积的散射体个数)为 c_s 的散射体，每个散射体的散射截面面积均为 σ。对于光强为 I 的光，在面积为 A 的薄膜中传播了 $\mathrm{d}l$ 的厚度后，一共会与 $c_sA\mathrm{d}l$ 个散射体发生相互作用，根据散射截面面积的定义，散射光(偏离原本传播方向)的功率为 $I\sigma c_sA\mathrm{d}l$，则沿原方向传播的光强的衰减可以写为

$$-A\mathrm{d}I = I\sigma c_s A\mathrm{d}l \Rightarrow \mathrm{d}I = -\sigma c_s I\mathrm{d}l \Rightarrow I = I_0\exp(-\sigma c_s l) \tag{5-67}$$

与式(5-54)的比尔-朗伯定律形式一致，即可以将散射看作光的能量损失的另一种方式，当然这里的损失对应的是沿原方向传播的光的能量的损失。因此，可以依照吸收系数，定义散射系数为

$$\alpha_s = -\sigma c_s \tag{5-68}$$

散射系数既与单个散射体的散射能力(决定于散射截面面积 σ)有关，也与体系中散射体的浓度 c_s 有关。

5.3 各类材料的光学特性

5.1 和 5.2 两节主要介绍光的基本性质，以及光与材料相互作用的一些基本过程，比较少涉及具体的材料体系。本节将着重讨论不同类型材料的光学特性，仍然尽量基于经典模型进行讨论，只有在经典模型明显不适用的情形下，才使用半量子模型，即光仍然采用经典电磁波描述(尽管会时不时提到光子的概念)，材料的电子结构等采用量子模型。

5.3.1 晶体光学常数的各向异性

前面讨论的本构方程(5-39)只在各向同性、线性响应的介质中成立。在晶体中，原子按照特定的方式周期性排列。从对称性的角度看，并不能简单认为晶体的光学性质是各向同性的。如图 5-13 所示的四方晶系，沿 x 方向和 z 方向，原子间距不同。因此，当电场沿这两个方向偏振时，光感受到的原子分布状态不相同，所以材料的光学常数对这两个不同的偏振方向并不一致。这种光学常数随着偏振方向发生改变的性质称为光学常数的各向异性。各

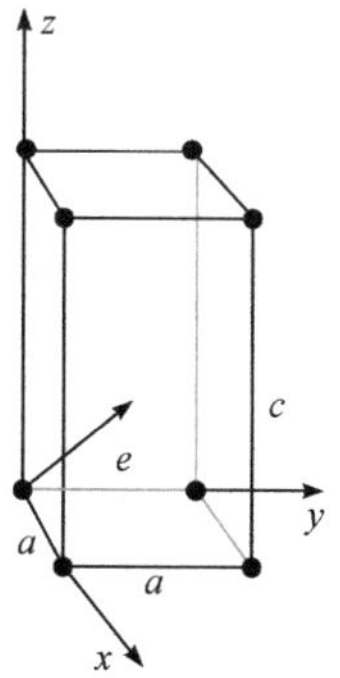

图 5-13 四方晶系示意图

向异性的程度与晶格的类型以及具体的晶胞有关。

一般情况下，复折射率 $\tilde{n}$ 的实部 n 和虚部 κ 均会随着方向变化。为求简洁，暂考虑透明材料，即仅考虑折射率 n 的各向异性情况。仍回到图 5-13 的例子，光沿着 x、y 和 z 方向偏振时的本构方程(5-39)可以分别表示为

$$D_x = \varepsilon_0 \varepsilon_x E_x, \quad D_y = \varepsilon_0 \varepsilon_y E_y, \quad D_z = \varepsilon_0 \varepsilon_z E_z, \tag{5-69}$$

式(5-69)可以换一种形式表达：

$$\begin{pmatrix} D_x \\ D_y \\ D_z \end{pmatrix} = \varepsilon_0 \begin{pmatrix} \varepsilon_x & 0 & 0 \\ 0 & \varepsilon_y & 0 \\ 0 & 0 & \varepsilon_z \end{pmatrix} \begin{pmatrix} E_x \\ E_y \\ E_z \end{pmatrix} \tag{5-70}$$

此时介电常数不再是一个数(标量)，而必须用矩阵表示，对应一个张量，称为介电张量。这种用对角矩阵表示介电张量的方式是最简洁的。当然，坐标轴可以任意选择，不一定与图 5-13 所示的晶轴方向一致，此时介电张量不一定由式(5-70)的对角矩阵表示。而且对于某些晶系，如单斜和三斜晶系，晶轴方向不正交，无法直接依据晶轴方向建立直角坐标系。幸运的是，由于介电张量的特殊性质，表示介电张量的矩阵一定是对称矩阵。依据线性代数中的相关知识，对称矩阵总是可以对角化，即一定可以找到一组合适的坐标系将介电张量表示成对角矩阵。因此，在后续的讨论中，仅考虑介电张量用对角矩阵表示的情况。

对于图 5-13 所示的四方晶系，根据对称性，不难发现 $\varepsilon_x = \varepsilon_y \neq \varepsilon_z$。对于平面波，若沿 z 方向(晶体的对称轴)入射，电场一定在 xy 平面内，这个平面内的任意矢量都可以分解到 x 和 y 两个等价的方向，因此该方向传播的光，不同偏振方向对应的光学常数一致，此时可将 z 方向定义为晶轴。若光的入射方向偏离晶轴，则有可能产生沿 z 方向的偏振，此时就可以观测到如图 5-14 所示的双折射现象。因为折射率的差异，沿 z 方向(光轴方向)偏振的光，与垂直于 z 方向偏振的光的传播路径发生变化。一般把沿光轴方向偏振的光称为 e 光，垂直于光轴方向偏振的光称为 o 光，折射率分别表示为 n_e 和 n_o。按照这种命名方式，图 5-13 所示的四方晶系的介电张量也可以表示为

$$\begin{pmatrix} n_o^2 & 0 & 0 \\ 0 & n_o^2 & 0 \\ 0 & 0 & n_e^2 \end{pmatrix} \tag{5-71}$$

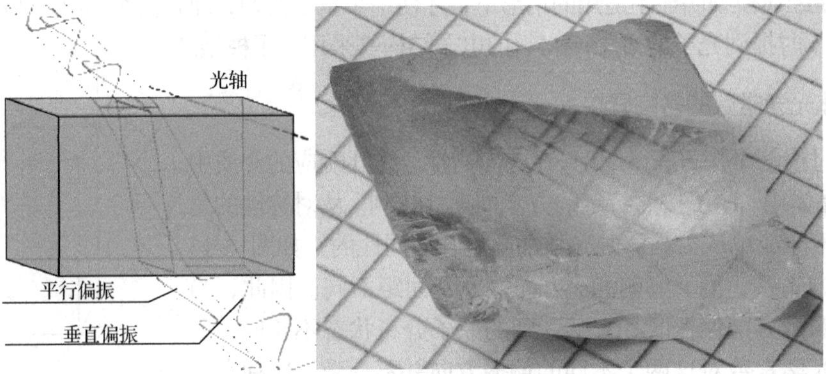

图 5-14 双折射现象示意图

双折射晶体可以制备成具有特殊功能的偏振器、相位延迟器等，在光学器件、分析测试、信息处理等领域有着重要作用。从对称性的角度看，双折射晶体一定有一条单一的光轴(单轴晶体)，并不是所有晶系都满足这个条件。有些对称性较低的体系，偏振沿三个主轴方向的折射率均不同，这种晶体通常称为双轴晶体。不同晶系的光轴及介电张量情况，如表 5-3 所示。

表 5-3　不同晶系的光轴及介电张量情况

晶系	原始格子	光轴情况	介电张量矩阵
立方晶系	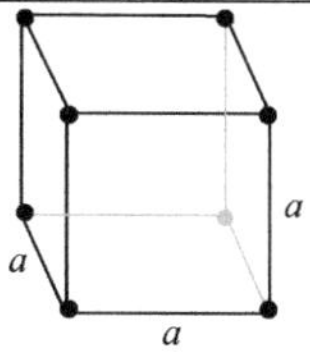	各向同性(光轴任意)	$\begin{pmatrix} n^2 & 0 & 0 \\ 0 & n^2 & 0 \\ 0 & 0 & n^2 \end{pmatrix}$
六方晶系	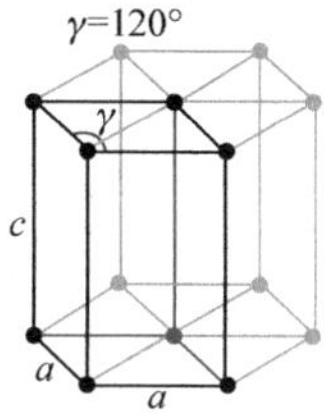	单轴	$\begin{pmatrix} n_o^2 & 0 & 0 \\ 0 & n_o^2 & 0 \\ 0 & 0 & n_e^2 \end{pmatrix}$
三方晶系	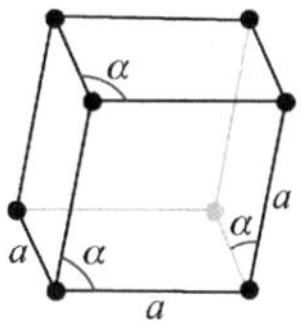	单轴	$\begin{pmatrix} n_o^2 & 0 & 0 \\ 0 & n_o^2 & 0 \\ 0 & 0 & n_e^2 \end{pmatrix}$
四方晶系	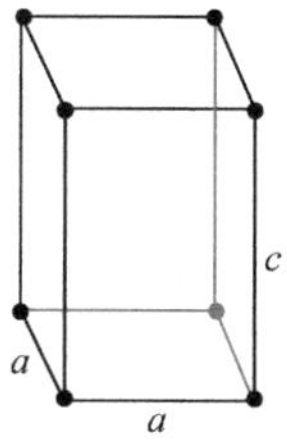	单轴	$\begin{pmatrix} n_o^2 & 0 & 0 \\ 0 & n_o^2 & 0 \\ 0 & 0 & n_e^2 \end{pmatrix}$
斜方晶系	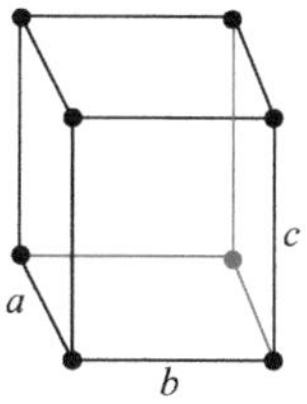	双轴	$\begin{pmatrix} n_x^2 & 0 & 0 \\ 0 & n_y^2 & 0 \\ 0 & 0 & n_z^2 \end{pmatrix}$
单斜晶系	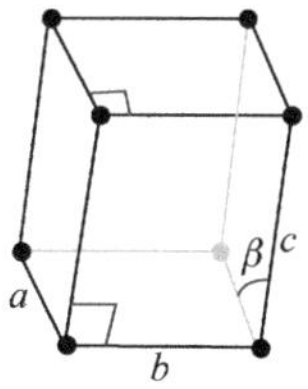	双轴	$\begin{pmatrix} n_x^2 & 0 & 0 \\ 0 & n_y^2 & 0 \\ 0 & 0 & n_z^2 \end{pmatrix}$
三斜晶系	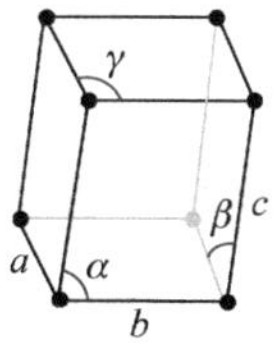	双轴	$\begin{pmatrix} n_x^2 & 0 & 0 \\ 0 & n_y^2 & 0 \\ 0 & 0 & n_z^2 \end{pmatrix}$

5.3.2 晶体的非线性响应

非线性效应是指，式(5-41)中的极化强度并不简单正比于电场，而是遵循下面的一般形式：

$$\boldsymbol{P} = \varepsilon_0\chi^{(1)}\boldsymbol{E} + \varepsilon_0\chi^{(2)}\boldsymbol{EE} + \varepsilon_0\chi^{(3)}\boldsymbol{EEE} + \cdots \tag{5-72}$$

式中，χ代表极化率，上标(1)、(2)、(3)…代表其阶数。则$\chi^{(1)}$为一阶极化率，$\chi^{(2)}$为二阶极化率，以此类推。这里的各阶极化率原则上都应当是张量，随着极化率阶数的升高，张量中独立参数的个数也逐渐增加。为求简便，本小节中不讨论详细的张量表示方式，只通过典型的非线性光学效应，说明如何使用式(5-72)讨论非线性光学中的问题。如何计算如 ***EE*** 这种两个矢量相乘的形式，也将结合具体的例子讨论。同时，各阶极化率的单位不同，$\chi^{(1)}$没有单位，$\chi^{(2)}$的单位是电场强度单位的倒数，即$(\mathrm{m \cdot V^{-1}})$，$\chi^{(n)}$的单位是$(\mathrm{m \cdot V^{-1}})^{n-1}$。若仅考虑一阶极化率的贡献，则可以得到本构方程(5-39)，对应线性响应。式(5-72)中，如果非线性响应主要来源于含$\chi^{(2)}$的项，则称为二阶非线性效应。如果是含$\chi^{(3)}$的项主要起作用，则为三阶非线性效应。通常情况下，随着阶数的升高，响应显著减弱。为求简洁，本小节仅讨论到三阶的非线性效应。可以将极化强度 $\boldsymbol{P}$ 中各阶的贡献分开表示：

$$\boldsymbol{P}^{(1)} = \varepsilon_0\chi^{(1)}\boldsymbol{E},\quad \boldsymbol{P}^{(2)} = \varepsilon_0\chi^{(2)}\boldsymbol{EE},\quad \boldsymbol{P}^{(3)} = \varepsilon_0\chi^{(3)}\boldsymbol{EEE} \tag{5-73}$$

典型的二阶非线性效应包括：倍频、和频、光整流、泡克耳斯效应等。二阶非线性效应只能在缺少反演对称性的晶体中产生。中心对称的晶体，进行反演对称操作后极化率须保持不变。同时，经过反演操作后，极化强度 $\boldsymbol{P}$ 和电场强度 $\boldsymbol{E}$ 均反向。此时 ***EE*** 仍然保持不变(相当于负负得正)，但 $\boldsymbol{P}^{(2)}$反向。在$\chi^{(2)}$不变的情况下，只有$\chi^{(2)}=0$，才能维持方程 $\boldsymbol{P}^{(2)}=\varepsilon_0\chi^{(2)}\boldsymbol{EE}$ 成立，因此具有中心反演对称的晶体，二阶极化率一定为零。下面以泡克耳斯效应(Pockels effect)为例，简单说明二阶非线性效应。

图 5-15 为泡克耳斯效应的实验装置图，与材料发生相互作用的电场包括直流偏置电场 E_z 以及电磁波的电场分量 $E_x\cos(kz-\omega t)$，则式(5-72)中的电场表示为

$$\boldsymbol{E} = E_\omega\cos(kz-\omega t)\hat{\boldsymbol{x}} + E_0\hat{z} \tag{5-74}$$

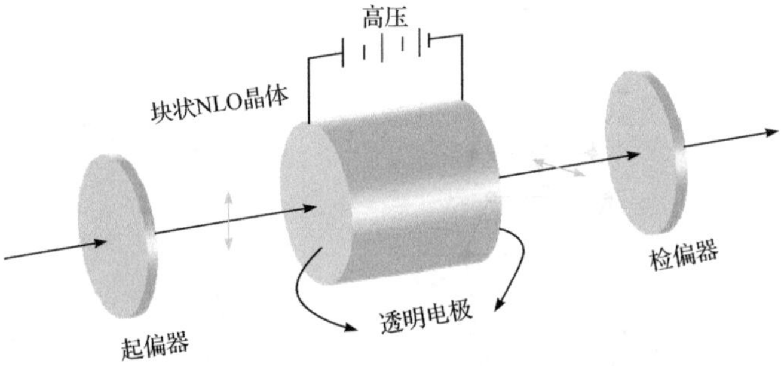

图 5-15 泡克耳斯效应示意图

此时 ***EE*** 所有可能的项包括：

$$2E_0E_\omega\cos(kz-\omega t),\quad [E_\omega\cos(kz-\omega t)]^2,\quad E_0^2 \tag{5-75}$$

在泡克耳斯实验中，只关注与入射光频率相同的信号。则非线性效应附加的极化强度

可以表示为

$$P^{(2)} = \varepsilon_0[2\chi^{(2)}E_0]E_\omega\cos(kz-\omega t) \tag{5-76}$$

加上一阶的线性贡献：

$$P^{(1)} = \varepsilon_0\chi^{(1)}E_\omega\cos(kz-\omega t) \tag{5-77}$$

总极化强度为 $P=P^{(1)}+P^{(2)}$。结合式(5-39)、式(5-41)及式(5-22)，可得折射率的表达式：

$$n=\sqrt{1+\chi^{(1)}+2\chi^{(2)}E_0} \tag{5-78}$$

式(5-78)的成立需要满足以下两个条件：①图 5-15 中的 x 方向沿晶体的一条主轴，保证线性响应部分极化强度方向和电场偏振方向一致(x 方向)，从而可以按照式(5-77)写成标量形式；②张量$\chi^{(2)}$与 $\boldsymbol{EE}$ 作用后，也只产生 x 方向的极化强度分量。实际情况下，需要根据晶体的对称性，找出张量$\chi^{(2)}$中不为零的分量，再结合实验中光的偏振以及偏置电压的施加方向进行计算。式(5-78)给出了一种，通过施加偏置电压，快速调控材料折射率的方法。泡克耳斯效应在电光调制、光通信、超高速度光开关、光学计算机等领域有着重要的应用。常见的可以产生泡克耳斯效应的晶体包括铌酸锂($LiNbO_3$)、钽酸锂($LiTaO_3$)、磷酸氧钛钾($KTiOPO_4$，简称 KTP)、β 相的偏硼酸钡(BBO)等。通常情况下，二阶非线性系数都很小，一般是 10^{-12}～10^{-8} m · V^{-1} 的数量级，因此可对式(5-78)进行一阶展开，得到：

$$\Delta n=\frac{\chi^{(2)}}{\sqrt{1+\chi^{(1)}}}E_0 \tag{5-79}$$

此时，在泡克耳斯二阶非线性效应中，折射率的变化量与施加的偏置电场成正比。

三阶非线性效应包括三次谐波、四波混频、双光子吸收、受激拉曼散射、克尔效应等。如前所述，三阶非线性效应中，涉及三阶$\chi^{(3)}$极化张量中的分量更多，一般也更复杂。但三阶非线性效应对中心对称性没有要求，即使在各向同性材料中也会出现。各向同性材料中的三阶非线性效应相对简单，以克尔效应为例，其实验装置与图 5-15 中的泡克耳斯效应类似，通过施加偏置电场 E_0 调控材料的折射率。此时须计算 $\boldsymbol{EEE}$，仍借助类似式(5-74)的形式，则与入射光频率相同的信号为

$$3\chi^{(3)}E_0^2E_\omega\cos(kz-\omega t) \tag{5-80}$$

因此，各向同性介质的克尔效应中，折射率的变化量与施加偏置电场的平方成正比，且通常定义成如下的形式：

$$\Delta n=\lambda KE_0^2 \tag{5-81}$$

式中，λ 为光的波长；K 为克尔系数。

5.3.3　金属的光学性质

金属材料的显著特点是具有明亮的光泽，这是由于其平整的表面反射几乎所有的入射光，从而形成明亮的镜面。这一现象可以基于光与自由电子相互作用的经典模型给出解释。在经典物理框架内，光与自由电子的相互作用通常采用德鲁德模型(Drude model)，基本方程如下：

$$m\frac{d^2x}{dt^2}+\gamma m\frac{dx}{dt}=eE,\quad E=E_0e^{-i\omega t} \tag{5-82}$$

式中，x 为电磁场作用下电子发生的位移；m 为电子质量；e 为电子电量。此处，电磁波的复数表达式没有包含与空间有关的贡献 $\boldsymbol{k}\cdot\boldsymbol{r}$，而是采用了偶极子近似，认为电子位移远小于波长。式(5-82)其实是在经典的牛顿力学方程($\boldsymbol{F}=m\boldsymbol{a}$)的基础上，添加了正比于速度的阻尼项 $\gamma m\mathrm{d}x/\mathrm{d}t$，其中 γ 是散射频率，表示单位时间内电子在运动过程中发生无规则散射的次数。这一项本质上是将无规则散射对电子运动的影响，简化为正比于速度的阻力。尝试用 $x=x_0\exp(-i\omega t)$的形式代入方程(5-82)，可解得

$$x=-\frac{eE}{m}\frac{1}{\omega^2+i\omega\gamma},\quad E=E_0e^{-i\omega t} \tag{5-83}$$

式中，E 为随时间振荡的电场，因此式(5-83)描述的是一种电子的集体振荡行为。再根据极化强度的定义 $P=Nex$，N 为电子浓度，即单位体积的电子数，则

$$P=-\frac{Ne^2}{m}\frac{1}{\omega^2+i\omega\gamma}E \tag{5-84}$$

对于线性响应有 $\boldsymbol{P}=\varepsilon_0\chi\boldsymbol{E}$，同时依据本构方程(5-39)和式(5-41)可求得相对介电常数：

$$\varepsilon(\omega)=1-\frac{\omega_p^2}{\omega^2+i\omega\gamma},\quad \omega_p^2=\frac{Ne^2}{m\varepsilon_0} \tag{5-85}$$

式中，ω_p 为等离子体频率，正比于电子浓度 N。如图 5-16 所示，式(5-85)给出的相对介电常数与金属银实验测得的结果在一定的频率区间内吻合非常好，但在高频波段，有明显差异(尤其是介电常数的虚部)。其他的典型金属也有类似结果。因此，经典的德鲁德模型，在光的频率不是特别高的情况下，可以较好地描述金属的光学性能。高频波段的差异，在经典模型下难以解释，需要将电子的状态用量子力学描述，借助固体能带论，进行讨论。这一部分的内容留到下一节讨论半导体的光学性质时，再做详细展开。为了更好地与实验数据比较，通常需要引入高频介电常数 ε_∞。此时，金属的介电常数则表示为

$$\varepsilon(\omega)=\varepsilon_\infty-\frac{\omega_p^2}{\omega^2+i\omega\gamma} \tag{5-86}$$

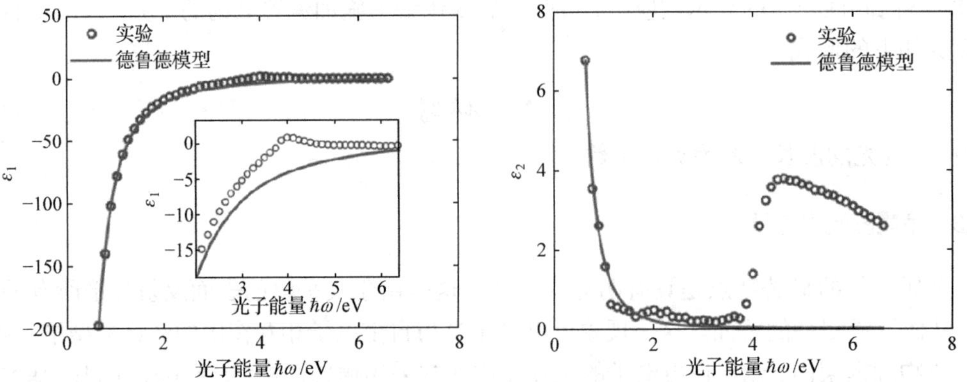

图 5-16 金属银实验数据与德鲁德模型对比

现基于式(5-85)的结果，解释金属具有光泽这一宏观现象。为求简便，暂忽略碰撞频率 γ 的影响。此时相对介电常数为实数，可表示为

$$\varepsilon(\omega)=1-\frac{\omega_{\mathrm{p}}^2}{\omega^2} \tag{5-87}$$

当光的频率 ω 小于 ω_{p} 时，相对介电常数小于零，此时复折射率 $\tilde{n}=(\varepsilon)^{1/2}$ 没有实部。根据式(5-57)可得反射率：

$$R_0=\frac{(n-1)^2+\kappa^2}{(n+1)^2+\kappa^2}=\frac{1+\kappa^2}{1+\kappa^2}=1 \tag{5-88}$$

从空气入射的光被金属表面完全反射。简单估算一下金属中 ω_{p} 的数量级(N 用阿伏伽德罗常数)，可以发现 $\omega=\omega_{\mathrm{p}}$ 时对应的波长约为 100 nm。而可见光的波长是 390～770 nm，因此满足 $\omega<\omega_{\mathrm{p}}$ 的条件，从而会被 100%反射。对于可见光，金属就像镜子一样，具有明亮的光泽。从另一个角度看，100%的反射意味着光无法进入金属内部，因此 ω_{p} 可以被理解为金属的临界“透明”频率，金属对 $\omega<\omega_{\mathrm{p}}$ 的光完全不透明，对 $\omega>\omega_{\mathrm{p}}$ 的光则与普通介电材料无异，光在其中正常传播。实际情况下，还需要考虑 γ 的影响。但当 $\omega_{\mathrm{p}}\gg\gamma$ 时，上述讨论近似成立。此外，还可以根据电流密度的定义求出交流电导率 $\sigma(\omega)$ 的表达式：

$$J=Ne\frac{\mathrm{d}x}{\mathrm{d}t}=\frac{Ne^2}{m}\frac{\mathrm{i}\omega}{\omega^2+\mathrm{i}\omega\gamma}E\Rightarrow\sigma(\omega)=\frac{Ne^2}{m}\frac{1}{\gamma-\mathrm{i}\omega} \tag{5-89}$$

自由电子这种在电磁波作用下的集体振荡行为与等离子体中电荷的运动行为非常相似(这也是 ω_{p} 称为等离子体频率的原因)。电子的集体振荡通常有一个特征频率，当光的频率接近这个特征频率时，便会激发电子的共振。这种现象多发生在金属表面附近或者微纳尺寸的金属颗粒中。不管是哪种情况，只有存在介电材料和金属的界面时，共振才会被激发，且金属的介电常数实部小于零。这种振荡对边界处任何变化都十分敏感，可以用来制作非常灵敏的分子传感器，如图 5-17 所示。

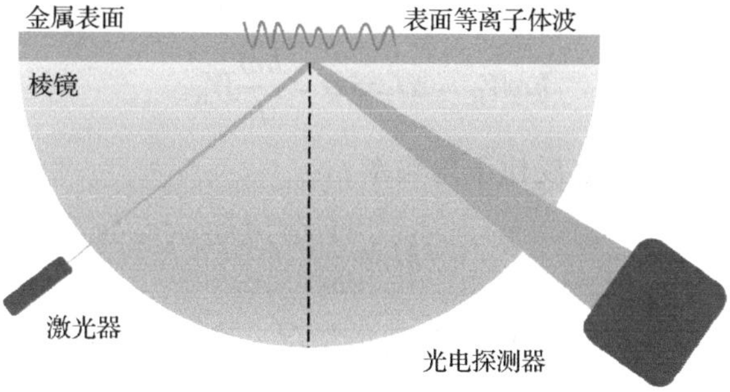

图 5-17 基于表面等离子激元的分子传感器

5.3.4 半导体的光学性质

半导体在现代科技中扮演着极其重要的角色，是电子信息、光电子、新能源等诸多领域的基础材料。一般认为禁带宽度大于 0 eV，小于 3.5 eV 的材料为半导体，大于 3.5 eV 的为绝缘体，而禁带宽度为 0 eV 的是导体(即前一节中介绍的金属)。绝缘体和半导体，无论电学性质还是光学性质，几乎都用相同的理论进行描述，因此本节不刻意区分二者，统称为半导体。

半导体光学性质中最重要的物理过程是光与电子的相互作用，通常采用半量子的理论模型描述，即电子的状态用量子力学描述(固体中的能带)，而光仍被认为是经典电磁波。

图 5-18 展示了半导体中电子与光发生相互作用,从一个能带跃迁到另一个能带的过程。这种电子始末状态位于不同能带中的跃迁称为带间跃迁。当电子始末状态的 $\boldsymbol{k}$ 不变时，为直接跃迁。相反地，若电子始末状态的 $\boldsymbol{k}$ 发生改变，则为间接跃迁。为保持动量守恒，间接跃迁需要其他粒子如声子(晶格振动的量子)等的介入，因此间接跃迁的强度通常小于直接跃迁。大部分教科书中都会将上面的过程描述为：电子吸收光子，跃迁到更高的能级。看上去，光也是按照量子化的光子处理的，但这种说法只是为了让物理图像更加清晰，实际上在计算光与半导体中电子相互作用的哈密顿量时，光一般仍按照经典电磁波处理。电子的跃迁过程，通常由费米黄金法则给出跃迁概率：

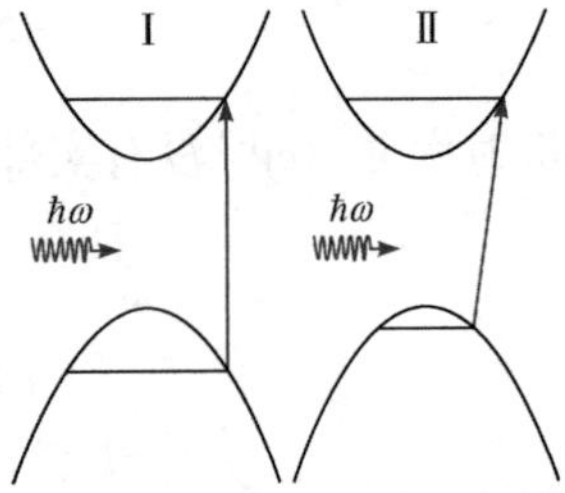

图 5-18 半导体中的直接与间接跃迁

$$W_{\mathrm{if}}=\frac{2\pi}{\hbar}|M|^2 g(\hbar\omega) \tag{5-90}$$

式中，下标 i 代表电子初始状态(initial)；下标 f 代表电子最终状态(final)；M 为跃迁矩阵元，具有能量的量纲，包含了电子与光相互作用的哈密顿量，也取决于电子始末状态的量子态；$g(\hbar\omega)$为态密度，单位是 $1\cdot m^{-3}\cdot eV^{-1}$，对应单位体积、单位能量间隔内的电子量子态个数。其中 $\hbar\omega$ 为光子能量，而 $g(\hbar\omega)$对应的是满足能量守恒 $E_f - E_i = \hbar\omega$(始末电子状态能量差与光子能量一致)的电子能级附近的态密度。虽然 W_{if} 被称为跃迁概率，但它的单位却是 $1\cdot s^{-1}\cdot m^{-3}$，物理意义应当解释为：单位时间、单位体积内发生跃迁的次数。若每次电子跃迁都需要吸收一个光子，则 W_{if} 也可以表示为单位时间、单位体积内吸收的光子数。因此，很容易建立 W 与材料的吸收系数 α 之间的关系。光在材料中传播时，单位时间，在体积为 $\mathrm{d}V = A\mathrm{d}x$ 的薄片内吸收光的能量为 $\alpha IA\mathrm{d}x$(A 为面积，$\mathrm{d}x$ 为薄片厚度，I 为光强)，则单位时间、单位体积内吸收光的能量为 αI。可建立其与 W_{if} 之间的关系：

$$\hbar\omega W_{\mathrm{if}}=\alpha I \Rightarrow \alpha=\frac{\hbar\omega}{I}W_{\mathrm{if}} \tag{5-91}$$

在式(5-90)中，通常认为 M 反比于角频率 ω：

$$M \propto \frac{1}{\omega} \tag{5-92}$$

同时考虑光子能量 $\hbar\omega$ 接近禁带宽度 E_g 的情况，在导带底和价带顶附近都是抛物线形的色散关系，则对于直接带隙半导体有

$$g(\hbar\omega) \propto \sqrt{\hbar\omega - E_g} \tag{5-93}$$

综合式(5-90)～式(5-93)，对于直接带隙半导体带边附近的光吸收系数可得如下关系：

$$(\alpha\omega)^2 \propto \hbar\omega - E_g \tag{5-94}$$

间接带隙半导体的情况略复杂，这里仅给出结果：

$$(\alpha\omega)^{1/2} \propto \hbar\omega \pm \hbar\omega_0 - E_g \tag{5-95}$$

式中，$\hbar\omega_0$为辅助光吸收过程的声子的能量。+代表吸收一个声子，−代表释放一个声子。根据式(5-94)和式(5-95)，可以借助材料的吸收光谱，判断半导体的种类(直接还是间接)，并确定其带隙E_g的大小。

如图5-19所示，直接带隙半导体带边附近的行为与式(5-94)吻合得很好。但在光子能量小于带隙的波段，也出现了吸收。这个波段，由于$E_g>\hbar\omega$，无法用带间跃迁描述，在不考虑杂质能级的情况下，通常认为该波段起源于带内跃迁，对应带内的自由载流子(包括电子和空穴)与光的作用。带内跃迁可认为是上节中自由载流子经典模型的量子版本。如图5-20所示，带内发生跃迁，也需要借助其他粒子的辅助(图中的散射)。

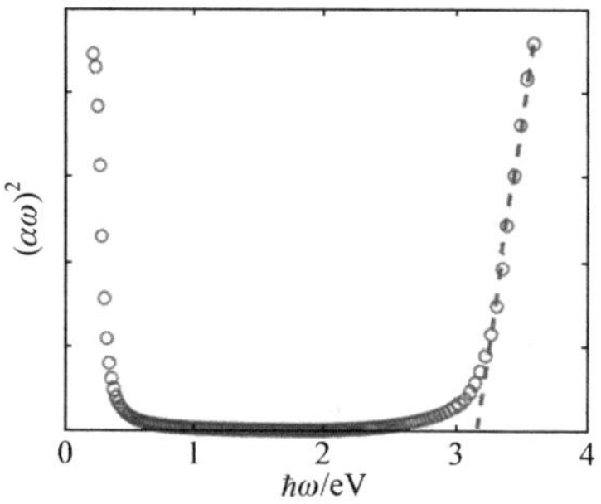

图5-19　半导体典型吸收光谱

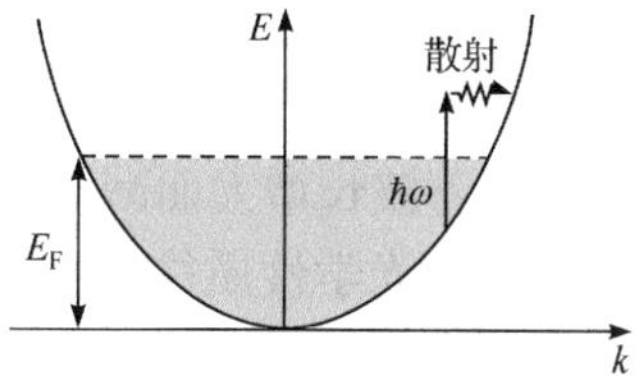

图5-20　自由电子吸收的量子解释

图5-20的物理模型同样适用于金属。这一过程对介电函数的贡献，在数学上与经典的德鲁德模型一致。这种情况要求半导体中自由载流子的浓度足够高，从而使对应的等离子体频率ω_p仍然位于光学波段，因此多出现在掺杂半导体或者带隙较小的半导体中。对于带隙较宽的本征半导体，通常无需考虑带内跃迁的贡献。

事实上，上节讨论的金属的光学性质，也可基于半导体的这套理论进行讨论。在低频波段，采用德鲁德模型描述。高频波段，则是带间跃迁的过程，对应图5-16中介电函数虚部在该波段的显著升高。与半导体不同的是，金属没有带隙，因此一定有一个半满的能带，其带间跃迁并不像半导体，发生在导带底和价带顶附近。

除了电子与光的相互作用外，半导体中另一个重要的作用机制，是声子与光的相互作用。声子是晶格振动的量子，不同振动模式对应不同能量$\hbar\omega_0$的声子，相互之间独立工作，互不影响。因此，声子与光的相互作用，可以用经典的洛伦兹谐振子描述，即

$$\frac{d^2x}{dt^2}+\gamma\frac{dx}{dt}+\omega_0^2x=\frac{eE}{m},\quad E=E_0e^{-i\omega t} \tag{5-96}$$

式(5-96)与自由电子的德鲁德模型式(5-82)在数学形式上非常相似，多了谐振项，对应晶格振动的本征频率ω_0。x对应某个原子的位移，而是描述原子集体按照某种方式振动的参数。e和m也不对应某个原子的电荷和质量，而是振子的等效电荷和有效质量。γ仍然认为是散射频率，其倒数对应振子的寿命。

仍然按照类似式(5-83)～式(5-85)的方法进行求解，可得

$$\varepsilon(\omega)=1+\frac{A}{\omega_0^2-\omega^2-i\gamma\omega},\quad A=\frac{Ne^2}{m\varepsilon_0} \tag{5-97}$$

洛伦兹振子的介电函数如图 5-21 所示。晶格振动的本征频率 ω_0 一般位于红外波段，由于金属的等离子体频率 ω_p 较高(通常在紫外波段)，红外光几乎 100%被反射，因此声子在红外波段的光学响应在金属中不易观察到。对于半导体，尤其是掺杂浓度较低的宽禁带半导体，在红外波段没有电子与光相互作用的贡献，声子的光学响应占主导。当然，并不是所有的声子振动模式都可以和光耦合，通常是光学支的横波振荡模式，且只有在振动过程中，电偶极矩才会发生改变。

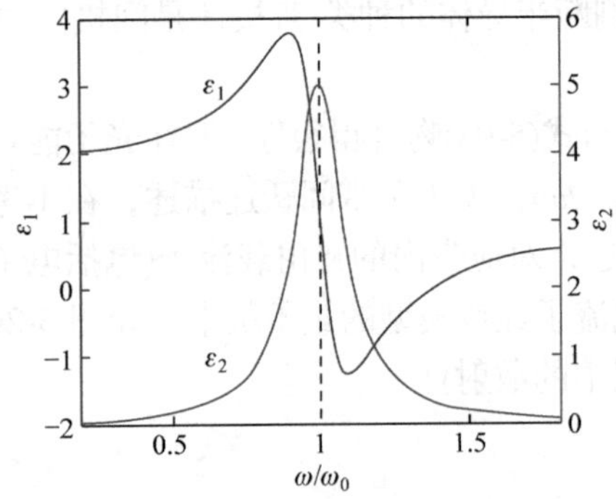

图 5-21　洛伦兹振子的介电函数

基于洛伦兹振子，还可以讨论如图 5-9 所示的，透明波段的色散现象。透明波段远离带间电子跃迁的波段(可认为贡献为零)，也不位于声子共振频率附近，相当于位于图 5-21 所示洛伦兹振子介电函数的尾部。此时忽略介电常数虚部的影响，实部 ε_1 均随着频率升高而增大，对应折射率 n 随着波长增大而减小，与图 5-9 所示的色散关系一致。

半导体真实的光学性质往往比目前讨论得更加复杂和丰富，如杂质、激子等均会对其性质产生影响。本小节仅讨论半导体中最典型的光学过程，对其他相互作用过程有兴趣的读者可以参考沈学础所著的《半导体光谱和光学性质》、C. F. Klingshrin 所著的 *Semiconductor Optics* 等。

5.3.5　非晶态材料的光学性质

金属和半导体材料通常都是晶体，具备完整的周期性结构，因此一般情况下光学性质有各向异性的特点(立方晶系除外)。前面两节的讨论中，虽未突出各向异性的特点，但需明确，若研究对象为单晶，光的偏振方向需沿某一主轴方向，从而保证极化强度和电场同向。非晶材料，主要包括气体、液体、非晶高分子聚合物、非晶固体等(图 5-22)的光学性质是各向同性的。除此之外，多晶固体、多晶高分子聚合物，通常也表现出各向同性的光学性质，因此一般可与非晶材料用同一套理论体系描述。与晶体类似，非晶材料中也主要包括光与电子、光与原子振动(与晶体中的声子对应)两种主要作用机制。

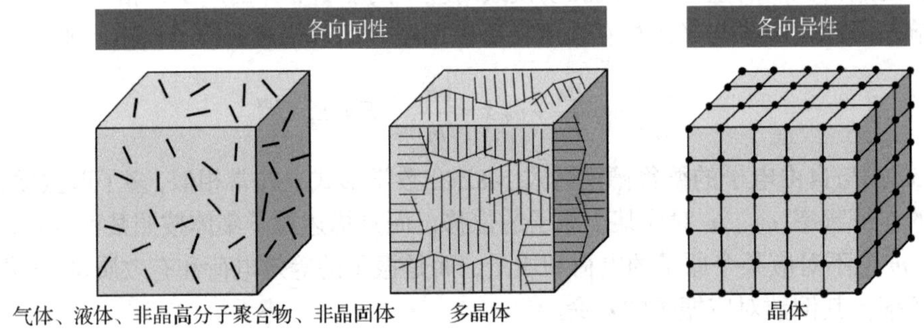

图 5-22　非晶材料、多晶体、晶体

光与原子振动的耦合，仍然按照前面声子的方式处理，理论部分不再赘述。对于非晶材料，光与原子振动的共振吸收频率也位于红外波段，而不同的化学键(反映原子的结合状态)通常有特征的共振频率。因此，通过测量材料的红外吸收光谱，并识别共振峰的位置，可以确定材料中化学键的类型、分子的结构、特殊官能团的种类及结合方式等。而且在非晶材料中，通常可以观察到多个红外共振峰，进而根据红外共振峰的分布情况，判断材料的化学组成。图 5-23 是气态甲醛的红外吸收光谱，相应的化学键的类型及振动模式已在图中标出。

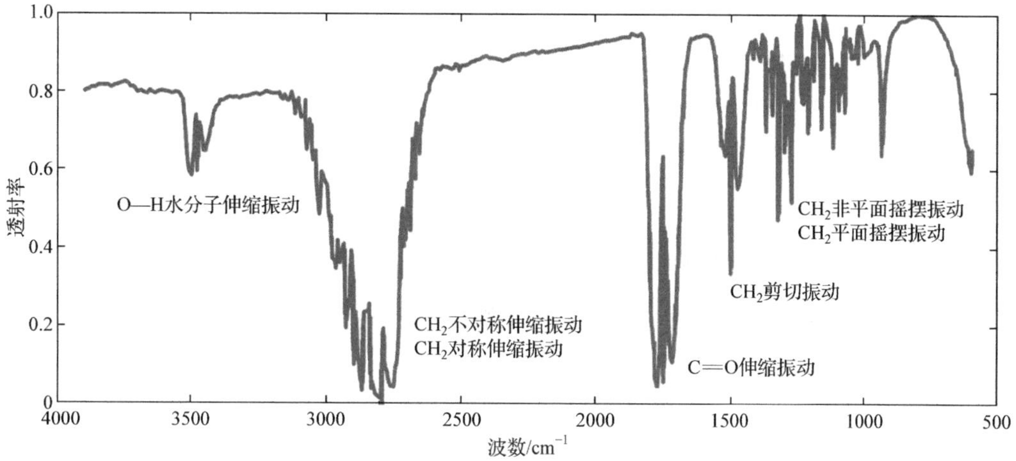

图 5-23 气态甲醛的红外吸收光谱

红外吸收光谱的测试通常采用傅里叶红外光谱仪，频率用波数表示，单位通常为 cm^{-1}，其与波长的换算关系为

$$\text{波长}(\mu\text{m}) = \frac{10^4}{\text{波数}(\text{cm}^{-1})} \tag{5-98}$$

因此，对于非晶材料，红外波段的复介电函数可以用离散的多个洛伦兹振子表示，单个洛伦兹振子的行为由式(5-97)给出。

$$\varepsilon(\omega) = \varepsilon_\infty + \sum_i \frac{A_i}{\omega_i^2 - \omega^2 - \mathrm{i}\gamma_i\omega} \tag{5-99}$$

式中，ε_∞为高频介电常数；A_i为振子 i 的强度；ω_i为振子本征频率，对应图 5-23 中吸收峰的位置；γ_i为散射频率，与图 5-23 中吸收峰的展宽程度相关(γ_i越小，峰越尖锐)。

另外，非晶材料中，没有电子能带的概念，可认为电子只能局域分布在各个分立的能级上，不存在自由电子，因此一般无需考虑类似金属、半导体中自由电子的贡献。仅需讨论电子在两个孤立能级之间的跃迁即可。光激发电子在两个孤立能级之间发生的跃迁，在量子力学中有完善的半量子模型可对其进行描述，如图 5-24 所示。

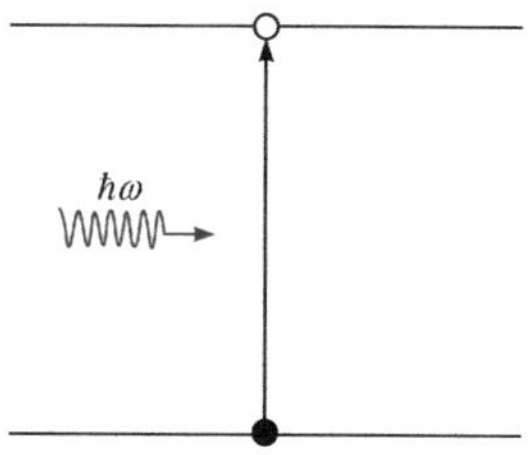

图 5-24 电子吸收光子跃迁到更高能级

最终的结果是：这样的二能级系统对介电函数的贡献与孤立的洛伦兹振子一致。因此，加入电子的贡献之后，非晶材料的介电函数仍然可用式(5-99)表示。此时振子的共振频率 ω_i 对应两个电子能级之差。在非晶材料中，电子能级间距较大，通

常位于蓝光、紫外波段。因此，可认为光与电子、声子的两种作用机制完全独立工作，互不干扰。

事实上，即使是前面提到的晶体中连续的能带，也可以用洛伦兹振子表示。此时连续的能带相当于连续分布的一系列二能级系统，因此带间跃迁对应的表述为

$$\varepsilon(\omega)=\varepsilon_{\infty}+\int f(\omega_0)\frac{1}{\omega_0^2-\omega^2-\mathrm{i}\gamma(\omega_0)\omega}\mathrm{d}\omega_0 \tag{5-100}$$

式中，$f(\omega_0)$为振子分布函数，既包含振子强度的信息，也包含 ω_0 附近电子能级态密度的信息，同时散射频率 $\gamma(\omega_0)$也应写为共振频率 ω_0 的函数。其中 $f(\omega_0)$可以基于材料的电子能级结构计算获得，而 $\gamma(\omega_0)$则较难基于理论计算预测，通常可认为是一个常数，基于实验数据进行拟合获得。

另外，描述金属、半导体中自由载流子贡献的德鲁德模型，在数学上也可以视为洛伦兹振子在共振频率 ω_0 为零时的极限情况。因此，可认为式(5-100)可以描述几乎所有材料的线性光学响应。对于非晶材料，需要离散洛伦兹振子，可认为分布函数 $f(\omega_0)$为几个不同的狄拉克 δ 函数之和：

$$f(\omega_0)=\sum_i A_i\delta\left(\omega_0-\omega_{0i}\right) \tag{5-101}$$

在金属、半导体中需要考虑自由载流子的贡献时，使分布函数 $f(\omega_0)$包含 $A\delta(\omega_0)$即可，此时 $A^{1/2}$ 与材料的等离子体频率 ω_p 一致。当在半导体中需要考虑声子的贡献时，则与非晶材料一样，需要加入对应共振频率的狄拉克 δ 函数。

5.4 材料的发光

5.4.1 黑体辐射

上一节中讨论各类材料的光学特性时，主要通过如下的逻辑思路展开。光激发材料中的带电粒子产生运动(极化)，进而表现出不同的光学响应。但有个问题一直未回答：光是如何产生的？根据经典电动力学，加速运动的电荷会向外辐射电磁波。从这个角度看，材料的发光可视作光激发带电粒子运动的逆过程。当然，研究材料的发光，停留在经典物理的层面并不可行，但这样的物理模型有助于理解一些发光现象。一个典型的例子就是黑体辐射。黑体辐射问题所研究的是辐射与周围物体处于平衡状态时的能量按波长(或频率)的分布。如果一个物体能全部吸收投射在它上面的辐射而无反射，这种物体就称为绝对黑体，简称黑体。黑体辐射的物理本质是物质内部带电粒子(主要是电子)做热运动并发射电磁辐射的结果。1900 年，普朗克通过将辐射的能量离散化(光子的概念)，推导出精确描述黑体辐射频率分布的普朗克辐射定律：

$$B_\omega(\omega,T)=\frac{c}{4\pi}\hbar\omega D(\omega)n_{\mathrm{ph}}(\hbar\omega),\ D(\omega)=\frac{\omega^2}{\pi^2c^3},n_{\mathrm{ph}}(\hbar\omega)=\frac{1}{\exp(\hbar\omega/k_0T)-1} \tag{5-102}$$

式中，B_ω 是光谱辐射强度，对应单位面积、单位立体角、单位角频率间隔内辐射的功率。若要计算单位面积辐射的总功率，则需对立体角和角频率积分。式(5-102)有两个自变量，角

频率 ω 和温度 T，剩下的均是物理常量：约化普朗克常量 $\hbar$；玻尔兹曼常量 k_0；真空中光速 c。$D(\omega)$为光子态密度，即单位体积、单位角频率间隔内光子量子态的个数。n_{ph} 是光子作为玻色子所需满足的玻色-爱因斯坦分布，见式(5-34)，对应能量为 $\hbar\omega$ 的光子的平均个数。因此，$\hbar\omega D(\omega)\, n_{ph}$ 表示单位体积、单位角频率间隔内的光子能量。除以 4π 后，得到单位立体角内的光子能量，再乘以光速 c，最终得到上述光谱辐射强度。需注意的是，普朗克黑体辐射定律，有时也会写成频率 ν 或者波长 λ 的函数，此时需要利用如下关系进行换算：

$$B_{\omega}(\omega,T)\mathrm{d}\omega = B_{\nu}(\nu,T)\mathrm{d}\nu = B_{\lambda}(\lambda,T)\mathrm{d}\lambda \tag{5-103}$$

普朗克黑体辐射定律的光谱如图 5-25 所示。随着温度的升高，光谱有两个主要的特征：①辐射最强的频率逐渐升高；②总辐射的功率随着温度显著升高。

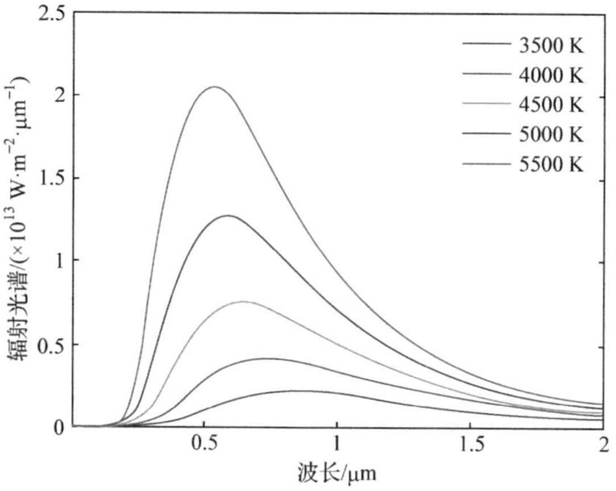

图 5-25　普朗克黑体辐射定律光谱

其中，前者是维恩位移定律，可直接利用 $B_\lambda(\lambda, T)$对波长求微分推出，即

$$\frac{\partial}{\partial \lambda}B_{\lambda}(\lambda,T) = 0 \Rightarrow \lambda_{\mathrm{m}}T = b \tag{5-104}$$

维恩位移定律中，峰位通常用波长 λ_m 表示；b 为维恩位移常量，约为 2898 μm · K。总辐射强度可以通过对波长积分获得，结果对应斯特藩-玻尔兹曼定律：

$$\pi\int_0^{\infty} B_{\omega}(\omega,T)\mathrm{d}\omega = \sigma T^4 \tag{5-105}$$

式中，前面的系数 π 是对立体角的积分产生的；$\sigma = 5.67\ \mathrm{W\cdot m^{-2}\cdot K^{-4}}$ 为斯特藩-玻尔兹曼常量；σT^4 为单位面积向外辐射的总功率。

真实世界中，理想的黑体并不存在，物体实际的辐射强度均小于黑体，通常将两者的比定义为物体的发射率。则真实物体的光谱辐射强度和总辐射强度可分别表示为

$$\varepsilon_{\omega}B_{\omega}(\omega,T),\ \ \varepsilon\sigma T^4 \tag{5-106}$$

式中，ε_ω 和 ε 分别为物体的光谱发射率和总发射率，两者均介于 0～1。完美的黑体的光谱发射率和总发射率均为 1。真实物体的这种辐射，通常称为热辐射。热辐射是热量的三大传递方式之一，也是太阳向地球输送能量的方式。对于热辐射，有几点需要说明：①热辐射是热力学平衡状态下，物体的自发行为，不需要任何外部的激励。同时因为持续向外辐射能

量，需要以某种方式补偿这部分能量(可以由任意形式的能量转化成热能)，保持物体温度不变，维持热力学平衡状态。②常温下，热辐射位于红外波段，红外热成像仪便是利用物体的红外辐射获取温度分布图像的仪器。依据维恩位移定律，温度足够高时，热辐射也可以位于可见，甚至紫外波段，因此热辐射并不等同于红外辐射。③一般情况下，物体或材料的发光(luminescence)并不包括热辐射。例如，萤火虫在夜晚发出的光，可以被肉眼看到，对应可见光。萤火虫的温度与环境温度差不多，不可能满足热平衡下发射可见光的温度条件。因此，材料的发光通常指的是非热辐射的部分。后面会讨论到，通过引入光子的化学势，可以将普朗克的辐射定律拓展到几乎所有的发光过程。

5.4.2 发光与电子跃迁

如上节所述，材料的发光一般不包括热辐射，其区别于热辐射的最重要特征是：系统不处于热力学平衡状态。根据国际纯粹与应用化学联合会(International Union of Pure and Applied Chemistry，IUPAC)的定义，发光是电子激发态或振动激发态的物质由于不处于热平衡状态，而自发辐射的一种现象。发光物体发出的光为冷光，这与因温度升高而发出的白炽光(对应上一节的热辐射)不同。因此，材料在发光时，需要先以某种方式吸收能量，再将吸收的能量转化成光。尽管系统不处于热力学平衡状态，但却可以处于一种稳定的发光状态，即持续地吸收能量，转化成光，同时实验上测得的发光光谱、强度等不随时间变化。当然，瞬态的发光也是存在的，在研究系统中某些动力学过程时，非常有用。瞬态发光超出了本章节的范畴，此处仅讨论稳态发光。后续讨论中，没有特殊说明的情况下，“发光”均是指稳态发光。图 5-26 展示了多种不同的发光现象。

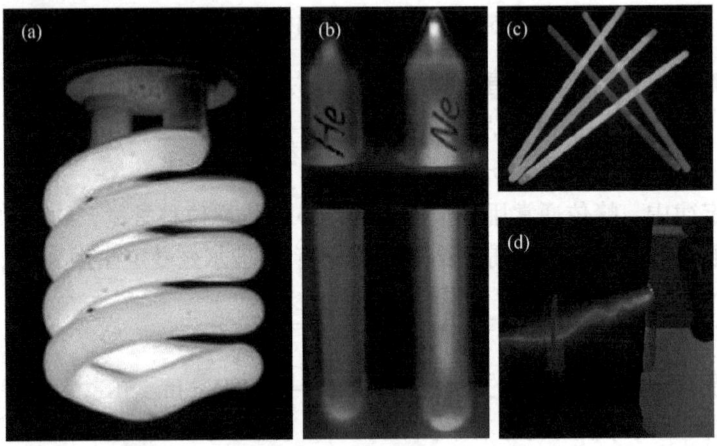

图 5-26　不同的发光现象

按照吸收能量方式的不同可以将发光过程进行分类，具体如下：

(1) 光致发光(photoluminescence，PL)：吸收光子后再发光的现象，激发系统或材料的光转变为激发光，激发光的波长通常小于发射光的波长。同时根据激发停止后发光持续时间的长短，可以再细分为：磷光(发光持续时间从微秒到小时不等)和荧光(持续时间小于微秒)。

(2) 电致发光(electroluminescence，EL)：电流通过材料或者材料在强电场作用下发光的现象。电致发光多基于半导体材料，通过将电子和空穴同时注入活性发光区实现。

(3) 化学发光(chemilumiescence)：化学反应过程中释放出来的能量激发发光物质发光的现象。只要激发的能量由化学反应提供，就可算作化学发光。例如，生物发光(有机体内的生物化学反应)、电化学发光(电化学反应)、溶解发光(固体溶解于溶剂过程中发光)。

(4) 阴极射线发光(cathodoluminescence)：在电子轰击下，材料发光的现象，可以认为是光电效应的逆过程。老式的电视机常使用阴极射线管，发出的电子束扫描涂有荧光粉(发光材料)的屏幕内表面，从而发光，产生图像。

除上述四种发光方式外，还有摩擦发光、压致发光、声致发光、结晶发光等多种发光方式。无论是哪种发光类型，均可以定义量子效率(quantum efficiency，QE)：

$$\mathrm{QE}=\frac{\text{发射光的能量(输出)}}{\text{吸收的能量(输入)}} \tag{5-107}$$

对于光致发光，还可以将发射的光子数与吸收的光子数之比定义为量子产率(quantum yield，QY)：

$$\mathrm{QY}=\frac{\text{发射光子数}}{\text{吸收光子数}} \tag{5-108}$$

无论是量子效率，还是量子产率都不应超过 1。

下面对已处于激发态的系统的发光特性进一步分析。因为绝大部分的发光问题中，光都是电子在不同能级间跃迁产生的，本小节也仅讨论电子跃迁发光。

如图 5-27 所示，当电子从高能级向低能级跃迁时，多余的能量以光子的形式释放。根据能量守恒，发射光子的能量满足：

$$\hbar\omega=E_2-E_1 \tag{5-109}$$

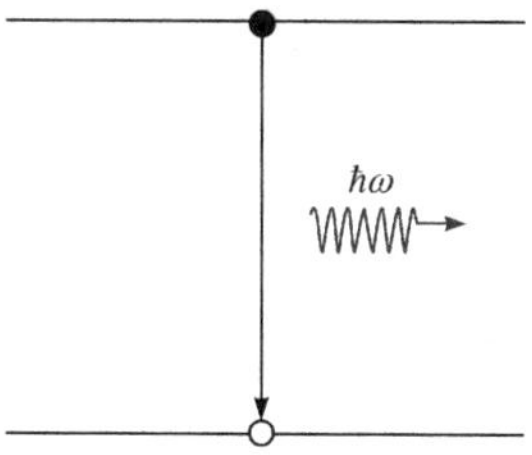

图 5-27　处于高能级的电子释放一个光子，回到较低能级

这个过程可以视为图 5-27 所示的电子吸收光子跃迁到更高能级的逆过程。显然图 5-27 所示的并非热力学平衡状态，因为占据高能级的电子数多于占据低能级的电子数，违背了热力学平衡下电子需满足的费米-狄拉克统计：

$$n(E)=\frac{1}{\exp\left(\dfrac{E-\mu}{k_0T}\right)+1} \tag{5-110}$$

式中，μ 为电子的化学势，在半导体中也称费米能级。热力学平衡状态下，系统内所有的电子具有相同的化学势(共享相同的费米能级)。稳态的非热力学平衡状态下，电子的分布可以引入准费米能级的概念进行描述。此时高能级的电子和低能级的电子具有不同的化学势，则有

$$n(E_1)=\frac{1}{\exp\left(\dfrac{E_1-\mu_1}{k_0T}\right)+1},\quad n(E_2)=\frac{1}{\exp\left(\dfrac{E_2-\mu_2}{k_0T}\right)+1} \tag{5-111}$$

因为 μ_1 与 μ_2 不一致，可能出现 $n(E_2)>n(E_1)$的现象。事实上，费米-狄拉克统计描述的是大量电子的热力学统计行为。因此，材料的发光并不一定要求 $n(E_2)>n(E_1)$，只要有一定

的概率出现如图 5-27 所示的状态，进而电子向下跃迁，发射出光子即可。$n(E_2)>n(E_1)$状态称为粒子数反转，是产生激光的必要条件(更加苛刻的条件)，在下一小节中将做更详细的讨论。可将 $n(E_1)$和 $n(E_2)$视为对应能级被电子占据的概率(注意不是某个电子占据特定能级的概率)。图 5-27 所示的跃迁过程中，电子发生的速率 R_{21}(单位时间发生跃迁的次数)应当正比于高能级被占据，同时低能级未被占据的概率，即

$$R_{21}=A_{21}n(E_2)[1-n(E_1)] \tag{5-112}$$

式中，A_{21}为比例系数。其实上一小节讨论的热辐射过程，也可以放到这个理论框架内讨论。常温下，k_0T 约为 0.03 eV，而可见光对应的光子能量 $\hbar\omega$ 大于 1 eV，因此 $\hbar\omega \gg k_0T$。处于热平衡时，$n(E_2)$和 $n(E_1)$共用同一个费米能级，可证明此时：

$$n(E_2)[1-n(E_1)]<\exp\left(-\frac{\hbar\omega}{k_0T}\right)\approx 0 \tag{5-113}$$

因此，仅能观测到能量 $\hbar\omega$ 与 k_0T 数量级接近的光子。实际问题中，讨论非热平衡态的发光时，涉及的能级更多，且常发生电子在不同能级间发生转移，但不发光的情况，此时发光问题也变得更加复杂。尽管如此，本小节讨论的电子在两个能级间跃迁进而发光的机制，仍然是所有基于电子跃迁的发光过程中，最核心、最基础的一步。

5.4.3 受激辐射与激光

图 5-27 所示的发光过程更专业的名称为自发辐射(spontaneous radiation)，即处于非热力学平衡的系统中，高能级的电子自发向下跃迁，释放光子。在外界的激发停止后，系统通过释放光子的形式，回到热力学平衡状态。因此，自发辐射被视为系统向外界释放能量的一种方式。现假定系统处于热力学平衡状态，且系统只通过吸收与发射光子的方式与外界进行能量交换。为保持热力学平衡状态，吸收光子的能量必须与发射光子的能量一致。1916 年，爱因斯坦首先提出，仅基于吸收和自发辐射无法维持热力学平衡状态，必须有其他的辐射机制存在，这种隐藏的辐射机制后来被称为受激辐射(stimulated radiation)。1916 年，普朗克的辐射定律已经被接受，因此爱因斯坦认为吸收速率 R_{12}(单位时间内吸收的光子数)可表示为

$$R_{12}=B_{12}n(E_1)[1-n(E_2)]D(\omega)n_{\mathrm{ph}}(\hbar\omega) \tag{5-114}$$

类似式(5-112)，B_{12}为一个常数；$n(E_1)[1-n(E_2)]$为低能级被占据，高能级未被占据的概率；$D(\omega)n_{\mathrm{ph}}(\hbar\omega)$为热平衡下光子的浓度，详见式(5-102)。$A_{21}$和 B_{12}后来被称为爱因斯坦常数，仅与 E_1 和 E_2 两个能级的具体量子态与光子的相互作用有关，与温度无关。为维持热力学平衡状态，吸收速率 R_{12}与自发辐射速率 R_{21}必须相等。结合式(5-112)和式(5-114)：

$$\frac{R_{12}}{R_{21}}\propto\frac{\exp(\hbar\omega/k_0T)}{\exp(\hbar\omega/k_0T)-1} \tag{5-115}$$

任意温度的热力学平衡下，都必须满足 $R_{12}=R_{21}$，所以两者的比值应与温度无关，这显然与式(5-115)矛盾。因此，爱因斯坦提出，必须有其他的辐射机制参与进来，否则无法建立热力学平衡。他进而提出，新的热力学平衡方程应满足：

$$R_{12}=R_{21}+R'_{21} \tag{5-116}$$

若新的辐射机制在式(5-112)的基础之上，还正比于光子浓度，即

$$R_{21}' = B_{21}n(E_2)[1-n(E_1)]D(\omega)n_{\text{ph}}(\hbar\omega) \tag{5-117}$$

此时式(5-116)可改写为

$$\frac{A_{21}}{n_{\text{ph}}(\hbar\omega)D(\omega)} + B_{21} = B_{12}\exp\left(\frac{\hbar\omega}{k_0T}\right) \Rightarrow n_{\text{ph}}(\hbar\omega)D(\omega) = \frac{A_{21}}{B_{12}\exp\left(\dfrac{\hbar\omega}{k_0T}\right) - B_{21}} \tag{5-118}$$

结合式(5-102)，则可得

$$B_{12} = B_{21}\text{，}\ \frac{A_{21}}{B_{21}} = D(\omega) = \frac{\omega^2}{\pi^2 c^3} \tag{5-119}$$

爱因斯坦系数满足式(5-119)的关系时，热力学平衡的条件可以满足。

如前所述，式(5-117)对应的辐射过程称为受激辐射，其辐射过程如图 5-28 所示。在此过程中，一个光子与处于激发态的原子相互作用，复制出一个一模一样的光子。复制出的这个光子与入射光子的能量、动量、相位、偏振完全一样。当系统中有大量原子处于这种激发态时，则会有大量电子“雪崩”式地返回基态，从而发射出越来越多一模一样的光子，这样的光便是激光。激光具有非常好的单色性、相干性、准直性，且亮度高、功率大，在通信、精密测量、材料加工、医学诊疗、军事等领域有着广泛的应用。

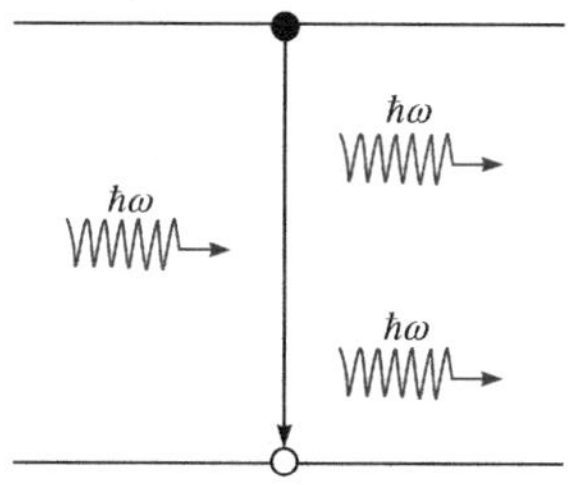

图 5-28　受激辐射过程示意图

受激辐射与吸收可以看作两个相互竞争的过程，由式(5-114)和式(5-117)，并借助 $B_{12}=B_{21}$ 的关系，可以计算吸收速率与受激辐射速率的差值，对应净吸收率：

$$R_{\text{abs}} = R_{12} - R_{21}' = B_{12}[n(E_1) - n(E_2)]D(\omega)n_{\text{ph}}(\hbar\omega) \tag{5-120}$$

当 $R_{\text{abs}}<0$ 时，受激辐射速率大于吸收速率，系统展现出受激辐射的特性，产生光放大的效果。此时对应 $n(E_2) > n(E_1)$，这种状态称为粒子数反转。在热力学平衡下，一定满足 $n(E_1) > n(E_2)$，此时吸收大于受激辐射，虽然受激辐射的过程依然存在，但系统仍整体表现出对光子的吸收。即使系统被激发，仍不处于热力学平衡态，也不一定会满足 $n(E_2)>n(E_1)$，此时系统仍然表现为对光子的吸收，同时出现由自发辐射导致的发光现象(对应上一小节的内容)。因此，产生激光的一个必要条件，便是通过某种能量的激发(专业名词为激光泵浦)，使系统处于粒子数反转的状态。除此之外，系统中通常还会有特定的光学微腔，进一步增强光放大效果，同时也可以通过微腔选择特定的激光发射模式。光学微腔的具体工作原理，在很多讨论激光器的书籍中均有详细的介绍，本节不再赘述。

对于受激辐射的过程，还有两点值得进一步说明：①1916 年爱因斯坦提出受激辐射概念时，费米-狄拉克分布尚未建立(1926 年才提出)，因此其推演过程与本小节中展示的过程略有差别。爱因斯坦借助的是玻尔兹曼分布，但仍得到了正确的结果。②受激辐射的概念难以依据常识理解，因此爱因斯坦提出这个概念确实需要很大的勇气。后来，随着量子力学的逐步发展，受激辐射被认为是量子力学中伴随吸收的一个非常自然的概念。在利用量子力学求解光与二能级系统的相互作用问题时，天然地会出现两组不同的解，一组对应吸收，另

外一组则对应受激辐射。因此，基于量子力学，受激辐射反而是容易被接受的。式(5-114)和式(5-117)中的爱因斯坦系数 B_{12} 和 B_{21}，与式(5-90)中的跃迁矩阵元 M 密切相关，而且可以直接依据光与电子相互作用算符的厄米性，推出 $B_{12}=B_{21}$。量子力学中，难以理解的其实是自发辐射。自发辐射速率由式(5-112)给出，与光强无关，换句话说，即使系统置于真空中，隔绝一切相互作用，自发辐射仍然存在。然而，在量子力学中，电子在两个量子态之间跃迁需要外界的扰动，因此真空中，系统应当维持非平衡态，不发生改变。解决这个问题需要借助式(5-33)中光子的零点能。在真空中，即使光子数为零，但量子涨落(根源是不确定原理)，光子的能量并不是零，而是 $\hbar\omega/2$，正是这个零点能，扰动了原本的电子状态，“激发”了自发辐射。

最后，可以借助本小节中推导的自发辐射速率的表达式，建立非平衡态下自发辐射的光谱特征。这个光谱，可以认为是普朗克黑体辐射光谱的拓展。当系统处于非热力学平衡态时，$n(E_1)$和 $n(E_2)$由式(5-111)给出，两者具有不同的费米能级。动态平衡时，式(5-116)仍然满足，结合式(5-119)的关系可得：

$$\frac{A_{21}}{n_{\text{ph}}(\hbar\omega)D(\omega)}+B_{21}=B_{12}\exp\left(\frac{\hbar\omega-\Delta\mu}{k_0T}\right)\Rightarrow n_{\text{ph}}(\hbar\omega)=\frac{1}{\exp\left(\frac{\hbar\omega-\Delta\mu}{k_0T}\right)-1} \tag{5-121}$$

式中，$\Delta\mu=\mu_2-\mu_1$，为两个费米能级之差。$\Delta\mu$ 可以理解为光子的化学势(热力学平衡下，光子的光学势为零)。正是因为 $\Delta\mu$ 的存在，材料才可以发出能量远高于 $k_0T\ (\hbar\omega\gg k_0T)$的光子。

5.5 先进光学特性及应用

5.5.1 光学超材料

前面介绍的光学特性，都源于光与自然界中已存在的或者在原子、分子层面人工合成的材料之间的相互作用。尽管材料的种类丰富，光学性质也各不相同，但仍难满足一些特殊的需求。例如，前面讨论过，在光学波段(10 nm～1 mm，或者 300 GHz～10 PHz)，材料的磁响应可以忽略，相对磁导率 μ_r 为 1，因此折射率由如下表达式定义：

$$n=\sqrt{\varepsilon_r\mu_r}\approx\sqrt{\varepsilon_r} \tag{5-122}$$

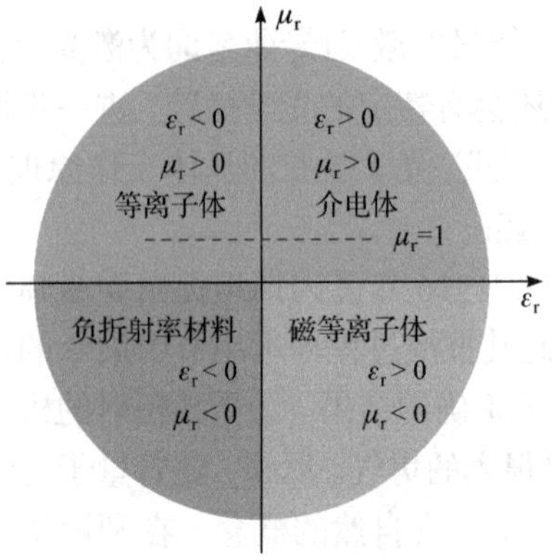

图 5-29 材料的相对介电常数和相对磁导率

而材料的光学性质应当由其相对介电常数 ε_r 和相对磁导率 μ_r 共同决定，两者可能的组合见图 5-29。若限制 μ_r 为 1，则可能的组合仅由图中的虚线表示。因此，忽略磁效应会损失非常多操控光的可能性。

然而光学波段弱的磁响应利用现有的材料无法克服。这是因为磁响应主要来源于自旋与电磁场中磁场的相互作用，而自旋发生振荡的特征频率通常为 GHz 波段(一般介于 0.1～10 GHz)，远小于光学波段的最低频率(300 GHz)，无法产生强的响应。因此，为实现光学波段显著的磁响应，必须依赖新的响应机制。事实上，从原子层面(尺度约 0.1 nm)到光学波长(一般大于 100 nm)之间还有充足的空间，可以容下一些亚波长的结构。这些亚波长的结构，基于现有材料制备，但其光学响应却不完全由材料本身决定，而与其几何结构密切相关，这样的材料称为光学超材料(optical metamaterial)。“meta”在希腊语中是“超越”的意思，因此 metamaterial 可以理解为具有超越传统材料性能的材料。事实上，光学超材料并没有公认的标准定义，但通常具有以下几个特征：①光学超材料是一种人工结构材料，自然界中原本不存在；②其光学特性由其中的单元结构决定；③光学非均匀尺寸通常远小于相关波长，电磁响应可以用均匀化的材料参数(ε_r 和 μ_r)描述。此处的 ε_r 和 μ_r 与超材料整体的电磁响应直接相关(可理解为等效介电常数和磁导率)，与构成超材料的具体材料本身的介电常数和磁导率不同。

有关光学超材料的研究最早可以追溯到 19 世纪末 20 世纪初，研究者利用金属的螺旋结构，开发人工手性介质。当代的超材料研究通常认为起源于 1967 年，苏联物理学家 V. G. Veselago 发表的一篇文章中，理论预言了一种新奇的介质：负折射率材料。直到 30 多年后的 1999 年，英国物理学家 J. Pendry 才提出可能实现负折射率材料的人工结构。2000 年，美国物理学家 D. R. Smith 在实验中首次制备了具有负折射率特性的材料，掀起了超材料研究的热潮。目前光学超材料已有了长足发展，除负折射率超材料外，也出现了更多的种类，如手性超材料、非线性超材料、双曲超材料等，研究的范围也从光学领域拓展到声学、热学等多个领域。这些新型超材料在超分辨成像、生物传感、隐形外衣、波导集成电路、非线性光学器件等领域展现出广阔的应用前景。本小节无法涵盖超材料的各个方面，将主要以负折射率超材料为例，介绍其基本的设计原理及其新奇的应用场景。

负折射率材料的相对介电常数 ε_r 和相对磁导率 μ_r 同时小于零，此时折射率在开方后取负值，即

$$n = -\sqrt{\varepsilon_r \mu_r} \tag{5-123}$$

实际情况下，ε_r 和 μ_r 均为复数(虚部大于零)，开方后，须保证折射率的虚部为正(否则违背因果律)，则根号前必须取负号。负折射率材料的一个重要应用是超级透镜。超级透镜又称完美透镜，可以打破传统透镜的衍射极限，其工作原理如图 5-30 所示。

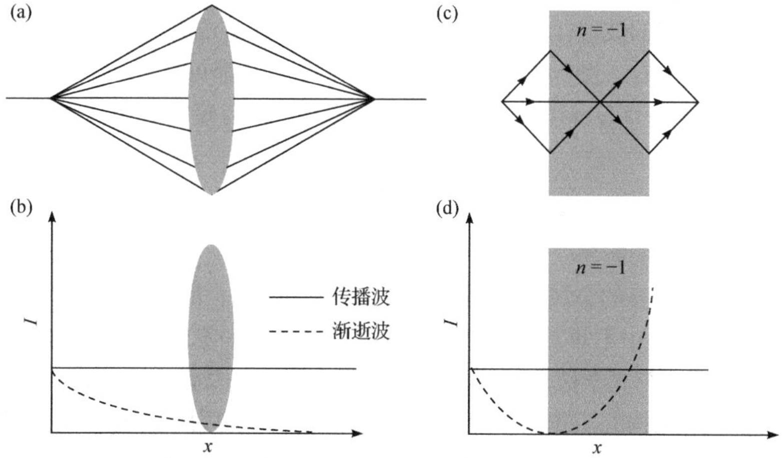

图 5-30　负折射率材料成像原理

(a) 普通透镜成像原理；(b) 普通透镜的场强分布示意图；(c) 负折射率材料成像原理；(d) 负折射率材料场强分布示意图

图 5-30(a)为普通透镜成像原理，物体的散射光经过透镜后，重新聚焦成物体的像。由于阿贝衍射极限的限制，传统的正折射率材料制成的曲面透镜无法分辨小于入射光波长约一半的物体。衍射极限的存在是由于散射光中有一部分光是瞬逝波，包含了物体亚波长的信息，而这部分光无法被传统透镜收集成像。而负折射率材料因为其特殊的性质，瞬逝波在其内部传播时反而被放大，因此可以在焦平面上还原物体附近的瞬逝波的性质。由负折射率材料制成的透镜可以将物体的所有散射光都汇聚到焦平面，因此不会损失任何信息，称为完美透镜。尽管超级透镜有着令人着迷的奇异特性，负折射率材料的制备(尤其在光学波段)却非常有难度。

如前所述，负折射率材料要求相对介电常数和相对磁导率同时小于零。负的介电函数可以在金属中实现，由式(5-87)可得，当光的频率小于金属的等离子体频率时，金属的介电函数小于零。小于零的相对磁导率 μ_r 很难获得，J. Pendry 提出可以利用如图 5-31 所示的开口谐振环 (split-ring resonator，SRR)来实现。SRR 由两个开口的金属环，以一定的间距分开构成。

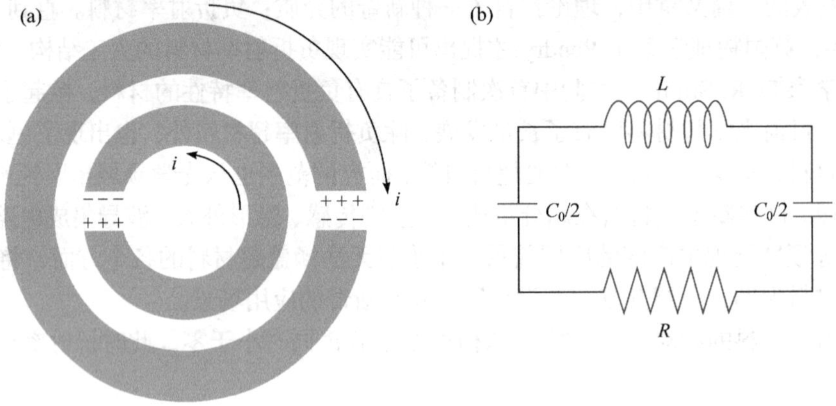

图 5-31　开口谐振环工作原理

SRR 的工作原理可以借助等效电路的方法进行理解。垂直于上述平面的磁场 $\boldsymbol{B}$ 会激发金属环产生交变的感应电流，在电路中的响应类似于电感元件(L)，而金属之间的间隔则对应电容(C)的贡献，以此构成 LC 振荡回路，与交变的磁场共振耦合。通过调整对应的几何参数，可以使其在特定的波段(LC 共振频率附近)产生剧烈的磁响应，进而使等效磁导率小于零。从材料学的角度看，图 5-31 中的每一个基本单元，都可以视为一个具有强抗磁性的磁性超原子(magnetic meta-atom)。这个单元的等效磁矩 m 与磁场 H 满足：

$$m = \chi H \quad (\chi < -1) \tag{5-124}$$

此时若按照一定的方式，密集地排布这种结构，同时穿插具有 $\varepsilon_r < 0$ 特性的结构，便可以实现负折射率超材料的制备。

如图 5-32 所示，竖直的金属线提供负的相对介电常数 ε_r，而开口谐振环则提供了负的相对磁导率 μ_r。从图 5-32 中不难看出，这些结构其实已经达到宏观尺寸，单个 SRR 单元的尺寸已经达到毫米量级，与光学波段波长的上限一致(1 mm)，因此严格意义上并不能算作光学超材料。图 5-32 所示结构的工作频率位于 5 GHz 附近(波长约为 6 cm)，因此称为微波超材料更加合理。将微波波段的类似结构拓展到光学波段，尤其是近红外、可见光波段难度极高。超材料一定要具有亚波长的结构，通常认为光学非均匀尺寸不大于波长的 1/50。若波长接近

1 μm，则结构的特征尺寸必须小于 20 nm。虽然当前的微纳加工技术可以达到这个分辨率，但所加工的结构多处在同一平面内，要构筑如图 5-32 所示的立体结构依然难度很高。当然加工工艺上的难度，随着工艺的不断进步与完善，总能被逐渐解决。高频光学波段负折射率超材料的另一难点来源于制备超材料结构所用材料的自身特性。在微波波段，负的相对介电常数 ε_r 虽然依照式(5-87)获得，但等离子体频率并不是金属材料自身的等离子体频率，而是将金属视作近乎完美的导体，结合结构的几何参数，等效出的一个参数。在利用 SRR 设计磁共振结构时，金属也被视为理想导体。在近红外、可见波段，金属的性质逐渐向介电体逼近，不能再视为完美导体，因此类似的设计理念不能再沿用。当然，ε_r 和 μ_r 均为负数是一个相对苛刻的条件，负折射率材料只要求折射率实部小于零，那么数学形式上，满足如下条件即可：

$$\varepsilon_r'\mu_r'' + \mu_r'\varepsilon_r'' < 0 \tag{5-125}$$

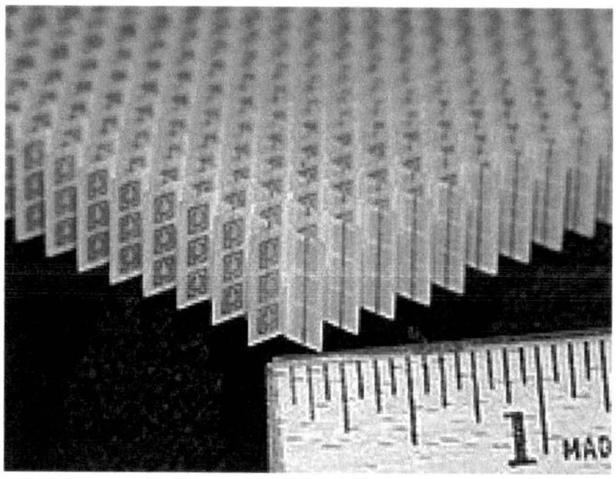

图 5-32　负折射率超材料实物图

因为材料的相对介电常数和相对磁导率虚部均为正，即使光学波段弱的磁响应也不能够产生小于零的相对磁导率，但只要 ε_r 的实部为负，还是可以满足式(5-125)的。目前已经有一些结构，可以实现在近红外，乃至可见光波段的负折射率。但仍然普遍存在高色散、高各向异性以及高损耗的问题，距离如图 5-30 所示的完美透镜仍有较大差距。上述问题，往往将超级透镜可能带来的成像性能的提升完全掩盖。

除了上述介绍的三维的空间的超材料外，近些年也兴起了一种二维的超材料，即超表面。超表面是将超材料的设计理念延伸至二维平面，由亚波长尺度的纳米结构周期性阵列构成。与三维超材料相比，表面结构只需要在平面上进行加工，避免了三维结构的复杂工艺。制造工艺更简单，成本更低。由于其平面结构，超表面可以方便地集成到现有的光子学和电子学器件中，且通常具有更小的损耗和更高的效率。超表面结合了超材料的优良电磁特性和平面结构的制造优势，在波束控制、成像、传感等领域展现出巨大的应用潜力，被视为未来光子学和电磁学的关键技术之一。

5.5.2　光子晶体

光子晶体是一种人工结构材料，它可以对光子的行为和传播进行周期性调制。这种特殊的光子调制是通过在材料中精心设计介电常数周期性空间分布实现的。光子晶体的结构类似于电子晶体，但是它们分别作用于光子和电子。如图 5-33 所示，光子晶体可以被设计为一维、二维或三维结构。一维光子晶体通常是由交替排列的两种不同介电常数材料构成的多层膜结构。二维和三维光子晶体则具有更复杂的周期性结构。光子晶体在光子集成电路、光子晶体光纤、光子晶体激光器、光子晶体波导等领域具有广泛的应用前景。

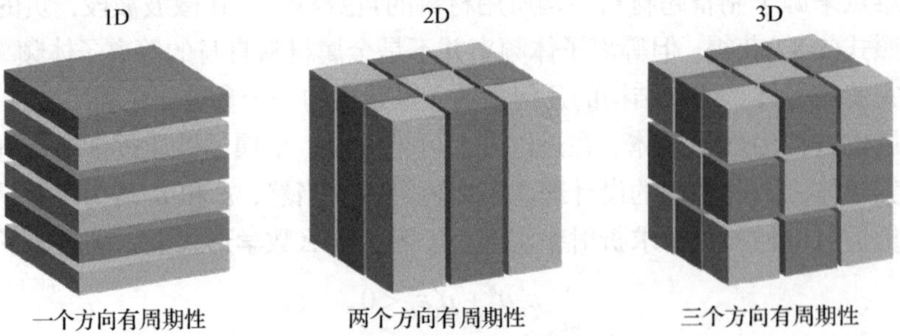

图 5-33 不同类型的光子晶体

在一些文献中，会将光子晶体视作光学超材料的一种，编者认为这并不太恰当，主要有如下几点原因：①上一小节中介绍的超材料要求结构是亚波长尺度的，从而仍然可以用均匀化的材料参数(ε_r和μ_r)描述超材料的电磁特性。但光子晶体的重要特征便是相对介电常数$\varepsilon_r(\boldsymbol{r})$随空间的变化，而且这种变化的空间尺度通常达到波长的量级。②光学超材料，尤其是负折射率材料，通常依赖强烈的色散，使相对介电常数和相对磁导率在特定的频率下取负值。而光子晶体则利用的是光学透明材料，且一般忽略磁响应，核心的研究对象是相对介电常数ε_r随空间的周期性变化。③目前在近红外、可见等相对高频波段，光学超材料还难以制备。但光子晶体则广泛应用于这些高频波段，已经在各类光子器件、光电子器件中发挥了巨大作用。

描述光子晶体的基本方程可由式(5-35)～式(5-38)麦克斯韦方程(无源的形式)推导得到，可以认为是麦克斯韦方程的另一种数学形式。在光子晶体的研究中，通常忽略材料的磁响应，仅考虑线性，各向同性的介电响应，同时忽略所有的损耗。则式(5-35)～式(5-38)的麦克斯韦方程具有形式：

$$\begin{aligned}&\nabla\cdot[\varepsilon(\boldsymbol{r})\boldsymbol{E}]=0,\qquad \nabla\cdot\boldsymbol{H}=0\\&\nabla\times\boldsymbol{E}=-\mu_0\frac{\partial\boldsymbol{H}}{\partial t},\quad \nabla\times\boldsymbol{H}=\varepsilon_0\varepsilon(\boldsymbol{r})\frac{\partial\boldsymbol{E}}{\partial t}\end{aligned}\tag{5-126}$$

为了行文的简洁，这里的相对介电常数省去了下标“r”，而更突出其是空间位置$\boldsymbol{r}$的函数的特性。由于忽略磁效应，用$\boldsymbol{H}$和$\boldsymbol{B}$描述磁场没有差别，因为两者通过真空磁导率联系：$\boldsymbol{B}=\mu_0\boldsymbol{H}$，仅相差一个基本物理常数。研究光子晶体时，一般遵循惯例，以$\boldsymbol{H}$作为变量代入麦克斯韦方程中。此外$\boldsymbol{E}$和$\boldsymbol{H}$都是空间位置和时间的函数，更准确的形式应该写为$\boldsymbol{E}(\boldsymbol{r}, t)$和$\boldsymbol{H}(\boldsymbol{r}, t)$。通常将这两个函数与时间有关的部分写成谐波的形式(相当于将与时间有关的函数进行了傅里叶变换)：

$$\boldsymbol{E}(\boldsymbol{r},t)=\boldsymbol{E}(\boldsymbol{r})\mathrm{e}^{-\mathrm{i}\omega t},\quad \boldsymbol{H}(\boldsymbol{r},t)=\boldsymbol{H}(\boldsymbol{r})\mathrm{e}^{-\mathrm{i}\omega t}\tag{5-127}$$

将式(5-127)代入式(5-126)中含有时间微分的两个方程，可得到时间谐波下的简化形式：

$$\nabla\times\boldsymbol{E}(\boldsymbol{r})=\mathrm{i}\omega\mu_0\boldsymbol{H}(\boldsymbol{r}),\quad \nabla\times\boldsymbol{H}(\boldsymbol{r})=-\mathrm{i}\omega\varepsilon_0\varepsilon(\boldsymbol{r})\boldsymbol{E}(\boldsymbol{r})\tag{5-128}$$

此时可将这两个方程合并为如下形式：

$$\nabla\times\left[\frac{1}{\varepsilon(\boldsymbol{r})}\nabla\times\boldsymbol{H}(\boldsymbol{r})\right]=\frac{\omega^2}{c^2}\boldsymbol{H}(\boldsymbol{r})\tag{5-129}$$

得到一个关于磁场 $\boldsymbol{H}$ 的本征方程。得到磁场 $\boldsymbol{H}(\boldsymbol{r})$的具体形式后，可以根据式(5-128)求得 $\boldsymbol{E}(\boldsymbol{r})$。此处并未对介电常数随空间变化的函数 $\varepsilon(\boldsymbol{r})$形式做具体限制，因此不仅适用于光子晶体，还是所有无磁响应、线性、各向同性介质均需满足的基本方程。真空显然满足上述条件，对于真空 $\varepsilon(\boldsymbol{r})=1$，则式(5-129)可转化为式(5-17)的数学形式。前面讨论的真空中的平面波解，可以认为是本征方程(5-129)应用于真空的本征解。对于光子晶体，$\varepsilon(\boldsymbol{r})$具有周期性，即

$$\varepsilon(\boldsymbol{r})=\varepsilon(\boldsymbol{r}+\boldsymbol{R}) \tag{5-130}$$

式中，$\boldsymbol{R}$ 为晶格矢量。与电子晶体一样，也存在倒格矢、布里渊区等概念。此时式(5-129)通常不存在简单的解析解，需要借助数值计算的方法，得到一系列满足方程的频率 ω(对应本征值)，及其对应的波矢 $\boldsymbol{k}$。这一系列频率 ω 关于波矢 $\boldsymbol{k}$ 的函数，构成了光子晶体的能带。这里的波矢 $\boldsymbol{k}$ 与电子晶体类似，对应布里渊区里的布洛赫波矢。

求解出光子晶体的能带后，便得到了系统内可能存在的所有本征态。光子晶体中，电磁波的可能状态是这些本征态的线性叠加。图 5-34 展示了一维光子晶体及其能带结构。因为仅在 z 方向有周期性，布洛赫波矢的方向也沿 z 方向，对应于传播方向垂直于 xy 平面的电磁波。从能带结构不难看出，与电子晶体类似，出现了光子带隙。频率在这个光子带隙内的电磁波无法在光子晶体中传播。先假定一束平面电磁波，从自由空间垂直入射该一维光子晶体表面，若其频率位于光子带隙内，则该电磁波无法进入该光子晶体，将被 100%反射。这种具有反射特定波段电磁波的作用，被广泛用于制作选择性反射器，在激光器、光纤、光电二极管等器件中有重要应用。早在 1887 年，瑞利(Rayleigh)等就研究了这类多层膜的光学性质，并基于反射光之间的叠加解释了反射现象，故此一维光子晶体还有一个更早的名称，即分布式布拉格反射器(distributed Bragg reflector，简称 DBR)。DBR 的特殊之处在于光疏介质和光密介质的交替排列，且每层介质的光学厚度均为 1/4 入射波长，如此，对于每一层介质上下界面的反射光，考虑界面处的相位突变，两者的光程差恰好为一个波长，达成相长干涉条件。这种解释与光子带隙的解释方式的物理角度不同，但描述的是同一个光学现象。光子带隙的宽度对应了反射窗口的宽度，研究表明，这个宽度在满足 DBR 的 1/4 波长条件时最大，且与两种材料折射率差密切相关：

$$\frac{\Delta\omega}{\omega_0}=\frac{4}{\pi}\sin^{-1}\left(\frac{|n_1-n_2|}{n_1+n_2}\right) \tag{5-131}$$

式中，$\Delta\omega$ 为光子禁带；ω_0 为带隙的中心频率，折射率为 n_1 和 n_2 的两种材料的厚度 d_1 和 d_2 满足如下 1/4 波长条件：

$$n_1 d_1=n_2 d_2=\frac{1}{4}\frac{2\pi c}{\omega_0} \tag{5-132}$$

需要说明的是，上面的光学带隙仅对垂直入射的光适用，即 100%垂直入射一维光子晶体表面，频率落在光学带隙内的光。对于斜入射的光，一般无法获得 100%的反射。利用一维光子晶体实现对所有不同角度入射光的完美反射，需要借助特殊的光学设计，使面内的波矢失配，具体细节本小节暂不展开。对于二维、三维光子晶体，则需依照电子晶体的研究思路，在倒易空间内，沿一定的路径描绘出可能的布洛赫波矢，进而绘制出相应的能带结构图进行分析。

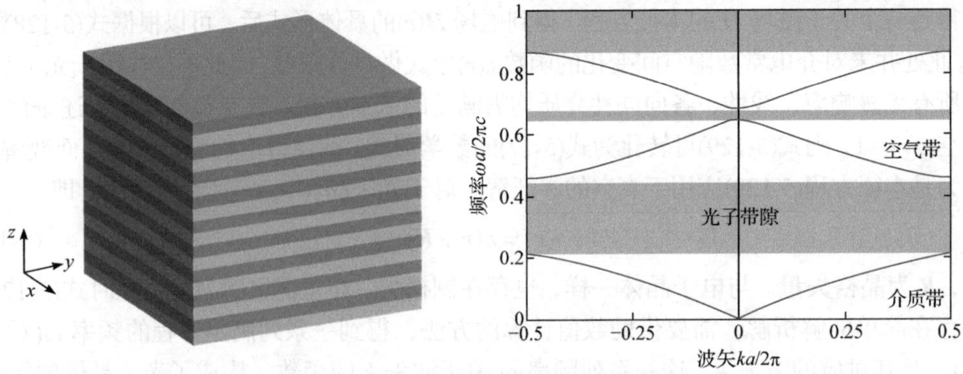

图 5-34 一维光子晶体及其能带结构

本小节讨论光子晶体性质时，常与电子晶体进行类比。这是因为，光子晶体中的光子传播类似于固体中的电子运动，它们都受特定周期性分布的影响，形成了类似的能带结构。因此，借鉴电子晶体理论中熟悉的概念和方法，可以帮助更好地理解光子在光子晶体中的行为。若读者对量子力学和固体物理的相关概念较熟悉，表 5-4 的对比，将更有助于理解光子晶体的相关概念。

表 5-4 电子晶体与光子晶体对比

	电子晶体	光子晶体
基本方程	薛定谔方程	麦克斯韦方程
基本函数	波函数	电磁场
研究对象	材料中的电子	材料中的电磁波
周期结构	电子势函数	周期性分布的介电函数
能带结构	$E_n(\boldsymbol{k})$：一系列本征能量 E 关于波矢 $\boldsymbol{k}$ 的函数，n 标定某个特定的函数，即能带中的某一支	$\omega_n(\boldsymbol{k})$：一系列谐波的频率 ω 关于波矢 $\boldsymbol{k}$ 的函数，n 标定某个特定的函数，即能带中的某一支
能带结构起源	电子波的相干散射	电磁场在界面处的相干散射
禁带	特定能量的电子态不存在	特定频率的电磁波无法传播

5.5.3 低维材料的光学性质

前面两小节的材料都是基于已有的材料，进行特定的结构设计，获得不一样的光学特性。无论进行何种加工，构成这些人工结构的材料自身的性质并未发生改变。但当材料的尺寸足够小时，也有可能对材料自身的特性产生影响。一个有趣的例子是半导体纳米晶分散在透明溶剂中形成胶体，仅通过改变纳米晶的尺寸，就可以使胶体展现出不同的颜色。这样的半导体纳米晶，被称为量子点，是一种典型的低维材料。非常小的晶体之所以会出现光学性质的尺寸依赖现象，是量子限域效应的缘故。量子限域效应可以基于量子力学中的海森伯不确定原理给出解释。假设电子被限制在纳米晶中运动，此时对电子位置的不确定性可近似认为是颗粒特征尺寸 l(仅代表数量级的估算，不是确切相等)：

$$\Delta x \approx l \tag{5-133}$$

根据海森堡不确定原理，电子动量的不确定性 Δp 应当满足：

$$\Delta p \Delta x \approx \hbar \tag{5-134}$$

同时认为电子的动能可估算为

$$E \approx \frac{\Delta p^2}{2m} \approx \frac{\hbar^2}{2ml^2} \tag{5-135}$$

这部分附加的能量，是电子的运动受限引起。随着尺寸的缩小，附加的能量逐渐增加。对于宏观的晶体，l 较大，则能量 E 很小，量子限域效应可忽略。通常认为 E 达到热运动能量 k_0T 的数量级时，量子限域效应较明显。常温下 k_0T 约为 0.026 eV，基于式(5-135)可以估算对应的晶体特征尺寸 l 约为 2 nm。需要注意的是，2 nm 仅是对尺寸数量级的估算，不能将其视作界定量子限域效应是否显著的严格界限。通常认为，晶体的某个方向尺寸应当小于 10 nm，才可能观测到较明显的量子限域效应。如图 5-35 所示，量子限域结构通常根据其维度进行分类。

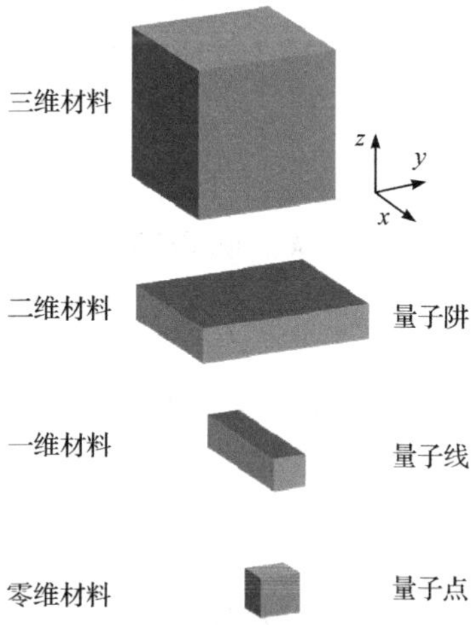

图 5-35　量子限域结构示意图

(1) 量子阱：一维限域，两个自由维度，二维材料。

(2) 量子线：二维限域，一个自由维度，一维材料。

(3) 量子点：三维限域，零个自由维度，零维材料。

概念上而言，低维材料与纳米材料有时可能会混淆，因为两者都要求至少有一个方向的尺寸很小。但要注意的是，只有当材料的性质与块体材料有明显的差别时，才能称为低维材料，而纳米材料只要某个方向尺寸满足纳米材料的要求即可，其材料特性可以与块体的材料无异。

量子限域效应带来的能量的变化，可以通过以下的简化模型，进一步解释。以二维半导体材料为例，将量子阱的势阱深度视为无穷大，即电子完全被限制在量子阱内，处于势阱外的概率为零。借助量子力学中一维无限深方势阱的结论，电子波函数具有如下形式：

$$\psi(z) \approx \sin k_z z \tag{5-136}$$

且满足边界条件 $\psi(0) = \psi(a) = 0$，l 为势阱宽度，则 k_z 可能的取值为

$$k_z = n\frac{\pi}{l} \quad (n = 1, 2, 3 \cdots) \tag{5-137}$$

在半导体导带底和价带顶附近采用近自由电子近似(取价带顶为能量零点)：

$$E_{\mathrm{c}}(k) = E_{\mathrm{g}} + \frac{\hbar^2 k^2}{2m_{\mathrm{e}}}, \quad E_{\mathrm{v}}(k) = -\frac{\hbar^2 k^2}{2m_{\mathrm{h}}}, \quad k^2 = k_x^2 + k_y^2 + k_z^2 \tag{5-138}$$

式中，E_{g} 为半导体带隙；m_{e} 和 m_{h} 分别为电子和空穴的有效质量；E_{c} 和 E_{v} 分别为导带和价带中的能量。x 和 y 方向两个维度没有限制，因此 k_x 和 k_y 在第一布里渊区内连续取值。但 k_z 只能按照式(5-137)取离散的值，其对于能量的贡献可以写为

$$E_n = n^2 \frac{\hbar^2 \pi^2}{2m_{\mathrm{e,h}} l^2} \tag{5-139}$$

因为 n 的取值至少为 1，则在 $E_{\mathrm{g}} \approx E_{\mathrm{g}} + E_1$，没有量子态存在，即导带底的位置由原来的

E_g上移到了 $E_g + E_1$的位置。同理，价带顶也按照类似的方式下移到$-E_1$的位置，材料带隙的增量为

$$\Delta E_g = \frac{\hbar^2\pi^2}{2l^2}\left(\frac{1}{m_e}+\frac{1}{m_h}\right) \tag{5-140}$$

式(5-140)可以更好说明量子限域效应对材料特性的影响。随着 l 逐渐减小，限域效应变得更加明显，半导体的带隙逐渐变大。量子限域效应的另一个重要结果是材料电子态密度的变化。块体半导体(三维)在导带底附近采用近自由电子近似时，态密度满足：

$$\rho_{3D}(E) \propto \sqrt{E-E_g} \tag{5-141}$$

这一关系，可以根据量子态在 k 空间均匀分布快速推出，即 dE 范围内的量子态个数，应当正比于 k 空间 dE 能量对应的体积：

$$\rho_{3D}(E)\mathrm{d}E \propto 4\pi k^2\mathrm{d}k \Rightarrow \rho_{3D}(E) \propto (E-E_g)\frac{1}{\mathrm{d}E/\mathrm{d}k} \propto \sqrt{E-E_g} \tag{5-142}$$

式中，dE/dk 依据式(5-138)给出。对于二维的情况，dE 范围内的量子态个数，应当正比于 k 平面内 dE 能量对应的面积：

$$\rho_{2D}(E)\mathrm{d}E \propto 2\pi k\mathrm{d}k \Rightarrow \rho_{2D}(E) \propto \sqrt{E-E_g}\frac{1}{\mathrm{d}E/\mathrm{d}k} \propto 1 \tag{5-143}$$

即二维材料具有均匀的态密度，不随能量发生变化。

实际情况下，因为 k_z 的离散取值，随着能量 E 的逐渐增加，式(5-139)中 n 可能的取值逐渐增加，则态密度呈现出平台阶梯状增加的状态，如图 5-36 所示。此外，随着 E_1 的逐渐减小，二维半导体的态密度逐渐逼近三维半导体的态密度。这是因为 $E_1 \propto 1/l^2$，E_1 逐渐减小，对应被限制区域的厚度逐渐增加的过程，也就是对 z 方向的限制越来越弱，因此逐渐逼近三维的连续态密度。此外三维和二维态密度的单位也有区别，前者是 $1\cdot \mathrm{m}^{-3}\cdot \mathrm{eV}^{-1}$，后者是 $1\cdot \mathrm{m}^{-2}\cdot \mathrm{eV}^{-1}$。态密度和带隙的变化均会导致材料的吸收光谱发生变化，两者对吸收光谱的影响见式(5-90)～式(5-93)。

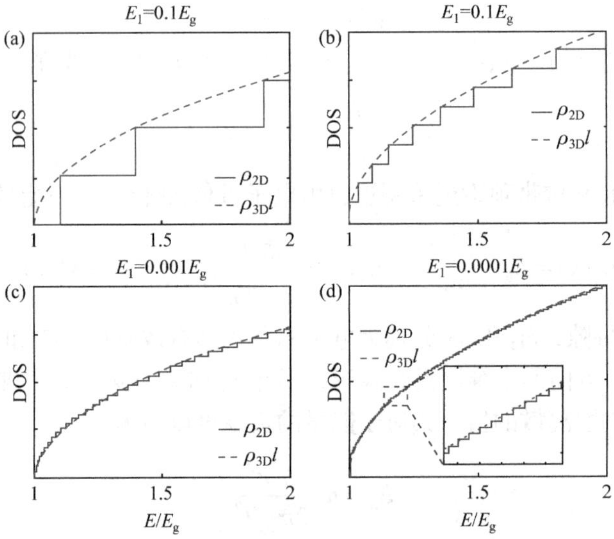

图 5-36　3D 和 2D 半导体的态密度比较图

一维材料和零维材料，比较简单的情况是截面为正方形的量子线和立方体形的量子点。此时相关的讨论可以参照二维材料进行。例如，一维材料的态密度可估算为

$$\rho_{1D}(E)\mathrm{d}E \propto \mathrm{d}k \Rightarrow \rho_{1D}(E) \propto \frac{1}{\mathrm{d}E/\mathrm{d}k} \propto \frac{1}{\sqrt{E-E_g}} \tag{5-144}$$

而零维材料没有态密度的概念，系统中只存在孤立能级，当然也可以认为态密度是狄拉克 δ 函数的叠加。

图 5-37 展示了不同低维材料态密度的曲线。本节的讨论，仅将低维材料背后的物理本质用较浅显的方式进行了阐述。要详尽描述低维材料的光学特性，需要对体系的电子能级进行更精细的计算，再结合跃迁矩阵元进行分析。

另外已有的研究成果已经为低维材料在诸多应用领域勾勒出了广阔的前景。如前所述，这种独特的量子限域效应，赋予了低维材料许多与体材料迥然不同的特性。正是基于这些特性，低维材料在电子、光电、催化、能源存储等领域展现出巨大的应用潜力。

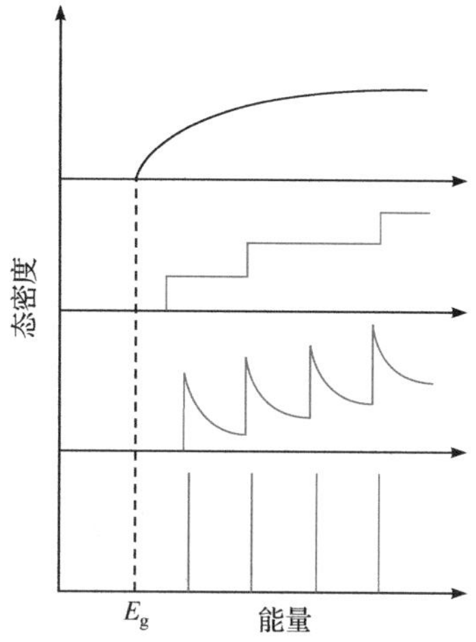

图 5-37　不同维度材料的态密度

二维材料如石墨烯、过渡金属硫化物等，在柔性电子、透明电极、能量转换等方面有潜在应用。一维纳米线、纳米管材料可用于纳米电子器件、生物传感等。而零维量子点则在发光二极管、太阳能电池、生物成像等领域大显身手。2023 年诺贝尔化学奖被授予了三位在量子点领域做出杰出贡献的科学家，这标志着低维纳米材料研究的重要性得到了权威认可，并将进一步推动这一前沿交叉学科的蓬勃发展。

5.5.4　人工智能与光学

随着大数据时代的到来，人工智能(artificial intelligence，AI)在各行各业中发挥着越来越重要的作用。特别是在图像分析、分子材料科学、语言识别等领域，AI 的应用已经取得了显著的成果。机器学习通过数据驱动的方式自动学习规律和建模，是实现 AI 的关键技术路线。在机器学习的多种方法中，深度学习作为一种基于神经网络模型的技术，凭借其强大的特征学习和模式识别能力，正在包括光子学领域在内的诸多领域崭露头角。神经网络作为深度学习的核心，其灵感来源于生物神经系统的工作原理，通过模拟人脑中神经元之间复杂的连接和信息传递过程，对输入数据进行非线性变换和层次表示学习。深度学习已被大量应用于光学领域，以实现更优、更高效的光子结构设计。

回顾本章中讨论的光学问题，几乎都按照如下的模式展开：已知材料特性、几何结构等参数的情况下，通过求解麦克斯韦方程组，得到对应的光学响应(光谱、场分布、相位信息等)。在面向工程应用时，通常需对特定的目标(如在某个波段具有 100%反射率)，选取合适的材料，并设计相应的光学结构。如图 5-38 所示，传统的光子结构设计方法依赖上述基于麦克斯韦方程组的物理模型和数值计算，并辅以特定的优化算法完成。在处理一些复杂结构时，计算成本急剧增加，较难找到全局最优解，而且非常依赖设计者的经验。深度学习技术的引入为克服这些局限性提供了可能，通过数据驱动的方法，可以从大量模拟或实验数

据中学习设计参数与光学性能之间的关系，从而实现快速、高效的光子结构设计。到目前为止，已有多种不同类型的神经网络应用于光子结构设计，但最核心的任务仍然是寻找设计参数与光学性能之间的关系。如图 5-38 所示，输入是设计参数，可以包括材料参数、结构参数等，输出则是对应的光学响应。

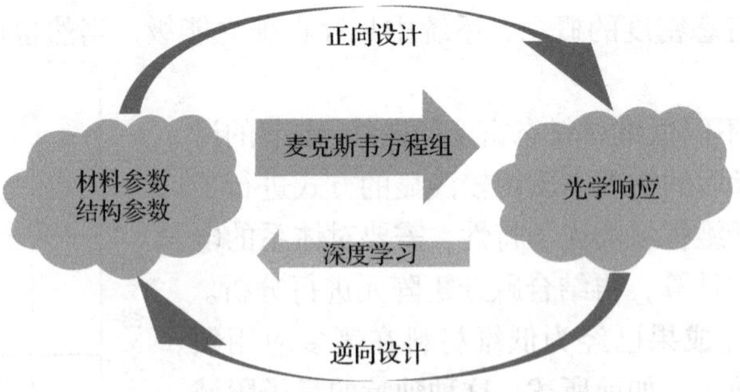

图 5-38 传统光子结构设计方法与深度学习辅助设计的比较

网络将输入数据(设计参数)经过多个隐藏层的非线性变换，使每一层都对上一层的输出进行加权求和(线性运算)并应用非线性激活函数，从而提取出不同层次的特征表示。这些特征表示蕴含了输入数据与期望输出(如光学响应)之间潜在的复杂关联。在训练阶段，网络会根据实际输出与标准答案之间的偏差，通过反向传播算法对权重参数进行迭代优化，使输入与输出之间的映射关系不断改善，误差不断降低。经过充分的训练，网络可以学习到一个有效的映射模型，能够对新的输入数据(即未见过的设计参数)给出准确的光学响应预测。这种映射关系是通过网络层次结构中的非线性变换和参数优化而自动建模得到的，而非人为指定。

如图 5-39(a)所示，典型的深度神经网络包含输入层、多个隐藏层和输出层。输入层接收设计参数，隐藏层通过神经元之间的加权连接和非线性变换逐层提取特征，最终输出层给出预测的光学响应。这种结构使得神经网络能够自动提取多层次的信息，实现复杂映射的学习。深度学习还能够自然高效地实现光子结构的逆向设计。根据期望的光学响应或功能目标，倒推出对应的最优结构参数。此时网络的输入端为期望的光学响应，输出端为结构参数。一旦模型训练充分，只需输入目标光学响应，就能得到对应的结构参数，完成逆向设计。传统的依赖物理模型和数值计算的设计方法，通常只能进行正向的设计，从目标出发，逆向得到结构参数的难度非常高。

人工智能与光学的关系是双向的，除了可以利用人工智能的方法(深度学习)实现对光子结构的高效、快速设计外，还可以利用光学系统高效实现一些神经网络所需的基础运算，即光学计算(optical computing)。神经网络的运算本质上是通过大量的线性运算(矩阵乘积)和非线性激活函数组合而成的，而光学系统恰好能够高效实现这些基础运算。如图 5-39(b)所示，光学计算可以作为神经网络的物理实现形式。该图展示了一种基于光学器件(如相移器、延时单元、MMI 耦合器等)构建的神经网络架构。与目前成熟的电子计算相比，光学计算天然并行，并且具有高速、低功耗、高带宽等优势。当前实现光学计算的主流技术路线包括光子集成电路、自由空间光学等。无论是哪种技术路线，光学计算都有望加速神经网络的训练和推理过程。

虽然光子计算在神经网络加速方面具有巨大的潜力优势，但其实现路径上仍存在诸多技术挑战亟待攻克。光源集成、光损耗、非线性元件制造、多值调制检测、可重构灵活性、存储编程控制、系统级集成测试以及功耗制冷等都是光子神经网络实现过程中需要面对的重大挑战。未来，电子和光子技术相结合的混合架构或将是神经网络加速的最优解决方案。同时，随着光子集成电路等技术的进一步发展，光子智能芯片也许将成为现实，实现算力与能效的极致追求。

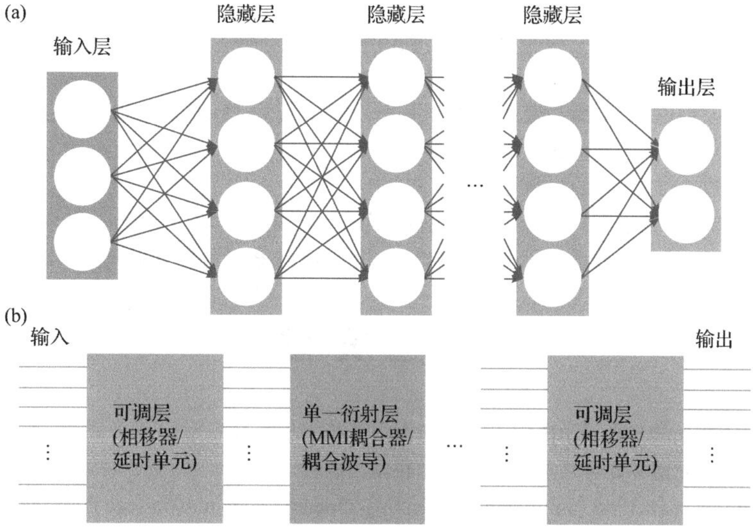

图 5-39　光子集成电路实现光子计算示意图

本章小结

材料的光学特性与其微观结构、电子态密切相关，是理解其特殊光学行为的基础。正确认识光与材料的相互作用机制，有助于推进新型光学材料的研发。本章从光的基本性质和电磁波理论出发，介绍了光在不同材料中的行为，着重探讨了光的吸收、发射、散射等过程对材料光学性能的影响。在此基础上，深入阐述了不同材料的光学特性，如金属、半导体、晶体等。最后，围绕材料的发光特性及其应用展开论述，展现未来光子技术发展的无限可能。

习　题

1. 利用麦克斯韦方程组检验平面波中 $\boldsymbol{E}$、$\boldsymbol{B}$ 和 $\boldsymbol{k}$ 三个矢量两两正交的关系。

2. 写出 $\nabla\times\boldsymbol{E}$ 三个方向分量的表达式。

3. 基于式(5-23)的平面波数学形式详细推演式(5-24)～式(5-26)。

4. 基于宏观麦克斯韦方程组和本构方程推出介质中光速的表达式，考虑宏观电荷、电流为零的情况。

5. 若传播距离为波长的 10 倍时，光强衰减不超过 1%，则近似认为材料对这个波长的光透明，此时的吸光系数 κ 是多少？

6. 基于表 5-2 中各级透射、反射，推导式(5-58)和式(5-59)。若上下两个界面的反射率不同，结果应该如何？

7. 已知一束 500 nm 的光从空气垂直入射折射率 n_2 = 1.5 的薄膜，利用式(5-63)计算薄膜厚度为多少时，透射率最高？

8. 检验在忽略吸收的情况下，式(5-62)和式(5-63)之和为 1。

9. 工程上常使用光密度(OD)定义材料的遮光能力，定义为 OD=lg(1/透射率)。某均匀介质中分散着散射截面面积为 $10^{-12}\ m^2$ 的颗粒，试问对于 1 μm 厚的介质，颗粒的数密度达到多少才能使其 OD 达到 2？

10. 根据式(5-89)检验前面章节中学到的直流电导率的表达式。

11. 有些材料中会观察到反常的色散关系，即折射率随着波长的增加而增大，基于洛伦兹振子分析可能的原因。

12. 已知太阳光谱的峰值波长约为 500 nm，利用维恩位移定律估算太阳的表面温度。

13. 依据式(5-102)和式(5-103)写出 $\boldsymbol{B}_\nu$ 和 $\boldsymbol{B}_\lambda$ 的表达式。

14. 结合普朗克黑体辐射定律和费米-狄拉克分布，推演式(5-115)所满足的比例关系。

15. 依据各个跃迁速率的表达式，推演式(5-118)和式(5-121)。

16. 验证满足式(5-125)条件的材料的折射率实部小于零。

17. 借助时间谐波的数学形式，将式(5-129)转化为式(5-17)的数学形式。

18. 根据式(5-138)的色散关系，写出式(5-142)和式(5-143)态密度的精确形式。

参考文献

赫光生. 2019. 非线性光学与光子学[M]. 上海：上海科学技术出版社.

沈学础. 2020. 半导体光谱和光学性质[M]. 北京：科学出版社.

Ashcroft N W, Mermin N D. 1976. Solid State Physics[M]. Orlando: Harcourt College Publishers.

Born M, Wolf E, Hecht E. 2000. Principles of Optics: Electromagnetic Theory of Propagation, Interference and Diffraction of Light[M]. 7th ed. Cambridge: Cambridge University Press.

Cai W, Shalaev V M. 2010. Optical Metamaterials: Fundamentals and Applications[M]. Berlin: Springer Nature.

Chuang S L. 2012. Physics of Photonic Devices[M]. New York: John Wiley & Sons.

Fox M. 2010. Optical Properties of Solids[M]. 2nd ed. Oxford: Oxford University Press.

Griffiths D J. 2023. Introduction to Electrodynamics[M]. 5th ed. Cambridge: Cambridge University Press.

Griffiths D J, Schroeter D F. 2018. Introduction to Quantum Mechanics[M]. Cambridge: Cambridge University Press.

Hecht E. 2012. Optics[M]. Mumbai: Pearson Education India.

Jackson J D. 1999. Classical Electrodynamics[M]. New York: John Wiley & Sons.

Kasap S O, Capper P. 2006. Springer Handbook of Electronic and Photonic Materials[M]. Berlin: Springer.

Kittel C, Mceuen P. 2018. Introduction to Solid State Physics[M]. 8th ed. New York: John Wiley & Sons.

Klingshirn C F. 2012. Semiconductor Optics[M]. Berlin: Springer Science & Business Media.

Ma W, Liu Z, Kudyshev Z A, et al. 2021. Deep learning for the design of photonic structures[J]. Nature Photonics, 15 (2): 77-90.

Meade R D V, Joannopoulos J, Johnson S G, et al. 2008. Photonic Crystals: Molding the Flow of Light[M]. Princeton: Princeton University Press.

New G. 2011. Introduction to Nonlinear Optics[M]. Cambridge: Cambridge University Press.

Palik E D. 1998. Handbook of Optical Constants of Solids[M]. Cambridge: Cambridge Academic Press.

Pendry J B, Holden A J, Robbins D J, et al. 1999. Magnetism from conductors and enhanced nonlinear phenomena[J]. IEEE Transactions on Microwave Theory and Techniques, 47 (11): 2075-2084.

Saleh B E A, Teich M C. 2007. Fundamentals of Photonics[M]. 2nd ed. New York: Wiley-Interscience.

Smith D R, Padilla W J, Vier D C, et al. 2000. Composite medium with simultaneously negative permeability and permittivity[J]. Physical Review Letters, 84 (18): 4184.

第6章 材料的热学性能

材料的热学性能包括热容、热膨胀、热传导和热稳定性等，是材料的重要物理性能之一。这些性能和相应材料的研究，不仅具有重要的理论意义，在工程技术应用中也具有重要作用。例如，电真空封接材料要求有一定的热膨胀系数，燃气轮机叶片要求具有优良的导热性能等。

由于物质的宏观性能都是由物质中大量粒子的集体运动反映的，本章从最基础的晶体中微观原子的热振动出发，结合量子力学和量子统计规律，阐明晶格振动的特点，并引入声子的概念。然后在此基础上分别阐述材料的热容、热膨胀、热传导和热稳定性的微观机制和宏观现象。

6.1 晶格振动

晶体中处于平衡位置上的原子或离子以格点作为平衡位置进行微小振动的现象，称为晶格振动。由于晶体的原子数目巨大，原子间相互作用势能使晶格振动能量的求解变得十分复杂，因此需要采用必要的近似。首先考虑的是处理小振动问题常用的简谐近似。在简谐近似下，原本相互关联的原子间振动，可以转化为独立的谐振子的运动，从而方便地给出系统的能量。由于原子的振动是微观的，最终得到的能量是量子化的，晶格振动的能量量子称为声子。声子的热力学分布也由量子的统计规律描述。这些理论构成了现代晶格振动理论重要的基础。

6.1.1 简谐近似和简正坐标

1. 简谐近似

根据经典力学的观点，凡是力学体系自平衡位置发生微小偏移时，该力学体系的运动都是小振动。晶格振动是一个典型的小振动问题。

如果晶体包含 N 个原子，平衡位置为 $\boldsymbol{R}_n$，偏离平衡位置的位移矢量为 $\boldsymbol{\mu}_n(t)$，则原子的位置 $\boldsymbol{R}_n'(t)=\boldsymbol{R}_n+\boldsymbol{\mu}_n(t)$。在处理小振动问题时往往选用与平衡位置的偏离为自变量。将位移矢量 $\boldsymbol{\mu}_n$ 用分量表示，N 个原子的位移矢量共有 $3N$ 个分量，写成 $\mu_i(i=1,2,\cdots,3N)$。N 个原子体系的势能函数可以在平衡位置附近展开成泰勒级数：

$$V=V_0+\sum_{i=1}^{3N}\left(\frac{\partial V}{\partial \mu_i}\right)_0\mu_i+\frac{1}{2}\sum_{i,j=1}^{3N}\left(\frac{\partial^2 V}{\partial \mu_i\partial \mu_j}\right)_0\mu_i\mu_j+\text{高阶项} \tag{6-1}$$

式中，下标 0 表示平衡位置时具有的值。由于在平衡位置，势能具有极小值：

$$\left(\frac{\partial V}{\partial \mu_i}\right)_0 = 0 \tag{6-2}$$

略去二阶以上的高阶项，设 $V_0 = 0$，得到：

$$V = \frac{1}{2}\sum_{i,j=1}^{3N}\left(\frac{\partial^2 V}{\partial \mu_i \partial \mu_j}\right)_0 \mu_i \mu_j \tag{6-3}$$

体系的势能函数只保留至 μ_i 的二次方程，称为简谐近似。令式中的力常数 $\left(\frac{\partial^2 V}{\partial \mu_i \partial \mu_j}\right)_0 = \beta_{ij}$，则第 i 个振子对应的受力方程为

$$F_i = -\frac{\partial V}{\partial \mu_i} = -\sum_{j=1}^{3N}\beta_{ij}\mu_j \tag{6-4}$$

可见，在简谐近似下，振动对应的力与位移量呈线性关系，类似理想弹簧的回复力。

处理小振动问题一般都取简谐近似，但对于一个具体的物理问题是否适用，要看在简谐近似条件下得到的理论结果是否与实验一致。在有些物理问题中需要考虑高阶项的作用，称为非谐作用。

2. 简正坐标

在简谐近似下，结合式(6-4)，根据牛顿力学，可以得到第 i 个振子的运动方程：

$$m_i \ddot{\mu}_i + \sum_{j=1}^{3N}\beta_{ij}\mu_j = 0 \quad (i = 1,2,\cdots,3N) \tag{6-5}$$

式中，m_i 为第 i 个振子的质量；$\ddot{\mu}_i$ 为第 i 个振子的位移对时间的二阶导数。这是 3N 个耦合的线性方程，直接求解是十分困难的。

体系的哈密顿量：

$$\begin{aligned} H &= T + V \\ &= \frac{1}{2}\sum_{i=1}^{3N} m_i \dot{\mu}_i^2 + \frac{1}{2}\sum_{i,j=1}^{3N}\beta_{ij}\mu_i\mu_j \end{aligned} \tag{6-6}$$

是二次型的。式中，V 为势能；T 为动能；$\dot{\mu}_i$ 为第 i 个振子的位移对时间的一阶导数。根据线性代数的理论，总可以找到一组正交变换，使动能项和势能项同时化为平方项之和，而无交叉项，即

$$T = \frac{1}{2}\sum_{i=1}^{3N}\dot{Q}_i^2 \tag{6-7}$$

$$V = \frac{1}{2}\sum_{i=1}^{3N}\omega_i^2 Q_i^2 \tag{6-8}$$

式中，Q_i 为简正坐标，代表了 3N 个相互独立的振动模式；$\dot{Q}_i$ 为简正坐标对时间的一阶导数；ω_i 为振动圆频率。其与原子的位移坐标 $\boldsymbol{\mu}_i$ 通过如下形式的正交变换相互联系：

$$\sqrt{m_i}\,\mu_i = \sum_{j=1}^{3N} a_{ij} Q_j \tag{6-9}$$

μ_i 前面乘以 $\sqrt{m_i}$ 是为了使结果的形式更简洁。式中，a_{ij} 为正交变换矩阵的矩阵元，应满足

正交完备性，即

$$\sum_j a_{ij}a_{kj}=\delta_{ik}\text{，}\ \sum_i a_{ij}a_{ik}=\delta_{jk} \tag{6-10}$$

并能够使 β_{ij} 代表的矩阵对角化。找到这样的正交矩阵和对应的简正坐标，就可以使哈密顿量对角化成式(6-7)和式(6-8)的形式。

根据分析力学的一般方法，Q_i 、$\dot{Q}_i(i=1,2,\cdots,3N)$ 都为独立的坐标，由系统的拉格朗日函数 $L=T-V$ ，可得到正则动量 p_i：

$$p_i=\frac{\partial L}{\partial \dot{Q}_i}=\dot{Q}_i \tag{6-11}$$

由正则方程 $\dot{p}_i=-\dfrac{\partial H}{\partial Q_i}=\omega_i^2 Q_i$ ，可得到：

$$\ddot{Q}_i+\omega_i^2 Q_i=0\quad (i=1,2,\cdots,3N) \tag{6-12}$$

式中，$\dot{p}_i$ 是动量对时间的一阶导数；$\ddot{Q}_i$ 是简正坐标对时间的二阶导数。这是 3N 个相互无关的方程，表明各简正坐标描述的是独立的简谐振动，其中任意简正坐标的通解为

$$Q_i=A\mathrm{e}^{-\mathrm{i}\omega_i t} \tag{6-13}$$

代表角频率为 $\omega_i(=2\pi\nu_i)$ 的简谐波，式中 A 为常数。当体系只存在某一个 Q_j 的振动(其他的 $Q_{i\neq j}=0$)时，根据式(6-9)和式(6-10)，原子的位移坐标为

$$\mu_i=\frac{a_{ij}}{\sqrt{m_i}}A\mathrm{e}^{-\mathrm{i}\omega_j t} \tag{6-14}$$

即所有的 $\mu_i(i=1,2,\cdots,3N)$ 都以同一频率振动。这表明一个简正振动并不是表示某一个原子的振动，而是表示整个晶体所有原子都参与的振动，而且它们的振动频率相同。由简正坐标代表的体系中所有原子共同参与的集体振动，常称为简正模。

下面将结合一个实际的例子，对晶格振动的一般特征进行阐述，并说明其与简正坐标和简正模的关系。

6.1.2 一维单原子链与格波

1. 运动方程及求解

考虑一个最简单的晶格模型，假定有一个一维简单晶格，每个原胞中只包含一个原子，质量为 m，平衡时相邻原子间距离为 a。原子沿链长方向作纵振动，第 n 个原子偏离平衡位置的位移为 $u_n\left(n=0,\pm1,\pm2,\cdots,\pm\infty\right)$，如图 6-1 所示。

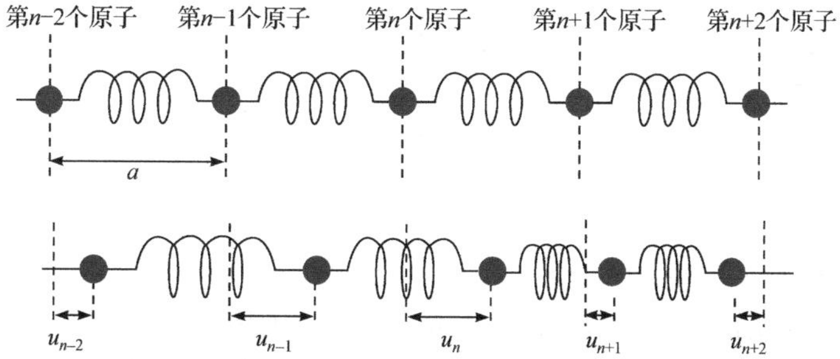

图 6-1 一维单原子链及其振动

在简谐近似下，原子间作用力为弹性回复力，第 $n+p$ 个原子对第 n 个原子的作用力正比于它们的位移差 $u_{n+p}-u_n$，因此作用在第 n 个原子上的总力为

$$F_n = \sum_p \beta_p \left(u_{n+p} - u_n\right) \tag{6-15}$$

它具有胡克定律的形式，β_p 是间隔为 pa 的原子之间的回复力系数。因此，第 n 个原子的运动方程是

$$m\frac{\mathrm{d}^2 u_n}{\mathrm{d}t^2} = \sum_p \beta_p \left(u_{n+p} - u_n\right) \tag{6-16}$$

如果只考虑最近邻原子之间的相互作用，在式(6-15)中取 $p=\pm 1$，简化为

$$m\frac{\mathrm{d}^2 u_n}{\mathrm{d}t^2} = \beta(u_{n+1} + u_{n-1} - 2u_n), \quad n = 0, \pm 1, \pm 2, \cdots, \pm\infty \tag{6-17}$$

由于所有原子等价，式中取 $\beta_{+1} = \beta_{-1} = \beta$。每一个原子都对应一个方程，所以有无穷多个联立的方程。

根据 6.1.1 节的讨论，振动方程的解应具有简谐波的形式，且同一个振动模具有统一的振动频率。因此，可设：

$$u_n(t) = A_n \mathrm{e}^{-\mathrm{i}\omega t} \tag{6-18}$$

又由于晶体的平移对称性，原子振动的波函数应满足布洛赫定理[式(1-54)]，即

$$u_n(t) = \mathrm{e}^{\mathrm{i}qna} u_0(t) = A\mathrm{e}^{\mathrm{i}(qna - \omega t)} \tag{6-19}$$

与 1.3 节电子能带理论类似，$\boldsymbol{q}$ 为波矢，$q = \dfrac{2\pi}{\lambda}$。

将其作为振动方程的解，代入式(6-17)，有

$$\begin{aligned} -m\omega^2 A\mathrm{e}^{\mathrm{i}(qna-\omega t)} &= \beta\left(\mathrm{e}^{\mathrm{i}qa} + \mathrm{e}^{-\mathrm{i}qa} - 2\right) A\mathrm{e}^{\mathrm{i}(qna-\omega t)} \\ \omega^2 = \frac{2\beta}{m}\left[1 - \cos(qa)\right] &= \frac{4\beta}{m}\sin^2\left(\frac{qa}{2}\right) \end{aligned} \tag{6-20}$$

于是得到

$$\omega(q) = 2\sqrt{\frac{\beta}{m}}\left|\sin\left(\frac{qa}{2}\right)\right| \tag{6-21}$$

可见 ω 已与具体的原子位置 n 无关，表明无穷多个联立方程都归结为同一解。换句话说，只要 ω 与 q 满足了式(6-21)的关系，式(6-19)就是联立方程的解。

对于振动方程的解，它与一般连续介质波：

$$A\mathrm{e}^{\mathrm{i}(qx - \omega t)} \tag{6-22}$$

有类似的形式。区别在于连续介质波中 x 表示空间任意一点，而在式(6-19)中只取 na 格点的位置，是在空间周期排列的离散的点。因此，在晶体中传播的波通常也称格波。一个格波解表示所有原子做同频率 ω 的振动，但不同原子之间存在固定的相位差 naq。

2. 格波特性

1) 色散关系的特点

式(6-21)将格波的频率 ω 与波矢 $\boldsymbol{q}$ 联系起来，一般称为波的色散关系。格波的相速度 v_{p} 和群速度 v_{g} 分别为

$$v_{\mathrm{p}}(q)=\frac{\omega(q)}{q}=\sqrt{\frac{\beta}{m}}\frac{\sin(qa/2)}{qa/2} \tag{6-23}$$

$$v_{\mathrm{g}}(q)=\frac{\mathrm{d}\omega(q)}{\mathrm{d}q}=\sqrt{\frac{\beta}{m}}a\cos\left(\frac{qa}{2}\right) \tag{6-24}$$

由于原子的离散特性，格波的群速度一般不等于相速度，且波速是依赖于波矢或频率的，表明该离散介质是一种色散(或频散)介质。

但是在长波极限下，即 $q\to 0$，色散关系退化为

$$\omega(q)=\sqrt{\frac{\beta}{m}}aq \tag{6-25}$$

此时 $v_{\mathrm{p}}(q)=v_{\mathrm{g}}(q)=\sqrt{\frac{\beta}{m}}a$，不依赖频率的变化，也就是没有色散，这与弹性波在连续介质中的传播类似。这是因为当波长很长，远大于原子间距时，一个波长范围包含许多原子，所以相邻原子的相位差很小，此时晶体可近似视为连续介质。对应的原子振动频率低，波速和声速相当，这种相邻原子间相位差很小的格波称为声学波。

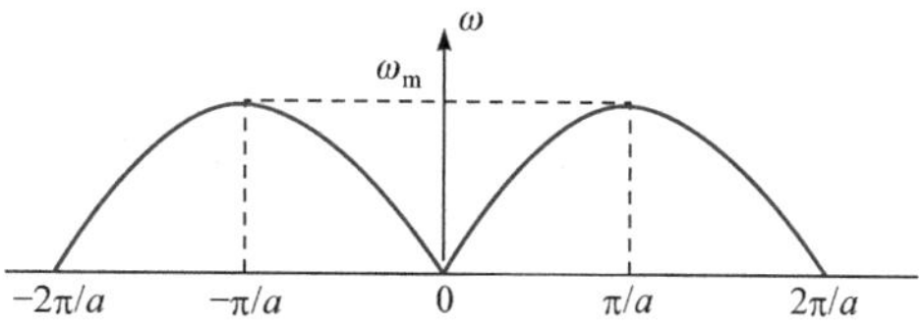

图 6-2　一维单原子链晶格振动的色散关系

将式(6-21)的色散关系绘于图 6-2，可以看到 $\omega(q)$ 具有周期性：

$$\omega(q)=\omega\left(q+\frac{2\pi}{a}l\right)\quad (l=\text{整数}) \tag{6-26}$$

周期的长度等于一维单原子链倒格子原胞的长度$\left(\frac{2\pi}{a}\right)$。

又有

$$\mathrm{e}^{\mathrm{i}(q+G_h)na}=\mathrm{e}^{\mathrm{i}qna} \tag{6-27}$$

即 q 与 $q+G_h$ 代表同一个振动。式中，G_h 为倒格矢；n 为任意整数。所以可将 q 限制在一个倒格子原胞范围内。为了对称起见，通常取

$$-\frac{\pi}{a}<q\leqslant\frac{\pi}{a} \tag{6-28}$$

即在晶体的第一布里渊区范围内(见 1.3 节的相关讨论)。这也是格波与连续介质中的波的主要区别之一。连续介质对波矢 $\boldsymbol{q}$ 是没有限制的。对于晶体，由于连续的平移，对称性破缺，波的振幅只在分立格点上有意义，波矢相差一个倒格矢的两个波，虽然波长不同，但它们描述格点上原子的运动情况是完全相同的。

当$q=\pm\pi/a$处于布里渊区边界时，$v_g=0$，格波不能继续传播。此时：

$$\frac{u_{n+1}}{u_n}=\mathrm{e}^{\mathrm{i}qa}=\mathrm{e}^{\pm\mathrm{i}\pi}=-1 \tag{6-29}$$

相邻原子的振动相位相反，处于驻波状态。波长为2a，原子振动的频率最高$\omega_{\max}=2\sqrt{\dfrac{\beta}{m}}$。

2) 周期性边界条件和波矢$\boldsymbol{q}$的取值

考虑晶体的周期性和有限性，与1.2.1节电子波矢的讨论类似，采用玻恩-卡曼周期性边界条件，对于一维单原子链有

$$u_{N+n}=u_n \tag{6-30}$$

将式(6-19)的u_n代入：

$$\mathrm{e}^{\mathrm{i}[q(n+N)a-\omega t]}=\mathrm{e}^{\mathrm{i}(qna-\omega t)} \tag{6-31}$$

得到波矢$\boldsymbol{q}$只能取分立值：

$$q=\frac{2\pi l}{Na}\quad(l\text{为任意整数}) \tag{6-32}$$

由于波矢的取值限制在第一布里渊区[式(6-28)]，所以l的取值只有N个：

$$-\frac{N}{2}\leqslant l\leqslant\frac{N}{2} \tag{6-33}$$

因此，波矢$\boldsymbol{q}$的数目等于原子(原胞)总数。可以证明，对于一般的情形，即原胞中存在多个原子时，波矢的数目总是等于原胞的数目。

3) 三维情形下的格波特征

以上所述为一维单原子链的情形，只有一支格波，或者说是一种色散关系，所以波矢$\boldsymbol{q}$的数目与频率数ω相等，都等于原胞总数N。

下面考虑三维空间的多原子原胞，即三维复式晶格。设晶体的原胞数为N，原胞内不等价原子的数目为p，质量为$m_l(l=1,2,\cdots,p)$。由于这些原子在质量、间距和回复力系数等方面存在差异，再考虑原子振动位移的3个自由度，对于每一个原胞，应有3p个不同的振幅。类比于式(6-19)，第n个原胞中第l个原子在第α个方向的振动位移应为

$$u_{nl\alpha}(t)=A_{l\alpha}\mathrm{e}^{\mathrm{i}(q\cdot R_n-\omega t)}(n=1,2,\cdots,N;\ l=1,2,\cdots,p;\ \alpha=1,2,3) \tag{6-34}$$

对于每一个原胞，都有3p个这样的格波解，因此共有3p支格波，或3p种色散关系。对于这3p支格波，其中3支是描述原胞的整体运动的，或原胞质心的运动，类似于弹性波或声波，称为声学支；$3p-3$支是描述原胞内各原子之间相对运动的，称为光学支。

因为每支格波q的数目都为N，所以总的格波频率为3pN，等于晶体振动的总自由度数。由于一组频率ω和波矢$\boldsymbol{q}$确定一个格波的性质，把一个(ω,q)的组合定义为一种振动模式。因此，振动模式的数目也等于总的频率数，也就是晶体振动的总自由度数3pN。

4) 格波解与简正坐标

下面证明，根据牛顿定律求解一维单原子链的运动方程得到的格波解(振动模)，与根据分析力学原理引入的简正坐标是等效的。

将前面得到的格波解[式(6-19)]等价地写成如下形式：

$$u_{nq}=A_q\mathrm{e}^{\mathrm{i}[qna-\omega(q)t]}$$

它表示一个波矢为 $\boldsymbol{q}$、频率为 $\omega(q)$ 的格波(系统的一个振动模)描述的晶格中原子的位移。而一个原子的总体位移应该是所有格波的叠加：

$$u_n=\sum_q u_{nq}=\sum_q A_q\mathrm{e}^{\mathrm{i}[qna-\omega(q)t]} \tag{6-35}$$

令

$$Q_q(t)=\sqrt{Nm}A_q\mathrm{e}^{-\mathrm{i}\omega(q)t} \tag{6-36}$$

则

$$\sqrt{m}u_n=\frac{1}{\sqrt{N}}\sum_q \mathrm{e}^{\mathrm{i}qna}Q_q(t) \tag{6-37}$$

此式包含了丰富的物理含义：

(1) 晶格中原子的一般振动是所有独立模式 $\frac{1}{\sqrt{N}}\mathrm{e}^{\mathrm{i}qna}$ 的线性组合。

(2) 类比于上一小节中简正坐标 Q_j 的定义式[式(6-9)和式(6-10)]，可知 $Q_q(t)$ 就是一维单原子链振动体系的简正坐标，其中坐标变换的矩阵元素：

$$a_{nq}=\frac{1}{\sqrt{N}}\mathrm{e}^{\mathrm{i}qna} \tag{6-38}$$

只不过用指标 $n\to i$ ，$q\to j$ ，仍然满足线性变换的正交完备性。

既然 $Q_q(t)$ 就是系统的简正坐标，它应能使系统的哈密顿量对角化。在简谐近似和最近邻近似下，上述一维单原子链的哈密顿量可写为

$$H=T+V=\frac{1}{2}\sum_n\left[m\dot{u}_n^2+\beta(u_{n+1}-u_n)^2\right] \tag{6-39}$$

式中，$\dot{u}_n$ 是位移对时间的一阶导数。根据式(6-37)，将 u_n 写成简正坐标的形式：

$$u_n=\frac{1}{\sqrt{Nm}}\sum_q Q_q\mathrm{e}^{\mathrm{i}qna} \tag{6-40}$$

u_n 为实位移，容易得到

$$Q_q^*=Q_{-q} \tag{6-41}$$

式中，Q_q^* 是 Q_q 的复共轭。由于 q 的取值为 $\frac{2\pi}{Na}l(l=\text{整数})$ [式(6-32)]，可证明

$$\begin{cases}\dfrac{1}{N}\sum_n \mathrm{e}^{\mathrm{i}na(q-q')}=\delta_{q,q'}\\[2ex]\dfrac{1}{N}\sum_q \mathrm{e}^{\mathrm{i}(n-n')aq}=\delta_{n,n'}\end{cases}$$

因此，动能项为

$$
\begin{aligned}
T &= \frac{1}{2}m\sum_n \dot{u}_n^2 = \frac{1}{2N}\sum_n\sum_q\sum_{q'}\dot{Q}_q\dot{Q}_{q'}\mathrm{e}^{\mathrm{i}(q+q')na} \\
&= \frac{1}{2}\sum_q\sum_{q'}\dot{Q}_q\dot{Q}_{q'}\delta_{q,-q'} = \frac{1}{2}\sum_q\dot{Q}_q^2
\end{aligned}
\tag{6-42}
$$

势能项为

$$
\begin{aligned}
V &= \frac{1}{2}\beta\sum_n\left(u_{n+1}-u_n\right)^2 \\
&= \frac{1}{2}\beta\sum_n\frac{1}{Nm}\left[\sum_q Q_q\mathrm{e}^{\mathrm{i}qna}(\mathrm{e}^{\mathrm{i}qa}-1)\right]\times\left[\sum_{q'}Q_{q'}\mathrm{e}^{\mathrm{i}q'na}(\mathrm{e}^{\mathrm{i}q'a}-1)\right] \\
&= \frac{\beta}{2m}\sum_q\sum_{q'}Q_qQ_{q'}(\mathrm{e}^{\mathrm{i}qa}-1)(\mathrm{e}^{\mathrm{i}q'a}-1)\times\left[\frac{1}{N}\sum_n\mathrm{e}^{\mathrm{i}(q+q')na}\right] \\
&= \frac{\beta}{2m}\sum_q\sum_{q'}Q_qQ_{q'}(\mathrm{e}^{\mathrm{i}qa}-1)(\mathrm{e}^{\mathrm{i}q'a}-1)\delta_{q,-q'} \\
&= \frac{\beta}{2m}\sum_q Q_qQ_{-q}(2-\mathrm{e}^{-\mathrm{i}qa}-\mathrm{e}^{\mathrm{i}qa}) \\
&= \frac{\beta}{m}\sum_q Q_qQ_q^*\left[1-\cos\left(qa\right)\right] = \frac{1}{2}\sum_q\omega^2\left(q\right)Q_q^2
\end{aligned}
\tag{6-43}
$$

其中，$\omega^2(q)=\dfrac{2\beta}{m}[1-\cos(qa)]$，为一维单原子链的色散关系。

因此，系统的哈密顿量为

$$
H=\frac{1}{2}\sum_q[\dot{Q}_q^2+\omega^2(q)Q_q^2] \tag{6-44}
$$

在简正坐标下，它已经对角化了。根据 6.1.1 节的讨论，上述的哈密顿量代表了 N 个独立的简谐振动的能量之和。对于每一个格波，都有上述方程。扩展到三维情形，原胞内含 p 个原子时，总的独立谐振子的数目等于振动模式数 $3pN$。

6.1.3 晶格振动的量子化与声子

引入简正坐标之后，原子间相互关联的 $3pN$ 个振动模式(格波)，等效于 $3pN$ 个相互独立的谐振子。每一个简正坐标，对应一个谐振子方程。应用量子力学的结论，谐振子能量是量子化的，对于频率为 ω_i 的振动，本征能量为

$$
\varepsilon_i=\frac{1}{2}\hbar\omega_i+n_i\hbar\omega_i \quad (n_i=0,1,2,\cdots) \tag{6-45}
$$

式中，n_i 为能量量子数；$\frac{1}{2}\hbar\omega_i$ 不随温度变化，为零点能；第二项为热振动能。

晶格振动的总能量为所有谐振子能量之和：

$$
E=\sum_i^{3pN}\varepsilon_i=\sum_i^{3pN}\left(\frac{1}{2}+n_i\right)\hbar\omega_i \tag{6-46}
$$

对于振动频率为 ω_i 的格波，能量变化的最小单元，即能量量子，为 $\hbar\omega_i$。格波的量子可看作一种假想粒子或准粒子，称为声子。声子的能量等于 $\hbar\omega_i$。一个格波或一种振动模式，代表一种声子。对于有 N 个原胞，原胞中原子数为 p 的三维晶体，共有 $3pN$ 种声子。显然，声子是能量量子化的晶格振动，不能脱离晶体而存在。声子概念的引入不仅可使晶格振动问题的表述简化，还具有深刻的物理意义。声子为晶体中原子集体运动状态的激发单元，是固体中一种典型的元激发。

当振动模处于 $\left(\frac{1}{2}+n_i\right)\hbar\omega_i$ 的本征态时，可视为有 n_i 个声子。n_i 个声子的能量即为 $n_i\hbar\omega_i$(不计零点能)。由于不同振动模式是相互独立的，在某一温度下的振动模 (ω_i,q) 的能量仅与其频率大小和平均声子数相关。而达到热平衡时，平均声子数由声子的统计规律决定。根据麦克斯韦-玻尔兹曼分布，温度为 T 时频率为 ω_i 振动的平均声子数为

$$\overline{n}_i=\sum_{n_i=0}^{\infty}n_i\mathrm{e}^{-n_i\hbar\omega_i/k_0T}\Bigg/\sum_{n_i=0}^{\infty}\mathrm{e}^{-n_i\hbar\omega_i/k_0T} \tag{6-47}$$

令 $\beta=1/k_0T$，则

$$\begin{aligned}\overline{n}_i&=-\frac{1}{\hbar\omega_i}\frac{\partial}{\partial\beta}\ln\sum_{n_i=0}^{\infty}\mathrm{e}^{-\beta n_i\hbar\omega_i}=-\frac{1}{\hbar\omega_i}\frac{\partial}{\partial\beta}\ln(1-\mathrm{e}^{-\beta\hbar\omega_i})^{-1}\\&=\frac{1}{\mathrm{e}^{\hbar\omega_i/k_0T}-1}\end{aligned} \tag{6-48}$$

可见某一温度下声子的概率分布服从玻色统计，也意味着晶体中可以激发任意一个相同的声子，声子数不守恒。

由式(6-48)可得在温度 T 热平衡时，频率为 ω_i 的平均振动能量为

$$\overline{\varepsilon}_i=\overline{n}_i\hbar\omega_i=\frac{\hbar\omega_i}{\mathrm{e}^{\hbar\omega_i/k_0T}-1} \tag{6-49}$$

以上的讨论基于简谐近似，晶格振动的格波是相互独立的，声子被看作理想的玻色气体，声子间无相互作用。而非简谐作用可以引入声子间的相互碰撞，正是这种非简谐作用保证了声子气体能够达到热平衡状态。

6.2 热 容

6.2.1 热容的基本概念

热容是指一定量物质在一定条件下温度每变化 1°C(或 1 K)所吸收或放出的热量。当一定量为单位质量或 1 mol 时，分别称为比热容、摩尔热容。一定条件常见的有等容、等压和绝热等条件。

由热力学第一定律 $\mathrm{d}U=\mathrm{d}Q+\mathrm{d}W$，即体系热力学能 U 的增加等于体系吸收的热量 Q 和外界对体系所做的功 W 之和。热力学能是体系的状态函数，状态改变必然引起体系热力学能的变化，而体系与外界的能量交换形式只有热和功两种形式。$\mathrm{d}W$ 应为广义功，其中包括体积功 $\mathrm{d}W_1$ 和非体积功 $\mathrm{d}W_2$。对于多元复相体系的可逆过程，其中每个相均有

$$
\mathrm{d}U = T\mathrm{d}S + \sum_i Y_i \mathrm{d}y_i + \sum_i \mu_i \mathrm{d}n_i
$$
$$
\mathrm{d}Q = T\mathrm{d}S,\ \mathrm{d}W = \sum_i Y_i \mathrm{d}y_i \tag{6-50}
$$

式中，μ_i 为化学势；n_i 为物质的量；S 为熵；Y_i 为广义力；y_i 为广义力对应的外参量，其中体积功 $\mathrm{d}W_1 = -p\mathrm{d}V$ 。

当体系 $\mathrm{d}V = 0$ (等容条件)、无非体积功、无相变和无化学反应时 $\mathrm{d}Q = \mathrm{d}U$ ，有

$$
C_V = \frac{\mathrm{d}Q}{\mathrm{d}T} = \frac{\mathrm{d}U}{\mathrm{d}T} \tag{6-51}
$$

当体系 $\mathrm{d}p = 0$ (等压条件)、无非体积功、无相变和无化学反应时 $\mathrm{d}Q = \mathrm{d}U + p\mathrm{d}V = \mathrm{d}H$ ，有

$$
C_p = \frac{\mathrm{d}Q}{\mathrm{d}T} = \frac{\mathrm{d}H}{\mathrm{d}T} \tag{6-52}
$$

当体系处于一般情况时，$\mathrm{d}Q = \mathrm{d}U - \sum_i Y_i \mathrm{d}y_i - \sum_i \mu_i \mathrm{d}n_i$ ，其热容中将包含更多的能量变化因素引起的热效应。只有在材料中无相变、无化学反应和无非体积功的条件下，其等容热容 C_V 的物理本质才是材料热力学能随温度的变化率。因此，能够用理论求解的通常是固体的等容热容 C_V ，下文所讨论的热容也处于这一范围。等压热容 C_p 的实验测定比较容易，对于金属材料而言 C_p 略大于 C_V ，$C_p - C_V = \dfrac{\alpha_V^2 V_\mathrm{m} T}{K_\mathrm{s}}$ ，其中 α_V 为体积膨胀系数；V_m 为摩尔体积；K_s 为绝热体积压缩系数。显然，通常情况下等压热容 C_p 中可包含其他热效应。

6.2.2 晶体热容的量子理论

1. 实验现象与经典理论

实验研究表明，对于各种材料的等容热容 C_V ，它们随绝对温度的变化规律具有相似的行为。如图 6-3 所示，实验曲线按温度范围大致可分为如下三个区域。

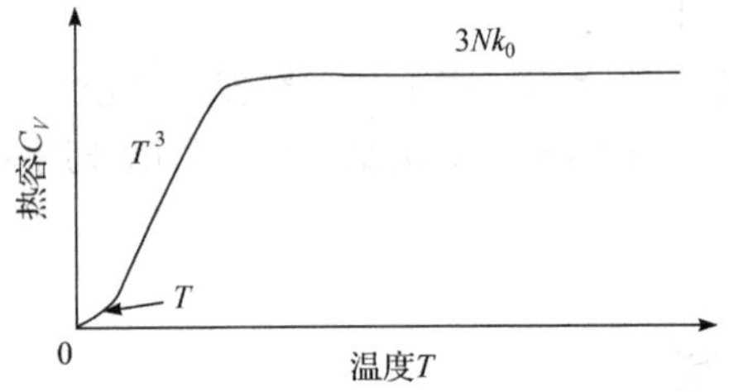

图 6-3 材料的等容热容随温度的变化曲线

Ⅰ(极低温)：$C_V \propto T,\ T < 5\,\mathrm{K}$ ；

Ⅱ(低温)：$C_V \propto T^3$ ；

Ⅲ(高温)：$C_V = 3Nk_0$ ，为常量。N 为总的原子数。

1819 年，法国化学家杜隆(P. L. Dulong)和物理学家珀蒂(A. T. Petit)提出，将构成晶体点阵的基元近似成独立粒子或理想气体，只考虑其平动动能和势能，且 $v_x = v_y = v_z$ (三个自由度)，根据经典统计的能量均分原理，得到：

$$
\text{平均动能} = \text{平均势能} = \frac{3k_0 T}{2}
$$

总的平均热力学能为

$$
\bar{E} = N\left(\frac{3k_0 T}{2} + \frac{3k_0 T}{2}\right) = 3Nk_0 T \tag{6-53}
$$

式中，N 为总的原子数。等容热容为

$$C_V = \frac{d\bar{E}}{dT} = 3Nk_0 \tag{6-54}$$

对于 1 mol 物质的量，即摩尔等容热容应为

$$C_V = 3N_A k_0 = 3R \tag{6-55}$$

式中，N_A 为阿伏伽德罗常量；R 为摩尔气体常量。

以上的结果称为杜隆-珀蒂(Dulong-Petit)定律，它表明热容与温度的高低和材料的性质无关，始终为一个常量。可以看到，这条定律在高温时与实验符合得很好，但在低温下出现背离。

2. 晶格热容的量子理论

为了解释 C_V 低温趋于 0 的事实，需要采用前述晶格振动的量子理论，即将晶体中原子的集体振动看作一系列独立谐振子的运动，并且谐振子的能量是量子化的，为式(6-45)所示。

1) 爱因斯坦模型

爱因斯坦在 1907 年首次提出了量子的热容理论。他采用了非常简单的假设：晶体中的各个振动是相互独立的，且采用同一频率振动，即

$$\omega_i(q) = \omega_E$$

式中，ω_E 为爱因斯坦频率。根据 6.1 节的讨论，频率为 ω_E 的平均振动能量为 $\bar{\varepsilon} = \bar{n}_E \hbar\omega_E$ [式(6-49)]，因此总的平均能量为

$$\bar{E}(T) = 3N\bar{n}_E\hbar\omega_E = \frac{3N\hbar\omega_E}{e^{\hbar\omega_E/k_0T} - 1} \tag{6-56}$$

式中，N 为总的原子数；$3N$ 为总的自由度数。此时等容热容为

$$\begin{aligned} C_V &= \left(\frac{d\bar{E}}{dT}\right)_V = 3Nk_0\left(\frac{\hbar\omega_E}{k_0T}\right)^2 \frac{e^{\hbar\omega_E/k_0T}}{\left(e^{\hbar\omega_E/k_0T} - 1\right)^2} \\ &= 3Nk_0\left(\frac{\theta_E}{T}\right)^2 \frac{e^{\theta_E/T}}{\left(e^{\theta_E/T} - 1\right)^2} \end{aligned} \tag{6-57}$$

式中，$\theta_E = \dfrac{\hbar\omega_E}{k_0}$ 为爱因斯坦温度。爱因斯坦模型本身不能确定 θ_E(或 ω_E)，需要选择合适的 θ_E，使理论曲线与实验的热容曲线尽可能符合。虽然不同材料的爱因斯坦温度都不相同，但大多数固体材料的 θ_E 为 $100\sim300\ \text{K}$。

根据式(6-57)，在高温极限下，即 $T \gg \theta_E$，可得

$$C_V \approx 3Nk_0 \tag{6-58}$$

这与经典理论得到的结果相同。

在低温极限，即 $T \ll \theta_E$，可得

$$C_V \approx 3Nk_0\left(\frac{\theta_E}{T}\right)^2 e^{-\frac{\theta_E}{T}} \tag{6-59}$$

当温度趋于零时，C_V 也趋于零，与实验结果的整体趋势相符。这是经典理论得不到的

结果，解决了长期困扰研究人员的一个疑难问题，这也正是爱因斯坦模型的重要贡献所在。但式(6-59)给出热容在低温下以指数形式迅速趋于0，比实际的T^3趋于0的速度更快。这首先是因为，爱因斯坦模型将所有格波的频率设为同一个值过于简单；其次，计算表明ω_E更接近长光学波的频率，而在低温下主要是低频的声学波对热容有贡献，高频的光学波多数被“冻结”，因此低温下有较大的偏离。

2) 德拜模型

德拜于1912年提出了关于热容的另一个简化模型。不再认为所有格波振动模式为单一频率，而是分布在一定范围($0\sim\omega_D$)。并把晶体当作连续介质处理，将格波看成弹性波，实际就是考虑了长声学波的贡献。

弹性波的色散关系为

$$\omega = vq \tag{6-60}$$

式中，v为弹性波的波速，包括一个纵波和两个横波，为简便，令两者的波速相等；$\boldsymbol{q}$为格波波矢。

类似于6.1节的讨论，由于周期性边界条件，波矢$\boldsymbol{q}$的取值是分立和均匀的[式(6-32)]，每个q点占据的体积为$\dfrac{2\pi}{Na}=\dfrac{2\pi}{L}$(一维情形)，因此在三维空间中的波矢密度为

$$\frac{1}{(2\pi/L)^3}=\frac{V}{(2\pi)^3} \tag{6-61}$$

式中，V为晶体的体积。由于V是一个宏观量，q实际的分布可以看作是准连续的。而q与ω是一一对应的，所以ω也是准连续变化。因此，在$\omega\sim\omega+\mathrm{d}\omega$，振动模式的数目可表示为

$$\mathrm{d}n = g(\omega)\mathrm{d}\omega \tag{6-62}$$

式中，$g(\omega)$为频率分布函数或振动模式密度，它概括了一个晶体中振动模频率的分布状况。已知频率密度，晶体总的平均热振动能量就可表示为

$$\overline{E}=\int_0^{\omega_D}\left(\frac{\hbar\omega}{\mathrm{e}^{\hbar\omega/k_0T}-1}\right)g(\omega)\mathrm{d}\omega \tag{6-63}$$

由此，得

$$C_V=\int_0^{\omega_D}k_0\frac{\mathrm{e}^{\hbar\omega/k_0T}}{(\mathrm{e}^{\hbar\omega/k_0T}-1)^2}\left(\frac{\hbar\omega}{k_0T}\right)^2 g(\omega)\mathrm{d}\omega \tag{6-64}$$

由式(6-60)的弹性波色散关系，可知在波矢空间，ω的等能面为球面。因此，在$\omega\sim\omega+\mathrm{d}\omega$的等能面范围内，对应的$q$空间体积为$4\pi q^2\mathrm{d}q$，则

$$g(\omega)\mathrm{d}\omega=3\frac{V}{(2\pi)^3}\times4\pi q^2\mathrm{d}q=\frac{3V\omega^2\mathrm{d}\omega}{2\pi^2v^3} \tag{6-65}$$

将其代入式(6-64)，得

$$C_V=\frac{3V}{2\pi^2v^3}\int_0^{\omega_D}k_0\left(\frac{\hbar\omega}{k_0T}\right)^2\frac{\mathrm{e}^{\hbar\omega/k_0T}}{(\mathrm{e}^{\hbar\omega/k_0T}-1)^2}\omega^2\mathrm{d}\omega \tag{6-66}$$

令$x=\hbar\omega/k_0T$，则由式(6-66)可得

$$C_V=\frac{3Vk_0^4T^3}{2\pi^2\hbar^3v^3}\int_0^{x_D}\frac{x^4e^x}{\left(e^x-1\right)^2}dx \tag{6-67}$$

式中，$x_D=\frac{\hbar\omega_D}{k_0T}=\frac{\theta_D}{T}$，$\theta_D$为德拜温度。

因为总的振动模式数为$\int_0^{\omega_D}g(\omega)d\omega=3N$，可得

$$\omega_D=\left(\frac{6\pi^2N}{V}\right)^{1/3}v$$

$$\theta_D=\frac{\hbar\omega_D}{k_0}=\frac{\hbar}{k_0}\left(\frac{6\pi^2N}{V}\right)^{1/3}v \tag{6-68}$$

这样，式(6-67)的热容可表达为

$$C_V=9Nk_0\left(\frac{T}{\theta_D}\right)^3\int_0^{x_D}\frac{x^4e^x}{\left(e^x-1\right)^2}dx=3Nk_0f_D\left(\frac{\theta_D}{T}\right) \tag{6-69}$$

式中，$f_D\left(\frac{\theta_D}{T}\right)=3\left(\frac{T}{\theta_D}\right)^3\int_0^{x_D}\frac{x^4e^x}{\left(e^x-1\right)^2}dx$，为德拜热容函数。可见德拜热容的特征完全由德拜温度确定。与爱因斯坦温度的确定类似，德拜温度的确定也是通过与实验结果比对，得到最合适的解。

根据式(6-69)，在高温极限下，即$T\gg\theta_D$，可得

$$C_V=3Nk_0 \tag{6-70}$$

与经典理论的结果相同，符合高温区的实验结果。

在低温极限下，当温度$T\ll\theta_D$ ($x_D\to\infty$)时，对式(6-69)进行分部积分，可得

$$C_V=\frac{12\pi^4Nk_0}{5}\left(\frac{T}{\theta_D}\right)^3 \tag{6-71}$$

表明低温下C_V与T^3成比例，常称为德拜T^3定律。实验证明，德拜模型在低温下与实验符合得很好，如图6-4所示为金属镱(Yb)在低温下的热容和拟合曲线。这正是因为低温极限下晶格热容主要由低频率的振动贡献，也就是波长较长、可近似为弹性波的声学波。

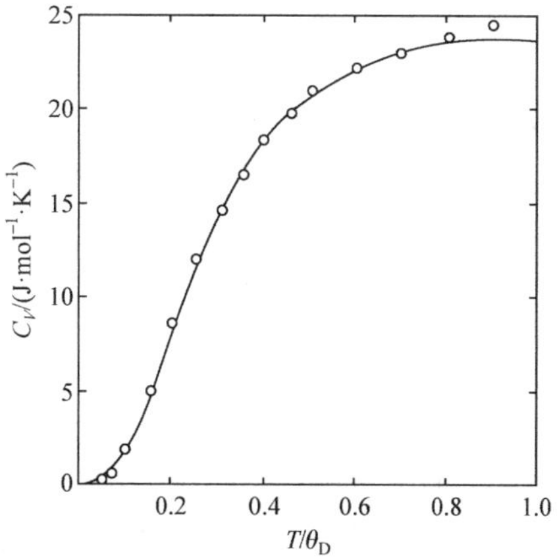

图6-4　金属镱(Yb)在低温下的热容(数据点)和拟合曲线

根据式(6-68)，德拜频率ω_D(或θ_D)由弹性波的波速决定，多数晶体的θ_D为200～400 K，相当于$\omega_D\approx10^{13}\ s^{-1}$。对于一些弹性模量大、密度低的晶体，

如金刚石，弹性波速很大，德拜温度 θ_D 可高达 1000 K 以上。

德拜理论在相当长的一个时期被认为与实验结果是精确符合的。但随着低温测量技术的发展，越来越暴露出德拜理论与实际数值间仍然存在明显的偏离。当温度降到一定值时，发现在不同温度下拟合得到的德拜温度不是常数。这是因为德拜模型虽然足够精确，但还是一个近似的理论。要严格求解晶格的热容，必须根据频率色散关系 $\omega(q)$ 精确地计算出晶格的振动模式密度 $g(\omega)$。实际晶体的色散关系往往与德拜模型存在一些偏离。另外，还需考虑自由电子对热容的影响，尤其在极低温情况下，更为明显。

3. 自由电子的热容

在实际材料，特别是金属合金中，除了要考虑晶格原子振动对热容的贡献，还需考虑自由电子对热容的贡献。根据 1.1 节中自由电子的量子理论式(1-50)，金属中自由电子在温度为 T 时的平均能量为

$$\overline{E}=\frac{3}{5}E_{\mathrm{F}}^{0}\left[1+\frac{5}{12}\pi^{2}\left(\frac{k_{0}T}{E_{\mathrm{F}}^{0}}\right)^{2}\right]$$

因此，自由电子的热容为

$$C_V^{\mathrm{e}}=\left(\frac{\mathrm{d}\overline{E}}{\mathrm{d}T}\right)_V=Nk_0\frac{\pi^2}{2}\frac{k_0T}{E_{\mathrm{F}}^0}=\gamma T \tag{6-72}$$

式中，γ 为电子热容系数。可以看到自由电子热容是随温度线性增大的。实际发现在常温下晶格振动对摩尔热容量贡献的量级为 $\mathrm{J\cdot mol^{-1}\cdot K^{-1}}$，而电子比热的量级为 $\mathrm{mJ\cdot mol^{-1}\cdot K^{-1}}$，这是因为只有费米面附近 k_0T 范围内的电子才能受热激发而跃迁至较高的能级，因此电子热容在一般温度下对热容贡献较小。但是在极低温下，电子热容变得与晶格热容相似，此时晶体的热容应表示为

$$C_V=AT^3+BT \text{ 或 } C_V/T=B+AT^2 \tag{6-73}$$

以 C_V/T 为纵坐标，T^2 为横坐标绘制曲线，会得到直线关系，斜率即为德拜晶格热容系数，截距为电子热容系数。

6.2.3 不同材料的热容特性

一般地，材料的成分不同热容也不同，材料的热容由材料的特性决定。基于组成材料的原子和分子的差异，单质材料的热容相对偏低，金属材料的热容低于以化合物为主的无机材料，而无机材料的热容明显小于大分子结构的高分子材料。实际材料的热容主要取决于材料的化学成分，即材料的热容和组织结构关系不敏感，下面针对不同类型的材料热容及其影响做进一步了解。

1. 金属合金的热容

金属中含有大量的自由电子，因此其热容由晶格(声子)热容和电子热容共同组成。根据前面的讨论，在低温下，声子热容符合德拜模型，整体热容随温度的变化遵循式(6-71)；在极低温下，声子被冻结，只有电子的贡献，此时 $C_V \propto T$；在高温下趋于常数 $3Nk_0$。

当在纯金属中添加合金元素，形成固溶体或金属间化合物时，体系的形成能会使总的热力学能变化，但组分中每个原子的热振动能几乎与该原子在纯物质单质晶体中同一温度的热振动能相同。诺伊曼-柯普(Neuman-Kopp)定律给出了合金的热容 C 是每个组成元素热容 C_i 与其百分含量 x_i 的乘积之和，即

$$C = x_1C_1 + x_2C_2 + x_3C_3 + \cdots = \sum_{i=1}^{n} x_iC_i \tag{6-74}$$

该定律具有一定的普适性。在高于德拜温度 θ_D 时，由它计算出的热容值与实测结果相差不超过 4%。但应当指出它不适用于低温条件或存在铁磁性转变的合金材料。

金属合金材料的热处理和加工会改变合金的组织，但实际发现在高温条件下，材料热容几乎没有变化。可见，热容取决于材料的成分，对组织结构关系不敏感。

2. 无机非金属的热容

无机非金属材料基本没有自由电子或自由电子密度远低于金属材料，所以电子热容的贡献基本上可忽略不计。绝大多数无机非金属材料的热容规律相似，都遵从德拜定律，高温下(高于 θ_D)趋于常数，低温下与温度 T^3 成比例。图 6-5 给出了 MgO、Al_2O_3、SiC 和莫来石等几种陶瓷材料的热容随温度的变化，不仅变化曲线相似，而且高温下它们的摩尔热容都接近 25 J · K^{-1} · mol^{-1}。可见，无机非金属材料的热容与大多数固体材料相似，即热容与材料的结构几乎无关。

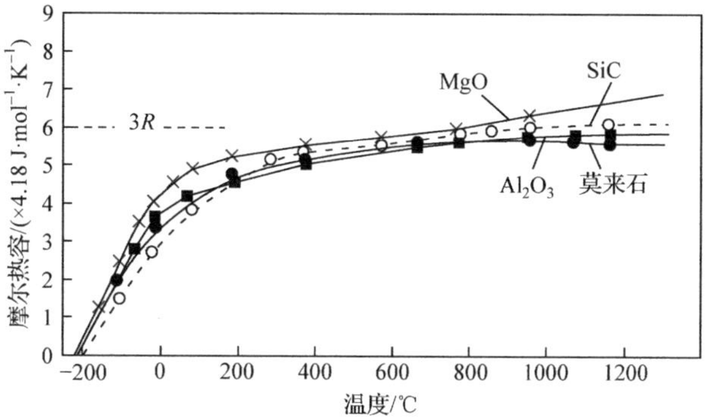

图 6-5　几种陶瓷材料的热容随温度的变化

无机非金属的热容同样可利用式(6-74)简单地通过化学成分估算。如为单相材料，其热容是各元素热容及其含量的代数和；如为多相材料，热容是每一相的热容及其含量的代数和。

无机材料常采用烧结制备，有时还会根据需要特意制造气孔，材料中的气孔降低了材料的密度，热容也会明显下降，因气孔不利于热传导。这类多孔轻质材料作为保温材料使用有利于降低热损耗，提高升降温速率，如常见的防火砖材料。

6.2.4　相变对热容的影响

材料发生相变时会伴随潜热现象，导致体系自由能发生变化，热容曲线往往会产生拐点，因此可以根据热容的突变探测相变点。由于相变通常发生在恒温恒压下，所以对应的热量变化是体系的焓变，即相变潜热 $\Delta H = \Delta Q$，其对应的热容通常是指定压热容 C_p(定压热容

和定容热容的区别见 6.2.1 节)。根据热力学函数在相变前后的变化，相变通常可以分为一级相变和二级相变。下面分别讨论发生这两种相变时的热容特征。

1. 一级相变

如相变因产生体积(V)或熵(S)的突变，导致有潜热的吸收或释放，称为一级相变。相变潜热 ΔH 的发生，导致转变点的热容 C_p 趋于无穷大。几乎所有同素异构转变、熔化、凝固等都是一级相变。多相合金中的共晶转变、包晶转变和共析转变也是一级相变。

下面以金属熔化为例，说明一级相变的热量变化及对应的热容特征。如图 6-6 所示，当金属材料加热达到熔点 T_m，由于熔化需要大量的熔化热 $\Delta Q = \Delta H$ ，焓变曲线产生拐折并陡直上升，对应的热容变化趋于无穷大($C_p = \partial H/\partial T$)。并且液态热量变化曲线的斜率比固态大，对应液态金属的热容明显大于固态。

2. 二级相变

如果相变过程中没有出现体积或系统熵的突变，无相变潜热产生，称为二级相变。二级相变时热容、膨胀率、压缩率等物理参数会出现奇异点，一般是在一定温度范围内逐步完成转变。转变的温度区间越小，热容等的变化越明显。二级相变包括有序-无序转变、铁磁材料在居里温度处的铁磁-顺磁转变、确定温度下的导体-超导转变等。如图 6-7 所示是 $CuCl_2$ 在 24 K 时的磁性转变对其热容的影响，可以清晰地观测到热容的突变。

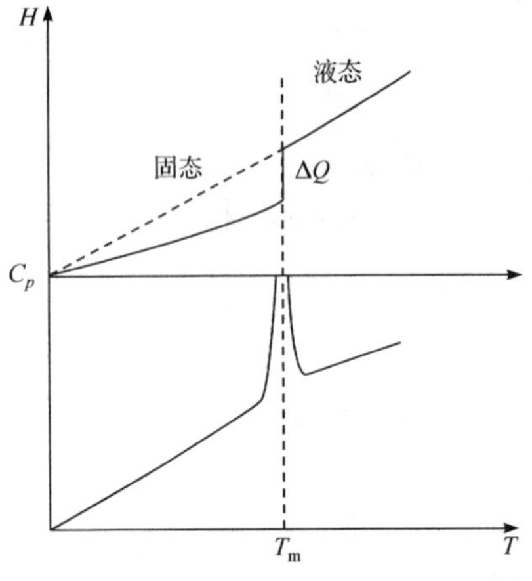

图 6-6 金属熔化时焓和热容的变化与温度的关系

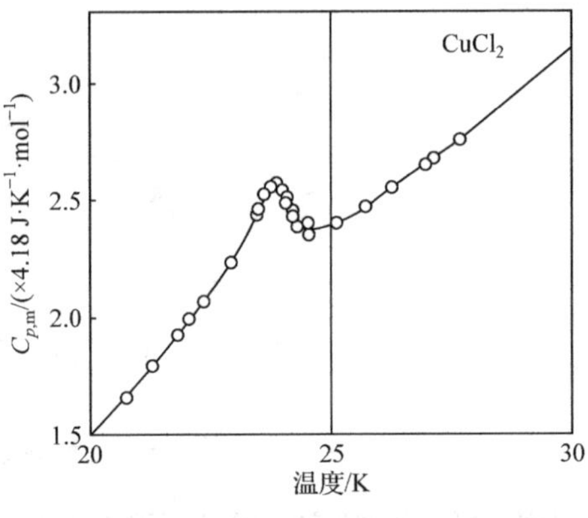

图 6-7 $CuCl_2$ 在 24 K 时的磁性转变对其热容的影响

以上给出的一级相变和二级相变是可逆相变。金属合金材料还存在不可逆变化，如过饱和固溶体的时效析出、材料形变出现的恢复与再结晶现象等，都是亚稳态组织向稳态的转变过程。一般地，不发生相变，材料的热容随温度基本上呈线性变化，有相变产生会有拐点或奇异点产生。

6.3 热膨胀

大多数物质的体积或长度随温度的升高而增大，这一现象称为热膨胀。不同物质的热膨胀特性是不同的，大多数物质随温度变化有明显的体积变化，而另一些物质则相反。即使是同一种物质，当处于不同的晶体结构时，也将有不同的热膨胀性能。材料的热膨胀性质不仅是材料应用的重要参数，而且对研究材料性能和组织结构有重要意义。例如，金属在加热或冷却的过程中发生相变，因不同相组成的热容差异引起热膨胀的突变，这种异常的膨胀效应提供了组织转变以及与转变相关现象的重要信息。

6.3.1 热膨胀系数

设材料的初始长度(体积)为$l_0(V_0)$，升温后的增量为$\Delta l(\Delta V)$，则有

$$\frac{\Delta l}{l_0}=\bar{\alpha}_l\Delta T \text{ 或 } \frac{\Delta V}{V_0}=\bar{\alpha}_V\Delta T \tag{6-75}$$

式中，$\bar{\alpha}_l$和$\bar{\alpha}_V$分别为平均线膨胀系数和平均体膨胀系数。在某一特定温度T，有

$$\alpha_l=\frac{1}{l}\frac{\partial l}{\partial T} \text{ 或 } \alpha_V=\frac{1}{V}\frac{\partial V}{\partial T} \tag{6-76}$$

式中，α_l和α_V分别为材料在该温度下的线膨胀系数和体膨胀系数，通常随温度升高会略微增大，因此工业上通常用某温度范围内的平均变化量，即$\bar{\alpha}_l$、$\bar{\alpha}_V$表示材料的热膨胀特性。

温度升高ΔT后，材料的长度和体积分别为

$$l_T=l_0+\Delta l=l_0(1+\bar{\alpha}_l\Delta T) \tag{6-77}$$

$$V_T=V_0+\Delta V=V_0(1+\bar{\alpha}_V\Delta T) \tag{6-78}$$

对于立方体材料，三个方向为各向同性，有

$$\begin{aligned}V_T&=l_T^3=l_0^3(1+\bar{\alpha}_l\Delta T)^3=V_0(1+\bar{\alpha}_l\Delta T)^3\\&\approx V_0(1+3\bar{\alpha}_l\Delta T)\end{aligned} \tag{6-79}$$

这是因为$\bar{\alpha}_l$值一般较小(一般为10^{-6}～10^{-5}K^{-1}的数量级)，所以可忽略展开式中的高次项。比较式(6-77)和式(6-78)可知：

$$\bar{\alpha}_V\approx 3\bar{\alpha}_l \tag{6-80}$$

同理

$$\alpha_V\approx 3\alpha_l \tag{6-81}$$

即对于各向同性晶体，体膨胀系数约为线膨胀系数的3倍。

对于各向异性晶体，若其各晶轴方向的平均线膨胀系数分别为$\bar{\alpha}_a$、$\bar{\alpha}_b$、$\bar{\alpha}_c$，则有

$$\begin{aligned}V_T&=l_{aT}l_{bT}l_{cT}=l_{a0}l_{b0}l_{c0}(1+\bar{\alpha}_a\Delta T)(1+\bar{\alpha}_b\Delta T)(1+\bar{\alpha}_c\Delta T)\\&\approx V_0\left[1+\left(\bar{\alpha}_a+\bar{\alpha}_b+\bar{\alpha}_c\right)\Delta T\right]\end{aligned} \tag{6-82}$$

这同样是因为$\bar{\alpha}_a$、$\bar{\alpha}_b$、$\bar{\alpha}_c$值较小，所以乘积项可忽略。比较式(6-78)和式(6-82)可知

$$\bar{\alpha}_V\approx\bar{\alpha}_a+\bar{\alpha}_b+\bar{\alpha}_c \tag{6-83}$$

同理

$$\alpha_V\approx\alpha_a+\alpha_b+\alpha_c \tag{6-84}$$

即体膨胀系数约为各晶轴方向线膨胀系数的和。这是线膨胀系数与体膨胀系数之间更一般

的关系。

6.3.2 热膨胀的微观机制

要解释材料的热膨胀现象，晶格振动就不能再按照简谐近似处理。因为简谐近似下，原子的相互作用势能只展开到位移的二次项，该势能函数关于原子平衡位置是对称(偶函数)的。此时随着温度升高原子振幅和频率增加，但始终以平衡位置为中心振动，无热膨胀。如果考虑非简谐近似，则原子的相互作用势能不再关于平衡位置对称。此时随着温度增加，原子热振动不仅振幅和频率增加，其平衡位置的原子间距也在增加，宏观上表现为热膨胀，如图 6-8 所示。

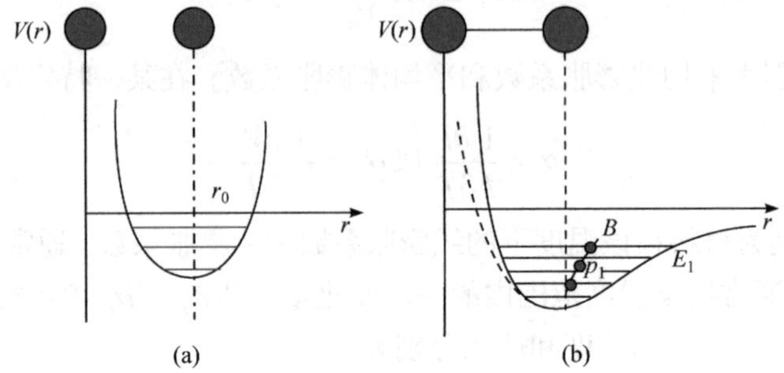

图 6-8 (a)简谐近似和(b)非简谐近似下的势能曲线

下面以一维单原子链为例进行具体的说明。当考虑非简谐近似时，两原子间的势能函数可展开为

$$V(r)=V(r_0)+\left(\frac{\partial V}{\partial r}\right)_{r_0}\delta+\frac{1}{2!}\left(\frac{\partial^2 V}{\partial r^2}\right)_{r_0}\delta^2+\frac{1}{3!}\left(\frac{\partial^3 V}{\partial r^3}\right)_{r_0}\delta^3+\cdots \tag{6-85}$$

式中，δ 为偏离平衡位置的量。由于在平衡位置，势能为最小值，$\left(\frac{\partial V}{\partial r}\right)_{r_0}=0$，所以上式中的一次项为 0。令 $c=\frac{1}{2}\left(\frac{\partial^2 V}{\partial r^2}\right)_{r_0}$，$g=-\frac{1}{3!}\left(\frac{\partial^3 V}{\partial r^3}\right)_{r_0}$，则

$$V(r)\approx V(r_0)+c\delta^2+g\delta^3+\cdots \tag{6-86}$$

由图 6-8 可知，c、g 均为正常数。式中 $V(r_0)$ 为常数，与温度无关，在下面的讨论中可忽略。在热平衡下，原子偏离平衡位置的平均位移服从玻尔兹曼统计：

$$\overline{\delta}=\frac{\int_{-\infty}^{\infty}\delta \mathrm{e}^{-V/k_0T}\mathrm{d}\delta}{\int_{-\infty}^{\infty}\mathrm{e}^{-V/k_0T}\mathrm{d}\delta} \tag{6-87}$$

如果只考虑式(6-86)中的简谐项，$\int_{-\infty}^{\infty}\delta \mathrm{e}^{-V/k_0T}\mathrm{d}\delta$ 中的被积分项为奇函数，积分为 0，所以 $\overline{\delta}=0$，无热膨胀现象。

考虑非简谐项后代入式(6-87)，得到：

$$\int_{-\infty}^{\infty}\delta e^{-(c\delta^2-g\delta^3)/k_0T}d\delta = \frac{g}{k_0T}\left(\frac{k_0T}{c}\right)^{5/2}\frac{3}{4}\sqrt{\pi}$$

$$\int_{-\infty}^{\infty}e^{-(c\delta^2-g\delta^3)/k_0T}d\delta = \left(\frac{\pi k_0T}{c}\right)^{1/2}$$

$$\bar{\delta} = \frac{3}{4}\frac{g}{c^2}k_0T \tag{6-88}$$

有热膨胀现象。此时热膨胀系数(一维情形)为

$$\alpha_l = \frac{1}{r_0}\frac{d\bar{\delta}}{dT} = \frac{3}{4r_0}\frac{g}{c^2}k_0 \tag{6-89}$$

α_l是一个不依赖温度的常数。这是只考虑三次非谐项的情形，若考虑势能函数的更高次项，则可得到热膨胀系数与温度的关系。

实际上，除了原子间距的增大可引起热膨胀外，晶体中的各种热缺陷也会引起晶格畸变和局部点阵膨胀。虽然这些膨胀在一般情况下是可以忽略的，但在高温下这些因素引起的膨胀也应考虑。例如，在高温下空位密度大量增大也会引起长度和体积的明显增大，这使前面的推导需要修正。

6.3.3 影响热膨胀的因素

1. 热膨胀系数与其他热学参数的关系

从晶格振动的理论出发，求解晶格振动的自由能，进而得到晶格的状态方程(具体推导参见固体物理书籍)，为

$$p = -\left(\frac{dU}{dV}\right)_T - \frac{1}{V}\sum_i \bar{\varepsilon}_i \frac{d\ln\omega_i}{d\ln V} \tag{6-90}$$

式中，p为压强；U为晶体的结合能；$\bar{\varepsilon}_i$为频率为ω_i的格波在温度T时的平均能量。而ω_i与V的关系很复杂，因此格林艾森假定，对于所有振动模式它近似相同，令

$$-\frac{d\ln\omega_i}{d\ln V} = \gamma \tag{6-91}$$

式中，γ为格林艾森常数。由于一般ω_i随着V的升高而降低，γ为正值。因此，晶格状态方程可写为

$$p = -\left(\frac{dU}{dV}\right)_T + \gamma\frac{\bar{E}}{V} \tag{6-92}$$

式中，$\bar{E}$为晶格振动的总能量。式(6-92)称为格林艾森状态方程。

现在利用它讨论热膨胀。由于热膨胀是在不施加压力的情况下，体积随温度的变化，令$p=0$。且在体积变化较小时：

$$\frac{dU}{dV} = (V-V_0)\left(\frac{d^2U}{dV^2}\right)_{V_0} = \frac{\Delta V}{V_0}V_0\left(\frac{d^2U}{dV^2}\right)_{V_0} = K\frac{\Delta V}{V_0} \tag{6-93}$$

式中，K为体积弹性模量。因此，式(6-92)可化成

$$K\frac{\Delta V}{V_0}=\gamma\frac{\bar{E}}{V} \tag{6-94}$$

式(6-94)对温度求导，就得到热膨胀系数：

$$\alpha_V=\frac{1}{V_0}\frac{\mathrm{d}V}{\mathrm{d}T}=\frac{\gamma}{K}\frac{C_V}{V} \tag{6-95}$$

式(6-95)称为格林艾森定律。可以看到热膨胀系数与格林艾森常数成正比。对于简谐近似，$\gamma=0$，无热膨胀现象。再次验证了热膨胀是非简谐效应。热膨胀系数 α_V 或格林艾森常数 γ 可作为检验非简谐效应的尺度。实验测定，对于大多数晶体，γ 值一般为 1～3。

另外还可看到热膨胀系数和热容成正比，有相似的温度依赖关系。低温下随温度升高急剧增大，高温则趋于平缓。金属铝的线膨胀系数($\alpha_l=1/3\alpha_V$)随温度的变化关系(图 6-9)，完全类似于热容随温度的变化规律。

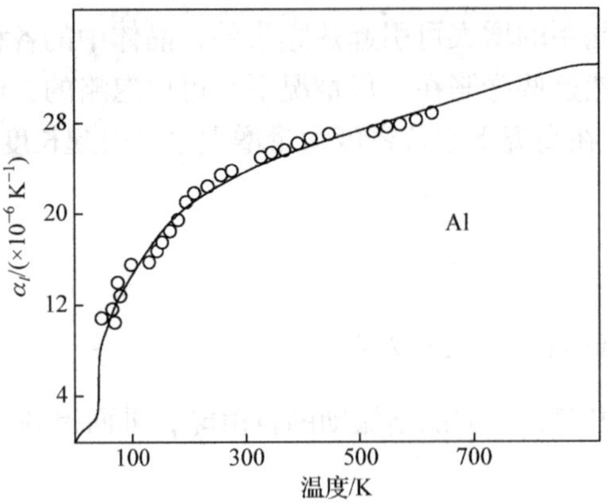

图 6-9　金属铝的线膨胀系数随温度的变化关系

空心点为实验数据；实线为理论曲线

格林艾森还提出固体的热膨胀存在极限，这是因为晶体体积膨胀过大时原子间结合力变得很弱，晶格振动过于剧烈，不足以维持固态。对于一般纯金属，发现从 0 K 加热到熔点时，体积相对膨胀量约为 6%，即

$$T_{\mathrm{m}}\alpha_V=\frac{V_{T_{\mathrm{m}}}-V_0}{V_0}=C \tag{6-96}$$

式中，$V_{T_{\mathrm{m}}}$ 和 V_0 分别为熔点温度和 0 K 时的体积。对于立方和六方结构的金属，C 为常数，为 0.060～0.076。可见金属的熔点越高，热膨胀系数越低。

2. 组织结构和成分的影响

热膨胀与原子间的结合力相关，而元素的原子间结合力随原子序数呈现周期性的变化，所以热膨胀系数与硬度、熔点等物理性能类似，也随原子序数发生周期性变化。例如，从元素周期表第三周期的 Na 到第四周期的 K(去除气态的 Cl 和 Ar)，Na 的热膨胀系数是一个高点，随后逐渐降低，到 Si 单质最低，然后又开始升高，K 的热膨胀系数达到另一个极大值。如此循环下去，表现一定的周期特性。对于化合物，通常具有较高成键强度的晶体结构，如 SiC，具有低的热膨胀系数。

由相同成分组成的物质，发生相变时因组织结构不同，热膨胀系数也不同。通常结构紧密的晶体热膨胀系数较大，而类似非晶态玻璃结构的材料，热膨胀系数较小。例如，石英晶体的热膨胀系数为 $12\times10^{-6}\,K^{-1}$，而石英玻璃只有 $0.5\times10^{-6}\,K^{-1}$。这是因为玻璃结构疏松，内部孔洞多。在温度升高时，原子热振幅加大，原子间距离增加，应力会部分地在内部结构孔洞中得到释放而抵消，所以整体宏观膨胀量就明显变小。

组成合金的溶质元素及含量对合金的热膨胀影响极为明显。向固溶体中加入热膨胀系数大的溶质元素时，热膨胀系数增大；反之固溶体的热膨胀系数减小。对于大多数合金，如形成均一的单相固溶体，则合金的热膨胀系数一般介于组元的热膨胀系数之间，但一般并不与成分呈线性关系。如果材料由两种或多种不同结构的多相混合物组成，每一相都有自身的膨胀系数，多相体受热膨胀时，简单地利用加权平均值估算材料的热膨胀系数是不准确的，因为各相热膨胀系数的差异会导致内应力的产生，而内应力会明显地抑制材料的热膨胀。

复合材料、多相合金、多相陶瓷中热膨胀系数差异导致的热应力是产生微观裂纹的重要机制之一，当这种热膨胀伴随相变等组织变化引起应力时，这种裂纹更容易产生，甚至导致宏观断裂。因此，陶瓷在加热和冷却过程中都要注意缓慢地升温和降温，防止热应力引起开裂。金属材料淬火时采用不同的介质也是为了在满足相变要求的前提下尽量缓慢降温，防止开裂、应力和变形。

3. 相变的影响

材料发生相变时，一级相变的特征是体积或熵发生突变或有相变潜热，典型的如晶体结构的转变，一般在相变点处热膨胀曲线不连续。二级相变包括铁磁-顺磁转变、有序-无序转变等，虽然无体积突变和相变潜热，但其热膨胀系数和热容也会有突变。通过观测相变附近材料的热膨胀行为，可分析材料的转变现象，测定相变温度。下面举一个例子进行说明。

晶体结构的转变是一级相变。例如，ZrO_2 晶体在室温时为单斜结构，温度升高到接近1200℃时，转变成四方晶系，伴随着约 4%的体积收缩，出现负热膨胀效应(图 6-10)。冷却到1000℃时又从四方晶形转变为单斜结构，体积膨胀到原来水平。升温和降温过程存在滞后，这是一级相变的特征。

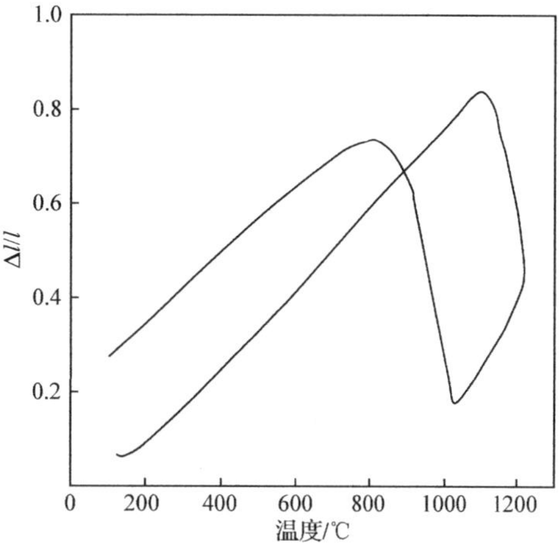

图 6-10　ZrO_2 晶体的热膨胀曲线

6.4 热　传　导

6.4.1 热传导的基本概念和规律

1. 稳态热传导

当晶体中温度不均匀时，将会有热量从高温处流向低温处，直至各处温度相等，达到新的热平衡，这种现象称为热传导。类似于扩散定律，热传导服从由大量实验结果归纳出的傅里叶定律，即在稳态下，材料中各点的温度不随时间变化时，在时间Δt内沿x轴正方向传过ΔS截面积上的热量为

$$\Delta Q = -\kappa \frac{\mathrm{d}T}{\mathrm{d}x} \Delta S \Delta t \tag{6-97}$$

式中，$\frac{\mathrm{d}T}{\mathrm{d}x}$为温度梯度；$\kappa$(为正值)为热导率或导热系数，表示在单位温度梯度下，单位时间内通过单位截面积的热量(单位为$\mathrm{W \cdot m^{-1} \cdot K^{-1}}$或$\mathrm{W \cdot cm^{-1} \cdot K^{-1}}$)，反映材料的导热能力；负号表示传热方向与温度梯度方向相反。

定义单位时间内通过材料垂直于导热方向的单位截面积的热量为能(热)流密度，以J表示，则有

$$J = \frac{\Delta Q}{\Delta S \Delta t} = -\kappa \frac{\mathrm{d}T}{\mathrm{d}x} \tag{6-98}$$

J与温度梯度成正比，这是傅里叶定律的另一种表述方式，与扩散第一定律有相似的形式。

2. 非稳态热传导

对于非稳态热传导，材料各点的温度是随时间变化的，因此温度梯度与时间有关。例如，一个孤立体系内部的传热就是非稳态的。实际传热过程非稳态更为普遍。例如，不考虑材料与外界的热交换，则材料热端温度逐渐降低，冷端温度逐渐升高，各点的温度梯度不断变化，到平衡时趋于零。在非稳态条件下，热传导方程为

$$\frac{\mathrm{d}T}{\mathrm{d}t} = \alpha \frac{\mathrm{d}^2 T}{\mathrm{d}x^2}$$

$$\alpha = \frac{\kappa}{\rho C} \tag{6-99}$$

式中，ρ为密度；C为热容；α为材料的导温系数或热扩散率，表示加热或冷却过程中物体温度趋于均匀一致的能力。相同条件下，α越大，温度变化速度越快，材料中温差减小的速度越快，温度越容易达到均匀。热扩散率一般是工程上采用的导热参数。对于经受骤冷骤热的材料，大的热扩散率对于减小其热应力有特殊的意义。例如，钢在淬火时经历急速的冷却，如果热扩散率大，则冷却过程中从表面到内部的温度梯度小，不容易由于热应力太大导致开裂。对于陶瓷材料，热应力导致的开裂是较为严峻的问题。

式(6-99)与扩散第二定律有相似的形式，只要确定了初始条件与边界条件，非稳态传热在不同时间内的温度分布也可以用类似于扩散第二方程的解法求出。

3. 热导率的微观表达式

将固体中的相互作用粒子类比于自由运动的气体分子，应用气体分子动力学理论，设分子浓度为n，沿x方向的运动速度为v_x，因此沿x正方向的粒子流通量为$nv_x/2$。设E_i为单粒子能量，l为该方向上两次碰撞之间的距离即平均自由程，则发生一次碰撞后，单粒子能量的变化为$l\frac{\mathrm{d}E_i}{\mathrm{d}x}$，总的净热流密度可表示为

$$J=-\left[\frac{1}{2}nv_x-\frac{1}{2}n(-v_x)\right]l\frac{\mathrm{d}E_i}{\mathrm{d}x} \tag{6-100}$$

由于 $n\frac{\mathrm{d}E_i}{\mathrm{d}x}=n\frac{\mathrm{d}E_i}{\mathrm{d}T}\frac{\mathrm{d}T}{\mathrm{d}x}=C_V\frac{\mathrm{d}T}{\mathrm{d}x}$ 和 $v_x=v_y=v_z=\frac{1}{3}v$，式(6-100)化为

$$J=-\frac{1}{3}C_V vl\frac{\mathrm{d}T}{\mathrm{d}x} \tag{6-101}$$

与热导率的定义式(6-98)进行比较，可以得到热导率的微观表达式：

$$\kappa=\frac{1}{3}C_V vl \tag{6-102}$$

当材料中有多种导热机制时，总的热导率为

$$\kappa=\frac{1}{3}\sum_i C_{Vi}v_i l_i \tag{6-103}$$

与电导率和电阻率概念类似，工程上还利用热阻表示材料热传导的阻隔能力。热阻为热导率的倒数：

$$\varpi=\frac{1}{\kappa} \tag{6-104}$$

6.4.2 热传导的微观机制

固体材料中的热传导主要包括晶格振动(声子)热导和自由电子热导两个方面。对于纯金属，电子导热是主要机制；在合金中，声子导热的作用会增强；在半金属或半导体内，声子导热和电子导热贡献相当；而在绝缘体内，几乎只存在声子导热。在一些特殊情形，如极高温下，还需考虑固体中的电磁辐射，即光子导热过程。

1. 声子热导

温度变化时，原子振动的频率(能量)发生变化，原子间的相互关联使材料最终趋于一致温度。利用前述声子的概念，可将晶格振动对热量的传递看作声子-声子碰撞对热量的传递。在无相互作用时，也就是简谐近似下，声子之间是相互独立的，可视为理想气体。引入非简谐效应，相当于在声子气体之间引入碰撞。碰撞过程可类比于气体分子热传导的过程。根据式(6-102)，得到声子碰撞的热导率为

$$\kappa_p=\frac{1}{3}C_V\overline{v}l \tag{6-105}$$

式中，$\overline{v}$ 为声子的平均速度，基本与温度无关；l 为声子的平均自由程，指声子在固体传播中受到两次散射之间运动的平均距离，主要由声子间的碰撞决定，与温度密切相关。

下面分不同的温区对声子的热导率进行讨论。

(1) 温度较高时，$T\gg\theta_D$，热容为定值 $3Nk_0$，平均声子数目：

$$\overline{n}=\frac{1}{\mathrm{e}^{\hbar\omega/k_0T}-1}\approx\frac{1}{1+\frac{\hbar\omega}{k_0T}-1}=\frac{k_0T}{\hbar\omega} \tag{6-106}$$

与温度成正比。声子越多，相互碰撞的概率越大，声子的平均自由程变小，与温度成反比。因此，高温时，热导率随温度升高而降低：

$$\kappa_p \propto \frac{1}{T} \tag{6-107}$$

(2) 较低温度下，$T \ll \theta_D$，声子的平均自由程取决于对热导过程贡献突出的大波矢声子的数目，即

$$\overline{n} = \frac{1}{e^{\hbar\omega_D/k_0T} - 1} \approx e^{-\theta_D/T} \tag{6-108}$$

此时平均自由程随温度降低迅速增大，热导率指数增大：

$$\kappa_p \propto l \propto e^{\theta_D/T} \tag{6-109}$$

更低温度下，实际的热导率系数并不会趋于无穷大。因为在实际晶体中存在杂质和缺陷散射，会限制平均自由程。对于完整的晶体，最大平均自由程 $l = D$ (D 为晶体尺度)。热导率主要由热容变化决定，根据德拜模型，低温下 $C_V \propto T^3$，所以

$$\kappa_p \propto T^3 \tag{6-110}$$

一般条件下，声子热传导是绝缘体材料导热的唯一方式。如图 6-11 所示为纯单晶 Y_2TiO_7 的热导率随温度变化关系，基本符合上述规律。

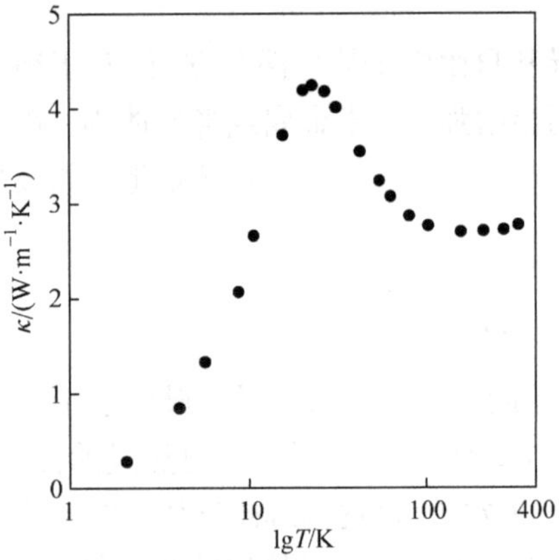

图 6-11 纯单晶 Y_2TiO_7 的热导率随温度变化关系

2. 电子热导

金属导体中含有大量的自由电子，自由电子的运动也可以传导热量。自由电子一般可视为无相互作用的自由电子气体，它贡献的热导率同样可以类比于气体分子的热导率：

$$\kappa_e = \frac{1}{3} C_V^e v_F l_e \tag{6-111}$$

式中，电子的平均速度用费米速度 v_F 代替。这是因为根据自由电子的量子理论(1.2 节)，对电子输运性质有贡献的主要是费米能级附近的电子。因此，各项参数都变成了与电子相关的。

电子的平均自由程受三方面作用：晶格散射、杂质散射和电子间的相互作用。如果晶体点阵结构是完整的理想结构，电子运动将不受阻碍，l_e 趋于无穷大，κ_e 也趋于无穷大。实际上晶格热运动会引起点阵原子偏离平衡位置；杂质、缺陷等也会造成周期性结构变化，影响自由电子的运动，导致 l_e 显著减小。平均自由程造成的电子热导率随温度变化较为复杂，没有统一的规律。不过实验结果表明，具有良好导电性金属的电子热导率和声子热导率之比：

$$\kappa_e / \kappa_p \approx 30 \tag{6-112}$$

表明良导体中的热传导主要以电子导热为主。金属的热导率与绝缘体的热导率之比大约为

30∶1，这意味着金属声子热导率与绝缘体的相当。对于合金材料，杂质元素会明显增大电子散射概率，所以电子热导率会有所下降，声子热导的贡献增加。而半导体材料中，声子热导和电子热导贡献基本相当。

另外，金属材料的热导率具有这样的规律：在室温条件下，许多单质金属的热导率与电导率之比 κ/σ 几乎相同，不依赖于元素种类，这个现象称为维德曼-弗兰兹定律。该定律表明，导电性好的金属材料，其导热性也好。这时金属中传热和导电的主体都是电子。

洛伦兹发现，κ/σ 比值与温度 T 成正比，即

$$\frac{\kappa}{\sigma}=LT \tag{6-113}$$

式中，L 为洛伦兹常量，大多数金属的 L 在 $2.5\times10^{-8}\,\mathrm{W\cdot\Omega\cdot K^{-2}}$ 左右。电导率与热导率之间的这一具有普遍意义的关系，提供了一个通过测定电导率估算金属热导率的途径。但需注意的是，不同金属间这一关系是有差别的，也就是说，维德曼-弗兰兹定律和洛伦兹方程只是近似成立的。对于合金材料，此差异会更大。

根据维德曼-弗兰兹定律，可以借助金属电导率随温度的变化关系，获得热导率随温度的变化。根据 2.2 节关于金属电阻率的讨论，电阻率可分为两部分，一部分是由材料结构缺陷造成的电阻，称为剩余电阻率 ρ_0，和温度无关；另一部分称为基本电阻率 ρ_T，是和温度相关的电阻率，主要是由晶格热振动或声子散射作用引起的，一般随着温度升高而增大，在不同的温度区间符合不同的指数关系。同样地，热阻也可分为本征热阻和剩余热阻两部分：

$$\varpi=\varpi_0+\varpi_T \tag{6-114}$$

本征热阻 ϖ_T 是基体纯组元的热阻，是由晶格振动(声子)对电子运动的散射造成的；剩余热阻 ϖ_0 与剩余电阻相对应，是由杂质缺陷对电子散射作用造成的。根据式(6-107)和式(6-110)，前者随温度升高而上升，后者随温度升高而下降。总热阻或热阻率有一最小值，相应热导率有一最大值。当然这只是近似的规律，对于含有较多晶体缺陷、杂质的金属或合金材料，电子平均自由程受温度的影响相对降低，温度对导热影响作用明显，声子导热作用加强。所以，合金热导率一般随温度的升高而增大。

3. 高温时的光子热导

高温条件下，材料会发生热辐射、向环境释放能量，这是光子导热。光子导热是在温度很高的情况下才发生的导热现象，此时固体中分子、原子和电子的振动、转动等运动状态的改变会辐射出频率较高的电磁波。这类电磁波覆盖了较宽的频谱，其中具有较强热效应的是波长为0.4～40 μm 的可见光和部分红外光区。这部分的能量传递称为热辐射。由于它们都在光频范围内，其传播过程和光在介质(透明材料、气体介质)中传播的现象类似，也有光的散射、衍射、吸收反射和折射等。所以可以把它们的导热过程看作光子在介质中传播的导热过程。

在温度 T 时，单位体积黑体热辐射能为

$$E_{\mathrm{r}}=4sn^3T^4/c \tag{6-115}$$

式中，$s=5.67\times10^{-8}\,\mathrm{W\cdot m^{-2}\cdot K^{-4}}$，为斯特藩-玻尔兹曼常量；$n$ 为材料的折射率；c 为光速。

相应的热容：

$$C_V = \frac{\partial E_r}{\partial T} = 16sn^3T^3/c \tag{6-116}$$

介质中光传播的速度为 $v = \frac{c}{n}$。根据式(6-102)，光子辐射产生的热导率 κ_r 为

$$\kappa_r = \frac{1}{3}C_V vl = \frac{16}{3}sn^2T^3l \tag{6-117}$$

式中，l 为光子的平均自由程。

对辐射透明的介质，吸收系数小，热阻小，l 较大；对辐射不透明的介质，吸收系数大，l 较小；对辐射完全不透明的介质，$l=0$，这种情况下辐射传热可以忽略，如金属材料。一般地，单晶材料和玻璃对热辐射是比较透明的，因此在 773～1273 K 辐射传热已经很明显；而大多数烧结陶瓷材料是半透明或透明度很差的，因此一些耐火氧化物在 1773 K 高温下辐射传热才明显。

6.4.3 影响热传导的因素

根据材料热传导的三种物理机制，不同导电性材料的热传导方式明显不同，导致热导率不同。各种热传导机制都和材料的热容、导热载体(声子、电子和光子等)的运动速度及自由程相关，主要取决于材料本身的属性，包括导电性、晶体结构、组织成分等。每种机制的温度依赖关系也有所不同，所以对热导率的影响还需要结合不同的温度进行讨论。下面就主要的一些影响因素进行介绍。

1. 导电性的影响

如前所述，电子热导率远大于声子热导，$\kappa_e/\kappa_p \approx 30$，因此材料是导体还是绝缘体，对导热性起决定性作用。图 6-12 给出了一些无机材料的热导率，铂作为金属，导电性最好，且随温度上升而有所提高，所以热导率最高，主要由电子热导贡献，随温度增大而增大，高温下趋于稳定。石墨导电性也很好，但具有特殊的层状结构，热导率比较高且随温度上升而下降，高温下声子热阻增大，热导率趋于稳定。具有半导体性质的 BeO 在低温下电导率很高，接近金属铂，热导率随温度升高迅速下降，显示其高温下声子导热特性。作为绝缘体的致密氧化物 Al_2O_3 和 MgO 以及 SiC 表现出声子热导的主导作用，热导率随温度上升而下降，达到高温趋稳。

2. 晶体结构的影响

声子传导与晶格振动的非谐性有关，晶体结构越复杂，晶格振动的非谐性程度越大，格波受到的散射越大，因此声子平均自由程越小，热导率越低。例如，镁铝尖晶石的热导率比 Al_2O_3 和 MgO 的热导率都低。莫来石的结构更复杂，所以其热导率比尖晶石的热导率更低。对于非等轴晶系的晶体，热导率也具有各向异性。例如，石英、金红石、石墨等都是在热膨胀系数低的方向热导率大。温度升高时，不同方向的热导率差异趋于减小，这是因为温度升高，晶体的结构总是趋于具有更高的对称性。

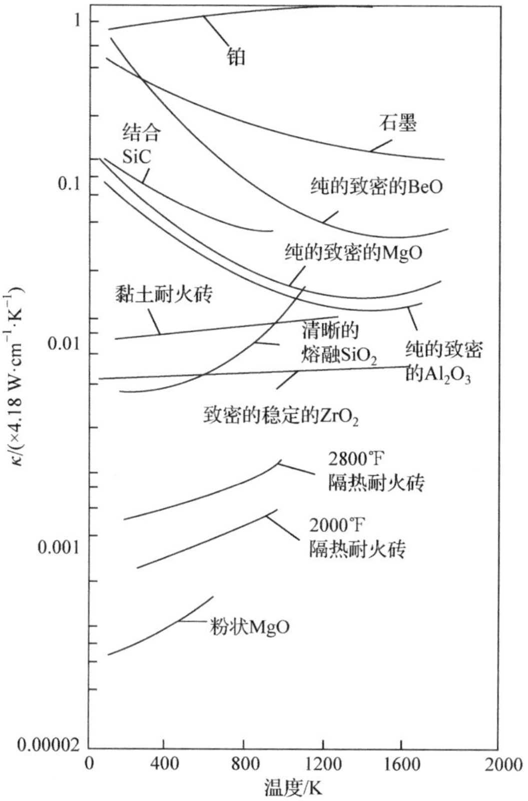

图 6-12 一些无机材料的热导率

非晶态材料的热导率较小，并且随着温度升高，热导率稍有增大，这是因为非晶态为近程有序结构，可以近似地把它看成晶粒很小的晶体讨论，因此它的声子平均自由程就近似为一常数，即等于晶格常数的数倍，而这个数值是晶体中声子平均自由程的下限(晶体和玻璃态的热容值是相差不大的)，所以热导率就较小。如前所述，晶体材料的热导率在低温下存在一最大值，高温下晶体和非晶体的热导率趋于一致。室温下玻璃非晶体的热导率比晶体低一个数量级左右。如图 6-13 所示，非晶体在高温下出现热辐射产生光子热导，热导率曲线会进一步上扬，若是透明材料光子热导急剧增加，曲线上扬明显；如是不透明材料，则热导率没有明显变化。

3. 化学组成的影响

对于结构相近，但组成成分不同的晶体，热导率往往有很大的差异。一般来说，组成元素的相对原子质量越小，晶体的密度越小，弹性模量越大，德拜温度越高，热导率越大；由轻元素组成或结合能大的固体，热导率较大。例如，金刚石的导热系数 $\kappa = 1.7\times10^{-2}\ \text{W}\cdot\text{m}^{-1}\cdot\text{K}^{-1}$，在非金属固体中属于比较高的，如较重的硅、锗的热导率则分别为 $1.0\times10^{-2}\ \text{W}\cdot\text{m}^{-1}\cdot\text{K}^{-1}$ 和 $0.5\times10^{-2}\ \text{W}\cdot\text{m}^{-1}\cdot\text{K}^{-1}$。图 6-14 是氧化物和碳化物中阳离子的相对原子质量与热导率的关系。氧化物和碳化物中，凡是阳离子的相对原子质量较小的，其热导率比阳离子相对原子质量较大的要大些，因此在氧化物陶瓷中 BeO 具有最大的热导率。

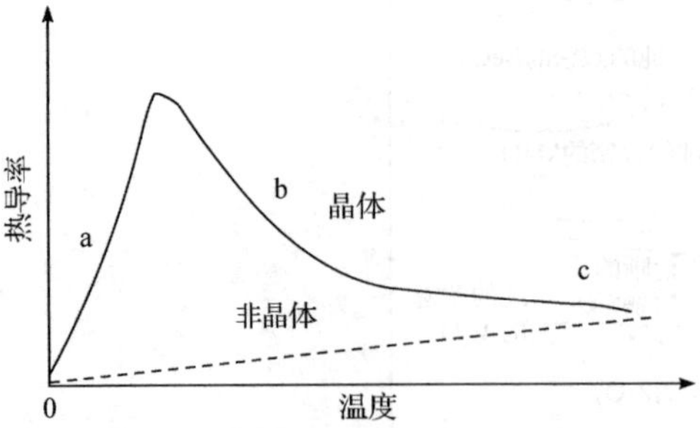

图 6-13 晶体和非晶体玻璃材料热导率随温度变化比较

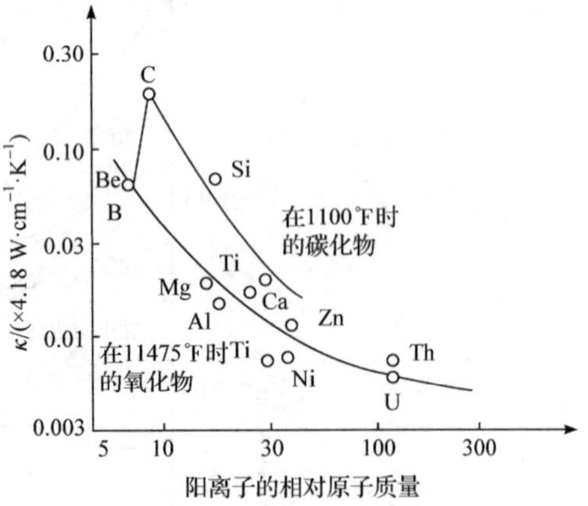

图 6-14 氧化物和碳化物中阳离子的相对原子质量与热导率的关系

对于两种金属构成的连续无序固溶体，溶质组元浓度越高，热导率降低越多，并且热导率最小值靠近浓度 50%处。

4. 微观组织的影响

微观组织包括晶粒尺寸、孔洞、缺陷、晶界及第二相等。

对于同一种材料，多晶体的热导率总是比单晶体低。这是因为多晶体中晶粒尺寸小、晶界和缺陷多，声子更易受到散射。低温下多晶的热导率趋于与单晶一致，而随着温度升高，差异迅速变大，这说明了晶界、缺陷、杂质等在较高温度时对声子传导有更大的阻碍作用，另外，也因为单晶在高温下比多晶的光子热导强。实际发现细晶材料的热导率低于粗晶材料，因为细晶材料中的大面积晶界会对声子和电子产生更多的散射而提高热阻。如图 6-15 所示为常温下薄膜材料 Sb_2Te_3 的晶粒尺寸和热导率的关系，热导率和晶粒尺寸几乎呈线性关系。

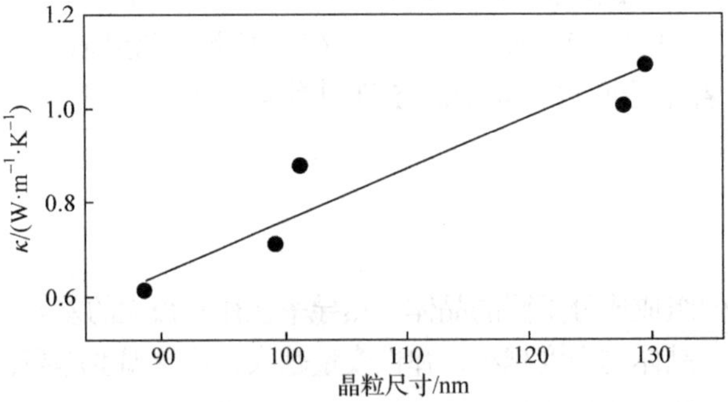

图 6-15 常温下薄膜材料 Sb_2Te_3 的晶粒尺寸和热导率的关系

烧结的多孔材料和粉末材料热导率很低，可简单认为是空气相所致。由于空气热导率极低，是热的不良载体，含有气体相材料的热导率会显著降低，且随温度升高有所提高。粉末材料以空气为基体相，粉末为弥散相。烧结的多孔材料中空气成为弥散相。空气相对于材料的热导率可以忽略，材料的热导率公式一般可简单表示为

$$\kappa = \kappa_s(1-x) \tag{6-118}$$

式中，κ_s为固相热导率；x为空气的体积分数。气孔率越大，热导率下降越明显，这就是保温材料常采用轻质陶瓷制晶的原因所在，保温材料多为多孔材料、泡沫材料、空心球材料或粉末、纤维制晶，气孔率越高，热导率越低。

金属合金可通过合金化及加工改变合金的微观组织进而影响其导热性能。相对于过饱和固溶体，回火析出第二相会明显提高材料的热导率。例如，回火铁素体钢的热导率高于奥氏体，主要在于后者固溶体浓度高而具有更高的热阻。工业用导热材料，是以热导率较高、热膨胀系数较低的纯 Al 作为基体，加入 Si、SiC 颗粒等形成复合材料，从而获得最佳的导热性能，如高硅铝、铝-碳化硅、铝-金刚石、铝-石墨片/碳纳米管等，主要利用的是界面、第二相热阻的影响。

6.5 热稳定性

6.5.1 热稳定性的定义和表征

热稳定性是指材料承受温度的急剧变化而不致碎裂破坏的能力，也称抗热震性。这是无机非金属材料的重要工程物理性能之一。在不同的应用条件下，因工况环境不同，对其要求差别也较大。例如，日用瓷器要求能承受温度差为 200 K 左右的热冲击；而火箭喷嘴要求瞬时可承受 3000～4000 K 温差的热冲击，同时还要经受高速气流的力和化学腐蚀作用。热冲击损坏有两种类型：一种是材料发生瞬时断裂，抵抗这类破坏的性能称为抗热冲击断裂性；另一种是在热冲击循环作用下，材料表面开裂、剥落并不断发展，最终碎裂或变质，抵抗这类破坏的性能称为抗热冲击损伤性。

对于热稳定性能的评定，由于难以建立精确数学模型，一般还是采用直观的测定方法。例如，日用瓷常将一定规格的试样，加热到某一温度，然后置于常温下的流动水中急冷，并逐次升高温度且重复急冷，直至观测到试样产生龟裂，以龟裂前一次的加热温度来表征其热稳定性；对于高温陶瓷则在加热到一定温度后，在水中急冷，再测其抗弯强度的损失率来评价其热稳定性。

实际材料在使用中一般都希望其热稳定性好。对于有机高分子材料，由于软化温度和分解温度都较低，长时间使用时会出现降解老化现象，热稳定性较差；部分无机材料和脆性材料的热稳定性也比较差；而金属材料的熔点一般都很高，热稳定性都较好。

目前对于热稳定性虽有一定的理论解释，但尚不完善，还不能建立反映实际材料或制品在各种使用工况下的热稳定性数学模型。因此，从理论上得到一些评定热稳定性的因子，对于探讨材料性能显然是有意义的。

6.5.2 热应力

材料在未改变外力作用状态时，仅因热冲击而在材料内部产生的内应力称为热应力。这种应力可导致材料的断裂破坏或者发生不希望的塑性变形。热应力主要来源于下列三个方面。

1. 因热胀冷缩受到限制而产生的热应力

假设有一根均质且各向同性的固体杆，受到均匀地加热和冷却，即杆内不存在温度梯度。如果这根棒的两端不被夹持，能自由地膨胀或收缩，那么杆内不会产生热应力。但如果杆的轴向运动受到两端刚性夹持的限制，则杆内就会产生热应力。当这根杆的温度从 T_0 改变到 T_f 时，产生的热应力为

$$\sigma = K\alpha_l(T_0 - T_f) = K\alpha_l \Delta T \tag{6-119}$$

式中，K 为材料的弹性模量；α_l 为线膨胀系数(定义见 6.3.1 节)。

加热时 $T_f > T_0$，故 $\sigma < 0$，即杆受压缩热应力作用，杆的热膨胀受到了限制。冷却时，$T_f < T_0$，所以 $\sigma > 0$，即杆受到拉伸热应力作用，杆的冷缩受到了限制。式(6-119)中的应力实际上等于这根杆从 T_0 到 T_f，自由膨胀(或收缩)后，强迫它恢复到原长所需施加的弹性压缩(或拉伸)应力。

2. 因温度梯度而产生的热应力

固体加热或冷却时，内部的温度分布与样品的大小、形状以及热导率和温度变化速率有关。当物体中存在温度梯度时，就会产生热应力。例如，在快速加热时，温度来不及完全传递均匀，外表温度比内部高，产生了温度梯度。此时外表膨胀比内部大，但相邻的内部材料限制其自由膨胀，因此表面材料受压缩应力，而相邻内部材料受拉伸应力。同理，迅速冷却时(如淬火工艺)，表面材料受拉应力，相邻内部材料受压缩应力。若降温时的热应力大于材料的抗拉强度，那么将导致杆在冷却时断裂。因此，迅速冷却时产生的热应力比迅速加热时产生的热应力危害性更大。

3. 多相复合材料因各相膨胀系数不同而产生的热应力

这一点可以认为是第一种情况的延伸，只不过不是由于机械力限定了材料的热膨胀或收缩，而是由于结构中各相膨胀收缩的相互制约而产生的热应力。具体例子如上釉陶瓷制品中的坯、釉间产生的热应力。

下面以平面陶瓷薄板(图 6-16)为例说明具有温度梯度时热应力的计算。假设此薄板 y 方向厚度较小，在材料突然冷却的瞬间，垂直 y 轴各平面上的温度是一致的，但在 x 轴和 z 轴方向上的表面及内部的温度有差异，外表面温度低，中间温度高。x 和 z 两方向上表面的收缩受到限制，因此相对长度变化 $\varepsilon_x = \varepsilon_y = 0$，可以产生内应力 $+\sigma_x$ 和 $+\sigma_y$。y 方向上由于可自由胀缩，故 $\sigma_y = 0$。根据广义胡克定律：

$$\varepsilon_x = \frac{\sigma_x}{K} - \mu\left(\frac{\sigma_y}{K} + \frac{\sigma_z}{K}\right) - \alpha_l \Delta T = 0 \quad (x\text{方向胀缩受限制}) \tag{6-120}$$

$$\varepsilon_z = \frac{\sigma_z}{K} - \mu\left(\frac{\sigma_x}{K} + \frac{\sigma_y}{K}\right) - \alpha_l \Delta T = 0 \quad (z\text{方向胀缩受限制}) \tag{6-121}$$

式中，K 为材料弹性模量；μ 为泊松比；α_l 为线膨胀系数。

解得

$$\sigma_x = \sigma_z = \frac{\alpha_l K}{1-\mu}\Delta T \tag{6-122}$$

在冷却时间 $t=0$ 的瞬间，ΔT 最大，$\sigma_x = \sigma_z = \sigma_{\max}$。若恰好达到材料的极限抗拉强度 σ_f，则前后两表面将开裂破坏。

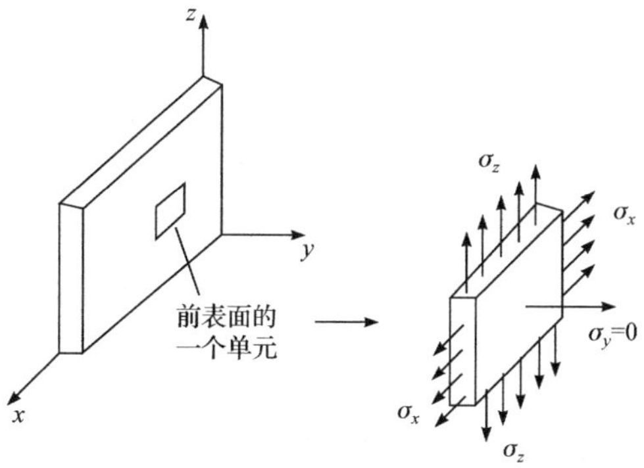

图 6-16 平面陶瓷薄板的热应力

将 σ_f 代入式(6-122)，可得材料所能承受的最大温度差：

$$\Delta T_{\max} = \frac{\sigma_f(1-\mu)}{K\alpha_l} \tag{6-123}$$

对于其他非平面薄板制品，可引入形状因子 S，则式(6-123)改为

$$\Delta T_{\max} = S\frac{\sigma_f(1-\mu)}{K\alpha_l} \tag{6-124}$$

6.5.3 抗热冲击性能

以陶瓷材料为代表的脆性材料因热冲击造成材料的断裂或开裂，是由于材料受温度变化或存在温差而产生的内应力超过了材料的力学强度极限，这就是热冲击应力理论。为评价脆性材料抗热冲击的能力，基于不同的前提条件，提出了一些脆性材料抗热冲击能力的评价参数。其中热冲击应力理论的假设条件包括：①材料外形尺寸完全受刚性约束；②整个材料体内各处的内应力都处在最大热应力状态；③材料是完全刚性的，任何应力释放行为不予考虑，包括位错运动或黏滞流动等都不存在，裂纹产生和扩展过程中的应力释放也不考虑。

抗热冲击性能对于不同类别的材料具有不同的性能指标：抗热冲击断裂性能和抗热冲击损伤性能。其对应不同的评价参数，下面分别予以介绍。

1. 抗热冲击断裂性能

通常有三种热应力断裂抵抗因子用以表征材料抗热冲击断裂性能。它们是第一热应力断裂抵抗因子 R；第二热应力断裂抵抗因子 R'；第三热应力断裂抵抗因子 R''。

1) 第一热应力断裂抵抗因子 R

只要材料中最大热应力值 $\sigma_{\max}$ (常产生在表面或中心部位)不超过材料的强度极限 σ_f，

材料就不会断裂。显然，材料所能承受的温度差ΔT_{max}越大，材料的热稳定性就越好。因此，第一热应力断裂抵抗因子R就等于ΔT_{max}，由式(6-123)，可得

$$R = \frac{\sigma_f(1-\mu)}{K\alpha_l} \tag{6-125}$$

R相当于临界温差，R值越大，材料能承受的温度变化越大，即热稳定性越好。

2) 第二热应力断裂抵抗因子R'

上述R虽然可在一定程度上反映材料抗热冲击断裂性能，但是把热应力抵抗因子认为只与ΔT有关似乎过于简单，一般热应力引起断裂还与下列因素有关。

(1) 材料的热导率：热导率κ越大，传热越快。热应力持续一定时间后会因导热而缓解，所以对热稳定性有利。

(2) 材料的厚度：材料或制品的厚薄不同，达到热平衡时间也不同，材料越薄，越易达到温度均匀。

(3) 材料表面散热率：表征材料表面散热能力的系数为表面热传递系数h，其定义为表面单位面积、单位时间每高出环境温度1 K所带走的热量。h越大，对热稳定性越不利。例如，窑内进风，会使降温的产品产生炸裂等。原因是表面吹风增大了材料内外温差，增大热应力。

如令$\beta = \frac{hr_m}{\kappa}$，$r_m$为样品厚度的一半(单位：cm)，称$\beta$为毕奥(Biot)数。显然，$\beta$值大对热稳定不利。

由于散热因素减缓材料中瞬时产生的最大应力，相应地在第一热应力断裂抵抗因子基础上引入折减系数，给出第二热应力断裂抵抗因子：

$$R' = \frac{\kappa\sigma_f(1-\mu)}{K\alpha_l} \tag{6-126}$$

式中，κ为折减系数或热传导率。样品能抵抗的最大温差与R'成正比，同时还依赖于表面散热率h和r_m，为

$$\Delta T_{max} = R'S \times \frac{1}{0.31 r_m h} \tag{6-127}$$

式中，S为非平板样品的形状系数。

从对第二热应力断裂抵抗因子R'的讨论中可见，仅就材料而言，热导率κ高、断裂强度σ_f高，且膨胀系数α_l和弹性模量K低的材料，具有高热冲击断裂性能。例如，普通钠钙玻璃的α_l约为$9\times10^{-6}\ K^{-1}$，对热冲击非常敏感，而减少CaO和Na_2O含量，并加入足够的B_2O_3的硼磷酸玻璃，α_l降到$3\times10^{-6}\ K^{-1}$，就能满足厨房烘箱内的加热和冷却条件。另外，在陶瓷样品中加入大的孔和韧性好的第二相，也能提高材料的抗热冲击能力。

3) 第三热应力断裂抵抗因子R''

等温系数或热扩散率α(定义见6.4.1节)越大，样品内温差越小，产生的热应力也越小，对热稳定性越有利。因此，定义第三热应力断裂抵抗因子：

$$R'' = \alpha R = \alpha\frac{\sigma_f(1-\mu)}{K\alpha_l} \tag{6-128}$$

根据式(6-99)，$\alpha = \dfrac{\kappa}{\rho C}$，得到：

$$R'' = \frac{\kappa}{\rho C}\frac{\sigma_f(1-\mu)}{K\alpha_l} = \frac{1}{\rho C}R' \tag{6-129}$$

式中，ρ 为密度；C 为热容。R'' 主要用于确定材料所能允许的最大冷却速率。对于厚度为 $2r_{\mathrm{m}}$ 无限大板材，可以得到降温允许的最大速度为

$$\left(\frac{\mathrm{d}T}{\mathrm{d}t}\right)_{\max} = R''\frac{3}{r_{\mathrm{m}}^2} \tag{6-130}$$

陶瓷在烧成冷却时不得超过此值，否则会产生炸裂。例如，ZrO_2 的 R'' 约为 $0.4\times10^{-4}\ \mathrm{m^2\cdot K\cdot s^{-1}}$，当板材厚度为 10 cm 时，能承受的最大降温速率为 $0.048\ \mathrm{K\cdot s^{-1}}$ $(172\ \mathrm{K\cdot h^{-1}})$。

实际上，上述热冲击应力理论假设条件明显偏离实际，按此理论计算的热应力破坏会比实际情况严重得多，所以热冲击断裂理论有明显局限性。这是因为该理论是从热弹性力学观点出发，简单地将材料看成连续介质的刚性结构，没有考虑材料实际结构的影响。以强度-应力作为判据，热应力达到抗拉强度极限就产生开裂，且一旦裂纹成核就会导致材料完全破坏。这样的导出结果对于玻璃、陶瓷等脆性材料比较适用，但对于非均质材料、含第二相和孔洞的材料和韧性材料是不适用的。

2. 抗热冲击损伤性能

一些含孔或非均质的金属陶瓷等，在热冲击下产生裂纹，即使裂纹产生在表面也不会导致样品完全断裂。例如，高炉用耐火砖，当其气孔率在 10%～20%时，具有最好的抗热冲击损伤性。若按照强度-应力理论，其 R' 和 R'' 值都小，则抗热冲击性不好，该理论不能解释这样的事实。因此，产生了处理热稳定性的第二种评价方式，这就是从断裂力学的观点出发，以应变能-断裂能为判据的理论。按断裂力学观点，材料的破坏不仅因为裂纹的产生(包括原材料中的裂纹)，还包括裂纹的扩展、传播。如果裂纹能够被抑制在一个很小的范围内，则不会导致材料的完全破坏。

在热冲击情况下，裂纹扩展传播的程度与材料积存的弹性应变能和裂纹扩展的断裂表面能有关。若材料中的应变能较小，则原有裂纹扩展的可能性也低，裂纹传播时需要较大的断裂表面能，则裂纹传播困难，传播程度小，其热稳定性好。这种从断裂力学观点评价材料抗热冲击裂纹扩展或损伤现象的理论就是热冲击损伤理论。

基于抗热冲击损伤性能正比于断裂表面能，反比于应变能释放率，提出了两个抗热应力损伤因子 R''' 和 R''''：

$$R''' = \frac{K}{\sigma^2(1-\mu)} \tag{6-131}$$

$$R'''' = \frac{K\times 2\gamma_{\mathrm{eff}}}{\sigma^2(1-\mu)} \tag{6-132}$$

式中，$2\gamma_{\mathrm{eff}}$ 为断裂表面能，单位为 $\mathrm{J\cdot m^{-2}}$；σ 为断裂强度；K 为弹性模量；μ 为泊松比。可

以看到，R''' 为材料中储存的弹性应变能释放率的倒数，用来比较具有相同裂纹表面能材料的热冲击性；R'''' 用来比较具有不同裂纹表面能材料的抗热冲击性。显然，R''' 或 R'''' 值越高，材料抗热冲击损伤性能越好。

根据 R''' 和 R''''，热稳定性好的材料应具有低断裂强度 σ 和高弹性模量 K，这与 R' 和 R'' 的情况完全相反。产生这个矛盾的原因在于双方判据不同。在抗热应力损伤性评价中，认为高强度的材料原有的裂纹在热应力作用下容易扩展、传播，对热稳定性不利，对晶粒较大的样品更是如此。而在抗热应力断裂性评价中，高强度材料破坏所需的热应力也较大，强度越高，抵抗热应力破坏的能力越强。

同样地，热冲击损伤理论也存在局限，不能描述材料的实际结构，材料中的微裂纹大小及其分布也难以精确测定。且影响材料热稳定性的因素是多方面的，包括材料自身的结构和性能，外部热冲击的方式以及热应力在材料中的分布等。因此，该理论尚未有直接的验证，有待进一步地充实发展。

3. 提高材料热稳定性能的措施

以上给出了根据热冲击应力和热冲击损伤的断裂因子用于评价脆性材料的抗冲击性。虽然这些理论建立的前提和实际材料尚有一定距离，但对提高材料抗冲击性具有一定的借鉴作用。当然，对于不同的材料和组织结构，提高热稳定性的措施也会有所区别。对于组织结构较为密实均匀的材料，这些措施包括：

(1) 提高材料的热应力 σ，减小弹性模量 K。提高 σ/K 比等同于提高材料韧性，可以吸收较多的弹性应变能而不开裂，从而改善材料的热稳定性。多数无机材料虽然 σ 大。但 K 更大，而金属材料 σ 大 E 小，金属材料抗冲击性明显好于陶瓷材料。

(2) 提高材料的热导率，使 R' 提高。热导率大的材料传递热量快，可使材料内外温差较快地得到缓解，降低短时热应力聚集。金属材料的热导率高，热稳定性好。

(3) 降低材料的热膨胀系数 α，减小温差引起的热应力。

(4) 降低材料的表面散热速率，有利于降低材料内外温差，减轻热冲击。如热处理和烧结时采用随炉冷却或减慢降温速度，就可以大幅降低制品开裂的风险。

(5) 减小产品的有效厚度 r_{m}，有利于降低温度梯度，降低热冲击风险。

针对组织结构不均匀以及多孔、粗粒的大部分烧结制品，热稳定性不好的主要表现是分层剥落，这是表面裂纹或微裂纹扩展所致。避免材料出现热损伤，提高抗热冲击损伤的措施主要是根据 R''' 和 R'''' 因子，要求材料具有大 K 和小 σ，减小切应变模量 G，使材料在胀缩时储存的弹性应变能小。同时具有大的断裂表面能 γ_{eff}，裂纹扩展需要较大的能量，迫使其不再持续发展。

本章小结

本章从晶体中微观原子的振动理论出发，阐述了晶格振动的特点，引入了格波和声子的概念。在此基础上分别阐述材料的热容、热膨胀、热传导和热稳定性的微观机制和宏观现象。这些热学性能和相关材料的研究，不仅具有重要的理论意义，在工程技术领域中也具有实际的应用价值。

习 题

1. 什么是晶格振动的简正坐标？并基于此阐述声子的概念。
2. 固体热容包括哪些组成成分？其随温度分别如何变化？
3. 为什么晶格热容的量子理论中德拜模型比爱因斯坦模型在低温下更为符合？
4. 试用双原子模型说明固体热膨胀的物理本质。
5. 试分析材料热传导的机理，并说明金属、陶瓷和透明材料导热机制的区别。
6. 已知镁在 0℃的电阻率 $\rho = 4.4\times10^{-6}\Omega\cdot\text{cm}$ ，电阻温度系数 $\alpha = 0.005\ \text{K}^{-1}$ ，根据维德曼-弗兰兹定律计算镁在 400℃的热导率 κ 。
7. 材料的抗热冲击性能与哪些因素相关？简述提高材料热稳定性的措施。

参考文献

陈文, 吴建青, 许启明. 2010. 材料物理性能[M]. 武汉: 武汉理工大学出版社.
付华, 张光磊. 2017. 材料性能学[M]. 2 版. 北京: 北京大学出版社.
耿桂宏. 2010. 材料物理与性能学[M]. 北京: 北京大学出版社.
胡安, 章维益. 2005. 固体物理学[M]. 北京: 高等教育出版社.
胡正飞. 2023. 材料物理性能[M]. 北京: 化学工业出版社.
黄昆, 韩汝琦. 1998. 固体物理学[M]. 北京: 高等教育出版社.
谭家隆. 2013. 材料物理性能[M]. 大连: 大连理工大学出版社.
田莳, 王敬民, 王瑶, 等. 2022. 材料物理性能[M]. 2 版. 北京: 北京航空航天大学出版社.
阎守胜. 2011. 固体物理基础[M]. 3 版. 北京: 北京大学出版社.
Mary T A, Evans J S O, Vogt T, et al. 1996. Negative thermal expansion from 0.3 to 1050 Kelvin in ZrW_2O_8[J]. Science, 272: 90.